高等学校应用型新工科创新人才培养计划指定教材

高等学校智能制造与工业信息化类专业“十三五”课改规划教材

工业机器人集成应用

青岛英谷教育科技股份有限公司
吉林农业科技学院
编著

西安电子科技大学出版社

内 容 简 介

工业机器人作为高端智能制造的标尺，正在成为“中国制造”的核心和推动我国制造产业升级的源动力，对推动工业转型升级和改善人民生活水平具有重要意义。

本书是面向高等院校智能制造专业、机器人专业方向的标准化教材，包含三个方面的内容：工业机器人概述及编程基础知识、工业机器人高级编程方法与仿真、工业机器人典型应用案例分析。书中以ABB 工业机器人为例，详细讲解了工业机器人的基础知识、控制操作、编程方法、仿真离线编程、虚拟工作站搭建以及典型的工业机器人集成应用案例，能让读者既掌握工业机器人的基础知识，又具备高级编程能力。

本书内容精练，理论与实践相结合、教学适用性强，可作为高等学校新工科相关专业的教材，也可为有志于从事工业机器人行业的读者提供理论参考。

图书在版编目(CIP)数据

工业机器人集成应用 / 青岛英谷教育科技股份有限公司，吉林农业科技学院编著. —西安：西安电子科技大学出版社，2019.2(2022.2 重印)
ISBN 978-7-5606-5232-0

Ⅰ. ①工… Ⅱ. ①青… ②吉… Ⅲ. ①工业机器人—系统集成技术—研究
Ⅳ. ① TP242.2

中国版本图书馆 CIP 数据核字(2019)第 019424 号

策划编辑 毛红兵
责任编辑 刘炳桢 毛红兵
出版发行 西安电子科技大学出版社(西安市太白南路 2 号)
电　　话 (029)88202421 88201467 邮　　编 710071
网　　址 www.xduph.com 电子邮箱 xdupfxb001@163.com
经　　销 新华书店
印刷单位 广东虎彩云印刷有限公司
版　　次 2019 年 2 月第 1 版 2022 年 2 月第 3 次印刷
开　　本 787 毫米×1092 毫米 1/16 印 张 26
字　　数 616 千字
定　　价 63.00 元
ISBN 978-7-5606-5232-0/TP
XDUP 5534001-3

高等学校智能制造与工业信息化类专业“十三五”课改规划教材编委会

❖❖❖ 前　　言 ❖❖❖

随着以智能制造为代表的新一轮产业革命的迅猛发展，高端智能装备成为制造业升级改造的主要助力。为加速我国制造业的转型升级、提质增效，国务院提出了《中国制造2025》战略目标，明确将智能制造作为主攻方向，加速培育我国新的经济增长动力，力争抢占新一轮产业竞争的制高点，而工业机器人无疑是这场变革的关键支撑设备。

工信部部长苗圩指出：要以工业机器人为抓手，通过对工业机器人在工业领域的推广应用，提升我国工业制造过程的自动化和智能化水平。为此，工信部、发改委、财政部联合印发了《工业机器人产业发展规划（2016—2020 年）》，将工业机器人作为“中国制造2025”的重点发展领域作了详细部署，意在尽快打造中国制造新优势，加快制造强国建设。

当前，我国工业机器人市场正处于高速增长期。自 2013 年以来，我国已连续五年成为全球工业机器人第一大市场。伴随着劳动力成本的增加以及政策的推动，“机器换人”成为国内诸多制造企业升级改造的重要手段。历史表明，广泛的市场应用将带来技术的飞速提升。因此，虽然我国的工业机器人起步较晚，但是随着应用的不断扩大以及国家的各种政策扶持，有望在未来进入国际先进行列。

发展机器人是大势所趋，行业前景广阔，但由于种种原因，目前该领域人才供求失衡严重：一方面机器人厂商、系统集成商及加工制造业等求贤若渴，另一方面人才供给严重不足，难以满足企业用人需求。究其原因，主要是相对于近年来国内机器人产业的爆发性发展态势，高校、职校等的课程设置滞后，反应速度过慢，虽然提供了相关培训，但仍存在配套设施不足、培训网点有限等缺陷，难以形成系统的教学流程和人才培养体系。这些因素阻碍着中国机器人产业的进一步发展。而本书正是致力于解决上述问题的产物——课程内容设置由机器人相关企业需求出发，试图形成系统的机器人教学流程，着力增强动手实操能力，为我国工业机器人产业的发展输送更多人才。

本书是面向高等院校智能制造专业、机器人专业方向的标准化教材。全书共分 11 章：第 1 章简要对工业机器人进行概述；第 2 章介绍了机器人操作和仿真软件基础知识；第 3～5 章介绍了工业机器人的通信、数据和编程基础；第 6 章结合实际案例介绍了工业机器人的高级编程知识；第 7 章结合实际案例介绍了工业机器人仿真软件离线编程、在线编程控制及虚拟工作站搭建知识。第 8～11 章针对典型的搬运、机床上下料、码垛、视觉分拣实际应用综合案例进行讲解。各章给出了结合实践的练习，可帮助读者迅速掌握工业机器人集成应用的必备知识，全面提高实际动手能力。

本书由青岛英谷教育科技股份有限公司和吉林农业科技学院共同编写，参与本书编写工作的有金跃云、刘伟伟、刘洋、孟洁、金成学、张玉星、王燕等。本书编写期间还得到了各合作院校专家及一线教师的大力支持和协作，吉林农业科技学院、白城师范学院、青岛农业大学、山东交通学院、山东农业工程学院、曲阜师范大学、济宁学院、潍坊学院、德州学院等高校的教师也参与了本书的编写工作。在本书即将出版之际，要特别感谢给予我们开发团队以大力支持和帮助的领导及同事，感谢合作院校的师生给予我们的支持和鼓励，更要感谢开发团队每一位成员所付出的艰辛劳动。

教材问题反馈

由于水平所限，书中难免有不足之处，读者在阅读过程中如有发现，可以通过邮箱（yinggu@121ugrow.com）联系我们，或扫描右侧二维码进行反馈，以期不断完善。

本书编委会

2018 年 9 月

❖❖❖ 目　　录 ❖❖❖

第1章　工业机器人概述

本章目标

■ 了解工业机器人的发展背景、概念和优势

■ 掌握工业机器人的基础知识

■ 掌握工业机器人应用的相关知识

■ 了解工业机器人人才需求分析相关内容

现代机器人可分为工业机器人、服务机器人和特种机器人三种。其中，工业机器人是工业领域中机器人的统称，是现代机器人产业的一个重要分支，世界上诞生的第一台机器人就是工业机器人。近年来，虽然服务机器人和特种机器人市场发展势头良好，但其市场份额和普及程度仍然无法与发展成熟的工业机器人相比。

本章主要介绍工业机器人的发展背景、概念、结构、技术参数等基础知识，并阐述了工业机器人的知识体系、工业机器人的应用以及行业人才需求情况等。

1.1 工业机器人简介

自 20 世纪 60 年代诞生以来，工业机器人即被广泛用于规模化制造中重复、单调的工作。随着技术的迅速发展，现代工业机器人作为高度智能且可靠的标准自动化执行设备，是智能制造的“肌肉”，在智能制造时代的工业生产中起着不可或缺的作用。

1.1.1 发展历史

1959 年，乔治·德沃尔和约瑟·英格柏格发明了世界上第一台工业机器人，后命名为 Unimate(尤尼梅特)，意为“万能自动”，如图 1-1 所示。

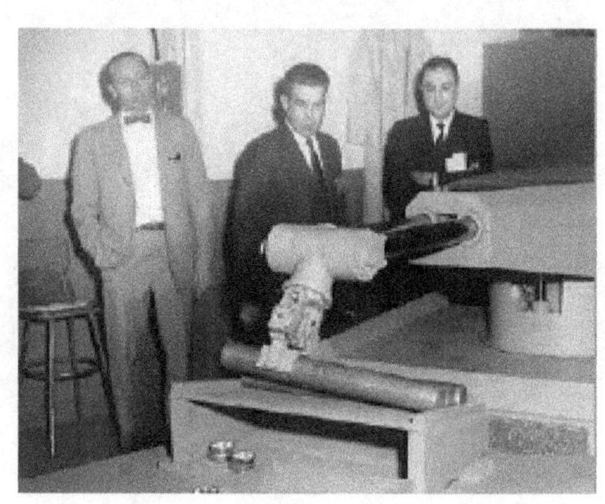

图 1-1 世界首台工业机器人 Unimate

1973 年，德国库卡公司(KUKA)将其使用的 Unimate 机器人改造为第一台可量产并可大规模使用的工业机器人，命名为 FAMULUS，这是世界上第一台机电驱动的六轴机器人。1974 年，瑞典通用电机公司(ASEA，ABB 公司的前身)开发出世界第一台由微处理器控制的工业机器人 IRB 6，如图 1-2 所示。

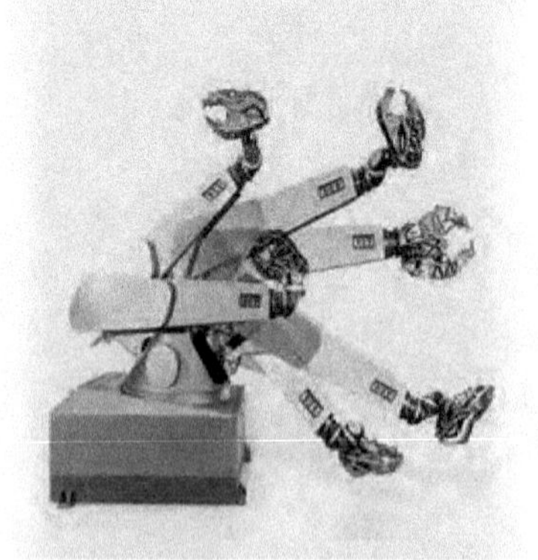

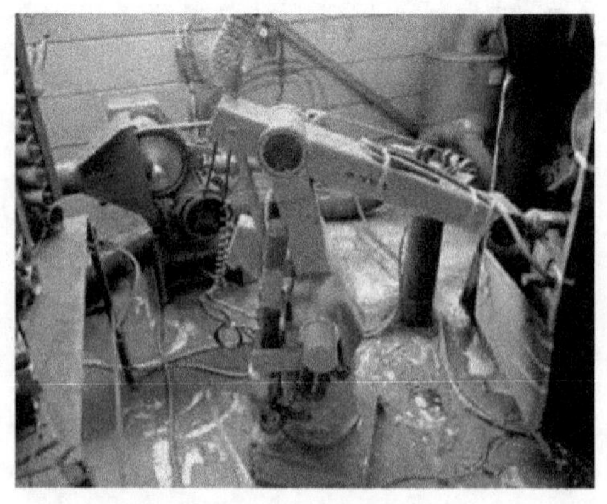

图 1-2 FAMULUS 与 IRB 6

1978 年，美国 Unimation 公司推出了应用于通用汽车装配线的通用工业机器人

(Programmable Universal Machine for Assembly，PUMA)，标志着工业机器人技术已经完全成熟，如图 1-3 所示。PUMA 至今仍然工作在工厂第一线。

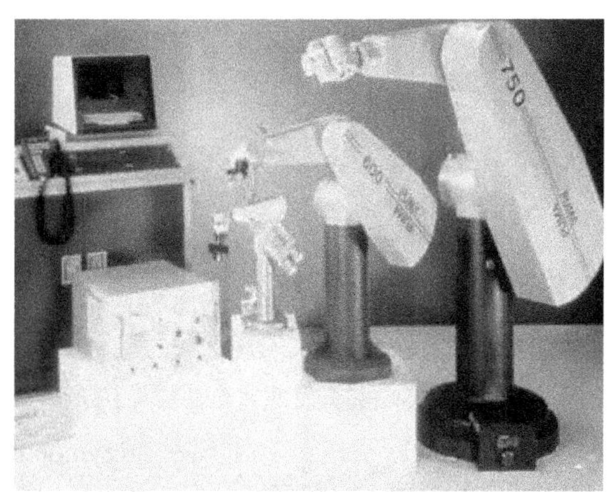

图 1-3　Unimation 公司的通用工业机器人

1978 年，日本山梨大学(University of Yamanashi)的牧野洋(Hiroshi Makino)发明了选择顺应性装配机器手臂(Selective Compliance Assembly Robot Arm，SCARA)。该手臂具有四个轴和四个运动自由度(包括 X、Y、Z 方向上的平动自由度和绕 Z 轴的转动自由度)，如图 1-4 所示。

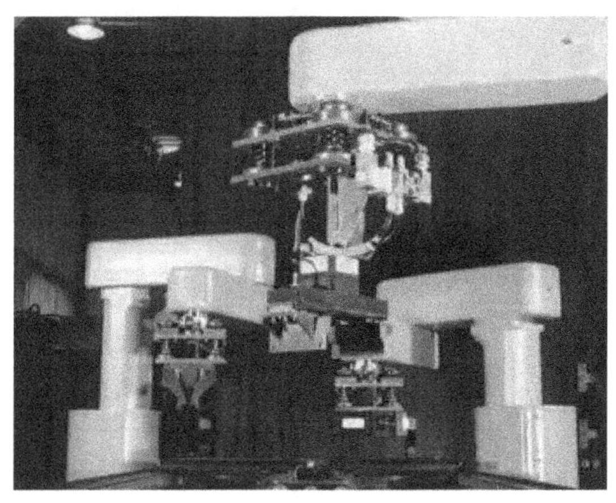

图 1-4　SCARA 原型机

SCARA 机器人有三个旋转关节，适合在平面内进行定位和定向，且在 Z 轴方向上具有良好的刚度，因此特别适合装配工作。SCARA 的另一个特点是其串接的两杆结构，该结构类似人的手臂，可以伸进有限空间中作业并收回，非常适合搬动和取放物件。

1979 年，日本不二越株式会社(Nachi)研制出第一台电机驱动的电焊机器人，开创了电力驱动机器人的新纪元，机器人从此告别液压驱动时代。

1985 年，德国库卡公司(KUKA)开发出世界第一款 Z 形机器人手臂，该手臂摒弃了传统工业机器人的平行四边形造型，可实现 6 个自由度的运动维度(3 个平移运动和 3 个旋转运动)，大大节省了制造工厂的场地空间，如图 1-5 所示。

图 1-5　库卡公司开发的 Z 形机器人手臂

1998 年，瑞典 ABB 公司在洛桑联邦理工学院(EPFL)ReymondClavel 教授发明的三角洲机器人的基础上，开发出灵手(FlexPicker)机器人，它是当时世界上速度最快的并联机器人。利用图像技术，灵手每分钟能抓取 120 样物件，并能以 10 米/秒的速度释放物件，如图 1-6 所示。

图 1-6　瑞典 ABB 公司开发的“灵手”机器人

2004 年，日本安川(Motoman)机器人公司开发改进了机器人控制系统(NX100)，该系统能够同步控制四台机器人，最多达 38 个关节轴。NX100 机器人控制系统允许在触摸屏上进行示教编程，并使用基于 Windows CE 的操作系统，如图 1-7 所示。

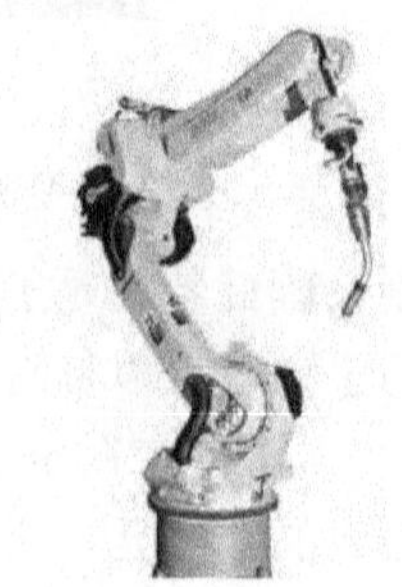

图 1-7　安川公司应用 NX100 系统的机器人

如今，工业机器人已经发展成为一个相当庞大的产业，除老牌的工业机器人“四大家族”(瑞士 ABB、日本发那科、日本安川、德国库卡)以外，国内外的工业机器人厂商可谓百花齐放。目前，市面上的主要机器人品牌如图 1-8 所示。

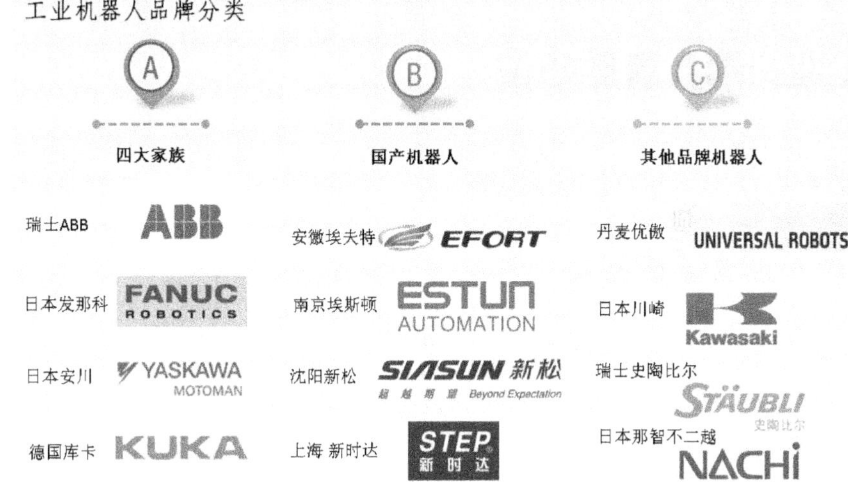

图 1-8　国内外主流工业机器人品牌一览

1.1.2　概念及分类

根据国际标准化组织(ISO)的定义："机器人是一种自动的、位置可控的、具有编程能力的多功能机械手，这种机械手具有几个轴，能够借助于可编程序操作来处理各种材料、零件、工具和专用装置，以执行种种任务"。

中国科学家对机器人的定义是："机器人是一种自动化的机器，所不同的是这种机器具备一些与人或生物相似的智能能力，如感知能力、规划能力、动作能力和协同能力，是一种具有高度灵活性的自动化机器"。

综上所述，工业机器人是综合应用计算机、自动控制、自动检测及精密机械装置等高新技术的产物，是技术密集度及自动化程度很高的典型机电一体化加工设备。

按照结构不同，工业机器人可以分成不同类型，最常用的几种如图 1-9 所示。

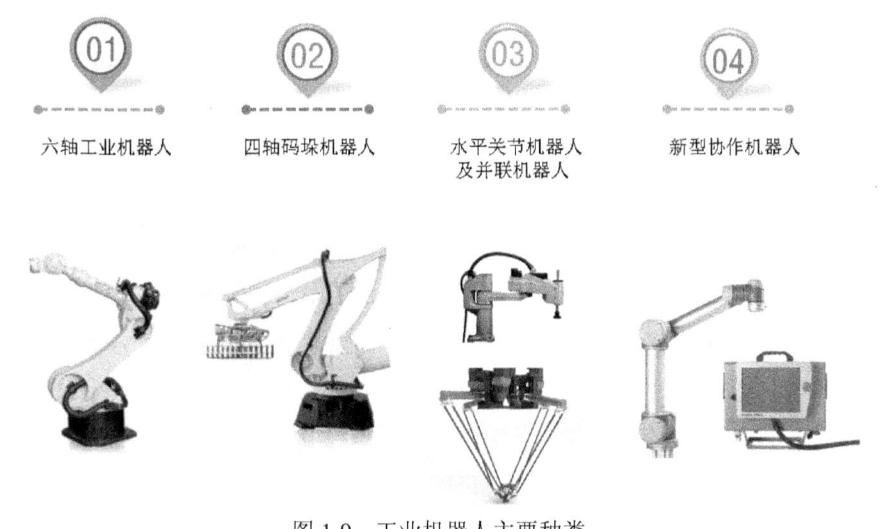

图 1-9　工业机器人主要种类

1.2　工业机器人基础知识

相比于市场上形态各异、功能复杂的服务机器人，工业机器人因其特定的应用场景，在结构、参数与形态等方面都有自身的特殊性。

1.2.1　工业机器人的结构

工业机器人由机器人本体和控制系统两部分组成。其中，机器人本体类似人的手臂和手腕；控制系统包含集成于控制柜中的控制软件和存储、运算单元等硬件，以及外部的示教器，如图 1-10 所示。

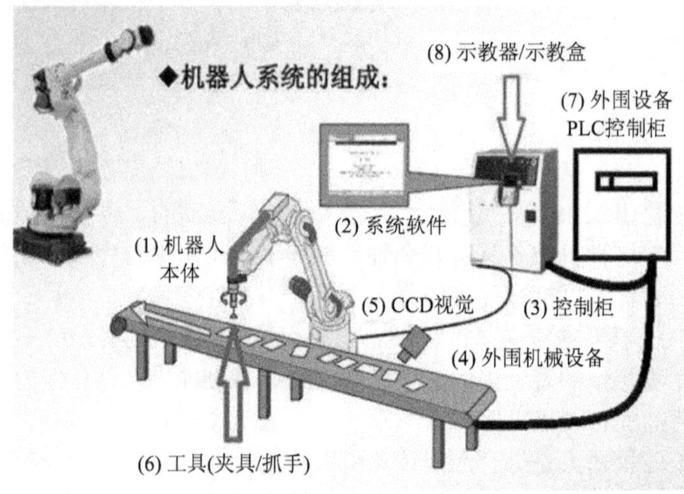

图 1-10　工业机器人系统应用的组成

下面重点介绍工业机器人的机械本体和控制系统。

1. 机械本体

常用的工业机器人的机械本体可以理解为由手部、腕部、手臂、腰部和底座构成的一个机械臂，由若干个关节(通常是 4～6 个)组成。每个关节由一个伺服系统控制，多个关节的运动需要各个伺服系统协同工作。在末端关节装配上专用工具后，即可执行各种抓取动作和操作作业。

工业机器人机械本体的核心部件包含以下三个部分。

1) 本体结构件

工业机器人机械本体主要由铸造及机加工工艺铸造，材料包括：铸铁、铸钢、铝合金、工程塑料、碳纤维等。其主要结构件如图 1-11 所示。

图 1-11　机器人本体结构拆解零件

机器人本体结构由以下几部分组成：

✧ 底座：机械本体的基础，起支撑作用，通常固定在机器人操作平台或者移动设备上。
✧ 腰部：机器人本体与底座连接的关节轴部件，用来支撑手臂及其他机构的运动。
✧ 手臂：机器人的主体，是大臂和小臂的统称，用来支撑腕部和工具，使手部中心点能按特定的轨迹运动。
✧ 腕部：连接手臂和工具，用来调整工具在空间的位置，或者更改工具和所夹持工件的姿态。
✧ 手部：机器人的抓取组件，用来抓取工件。根据抓取方式可分为夹持类和吸附类两种，也可以进一步细分为夹钳式、弹簧夹持式、气吸式、磁吸式等多种。

2) 伺服电机

伺服电机在机器人中用作执行单元，分为交流和直流两种，其中交流伺服电机在机器人行业中应用最为广泛，约占整个行业的 65%。伺服电机与伺服驱动器如图 1-12 所示。

图 1-12　伺服电机与伺服驱动器

3) 减速机

减速机用来精确控制机器人动作，传输更大的力矩。工业机器人最常用的减速机分为两种：

✧ 安装在机座、大臂、肩膀等重负载位置的 RV 减速机，如图 1-13 所示。
✧ 安装在小臂、腕部或手部等轻负载位置的谐波减速机。

图 1-13　RV 减速机

2. 控制系统

机器人控制系统是机器人的重要组成部分，用于控制机器人各关节的位置、速度和加速度等参数，使机器人的工具能以指定的速度、按照指定的轨迹到达目标位置，并完成特定任务。

工业机器人的控制系统可分为控制器和控制软件两部分。控制器指的是控制系统的硬件部分，通常包括示教器、控制单元、运动控制器、存储单元、通信接口和人机交互模块等。控制器决定了机器人性能的优劣，是各大工业机器人厂商的核心技术，基本由厂商控制。而控制器中内置的控制软件是在控制器的结构基础上开发的，旨在为用户提供有限制的二次开发包，供用户进行基本功能的二次开发。

控制系统硬件成本仅占机器人总成本的 10%～20%，但软件部分却承担着机器人大脑的职责。机器人的硬件零部件类似，采购成本也相似，但不同品牌机器人的精度和速度各不相同，根本原因是机器人控制系统对零部件的驾驭程度与效率的不同，因此控制系统是各大机器人厂商的核心竞争力所在。目前，全球四大机器人厂商均使用自主研发的控制系统，可见其重要性。有些二级机器人服务公司专门生产机器人控制系统，比如奥地利的 keba 控制系统以及我国的固高控制系统等。

控制系统的基本功能包括示教、存储、通信、感知等，下面分别进行介绍：

(1) 示教功能。工业机器人的示教功能通常需要使用示教器。示教器是一种手持式硬件装置，是标准的机器人调试设备，也是控制系统的重要组成部分。使用示教器，可以手动控制机器人、调整机器人的姿态、修改并记录机器人的运动参数以及编写机器人程序。几种不同品牌机器人的示教器如图 1-14 所示。

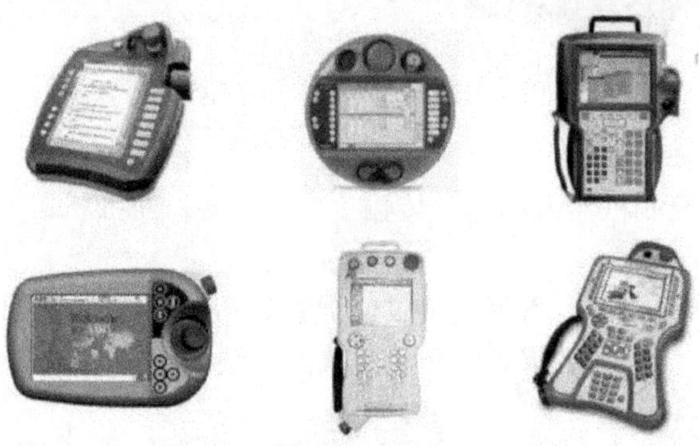

图 1-14　常见的工业机器人示教器

(2) 通信功能。机器人可以通过通信接口和网络接口与外围设备通信，从而根据外围设备的不同信息来控制机器人的运动。通信接口是机器人与其他设备进行信息交换的接口，通常包括串行接口、并行接口等。网络接口包括以太网 Ethernet 接口和现场总线 Fieldbus 接口：Ethernet 接口允许机器人采用 TCP/IP 协议实现多台机器人之间或机器人与计算机之间的数据通信；Fieldbus 接口则支持 Devicenet、Profibus-DP、ABRemoteI/O 等现场总线协议。

(3) 感知功能。为提高工业机器人对环境的适应能力，大多数现代工业机器人都拥有传感器接口。与人类有感官一样，机器人能通过各种类型的传感器感知外界环境，并针对

不同的操作要求驱动各关节的动作。现代机器人的运动控制离不开传感器，常用的有工业摄像头、距离传感器、力传感器等。

(4) 存储功能。机器人的存储器主要有存储芯片、硬盘等，主要用来存储作业顺序、运动路径、程序逻辑等数据，也可以存储其他重要的数据和参数。

1.2.2　工业机器人主要技术参数

工业机器人有多种分类，每种分类的应用场景也各不相同，但描述其性能的技术参数是基本一致的，主要包括自由度、工作空间、定位精度与重复定位精度、最大工作速度、工作载荷、驱动方式等。在实际生产中，需要综合考虑机器人的多种参数，并针对具体工况的需求和成本等因素，选择更合适的工业机器人。

1. 自由度

自由度是指机器人所具有的独立坐标轴的数目(但不包括外接末端执行器的自由度)。自由度是反映机器人动作的灵活程度与活动范围的指标。

通常情况下，机器人每个关节轴对应一个自由度，如六轴工业机器人的自由度就是6。对于工业机器人来说，最常用的是三轴并联拳头(蜘蛛手)形式的机器人、四轴码垛机器人、SCARA(桌面)机器人、六轴机器人，可以根据应用场景的需求选择自由度合适的机器人。其中，六轴工业机器人结构更加类似人的手臂，可以通过移动末端执行器模拟人类手部动作，并使用不同功能的末端执行器完成相应的工作任务，如焊接、搬运、喷漆等，如图 1-15 所示。

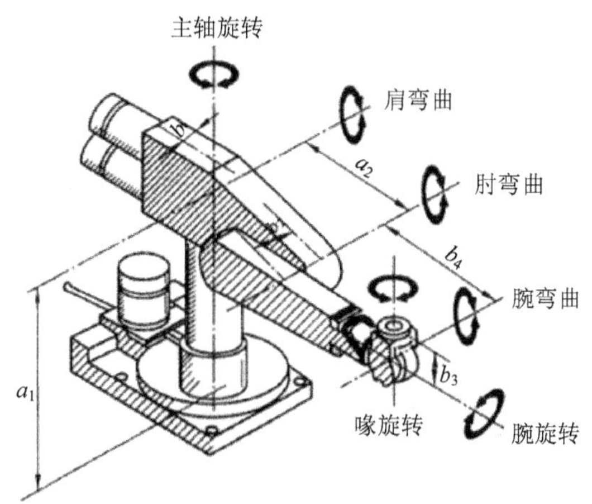

图 1-15　六轴工业机器人关节轴示意图

自由度多于 6 的机器人统称冗余自由度机器人。例如，常见的人机协作机器人就是七轴冗余自由度机器人。目前，冗余自由度机器人无论是技术水平还是产品种类都不如传统工业机器人，但随着人类对于工业机器人要求的提高，冗余自由度机器人将在避障、奇异点克服、灵活性等方面逐渐展现其优势。

2. 工作空间

工作空间是指机器人手臂末端或者手部参考点能到达的所有空间区域，也称运动半

径、臂展长度等，与机器人各连杆长度及总体结构有关。机器人的手部参考点可以是手部中心、手腕中心或者手指指尖。选择的参考点位置不同，其工作空间的大小和形状也不同。

需要注意的是，由于出厂时机器人配件并不包括末端执行器，因此在进行工业机器人选型时，其工作空间参数是指没安装末端执行器时机器人手臂末端所能到达的区域，是机器人选型的重要技术参数之一。而在实际应用中所说的工作空间则是指末端执行器所能到达的工作区域，决定着机器人能否到达指定位置完成工作任务，会随着末端执行器的不同而不同。

例如，图 1-16 形象地展示了工业机器人 IRB 600 的工作空间。其中，白色线段旋转形成三维的工作空间，代表了机器人工具末端能够到达的最大范围。受限于机器人的结构和各轴的转动角度(不是所有轴都能进行 360° 转动)，球体内部有工具末端不能到达的区域。

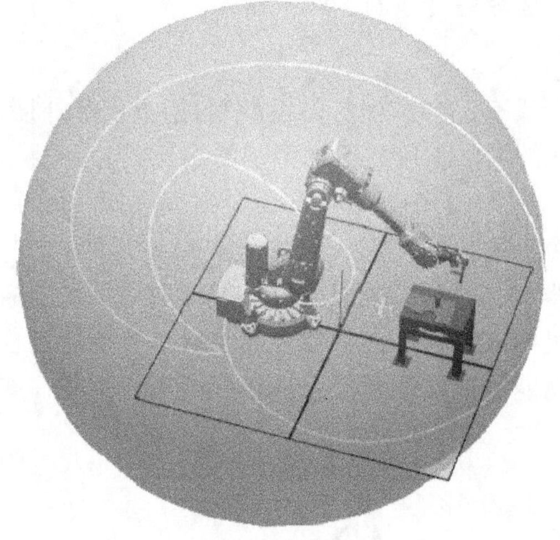

图 1-16　工业机器人 IRB 600 的工作空间

工业机器人的工作空间可分为灵活工作空间和可达工作空间。灵活工作空间是指机器人末端执行器能够以任意姿态、从任何方向到达的目标点的集合；可达工作空间是指机器人末端执行器至少可以从一个方向上到达的目标点的集合。从定义上可以看出：灵活工作空间是可达工作空间的子集，如图 1-17 所示。

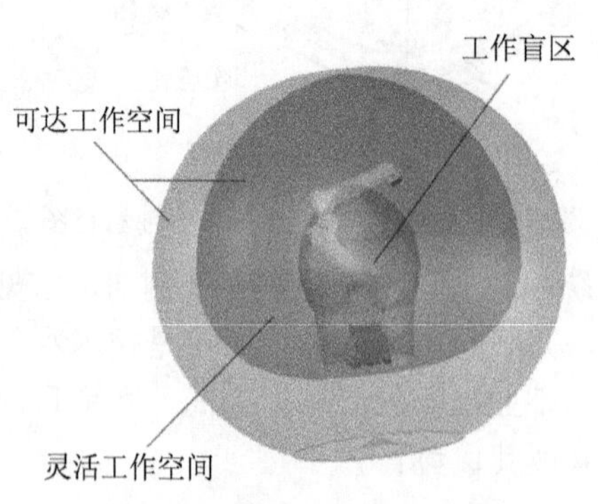

图 1-17　工业机器人工作空间的划分

3. 定位精度与重复定位精度

定位精度与重复定位精度是衡量机器人工作精度的指标。定位精度是指机器人末端执行器到达的实际位置与目标位置之间的误差；重复定位精度是指在同样情况下，机器人重复到达相同目标位置时，其实际到达位置的分散程度。

工业机器人的定位精度和重复定位精度与软/硬件系统都有关系：一方面，制造、装配过程中机器人的机械结构会出现一定的误差，环境温度等因素也会对机器人的工作精度造成影响；另一方面，离线编程使用的机器人仿真模型与实际机器人往往也存在误差，从而对机器人的定位精度产生影响。因此，在一些对工作精度要求较高的场合，可以通过调整机械结构、减少环境影响、修正软件编程等方法减少误差，提高机器人的定位精度与重复定位精度。

4. 工作速度

工作速度是指机器人在工作载荷条件下、匀速运动过程中，机器人携带工具在单位时间内所移动的距离或转动的角度。最大工作速度是衡量机器人工作效率的指标之一。

机器人系统通过运算规划确定机器人手臂的最大行程后，根据需求安排每个动作的时间，并明确各动作是同时进行还是顺序进行，就可以确定各动作的运动速度。分配动作时间时，除考虑工艺要求以外，还要考虑机器人手臂的惯性和行程大小、驱动和控制方式、定位和精度等。

机器人的运动循环包括加速度启动、等速运行和减速制动三个过程。过大的加/减速度会导致惯性加大，影响动作的平稳和精度。因此，为了保证定位精度，加/减速过程往往会占用较长时间。为了提高生产效率，需要尽量缩短运动循环的时间。

工作时，机器人的工作速度介于 0 和最大工作速度之间，应根据对工作效率的不同要求选择合适的机器人类型。例如，对于传送带分拣工作而言，由于对工作速度有较高的要求，所以必须选择工作速度较快的机器人，如并联机器人。

5. 工作载荷

工作载荷是指机器人在工作空间内的任意位置姿态所能承受的最大重量，与机器人运行速度和加速度的大小及方向有关。通常情况下，机器人的工作载荷是在高速运动的情况下所能承受的最大载重量，而机器人末端执行器的重量也要包含在工作载荷中。

1.2.3 工业机器人安全操作规范

当第一批机器人进入制造工厂时，就有人对工业机器人可能对人类造成的危险提出了疑问：机器人的移动速度有多快？机器人的运动冲力有多大？机器人的运动是否会失去控制？事实上，这些问题是客观存在的，所以要特别注意工业机器人的安全操作事宜。

鉴于工业机器人系统的复杂性以及事故后果的严重性，对机器人进行任何操作都必须遵循严格的规范。不同品牌工业机器人的安全规范有所不同，因此，下面仅就一些通用的安全知识进行讨论，具体机器人的安全操作建议参见机器人随机文档。

1. 工作中的安全规范

工业机器人的运动速度很快，运动产生的力度很大，运动中的停顿或停止都可能产生危险。外部信号也可能会改变工业机器人的动作，导致机器人在没有任何警告的情况下作出料想不到的运动。所以，操作工业机器人需要注意以下几点：

✧ 进入机器人保护空间时，需要遵守安全条例。保护空间内有工作人员时，只能手动操作机器人系统，并随时准备停止机器人。
✧ 禁止随意触碰或试图停止运动中的机器人。
✧ 远离工件和机器人本体的高温表面。
✧ 注意液压、气压系统及带电部件，即使在断电的情况下，这些部件上的残余电量也很危险，应减少直接接触。
✧ 工具非常有力，需要按照正确方法操作，以免导致人员受伤。
✧ 确保工具能夹好工件。如果工具未夹好工件，会导致工件脱落，甚至损坏设备或伤及操作人员。

2. 示教器使用的安全规范

示教器是一种配备了高灵敏度电子设备的手持式终端，为避免操作不当引发的故障或损害，操作示教器时需要遵守以下规范：

✧ 小心操作。切勿摔打、抛掷或重击示教器；不使用时要将示教器挂到专用的存放支架上，以免发生意外掉落，导致损坏；此外应避免踩踏示教器电缆。
✧ 切勿使用锋利的物体(例如螺丝刀或笔尖)操作触摸屏，而使用手指或者触摸笔(位于有 USB 端口的示教器的背面)操作触摸屏，以防止划损触摸屏。
✧ 定期清洁触摸屏。灰尘和小颗粒可能会挡住屏幕，造成示教器故障。
✧ 切勿使用溶剂、洗涤剂或擦洗海绵清洁示教器，推荐使用软布蘸少量水或中性清洁剂来清洁示教器。
✧ 不使用 USB 端口时，务必盖上 USB 端口的保护盖。如果端口暴露到灰尘中，会产生中断或发生故障。

3. 运动模式应用的安全规范

实际生产中的工业机器人通常处于自动模式，但机器人在自动模式下即使运行速度非常低，其动量也仍然很大，因此，进行编程、测试及维修等工作时，必须将机器人置于手动模式，并遵守以下操作规范：

✧ 在手动减速模式下，工业机器人只能以减速状态(250 mm/s 或更慢)操作(或移动)。只要有人员在安全保护空间内工作，就应始终以此模式进行操作。
✧ 手动全速模式下，工业机器人以程序预设速度移动。此模式仅用于所有人员都位于安全保护空间外时，且操作人员必须经过特殊训练，深知潜在危险。
✧ 在手动模式下调试机器人时，如果不需要移动机器人，必须释放示教器使能键，以关闭机器人动力电机的供电。
✧ 使用自动模式操作时，任何人员都不允许进入其运动所及的区域。

4. 其他常规安全事项

在操作工业机器人时，除了要遵守上述安全规范之外，还需要注意一些常规的事项：

✧ 发生火灾时，请使用二氧化碳灭火器。
✧ 急停开关不允许被短接。

- ✧ 机器人停机时，工具上不应置物，必须空机。
- ✧ 在机器人发生意外或运行不正常等情况下，均可使用急停开关，停止其运行。
- ✧ 气路系统中的压力可达 0.6 MPa，因此任何相关检修都要切断气源。
- ✧ 在得到停电通知时，要预先切断机器人的主电源及气源；突然停电后，要赶在来电之前预先关闭机器人的主电源开关，并及时取下工具上的工件。
- ✧ 维修人员必须保管好机器人钥匙，严禁非授权人员在手动模式下进入机器人软件系统，随意翻阅或修改程序及参数。

1.3　工业机器人应用

工业机器人的使命是为了替代或协助人类完成特定的生产任务及解决某些问题。而通过工程师的搭建及编程，将一台或多台工业机器人放到工厂的一条或全部生产线上，以替代一位或多位生产线工人的劳动，就称为工业机器人的应用。

使用工业机器人的优越性是显而易见的：首先，工业机器人自动化程度极高，可大大减轻工人的劳动强度，提高生产效率；其次，工业机器人可以完成一般人工操作难以完成的精密工作，如激光切割、精密装配等。因此，工业机器人在现代自动化大生产中的地位至关重要，其典型应用包括焊接、刷漆、组装、采集和放置、产品检测和测试等。

1.3.1　工业机器人应用形式

工业机器人的应用形式大致可分为工作站、生产线、无人化工厂三个层次。

1. 工作站

只应用一台或几台工业机器人完成单一工作或者替代某个工位上的工人，则这个工位连同其上的工业机器人在工业生产中被视为一个整体，称为工业机器人工作站，如图 1-18 所示。

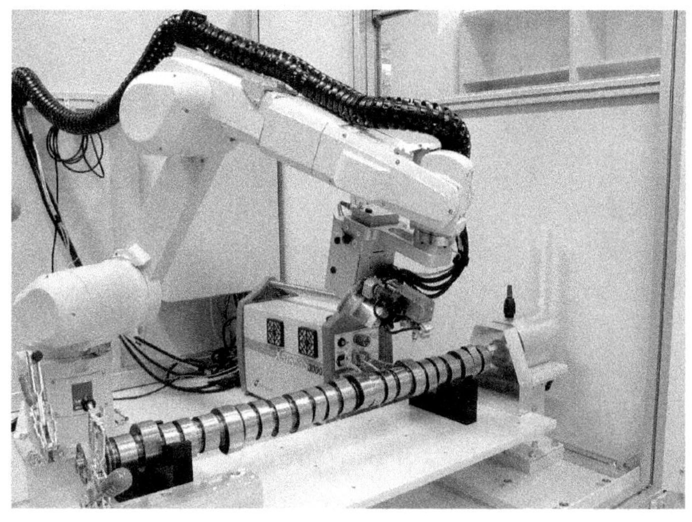

图 1-18　工业机器人工作站

2. 生产线

由多个工业机器人工作站和生产自动化设备组成的、能够实现产品全套生产流程并能连续进行生产的生产线，称为工业机器人生产线。例如，现代汽车制造业的很多汽车生产线已经达到了无人化的水平，是高度自动化的工业机器人生产线，如图 1-19 所示。

图 1-19　汽车制造厂中的工业机器人电焊生产线

3. 无人化工厂

如果一个工厂中几乎没有从事简单操作的工人，仅使用大量的工业机器人与自动化设备以及从事维护检测的少数人员，该工厂就可以称为无人化工厂。

本书着重介绍工业机器人工作站的应用，从工业机器人基础编程知识和工作站方案搭建入手，通过几个典型的工作站案例，学习工业机器人工作站的应用方法，使读者能够由浅入深地理解工业机器人应用的知识和技巧。

1.3.2 工业机器人工作站

一个工业机器人工作站通常由工业机器人本体、工业机器人工具、工业机器人辅助设备三部分组成。

1. 工业机器人本体

工业机器人本体是指从工业机器人生产厂家采购的成套的自动化设备，包含工业机器人的机械主体——机械臂，以及工业机器人的控制系统。典型的工业机器人控制系统还包含示教器。

工业机器人生产厂商众多，使工业机器人本体呈现前所未有的多样化。每个厂商出品的工业机器人都包括一个或者几个系列，每个系列又包括若干不尽相同的型号，如图 1-20 所示。因此，选择合适的工业机器人本体型号十分重要。机器人选型工作最关键的因素就是行业和工作方式的实际需求，同时还要综合考虑成本预算、品牌知名度、工作站预计使用寿命等因素。

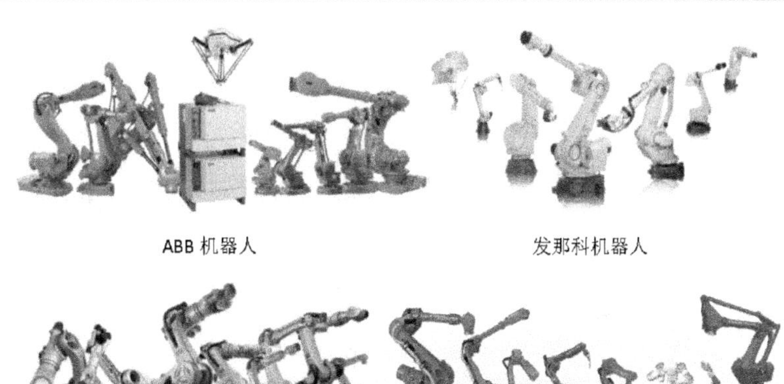

图 1-20　工业机器人“四大家族”代表产品系列

2. 工业机器人工具

工业机器人工具又叫末端执行器，通俗的理解就是工业机器人的专用“手”。工业机器人工具安装在工业机器人的特定位置上，通常是机械延伸方向的末端。工具的形态则随机器人所应用的行业、场景、工况的不同而有所不同，如海绵吸盘类工具、弧焊工具、激光切割工具、喷涂工具、打磨工具、视觉分拣识别工具等。这些工具往往是非标准的，但技术是相通的，有时还需要将这些工具融合到一起，作为一个高级工具来解决具体问题。

例如，在搬运行业中，工业机器人的工具通常是抓手或夹爪，如图 1-21 所示的码垛机器人与码垛夹爪，此类工具针对码垛机器人的工作需求而设计，以方便机器人模拟人手夹持或搬运物品。而针对某些特殊物品的搬运，还可以设计专用的机器人工具，如图 1-22 所示的吸盘式工具。

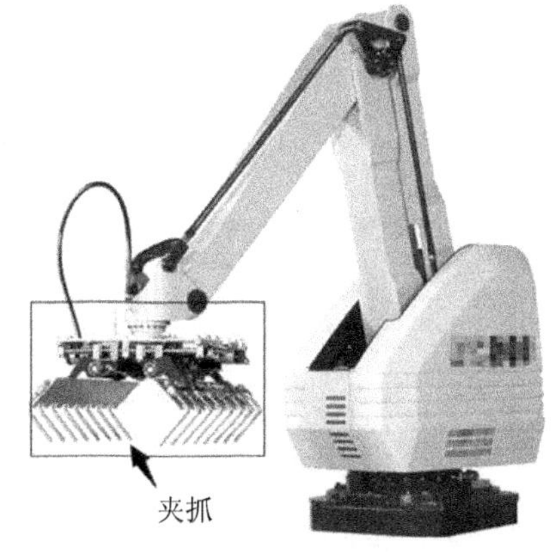

图 1-21　码垛机器人和码垛夹爪工具

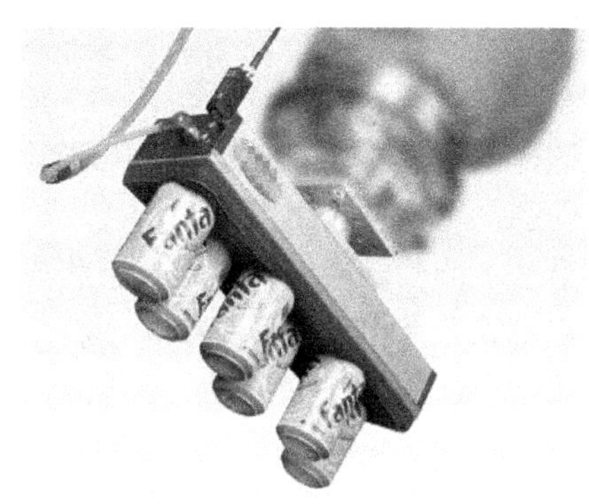

图 1-22　工业机器人的吸盘式工具

而在汽车行业中，最常见的工业机器人工具则是点焊工具，即将汽车的外覆盖件或者钣金结构件焊接在一起的工具。点焊焊钳是最常用的机器人点焊工具，如图 1-23 所示。

机器人工具的设计是工业机器人应用的基础和关键。机器人工程师需要根据产品需求、产品质量、工况、产品尺寸、材质、用途、包装方式甚至企业需求标准的不同，对工业机器人工具进行针对性的设计。

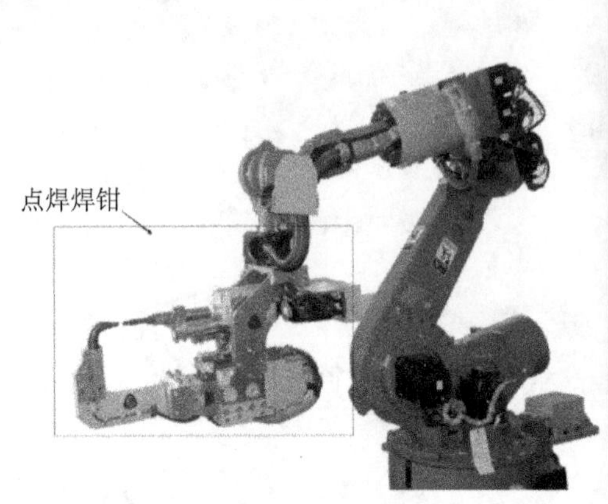

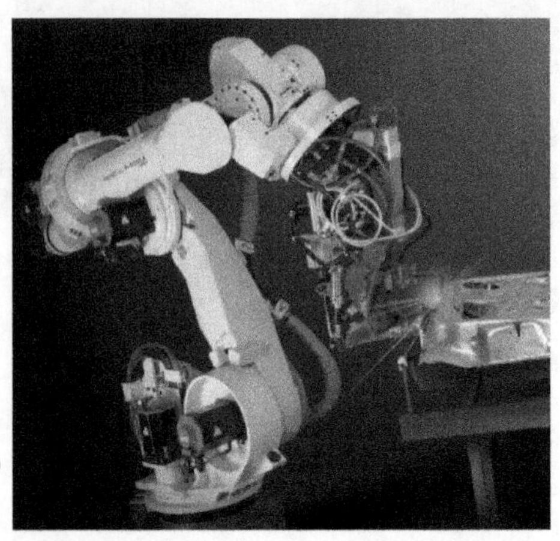

图 1-23　工业机器人点焊焊接工具

3．工业机器人辅助设备

工业机器人工作站往往无法仅靠机器人本体完成工作任务，而是要配合工业现场的辅助设备，包括自动化设备与通信设备。其中，自动化设备主要有气动执行单元、伺服执行单元、输送单元、抓取单元、检测单元等。在设计工业机器人应用方案时，需要考虑硬件的结构尺寸、接口匹配、传感器匹配等因素。

进行工业机器人应用方案设计时，还需要考虑机器人同现场的传感器、工业智能相机、控制器/工控机以及 PLC 之间进行数据通信的问题。业界已经有了许多成熟的通信方式及通信协议，最常见的通信方式是 I/O 点位的输入/输出通信、串口通信及以太网通信；主流通信协议包括现场总线、CClink、EtherNetIP、Profinet 等。但要注意，虽然工业机器人支持多种通信方式及通信协议，但部分品牌的机器人并未将通信方式和通信协议作为标准配置，使用时需要另行选配。在进行工业机器人选型及采购成本核算时，需要将这一因素考虑进去。

4．工业机器人安装方式

选择工业机器人安装方式时需要考虑多方面的因素，主要是应用工况。

最基本的机器人安装方式是正装式，所谓的“正装式”是相对于吊装或者倾斜角度安装的方式而言。例如，图 1-24 中的两台工业机器人对应着两种安装方式，左侧的为吊装，右侧的就是最常见的普通安装，即正装式安装。

图 1-24　吊装和正装结合的工业机器人工作站

除了安装角度，还要选择最适应工业机器人工作需要的安装位置。工业机器人都要安装在定制的工业机器人底座上，部分工业机器人需要安装在高底座上，如四轴码垛机器人。有的工业机器人除底座外还需要配备外接轴，相当于将机器人安装在一个可控可编程的导轨

上，使其可以定向移动一段距离，从而增加机器人的工作空间，如图 1-25 所示的机器人滑轨模组。

图 1-25　安装在滑轨模组上的工业机器人

总体来看，工业机器人的安装方式趋向于移动化。例如，在某些特殊的行业中，可以将轻量化的人机协作机器人安装在智能移动小车(AGV)上，由于智能移动小车是可控可编程的，且具备智能化的路径规划功能，因此相当于给机器人安上了“脚”，如图 1-26 所示。

图 1-26　安装在 AGV 上的 KUKA 工业机器人

1.3.3　工业机器人应用行业

随着制造业自动化和智能化程度的不断提升，工业机器人的应用技术越来越成熟，应用场景也越来越广泛。

1．汽车制造业

工业机器人首先大规模应用的行业就是汽车制造业，尤其在汽车装配以及汽车钣金外覆盖件电焊等工艺领域应用最为广泛。在中国，50%的工业机器人应用于汽车制造业，其中 50%以上为焊接机器人。

2. 电子电气行业

工业机器人在集成电路、贴片元器件等领域的应用较为普遍。以电子行业为例，由于工业机器人的高精度、可重复工作的特性，机器人抛光产品的成品率比人工抛光产品的成品率高很多，极大地提高了电子产品的生产效率及产品品质。目前，电子行业装机最多的工业机器人是SCARA型四轴机器人，第二位的是串联关节型垂直六轴机器人。

3. 橡胶及塑料工业

工业机器人在橡胶及塑料工业的应用专业化程度较高，需要符合严格的标准。由于橡胶和塑料的生产和加工与机械制造紧密相连，工业机器人需要在高标准的生产环境下可靠地进行作业，比如能在苛刻的环境标准下工作，或者在注塑机旁完成高强度作业等。

4. 铸造行业

铸造行业需要在极端的工作环境下进行多班作业，这使工人和机器都承受着沉重负担。为此机器人工程师开发了专门用于承受极重载荷的铸造机器人，可以完全胜任在高污染、高温等恶劣外部环境下的工作，在铸造行业中得到了广泛的应用。

5. 食品及医药行业

很多传统行业开始尝试使用工业机器人代替人类工作，例如食品业和制药业。目前，已经开发出的食品工业机器人有罐头包装机器人、自动午餐机器人和牛肉切割机器人等。而在制药生产过程中，工业机器人也已被广泛应用于视觉分拣、分类包装、质量检测和药剂实验等环节。

6. 烟草行业

工业机器人在我国烟草行业中的应用比较早。例如在20世纪90年代中期，云南玉溪卷烟厂率先采用工业机器人对其卷烟成品进行码垛作业，并使用AGV搬运成品托盘，节省了大量人力，减少了烟箱破损，提高了自动化水平。

7. 饲料和建筑原料

饲料和建筑原料行业看似毫无共同点，但二者的产品都是袋装，且单位重量大。因此，工业机器人工作站和自动化技术被广泛应用于这两类企业的产品包装运输环节，如饲料装袋、建材堆垛及装盘转运等，代替重体力工人进行高速不间断的码垛转运等工作。

1.4 工业机器人人才需求分析

随着现代工业的发展和制造业的进步，工业机器人越来越被市场接受和认可，当今的人才市场难以满足相关工业机器人岗位的需求。另外，作为工业机器人相关人才，同样需要在多个方面对于相关知识有所积累，才能满足工业机器人岗位的需要。

1.4.1 工业机器人岗位需求现状

随着传统制造业的升级改造与人工成本的快速提高，企业越来越倾向于使用工业机器人来提高产业附加值、保证产品质量、降低生产成本，使得工业机器人产业面临前所未有

的发展机遇。近年来，世界工业机器人的装机运行量呈现不断增加的态势，其中中国市场的增长尤为明显，如图 1-27 所示。

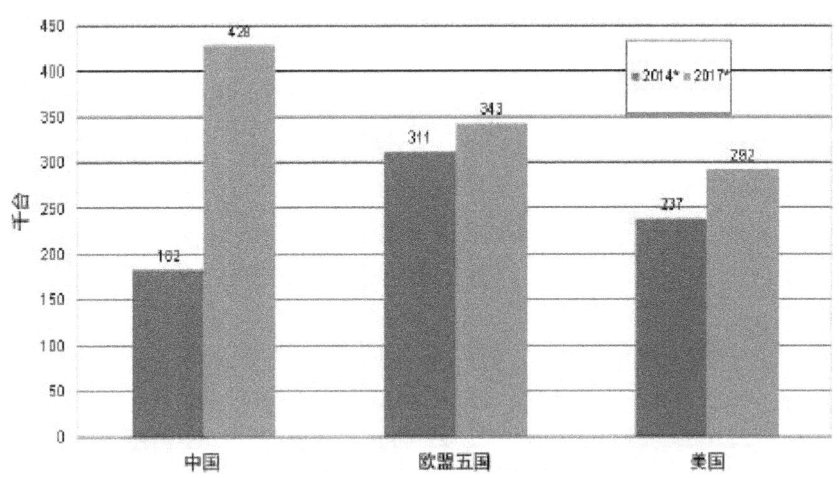

图 1-27　中美欧近几年工业机器人运行装机量

《中国制造 2025》规划提出，要把智能制造作为信息化与工业化深度融合的主攻方向。其中，工业机器人被认为是实现目标的关键。相应地，一个紧迫的问题清晰地摆在面前——人才问题。

我国工业机器人技术的发展，遇到的最大瓶颈不是技术短缺，而是人才缺失。据国家统计局数据，截至 2017 年 5 月，仅仅在长三角地区使用工业机器人的企业就有 6000 多家，人才缺口约 5 万人左右，全国工业机器人应用人才缺口将近 10 万。而根据工信部发展规划，预计未来 3～5 年，工业机器人的增速有望达到 25%以上。到 2020 年，全国工业机器人装机量将达到 100 万台。相应地，对工业机器人编程控制、结构设计、操作维护、系统安装调试、系统集成等应用型人才的需求量将达到 20 万人左右，相关人才缺口巨大。

但是，由于目前国内院校在工业机器人应用方面的对口专业刚刚兴起，从事工业机器人现场编程、机器人自动生产线设计维护、工业机器人安装调试等岗位的人员主要来自对电气自动化、机电一体化等专业毕业生的二次培训，而短期培训显然难以胜任专业岗位的要求，因此，当前国内工业机器人应用人才结构性矛盾和人才荒问题异常突出。

1.4.2　工业机器人的知识基础

工业机器人的开发与应用涉及电气、机械、计算机编程等多方面的知识，因此相关从业人员不能只精通某一技术领域，而是需要具备综合性的知识体系，简述如下。

1．机械知识

工业机器人的存在意义在于替代人类完成一系列的动作，这要用到多种操作工具，如夹爪、操作台等。驱动机器人完成指定动作还要用到气动、液压驱动、电机驱动等多种驱动方式。因此，工业机器人的操作人员必须具备相应的机械专业知识，包括基本的机械读图能力与机械设计能力。例如，需要针对工件的形状设计对应的夹爪，以保证机器人能够抓起各种外形的工件。

2. 电气知识

电气系统是工业机器人控制系统的基础。机器人工作站经常用光电传感器、限位传感器等设备来采集机器人工作现场的信息，而这些设备的连接与使用都需要具备电气方面的知识。而在应用 PLC 控制系统时，只有具备电气专业知识的操作人员才能更好地设计出电气原理图，完成电气元器件的接线、PLC 编程等工作。

3. 计算机编程知识

程序是人与工业机器人沟通的重要媒介。现代工业机器人编程语言越来越向着计算机高级编程语言发展，具有与计算机高级语言类似的指令和方法。以 ABB 工业机器人为例，其使用的 RAPID 编程语言就与 C 语言十分相似。因此，如果工业机器人操作人员具有一定的计算机编程知识基础，则给机器人进行编程时就会更加得心应手。

本书将系统讲解工业机器人的控制系统和编程技巧，并通过多个实际案例的搭建与编程，由浅入深地讲解工业机器人集成应用的相关知识。本书对工业机器人应用方案设计与机器人生产线改造方案设计均有一定的参考价值，且关键知识点均配有二维码视频。

本 章 小 结

- ✧ 机器人被认为是靠自身的动力和控制能力来完成各种工作的一种机器，它接受人类的指挥，可以运行预先定义的程序，也可以根据其自有人工智能的方案行动，进而协助或者代替人类工作。
- ✧ 工业机器人包含机械本体和控制系统两大部分。
- ✧ 各类工业机器人的技术参数是基本一致的，主要包括自由度、工作空间、定位精度与重复定位精度、最大工作速度、工作载荷、驱动方式等。
- ✧ 工业机器人的应用有三个层次：工业机器人工作站、工业机器人生产线和无人化工厂。

本 章 练 习

1. 简述什么是工业机器人。
2. 简述工业机器人的主要技术参数。
3. 简述典型工业机器人工作站的组成。

第 2 章　工业机器人操作基础

本章目标

- 了解工业机器人调试前的准备工作
- 掌握工业机器人的示教器操作
- 掌握工业机器人手动操作步骤
- 熟悉 ABB 仿真软件的使用方法
- 熟悉虚拟机器人工作站的搭建方法

对工业机器人的学习分为机器人操作和机器人编程两大部分。但对机器人的编程不可避免也会涉及机器人的操作，因此，本章会对相关的操作进行基础的讲解。

本章将讲解工业机器人的安装和调试方法，包括搬运方式、吊装方式、开关机方法以及如何连接控制柜和使用示教器的方法，主要流程如表 2-1 所示。并通过在机器人仿真软件中建立、操作并运行一个机器人工作站的实例，使读者对工业机器人的整个应用流程有一个全面的了解。

表 2-1　工业机器人应用流程

序号	操作内容	备　注
1	将机器人本体与控制柜吊装到位	
2	连接机器人本体与控制柜之间的电缆	用电注意事项
3	连接示教器与控制柜	用电注意事项
4	接入主电源	用电注意事项
5	检查主电源正常后，通电	
6	校准机器人六个轴的机械原点	
7	设定 I/O 信号	
8	安装工具与周边设备	PLC、低压电器等
9	编程调试	
10	投入自动运行	

大多数工业机器人的操作方法是相似的，而编程软件则一般是厂家自主开发的。本书所有案例若无特殊说明，均是在 ABB 机器人及其工作站的基础上进行操作和编程的，使用的仿真软件是 ABB 出品的 RobotStudio，使用的编程语言为 RAPID。

2.1　新机调试

工业机器人新机到货后，需要进行检查、安装、连接电缆、上电、校准和调试，这是工业机器人操作的最基础环节，也是确保机器人正常运作的关键。

2.1.1　检查和安装

工业机器人开箱时，首先要进行检查、安装、连接电缆等操作，为检验机器人能否正常工作做准备。

1. 检查

首先要检查新机器人的完整度：观察机器人的外包装是否破损，判断是否可能有货物损坏；然后打开外包装，根据装单箱，逐一检查设备及零配件是否齐全。通常情况下，工业机器人都会包含本体、控制柜和示教器等主要组件，以及电源、电缆等配件。而通过查看型号，可以确认机器人本体及示教器的配置是否正确。

工业机器人控制柜一般为箱体结构。例如，ABB 机器人的紧凑型控制柜 IR5C 如图 2-1 所示。

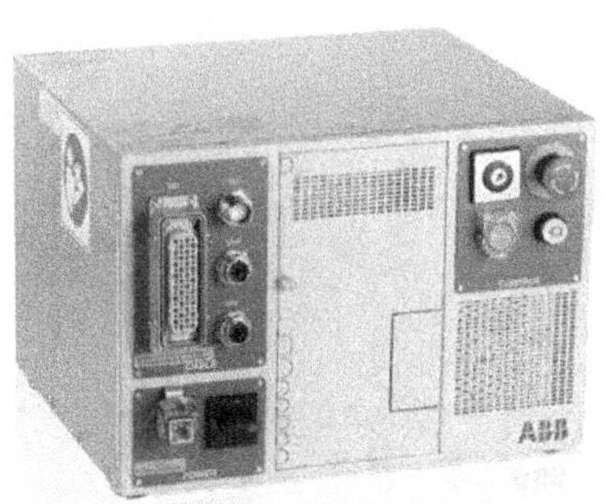

图 2-1　ABB 机器人紧凑型控制柜

控制柜上会有一些重要的按钮以及连接插头端口。例如，IRC 5 紧凑型控制柜面板上的主要按钮如图 2-2 所示。

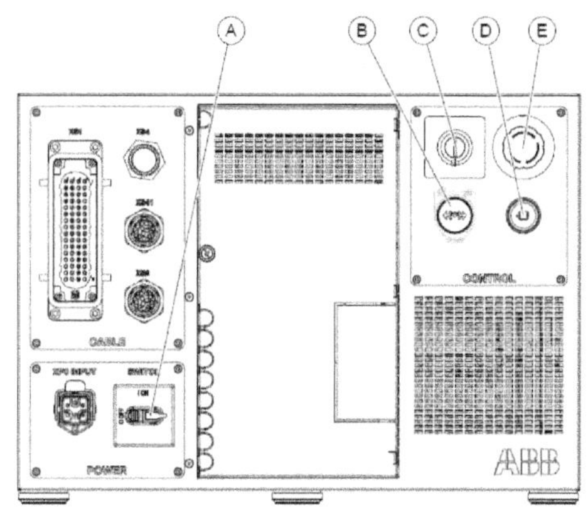

图 2-2　IRC 5 紧凑型控制柜面板示意图

图中各字母对应按钮的作用如下：

A：主电源开关，用来开启或关闭机器人。

B：制动闸释放按钮，位于盖子下，用来释放关节伺服电机的刹车。

C：模式选择旋钮开关，用来选择机器人运行模式，至少有手动和自动运行两种模式。该开关为钥匙旋钮选择式开关，需通过插入钥匙转动的方式选择。

D：机器人电机供电按钮，用来给机械臂各个关节的电机上电激活。

E：紧急停止按钮，用于在紧急情况下停止机器人动作。

2. 安装

工业机器人本体的型号不同，重量也各不相同，从几十公斤到几吨不等。因此在工业机器人的安装过程中，不同机器人的吊装转运方式也不同，可以根据机器人本体上的吊装方法图示及说明，将机器人固定并安装到底座上。

以 ABB 公司的 IRB 2600 型机器人为例：首先要将机器人的轴 2、轴 3 和轴 5 运动至指定的位置，如图 2-3(a)所示；然后根据机器人的随机说明，将机器人搬运到目标位置，此时如需使用叉车移动机器人，则要安装专用的机构以方便叉车搬运。叉车搬运的姿态如图 2-3(b)所示；而使用吊车对机器人进行吊装的示意如图 2-3(c)所示，注意：吊装时应在 A、B 和 C 处添加覆盖物，以防绳索对机器人本体造成损坏。

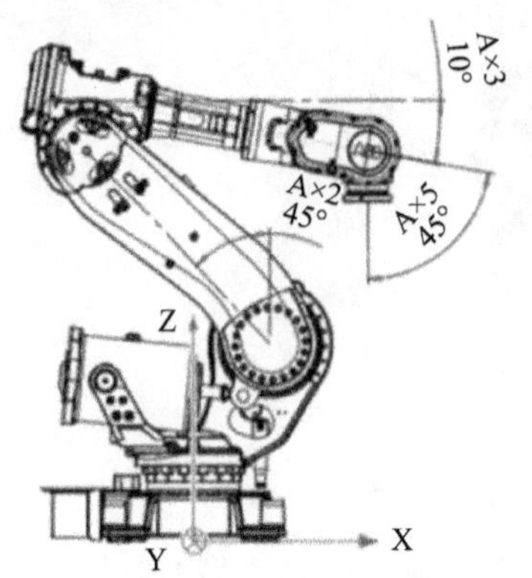

(a) 搬运前的姿态调整

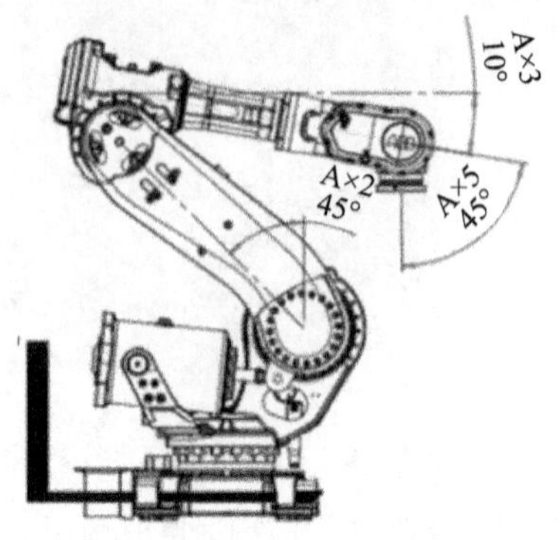

(b) 叉车搬运姿态

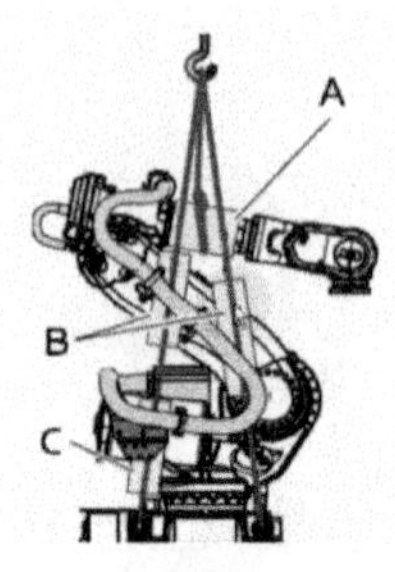

(d) 吊装姿态

图 2-3　IRB 600 型机器人的吊装示意图

将机器人搬运到特制的底座上后，再将控制柜吊装到指定的位置，方式如图 2-4(a)所示。当然，若控制柜的体积和重量较小(如紧凑型控制柜)，也可直接用人力搬运。注意控制柜周围应有预留空间，如图 2-4(b)所示。

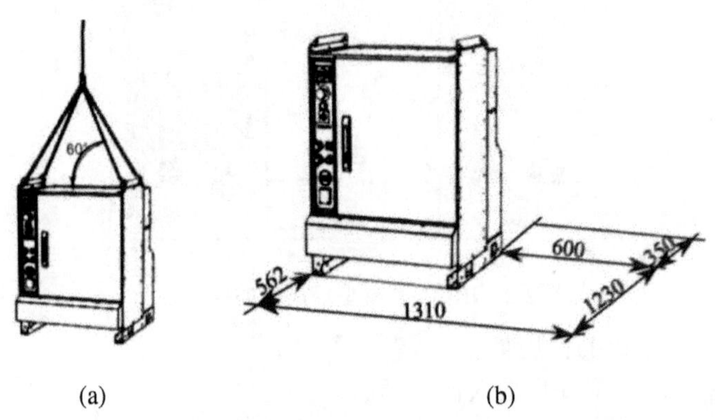

(a)　(b)

图 2-4　控制柜吊装示意图

使用机器人本体的底座接口将机器人固定在底座上，安装在底座上的机器人和摆放好的控制柜如图 2-5 所示。

图 2-5　安装连接好的机器人

3. 连接

工业机器人安装完毕后，要用配备的电缆连接其他组件，为机器人的正常上电和运行做准备。通常来说，需要进行工业机器人本体与控制柜之间、示教器与控制柜之间、机器人本体与底座之间的电缆连接：

(1) 接口。一个典型紧凑型控制柜的接口如图 2-6 所示。

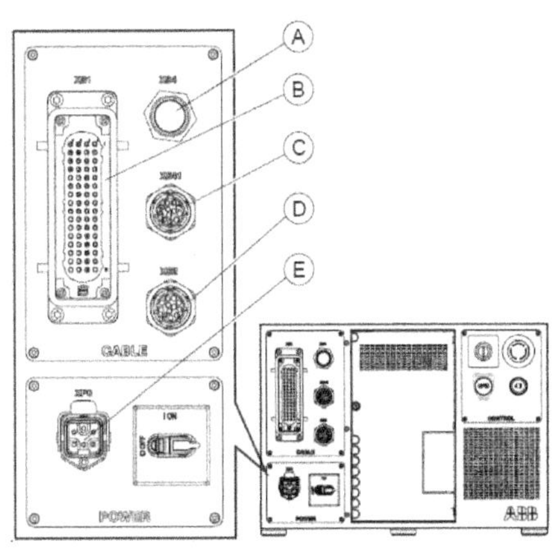

图 2-6　紧凑型控制柜接口示意图

图中各字母对应接口的说明如下：

A：XS.4——示教器连接插口，用于与示教器线缆末端的航插连接。

B：XS.1——机器人供电连接插口，用于与机器人机械臂动力线缆连接。

C：XS.41——附加轴 SMB 连接插口，用于连接带有附加关节控制器的插口。

D：XS.2——机器人 SMB 连接插口，用于连接机器人本体机械臂 SMB 线缆的航插接头。

E：XP.0——主电路连接插口，用于和对应搭配的附件插头连接，插头另一端需要连接外部工业用电线缆，机器人使用的电力参数需参考机器人随机说明书调整，并由电力工程师按照规范流程进行连接操作。

工业机器人本体的接口样式更为复杂，不同型号机器人的接口也有差异，具体需要参考机器人的随机说明书。例如，ABB 公司的 IRB 1200 型机器人本体的上底座接口和上臂接口如图 2-7 所示，对图中各字母对应接口的说明见表 2-2。

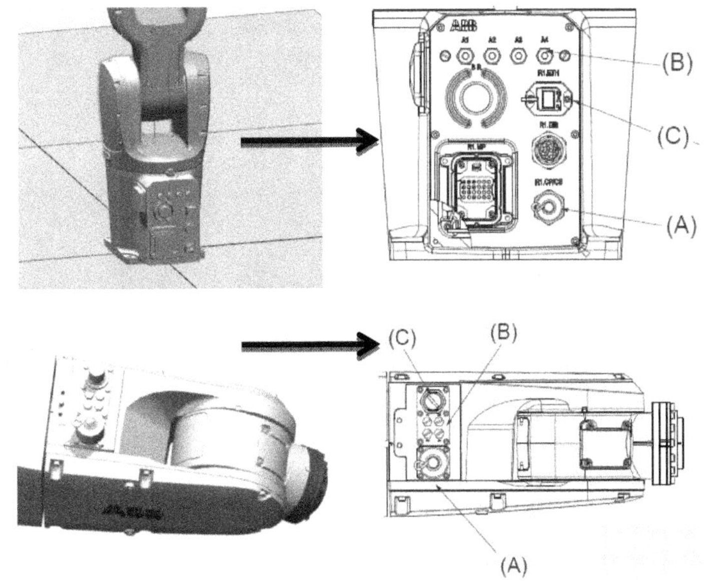

图 2-7　IRB 1200 型机器人本体连接接口

表 2-2　机器人 IRB1200 连接接口说明

位　置	连　接	描述	编号	值
A	(R1)R4.CP/CS	客户电力/信号	10	49 V，500 mA
B	空气	最大 0.5 MPa	4	软管内径 4 mm
C	(R1)R4.Ethernet	客户以太网	8	100/10 Base-TX

从图 2-7 可以看出，机器人手臂和底座的接口是相互对应的，是机器人内置管路的两端。IRB 1200 型机器人的内置管路可以使工程师更方便地布置和管理线路，其他型号的机器人若没有内置管路，可由操作者或者施工人员在机器人表面进行布置，或者联系集成服务厂商进行配置。

(2) 控制柜与本体的连接。机器人本体与控制柜之间主要由电动机动力电缆、转数计数器电缆以及用户电缆相连接。多数 ABB 机器人使用 380 V 三相四线制电路，而 IRB 120、IRB 1200 等机型使用的紧凑型控制柜的输入电压为单相制 220 V，具体可查看机器人的随机说明。

图 2-8 展示了电机动力线缆和转数计数器电缆与控制柜的连接情况。

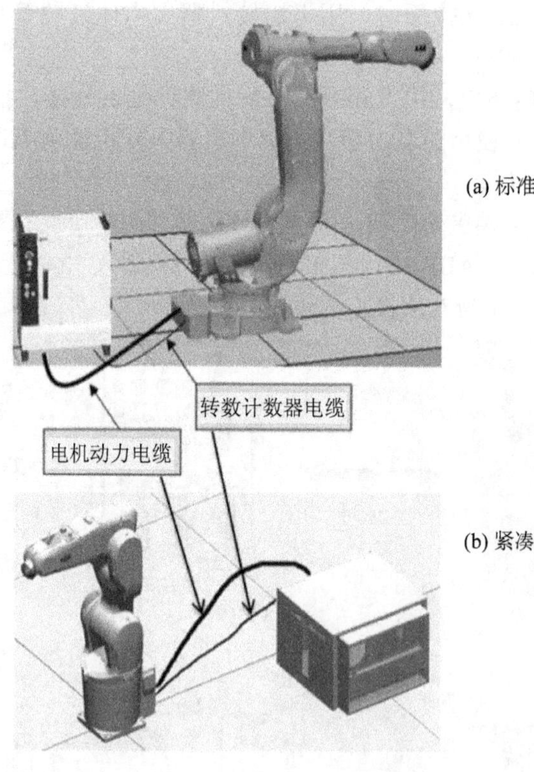

(a) 标准型控制器

(b) 紧凑型控制柜

图 2-8　机器人连接示意图

(3) 示教器与控制柜的连接如图 2-9 所示。

图 2-9　机器人控制柜与示教器

各组件连接完毕并确认无误之后，检查主电源是否输入正常。如果正常，合上控制柜上的主电源开关，开始进行上电、开关机及校准操作。

注意：为稳妥起见，可对刚到货的新机器人进行简单的连接测试，测试时不需安装底座，若检测确认没有问题，可拆卸连接线缆，连接本体底座后再连接线缆调试。

2.1.2　示教器使用

示教器(FlexPendant)是对机器人进行手动操纵、程序编写、参数配置以及监控的手持装置，是最常用的工业机器人控制装置，也是工业机器人的必备组件之一。

不同厂商出品的机器人示教器可谓五花八门，操作和编程指令也各不相同，部分款式的机器人示教器如图 2-10 所示。

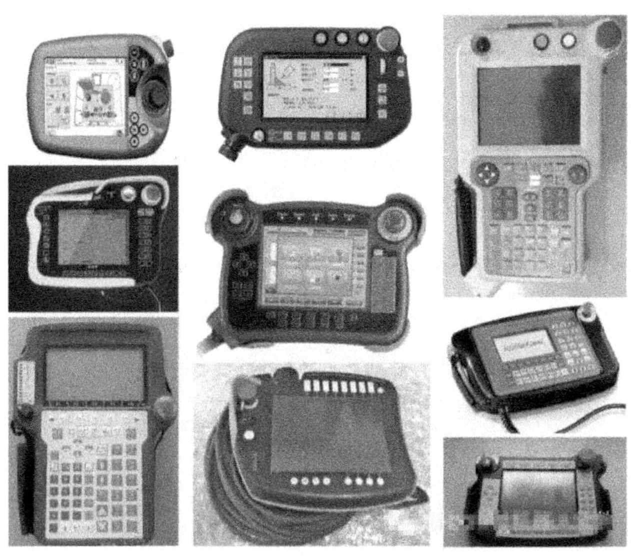

图 2-10　各种工业机器人示教器

示教器最主要的作用是进行示教编程，即操作人员通过示教器手动控制工业机器人，令其运动到任务预定的位置，将该位置的信息记录下来并传入控制器中，之后机器人就可根据指令自动重复该任务。示教编程是工业机器人的主流编程方式之一。

随着工业机器人的应用场景越来越复杂，示教编程的缺点也逐渐暴露出来：

(1) 示教在线编程过程繁琐、效率低。

(2) 精度完全由示教者的目测决定，且对于复杂的路径难以取得满意的效果。

(3) 示教器种类太多，学习量偏大。

(4) 示教过程容易发生事故，轻则撞坏设备，重则撞伤人。

(5) 进行示教编程时需要占用实际的机器人。

然而，示教编程也有很多优点，如编程门槛低、方法简便、不需搭建环境模型等，还可以在示教中修正机械结构导致的误差。因此，目前仍有很多工业机器人采用示教编程方式，尤其是在搬运、码垛、焊接等运动轨迹简单的作业领域。

下面以 ABB 工业机器人示教器为例，掌握以下基础知识：

(1) 认识示教器，能正确说出示教器的功能和各部分构造。

(2) 会配置必要的操作环境，包括设定示教器的显示语言以及正确使用使能键。

(3) 能通过示教器画面上的状态栏查看工业机器人的常用信息。

(4) 能使用示教器对工业机器人的数据进行备份。

1. 按键操作

ABB 工业机器人示教器的主要组成部分如图 2-11 所示。

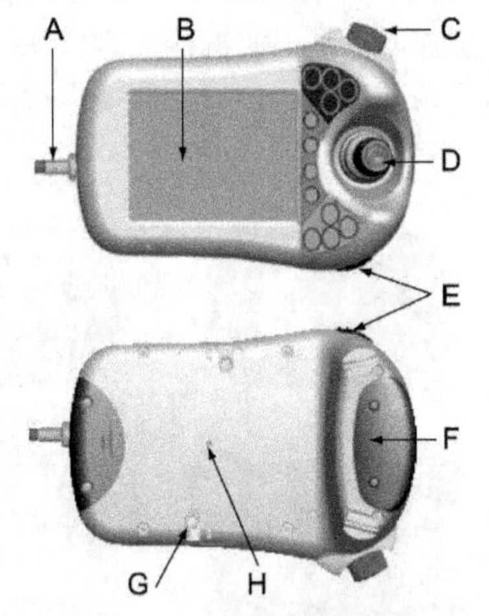

A—连接电缆；

B—触摸屏；

C—紧急停止开关；

D—操纵杆；

E—USB 端口；

F—使能键；

G—触摸笔；

H—重置孔

图 2-11 ABB 工业机器人示教器

ABB 机器人示教器采用按键与触摸相结合的控制方式。示教器上的使能键是为保证工业机器人操作人员人身安全而设置的。只有按下使能键，并保持在“电机开启”状态时，才可以对机器人进行手动操作与程序调试；当发生危险时，操作人员松开或按紧使能键，机器人就会马上停下来。

示教器是按照人体工程学进行设计的，使能键位于示教器手动操作摇杆的右侧。操作时，应用左手握持示教器，用右手进行屏幕和按钮的操作，此时，左手除拇指外的四根手指刚好可以按在使能键上，如图 2-12 所示。

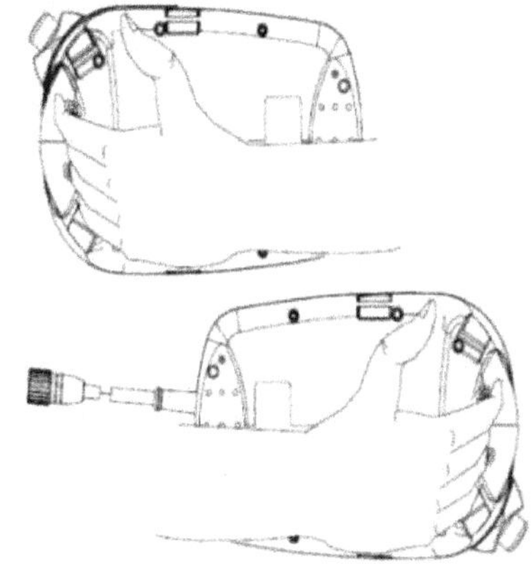

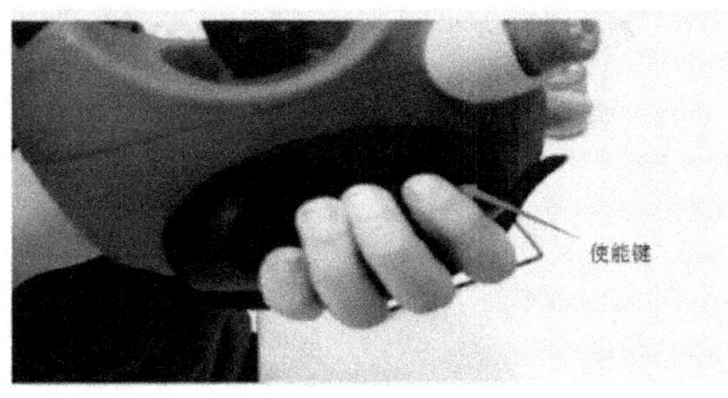

图 2-12　ABB 工业机器人示教器握持方法

示教器外壳上有许多专用的实体按键，如图 2-13 所示。每个按键对应的功能参见表 2-3 中的内容，其中的预设键 A～D 可供用户自由指定想要的功能。

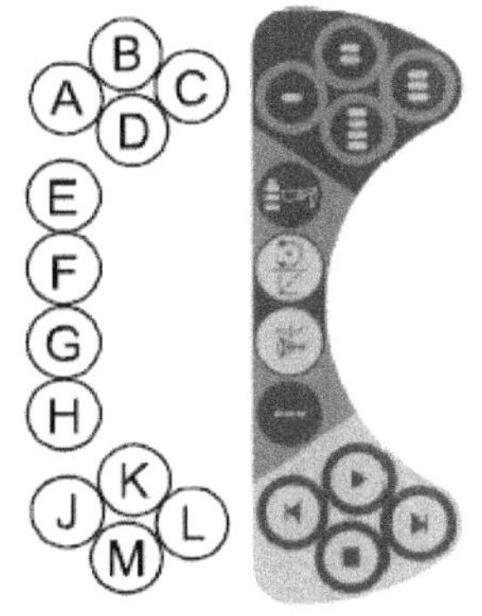

图 2-13　ABB 工业机器人示教器按键

表 2-3　ABB 机器人示教器按键说明

标号	说　明
A～D	预设快捷键，1～4
E	选择机械单元
F	切换运动模式为重定向或线性
G	切换运动模式为轴 1～3 或轴 4～6
H	切换增量
J	步退按钮。按下此按钮，可使程序后退至上一条指令
K	启动按钮。开始执行程序
L	步进按钮。按下此按钮，可使程序前进至下一条指令
M	停止按钮。停止程序执行

2．触摸屏操作

ABB 示教器通过触摸屏进行功能选择和编程设置，触摸屏主界面如图 2-14 所示。

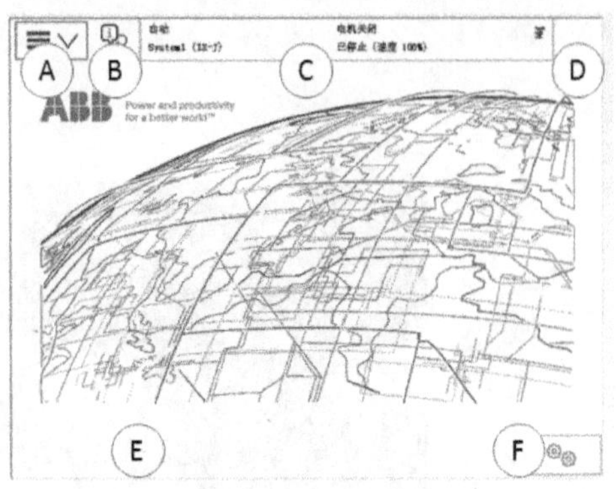

图 2-14　ABB 工业机器人示教器主界面

对示教器主界面各部分的详细说明如表 2-4 所示。

表 2-4　ABB 示教器主界面说明

标号	说　明
A	ABB 菜单键
B	操作员窗口。显示来自机器人程序的消息，在程序需要操作员做出某种响应后方可继续运行程序
C	状态栏。显示与系统状态有关的重要信息，如操作模式、电机开启/关闭状态、程序状态等
D	关闭按钮(图中未显示，因为后台没打开任何视图)。单击此按钮，可以关闭当前打开的视图或应用程序
E	任务栏(ABB 示教器允许同时打开多个视图，但每次只能操作一个)。任务栏显示所有打开的视图，并可用于视图切换
F	快速设置菜单。可以对机器人运动控制和程序执行进行设置

1) 设置语言

示教器出厂时默认的显示语言是英语，为了方便操作，下面介绍将显示语言设定为中文的方法：

(1) 单击示教器触摸屏幕界面左上角的 ABB 菜单键 ≡∨ ，切换到示教器主菜单页面，然后选择【Control Panel】命令，在出现的【Control Panel】界面中选择【Language】命令，如图 2-15 所示。

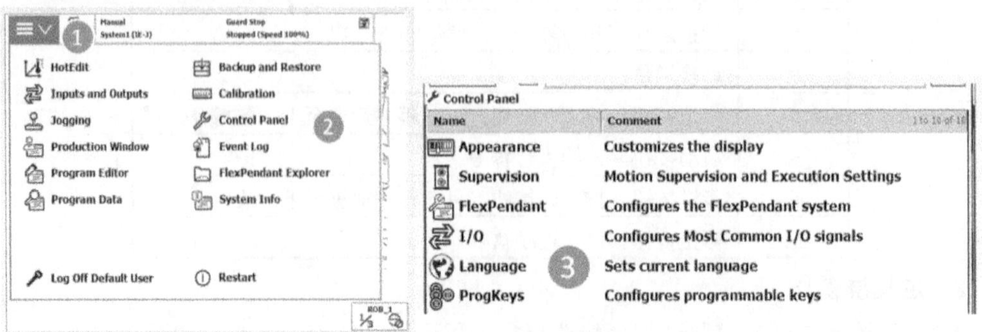

图 2-15　修改示教器显示语言

(2) 在随后出现的【Control Panel- Language】界面的【Installed Language】列表中，选择【Chinese】，单击【OK】按钮，弹出重启提示对话框，此时单击【Yes】按钮，重启机器人系统，如图 2-16 所示。

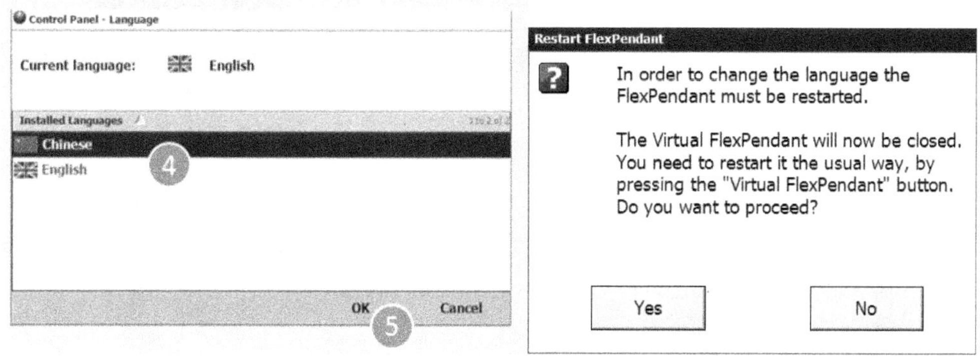

图 2-16　设置显示语言为汉语

重启后，可以看到示教器已切换为中文界面。

2) 查询状态信息和事件日志

在使用工业机器人的过程中，经常需要通过示教器界面中的状态栏查看常用的机器人状态信息。ABB 机器人示教器界面的状态栏如图 2-17 所示。

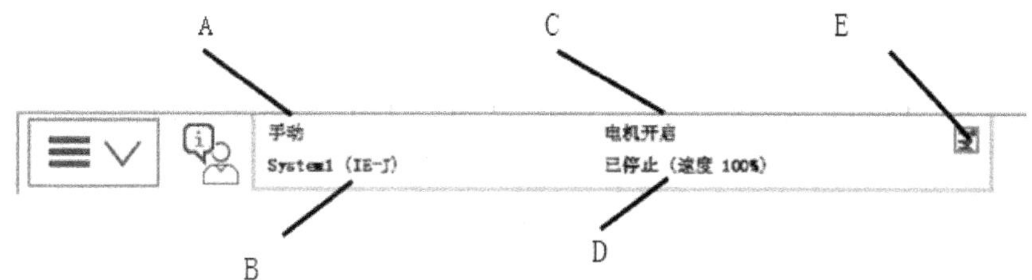

A—机器人的状态(手动、全速手动和自动)；B—机器人的系统信息；C—机器人电动机状态；
D—机器人程序运行状态；E—当前机器人或外轴的使用状态

图 2-17　ABB 机器人示教器的状态栏

以使能键的使用为例：ABB 示教器的使能键分为两档，在手动状态下，按下使能键一挡，机器人将处于电机开启状态，此时可以手动操控机器人，如图 2-18 所示；按下使能器二挡，机器人将处于防护装置停止状态，此时无法继续操控机器人，如图 2-19 所示。

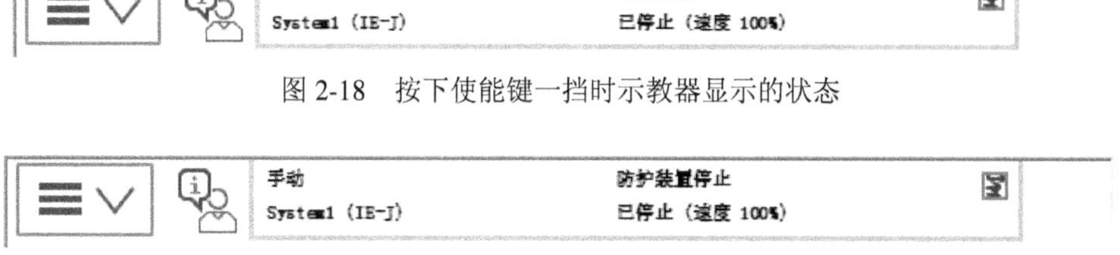

图 2-18　按下使能键一挡时示教器显示的状态

图 2-19　按下使能键二挡时示教器显示的状态

通过示教器的状态栏还可以查看机器人的历史状态：单击示教器状态栏空白处，即会在屏幕上显示机器人系统的事件日志，如图 2-20 所示。

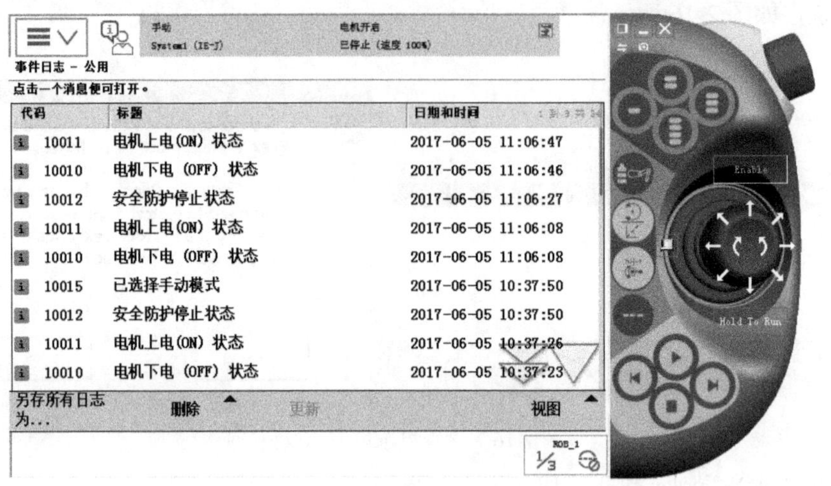

图 2-20　查看机器人系统的事件日志

3) 数据备份与恢复

为保证工业机器人正常工作，需要定期对机器人的数据进行备份。以便在机器人系统出现错乱或重装新系统后可以通过备份快速地把机器人恢复到备份时的状态。对 ABB 机器人而言，需要备份的数据就是正在系统内存中运行的所有 RAPID 程序和系统参数。下面介绍使用示教器对工业机器人数据进行备份与恢复操作的具体方法。

(1) 备份。备份操作是将机器人的系统数据备份到存储设备，具体步骤如下：

在 ABB 示教器主菜单中选择【备份与恢复】命令，然后在出现的【备份与恢复】界面中，单击【备份当前系统...】图标，如图 2-21 所示。

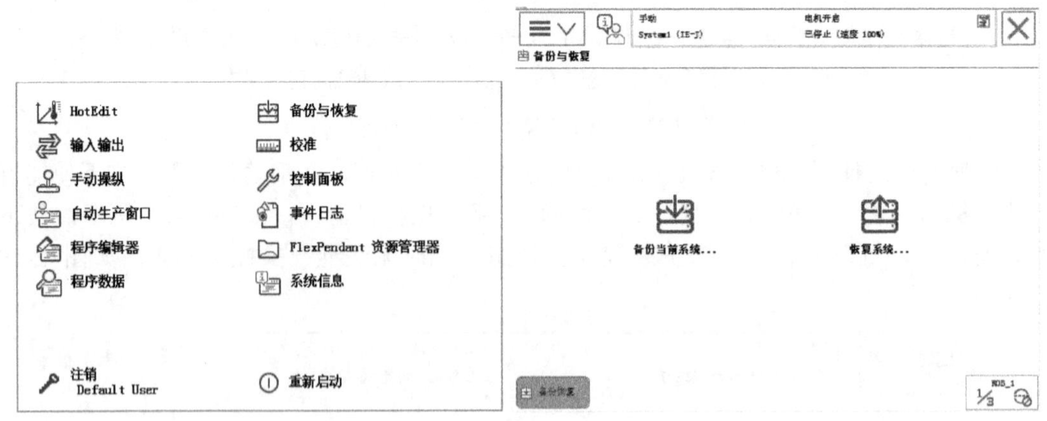

图 2-21　选择备份当前系统

在出现的【备份当前系统】界面中，单击【ABC...】按钮，设定备份文件夹名称；然后单击【...】按钮，选择备份保存的位置(机器人硬盘或 USB 存储设备)；最后单击【备份】按钮，进行备份操作，如图 2-22 所示。

图 2-22　设置备份选项

备份完成后会在机器人系统存储单元生成一个备份文件夹，文件夹的名称中包含备份时间。对备份文件夹中的文件及文件夹内容的说明见表 2-5。在熟悉机器人的编程语言后，可对其中部分文件的内容进行修改。

表 2-5　备份文件夹内容说明

文件/文件夹名称	介　绍
sytem.xml	机器人系统设置文件，如密码、选项等
BACKINFO	机器人版本文件，如安装的序列号等
HOME	机器人硬盘中的 HOME 目录备份位置
RAPID	机器人系统中保存的 RAPID 程序
SYSPAR	机器人系统参数文件夹，存放 I/O 板、信号等的设置文件

(2) 恢复。进行数据恢复操作时，要注意备份数据具有唯一对应性，不能将一台机器人的备份数据恢复到另一台机器人中去，否则会造成系统故障。但在实际工作中，也常会将程序和 I/O 的定义数据备份，以便在批量生产时使用，此时可以通过单独导入程序和 EIO 文件来解决数据冲突问题。

数据恢复的一般操作如下：在图 2-21 所示的示教器的【备份与恢复】界面中，单击【恢复系统...】图标，在出现的【恢复系统】界面中单击【...】按钮，选择备份存放的目录，最后单击【恢复】按钮，等待数据恢复完成即可，如图 2-23 所示。

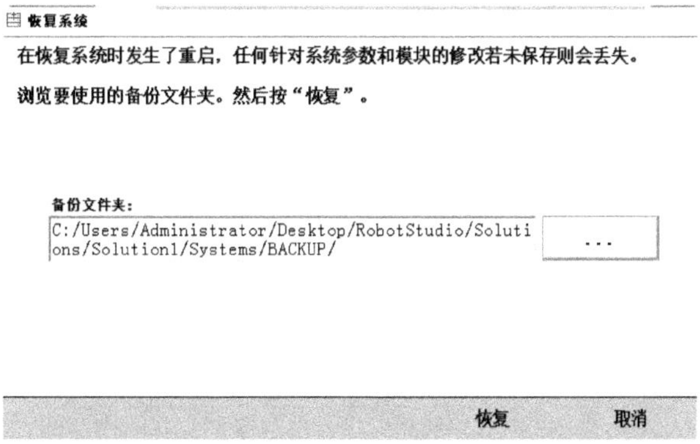

图 2-23　恢复数据

2.1.3 开/关机与设置

本小节介绍工业机器人的开/关机和基本设置方法。机器人系统通电之后，可对机器人进行开机操作，并进行校准和设置；不使用机器人时，则要及时关机。

1. 开/关机

下面以 ABB 公司的 IRB 1200 型工业机器人为例，介绍开机及关机的具体操作方法：

(1) 开机。如图 2-24 所示，确认输入电压正常后，将图中右上角的机器人控制柜主电源开关顺时针旋转 90°，由【OFF】旋到【ON】，即可启动机器人电源开关。

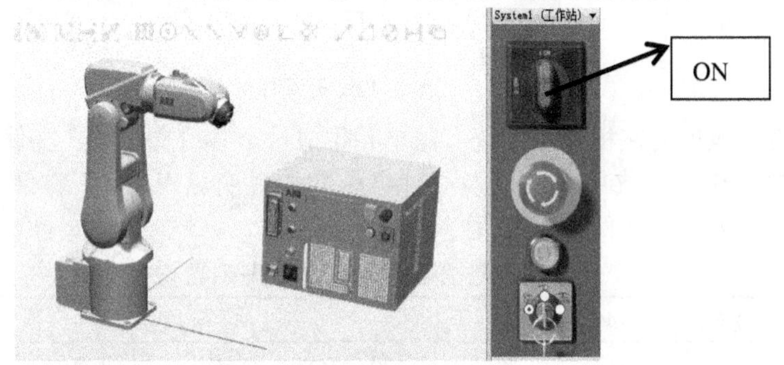

图 2-24 启动机器人电源开关

(2) 关机。首先单击示教器左上角的菜单键，在出现的主菜单界面中选择【重新启动】命令，在出现的【重新启动】界面中单击【高级】按钮，选择【高级重启】选单中的【关闭主计算机】项，然后单击【下一个】按钮，即对机器人执行关机，如图 2-25 所示。

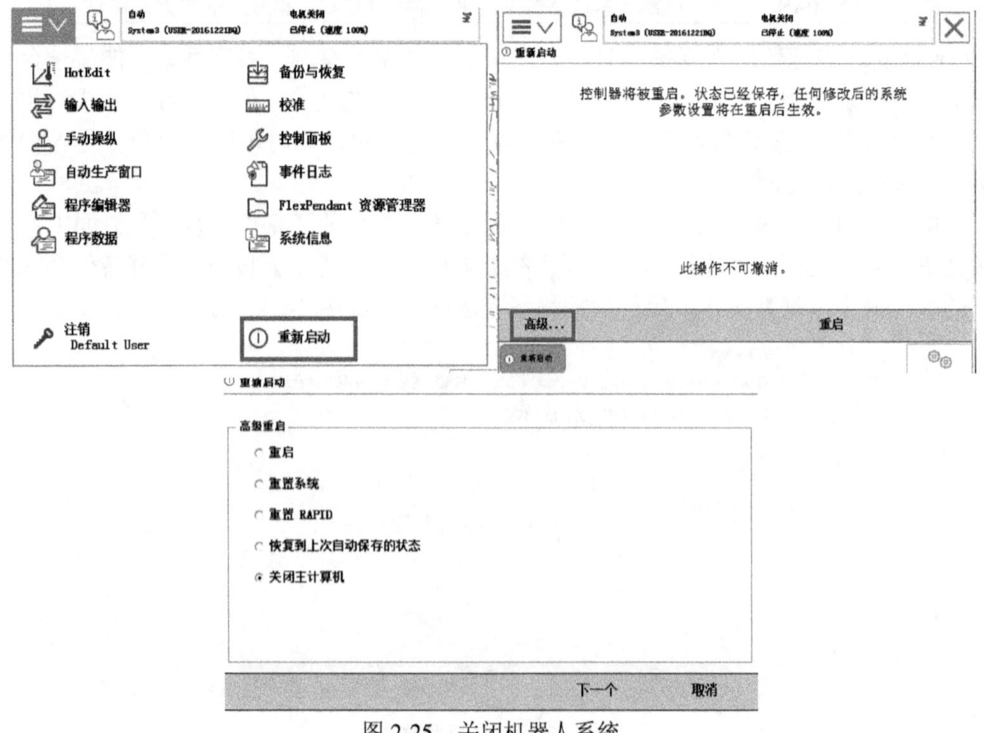

图 2-25 关闭机器人系统

然后待示教器画面完全熄灭后，将主电源开关旋转到【OFF】挡，关闭电源。

注意：关机后若要再次开启电源，需要等待 2 分钟，以防对机器人系统造成损坏。

2. 重新启动

ABB 工业机器人系统可以长时间无人操作，但如果出现以下情况，则需要重新启动机器人系统：

(1) 机器人安装了新的硬件。

(2) 更改了机器人系统的配置参数(如配置了 I/O)。

(3) 机器人出现系统故障(SYSFAIL)。

(4) 机器人的 RAPID 程序出现故障。

ABB 机器人常用的几种重启模式的说明如表 2-6 所示。

表 2-6　常用的 ABB 机器人重启模式

重新启动类型	说　明
热启动	使用当前的设置重新启动机器人系统
关机	关闭机器人系统主机
B-启动	重启并尝试回到上一次的无错状态，一般在出现系统故障时使用
P-启动	重启并将用户加载的 RAPID 程序全部删除
I-启动	重启并将机器人系统恢复到出厂状态

当机器人系统出现一些无法消除的报警信息或者其他异常情况(如系统处于故障状态)时，应首先考虑通过 B-启动模式恢复系统。另外，不要在未搞清含义之前尝试使用其他重启模式，否则可能会造成机器人系统崩溃。

3. 查询系统信息

选择示教器主菜单中的【系统信息】命令，可以打开【系统信息】界面，其中显示了控制器和正在运行的机器人系统的相关信息，包括系统属性、控制模块和驱动模块等信息，如图 2-26 所示，详细说明见表 2-7。

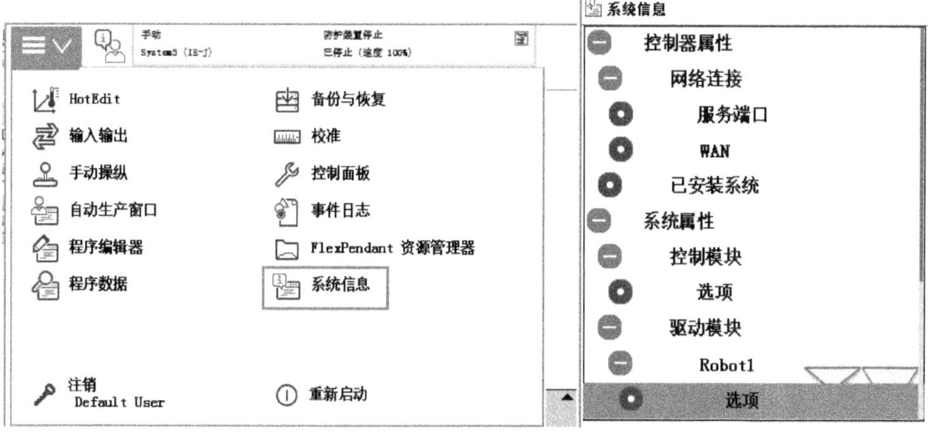

图 2-26　机器人系统信息界面

表 2-7 系统信息界面栏目说明

系统信息栏目	栏 目 内 容
控制器属性	控制器名称
网络连接	服务端口和局域网属性
已安装系统	已安装系统的列表
系统属性	当前正在使用中的系统信息
控制模块	控制模块的名称和密匙
选项	已安装的 RobotWare 选项与语言
驱动模块	所有驱动模块的列表
Drive Module1	驱动模块的名称与密钥
选项	驱动模块的选项，如机器人类型等
附加选项	任何已安装的附加选项

4. 控制面板

选择示教器主菜单中的【控制面板】命令，可以打开【控制面板】界面，其中包含了用来对机器人与示教器进行设置的各种功能，如图 2-27 所示，对这些功能的说明详见表 2-8。

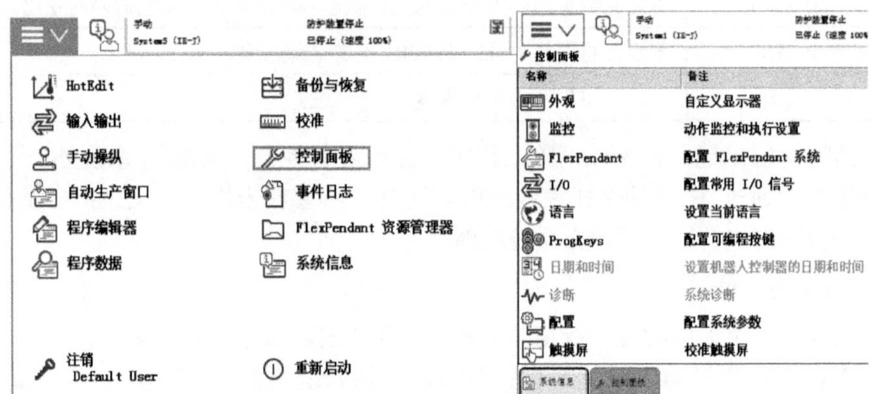

图 2-27 进入示教器控制面板

表 2-8 机器人示教器控制面板功能说明

项目	功 能 说 明
外观	设置自定义的显示器亮度和左/右手操作习惯
监控	设置机器人动作监控功能
FlexPendant	设置示教器的属性
I/O	配置机器人常用的 I/O 列表，在示教器的【输入输出】中显示 I/O 信号，以方便调试时进行快捷操作
语言	设置机器人控制器的当前语言
ProgKeys	为可编程按钮指定输入/输出的信号
日期和时间	设置机器人控制器的日期和时间
诊断	创建诊断文件以便于排除故障
配置	配置机器人系统参数
触摸屏	重新校准触摸屏

在开机并查询系统信息之后，就可以配置机器人的 I/O 信号、安装抓手工具与周边设备，并进行编程调试。

2.1.4　保养与安全

工业机器人是复杂而精密的设备，在使用时要注意安全，还要定时对机器人进行保养，以增加机器人的使用寿命。

1. 机器人系统保养

工业机器人的保养非常重要，不仅可有效延长机器人的使用寿命，还能避免使用时出现问题及事故，其主要方法如下：

(1) 控制器及电缆的保养：

✧ 检查所有电缆是否已可靠连接且无破损。

✧ 清理风扇及散热片上的灰尘。

✧ 检查所有密封连接处。

✧ 用吸尘器清理柜体内部。

✧ 使用软布蘸温水或中性清洁剂擦拭示教器。

(2) 机器人(以 ABB 公司的 IRB 1600 为例)的保养：

✧ 每年检查机械挡块是否变形。

✧ 每年检查所有可见电缆是否破损。

✧ 每年给 5、6 轴添加一次润滑油。

✧ 系统提示电池电量低时更换电池。

(3) 其他保养方法参考机器人自带产品手册。

2. 机器人紧急制动

当机器人需要紧急停止时，按下示教器右侧的红色紧急停止按钮，即可使机器人紧急制动。例如，图 2-28 中示教器的红色紧急停止按钮已被按下，此时机器人即处于紧急停止状态。

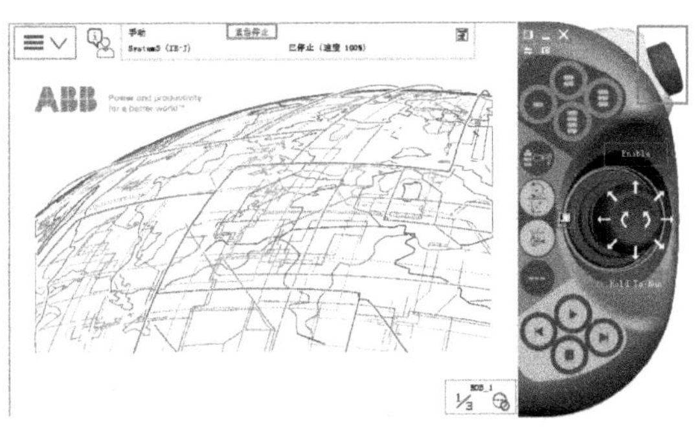

图 2-28　处于紧急停止状态的机器人

机器人紧急停止后，需要进行特定的操作才可以恢复到正常的状态：首先要将示教器上的紧急停止按钮复位，如图 2-29(a)所示；然后按下控制柜面板上的电机开启按钮，即图 2-29(b)中箭头所指的白色按钮。

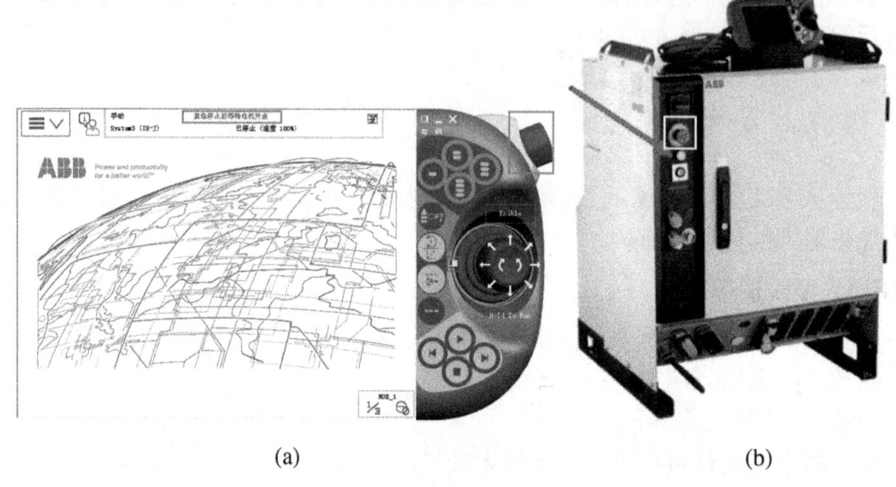

(a)　　　　　　　　　　　　(b)

图 2-29　解除机器人紧急停止状态

另外，机器人控制柜的面板上也有紧急停止按钮，如图 2-29(b)中白框内按钮，其功能与示教器右侧的紧急停止按钮相同，按下即可紧急停止机器人的运动。复位时，向右旋转系统控制柜面板上的紧急停止按钮，该按钮就会弹起，然后按下白色机器人电机供电按钮，系统即可恢复正常，同时机器人一直保持停止状态。

2.2　手动操作

手动操作是指利用示教器控制机器人进行运动，本质是通过对机器人各个关节的手动调节来实现机器人本体姿态与空间位置改变的过程(可扫描右侧二维码，观看对机器人进行手动操作的视频)。

手动操作

2.2.1　机器人运动方式

机器人从一个位置移动到下一个位置的运动有多种方式，也可以选择多种路线。工业机器人通常采用三种运动方式，分别为单轴运动(也叫关节运动)、线性运动(也叫笛卡尔线性运动)和重定位运动。

机器人某个关节轴的运动称为单轴运动，亦称关节运动。线性和重定位运动都是基于工具坐标系而言的，每个工具坐标系都有一个中心点(Tool Center Point，TCP)即工具坐标系的原点，可设定在工具上，也可以在工具外。TCP 是工具动作执行的作用点，选定 TCP 后就可以执行线性或者重定位运动：线性运动就是保持工具的姿态不变，只沿着工具坐标的方向进行笛卡尔运动；重定位运动就是保持 TCP 的空间位置不变，围绕 TCP 旋转从而改变工具姿态的运动。

1．单轴运动

六轴工业机器人使用六个伺服电动机分别驱动机器人的六个关节轴，可以通过执行单轴运动来更改机器人工具的姿态。一个常见的六轴工业机器人的关节轴位置如图 2-30 所

示。其中，第六轴是机器人的最末端轴，通常会在其上安装机器人工具，如焊接抢、夹爪等。由于机器人工具常常安装在最末端轴上，所以机器人工具也称为末端执行器。

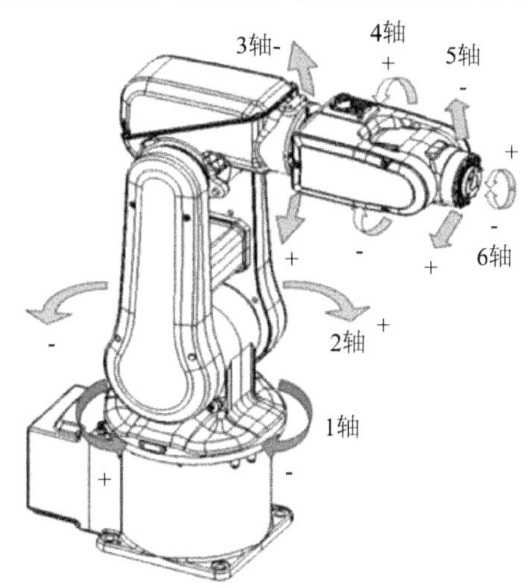

图 2-30　六轴工业机器人关节分布图

2. 线性运动

工业机器人的线性运动是指机器人的工具中心点(TCP)在空间中的运动。工业机器人出厂时，默认机器人工具的 TCP 位于机器人末端法兰盘的中心点上，而当法兰盘上安装了工具时，则需将默认的 TCP 设置为所安装工具的作用点位置，并以此为原点来建立新的工具坐标系。工具中心点的位置是为了方便编程和设置工具姿态而确定的，根据工具的不同，工具中心点的位置也各不相同。

3. 重定位运动

工业机器人的重定位运动是指在保持机器人工具 TCP 的空间坐标不变的情况下，以控制工具围绕坐标轴旋转的方式改变机器人工具姿态的运动，也可理解为机器人绕着工具 TCP 进行姿态调整的运动。

2.2.2　手动控制

借助示教器，在设定运动方式和参数后，可以对工业机器人的位置和姿态进行手动调节，称为手动控制，它是工业机器人应用的基础。手动控制模式主要有三种：手动关节运动、手动线性运动和手动重定位运动。

1. 手动关节运动

机器人控制柜上电，使用钥匙将控制柜上的机器人模式选择开关转到手动模式，如图 2-31 所示。

图 2-31　控制柜控制面板

注意：虽然本例中的控制柜只有手动和自动两种可选模式，但许多型号的机器人控制柜有三种可选模式：自动模式、手动(限速)模式和手动全速模式。

在示教器主菜单中选择【手动操纵】命令，在出现的【手动操纵】界面中选择【动作模式】命令，在随后出现的【手动操作-动作模式】界面中单击【轴 1-3】图标，然后单击【确定】按钮，即可手动控制关节 1-3 的动作，如图 2-32 所示。

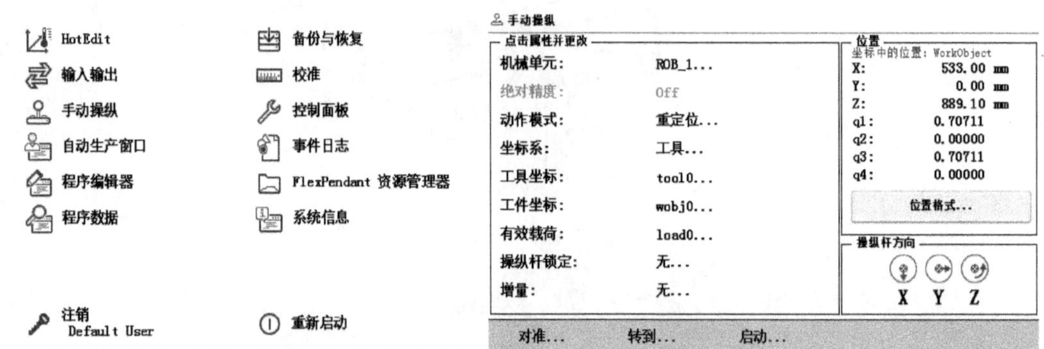

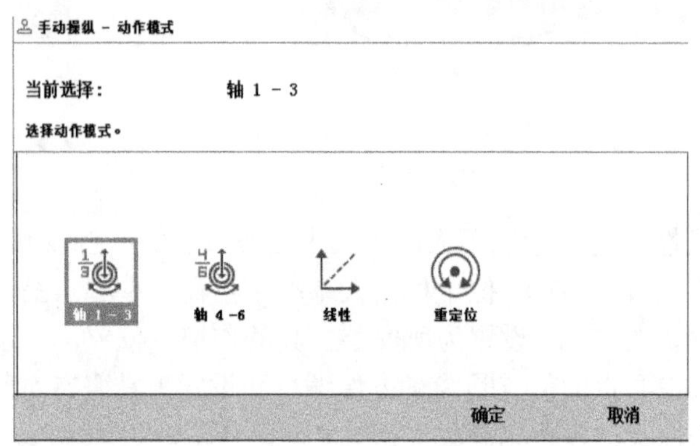

图 2-32　选择手动控制关节 1-3 的运动

返回【手动操纵】界面，可以看到，界面右下角的【操纵杆方向】区域显示了关节 1-3 的操纵杆方向，其中的箭头方向即关节运动的正方向，如图 2-33 所示。

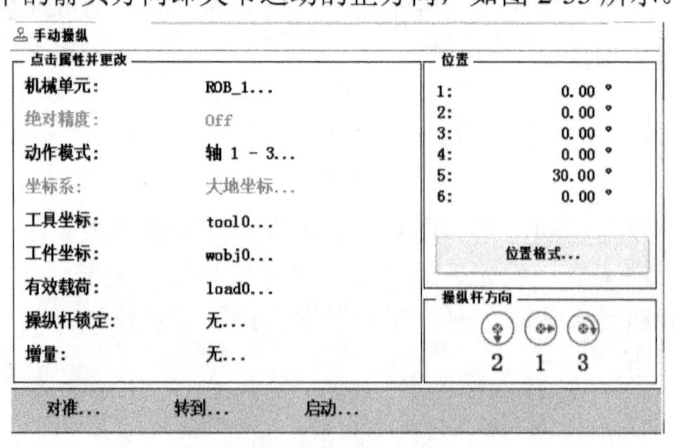

图 2-33　查看关节运动方向

接下来，正确握持示教器，按下使能键的一档位，使机器人处于电机开启状态，然后操作示教器上的操纵杆，就可以控制机器人相应关节的动作。注意：操纵杆的操作幅度是与机器人的运动速度相关的：操作幅度小，则机器人运动速度慢；操作幅度大，则机器人运动速度快。所以应尽量以小幅度操作操纵杆，使机器人慢慢运动。

2. 手动线性运动

在示教器的【手动操纵-动作模式】界面中，单击【线性】图标，然后单击【确定】按钮，将动作模式设置为手动线性运动，如图 2-34 所示。

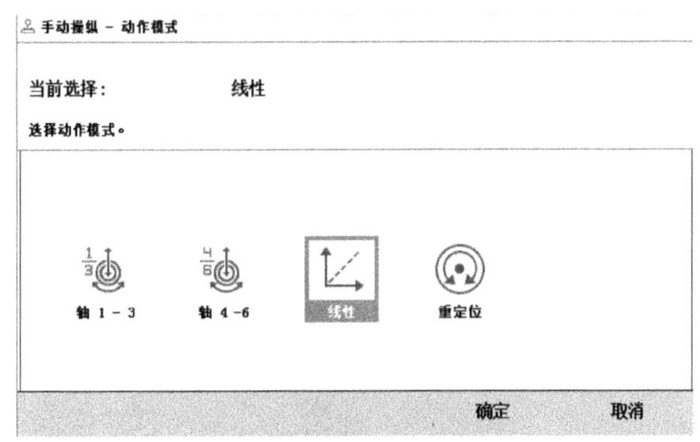

图 2-34　选择手动线性运动

选择【手动操纵】界面中的【工具坐标】命令，在出现的【手动操作-工具】界面的列表内选择对应的工具坐标系，本例中选择【AW_Gun】，然后单击【确定】按钮，如图 2-35 所示。

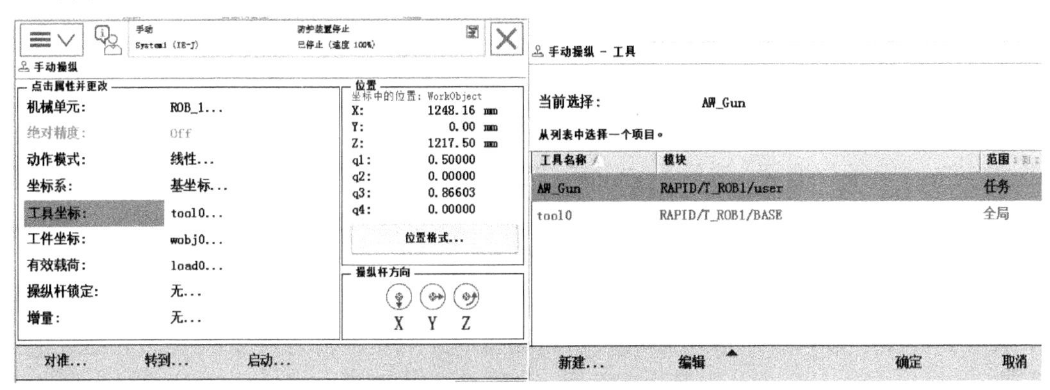

图 2-35　选择工具坐标系

返回【手动操纵】界面，可以看到，界面右下方的【操纵杆方向】栏中显示了 X、Y、Z 三轴的操纵杆方向，其中的箭头方向即 AW_Gun 坐标系的空间三坐标轴运动正方向，如图 2-36 所示。

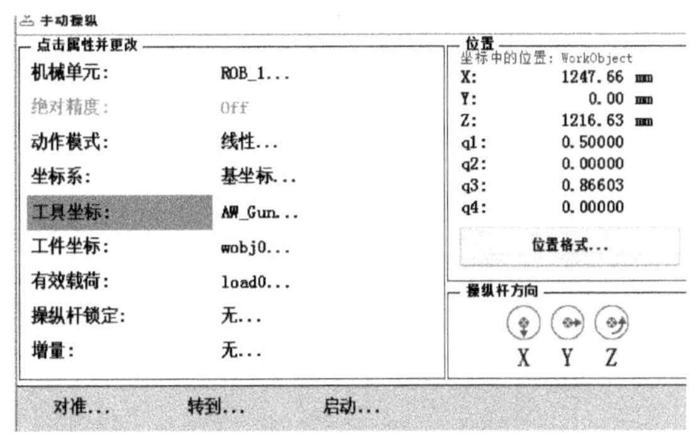

图 2-36　查看线性运动方向

接下来，正确握持示教器，按下使能键一档，开启电动机。操作示教器上的操纵杆，即可手动控制机器人的 TCP 在空间中作线性运动。

3. 手动重定位运动

在示教器的【手动操纵-动作模式】界面中单击【重定位】图标，然后单击【确定】按钮，将动作模式设置为重定位运动。接着返回【手动操纵】界面，参考手动线性运动的设置步骤，将【AW_Gun】设为工具坐标系。此时，【操纵杆方向】栏中 X、Y、Z 轴的箭头方向即机器人工具围绕工具坐标系做旋转运动的方向，如图 2-37 所示。

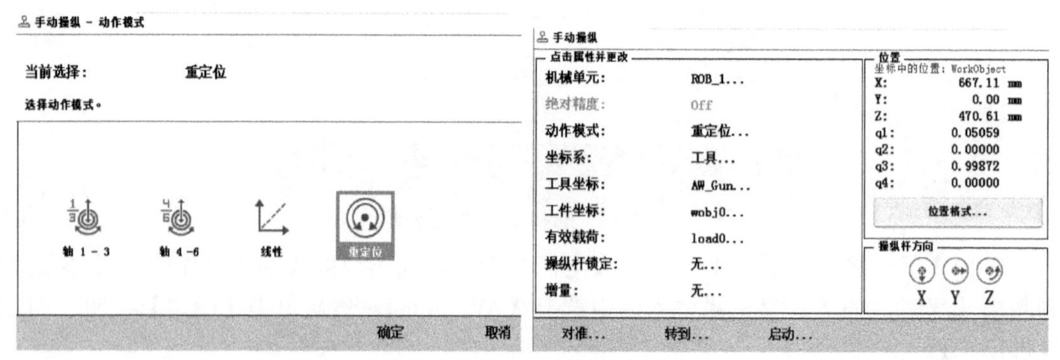

图 2-37　选择手动重定位运动

接下来，参考手动线性运动操作示教器，即可控制机器人进行重定位运动。

4. 增量模式

为更加安全地对机器人进行手动控制，在手动模式下，可以采用增量模式来控制机器人的运动。使用增量模式时，操纵杆每位移一次，机器人就移动一步；如果操纵杆持续位移一秒或数秒钟，机器人就会持续移动，移动速率为 10 步/s。

可以在【手动操纵】界面中设置增量大小：选择【增量】命令，在出现的【手动操纵-增量】界面中选择合适的增量模式，如图 2-38 所示。对各增量模式的详细说明见表 2-9。

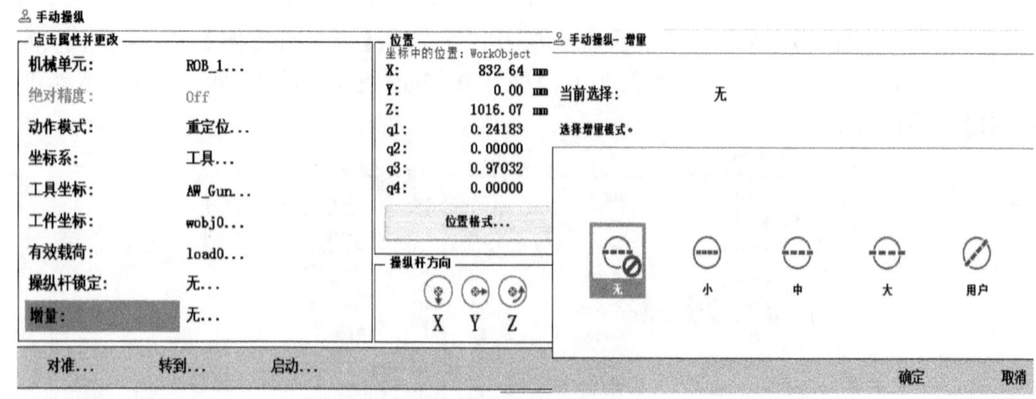

图 2-38　设置增量模式

表 2-9　增量模式说明

增量	单步移动距离/mm	角度/(°)
小	0.05	0.005
中	1	0.02
大	5	0.2
用户	自定义	自定义

2.2.3　快捷控制

本小节介绍工业机器人示教器的快捷键及快捷工具栏的使用方法，熟练运用能够大大提高编程调试的效率。

1．快捷键

除在示教器的【手动操纵】界面中指定以外，还可以使用示教器上的快捷键设置机器人的手动控制模式。

ABB 机器人示教器预设了 ABCD 四个快捷键，分别为【机器人/外轴的切换】键、【线性运动/重定位运动的切换】键、【关节运动轴 1-3/轴 4-6 的切换】键和【增量开/关切换】键，如图 2-39 所示。

在手动控制机器人运动时，可使用 ABCD 四个快捷键来快速切换运动模式。例如，当手动控制关节轴 1 轴运动时，按快捷键 B 一次，即可切换成线性运动；若按两次，则切换为重定位运动。

A
B
C
D

A—切换机器人/外轴；
B—切换线性运动/重定位运动；
C—切换关节运动轴 1-3/轴 4-6；
D—增量开/关

图 2-39　ABB 机器人示教器快捷键

2．快捷工具栏

当机器人处于手动运行模式状态时，示教器主界面右下角会出现快捷设置按钮，以图标形式直观显示当前的手动运行模式及增量开关状态。如图 2-40 所示，可知本例中机器人的手动运行模式为重定位运动，且增量开关未开启。

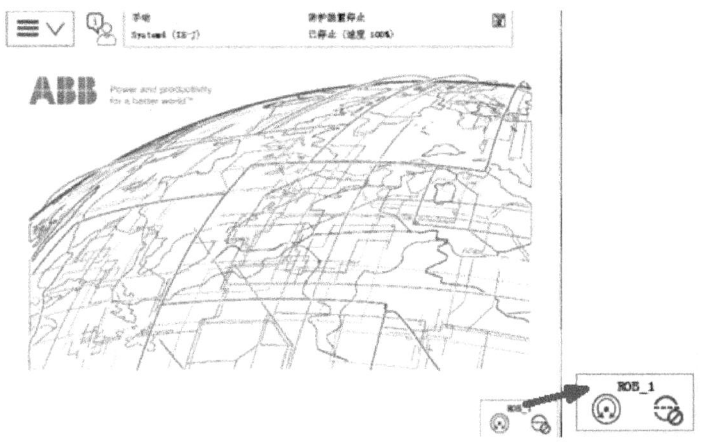

图 2-40　快捷设置按钮

单击快捷设置按钮会弹出快捷设置工具栏，由上至下的工具分别是：【运动设置】工具、【增量设置】工具、【运行模式】工具、【步进模式】工具、【速度】工具与【任务启停】工具，如图 2-41 所示。

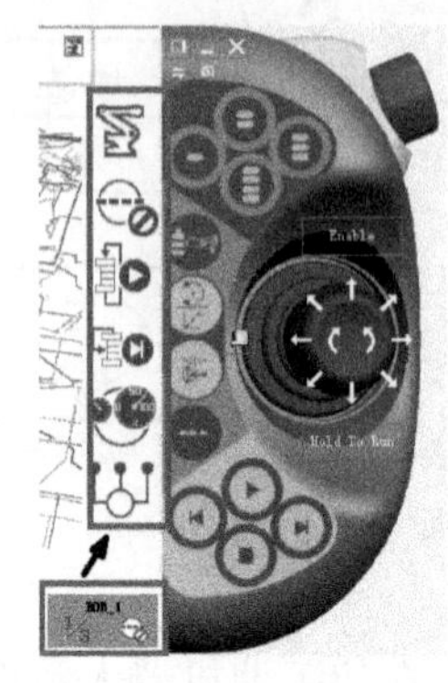
图 2-41　快捷设置工具栏

可以使用快捷设置工具栏快速选择运动模式或切换坐标系。例如，单击工具栏中的【运动设置】工具图标，在弹出的扩展栏中单击【显示详情】按钮，即可在随后出现的快捷菜单中对坐标系、运动方式、增量及运动速度等进行设置，如图 2-42 所示。

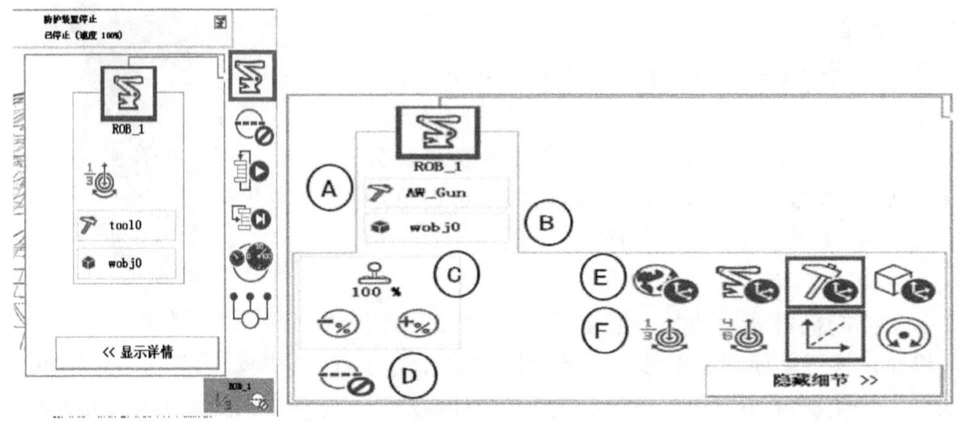

A—更改工具数据；B—更改工件坐标数据；

C—设置操纵杆手动控制速率；D—增量开/关；E—选择坐标系；F—选择动作模式

图 2-42　运动设置快捷菜单

单击工具栏中的【增量设置】工具图标，在弹出的扩展栏中可以选择所需的增量模式，单击扩展栏下方的【显示值】按钮，还可以显示不同增量模式的具体增量值，如图 2-43 所示。

机械单元：ROB_1　　增量

增量	值	
轴	0.00250	(弧度)
线性	5	(mm)
重定向	0.00900	(弧度)

无
小
中
大
用户模块
隐藏值 >>
ROB_1

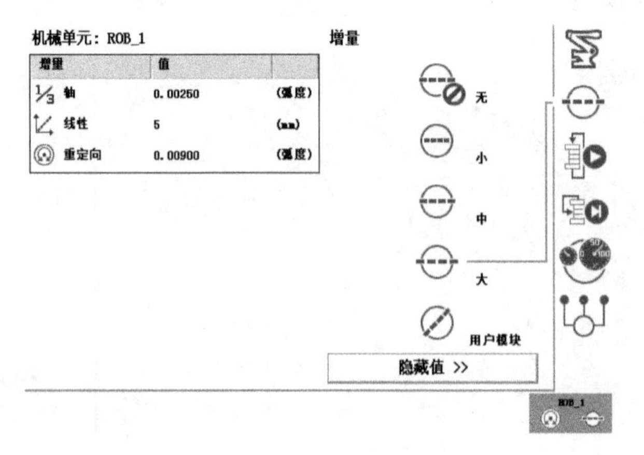

图 2-43　增量设置快捷工具

此外，机器人的运行模式、步进模式、速度、任务启停等也可以通过快捷设置工具栏进行设置，如图 2-44 所示。其中，单击【运行模式】工具图标可以将程序设置为单周循环运行或连续循环运行；单击【步进模式】工具图标可以设置手动步进运动模式；单击【速度】工具图标可以设置机器人的运动速度；单击【任务启停】工具图标可以启动或停止某个任务，在多任务应用中比较常用。

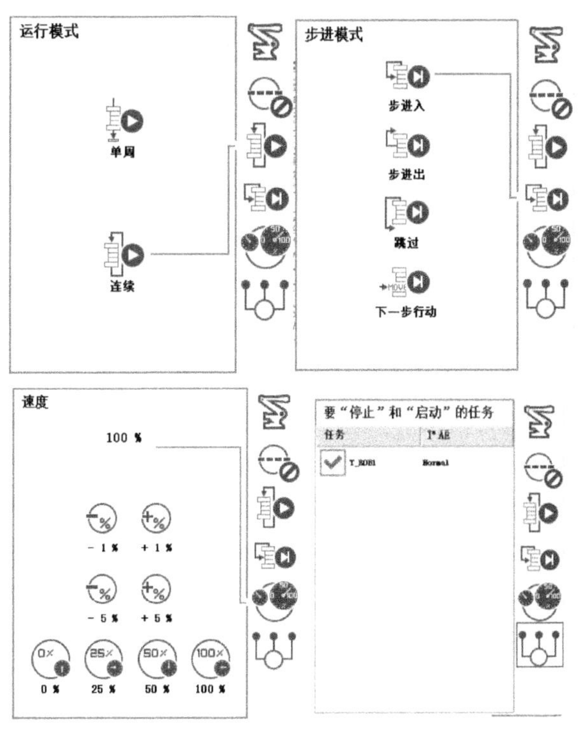

图 2-44　其他快捷设置工具

2.2.4　设备维护

工业机器人的各个关节轴都是由独立的伺服电机驱动的，每个电机的转数计数器会记录电机的转角数据，并将记录数据提供给机器人控制系统。

ABB 工业机器人在关掉控制柜主电源后，其六个关节轴的位置数据是由机器人手臂内的转数计数器进行保存的，而转数计数器由机器人内置电池提供电能，电池耗尽后，机器人会停止工作并报警，如果没有及时更换电池，将会影响机器人的正常使用。因此，要尽量在电池耗尽之前更换电池，换完电池后，还需要更新每个关节轴的转数计数器。鉴于此，本节主要介绍两种基础的设备维护操作——更换转数计数器电池和更新转数计数器。

1. 更换电池

以给 ABB 公司的 IRB 1200 型机器人更换 SMB 电池为例，操作步骤如下：

(1) 开机后，手动操控机器人六个关节轴回到机械原点刻度位置。

(2) 关闭机器人总电源，打开电池盖更换电池，然后重新装回电池盖，完成电池更换，如图 2-45 所示。

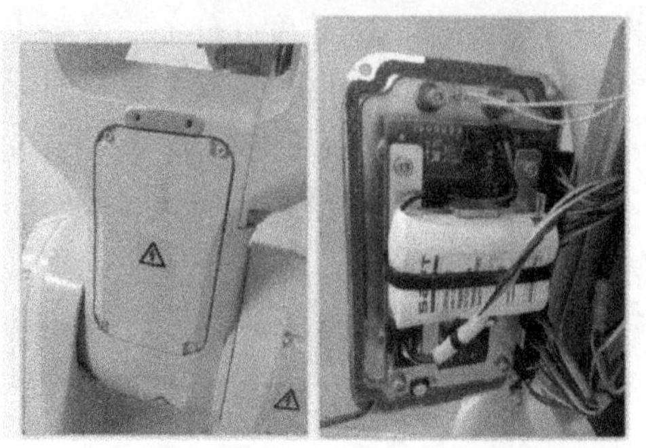

图 2-45　IRB 1200 型机器人的电池盖及电池

(3) 更新转数计数器，详见转数计数器更新部分的介绍。

2. 更新转数计数器

机器人的每个关节轴都有一个机械原点，每个关节轴的转数计数器也都有零点数据。零点数据要与关节轴的机械原点位置相对应，这样机器人控制系统的数据记录就能与实际的关节轴旋转角度和位置相对应，机器人就能知道自己的某个关节在什么位置以及哪个角度。如果不对应，则需要进行转数计数器的更新，将零点数据与关节轴的机械原点位置重新对应，具体包括以下情况：

(1) 更换伺服电动机的转数计数器电池后。

(2) 转数计数器故障修复后。

(3) 转数计数器与测量板之间断开过。

(4) 断电后，机器人关节轴发生了移动。

(5) 当系统报警提示“10036 转数计数器未更新”时。

以 ABB 公司的 IRB 1200 型机器人为例，该机器人六个关节轴各自的机械原点位置如图 2-46 所示。

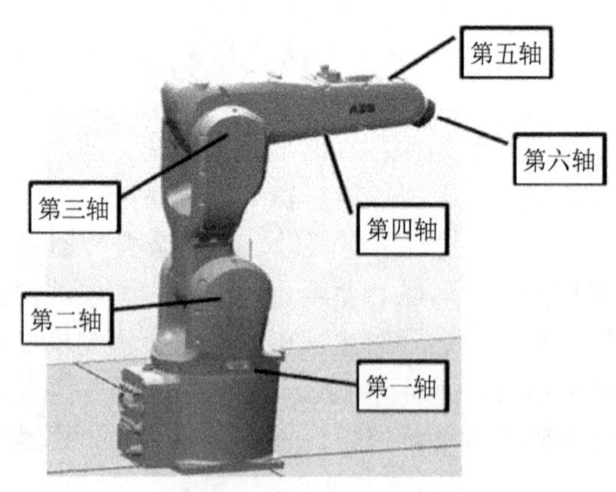

图 2-46　IRB 1200 型机器人各关节轴机械原点位置

关节轴两侧各有一个刻度线，用来标记该轴的机械原点，以第二、三关节轴为例，其机械原点的刻度标记如图 2-47 所示。可以通过手动关节运动，将每个关节轴两侧的对应刻度线调到对齐。

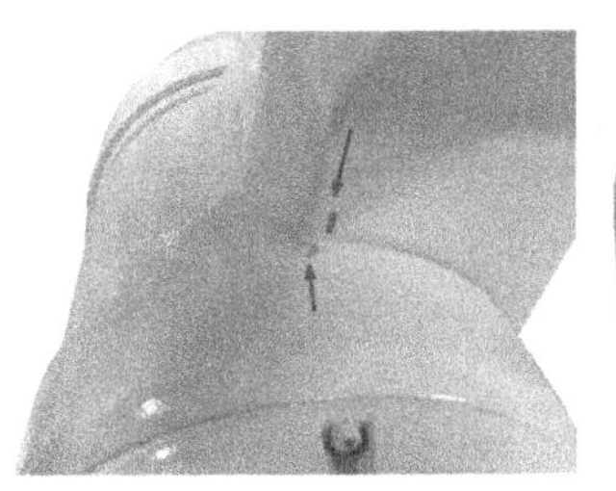

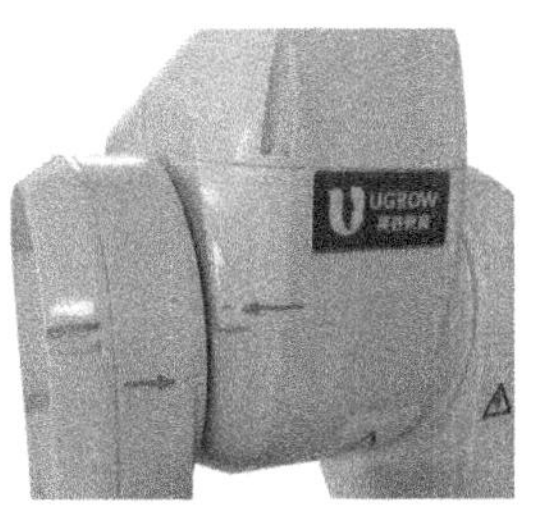

图 2-47　关节轴机械原点刻度标记

每台机器人出厂时都有自己对应的转数计数器偏移数据，这些数据贴在机器人手臂上，供进行转数计数器更新时参考。本例中的 IRB 1200 型机器人的转数计数器偏移数据如图 2-48 所示。

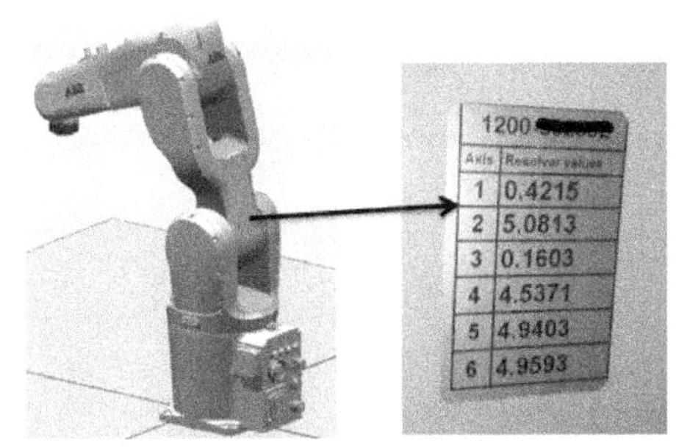

图 2-48　转数计数器偏移数据

IRB 1200 型机器人的转数计数器更新操作步骤如下：

(1) 使用示教器的【手动操纵】界面或者快捷键切换相应的手动控制模式，按照轴 4→轴 5→轴 6→轴 1→轴 2→轴 3 的顺序，手动将工业机器人的关节轴运动到机械原点刻度位置。

注意：不同型号机器人的机械原点刻度位置有所不同，请参考随机说明书。

(2) 在示教器主菜单中，选择【校准】命令，如图 2-49 所示。

(3) 在出现的【校准】界面中选择机械单元【ROB_1】，然后单击【校准】，如图 2-50 所示。

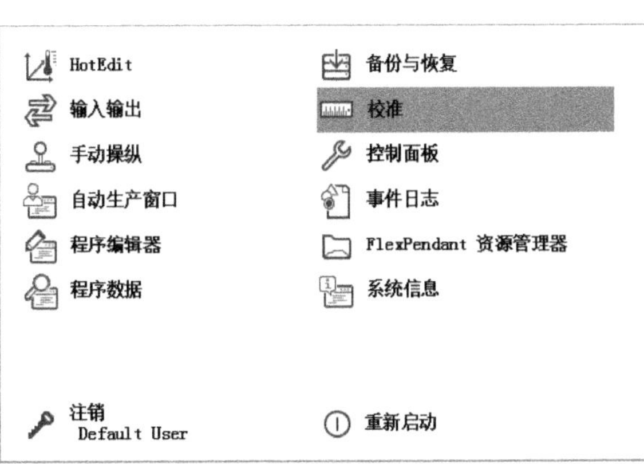

图 2-49　选择校准命令

校准

为使用系统，所有机械单元必须校准。

选择需要校准的机械单元。

机械单元	状态
ROB_1	校准

图 2-50　选择需要校准的机械单元

(4) 编辑电机校准偏移数据，具体操作步骤如表 2-10 所示。

表 2-10　编辑电机校准偏移步骤表

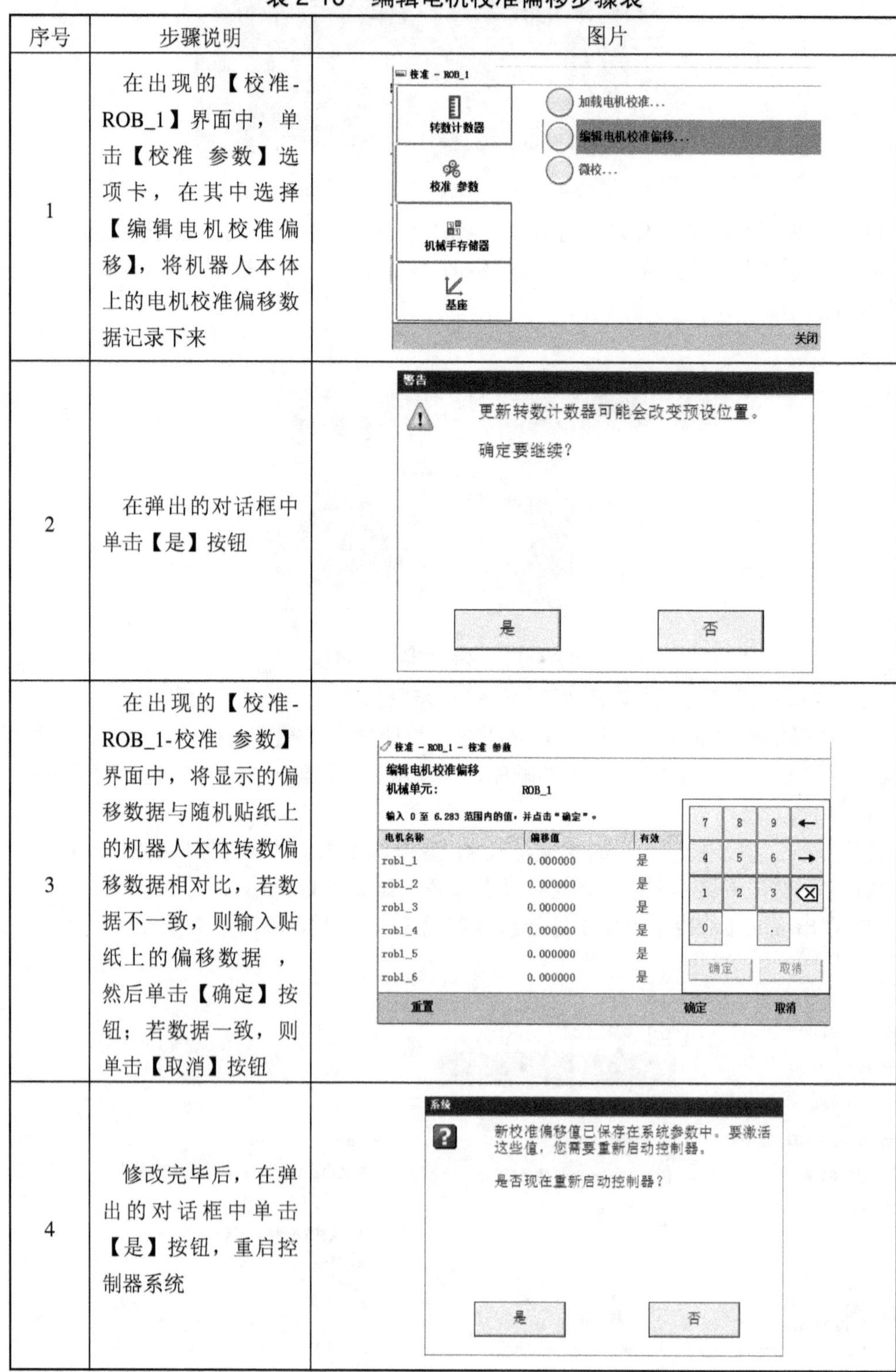

序号	步骤说明	图片
1	在出现的【校准-ROB_1】界面中，单击【校准 参数】选项卡，在其中选择【编辑电机校准偏移】，将机器人本体上的电机校准偏移数据记录下来	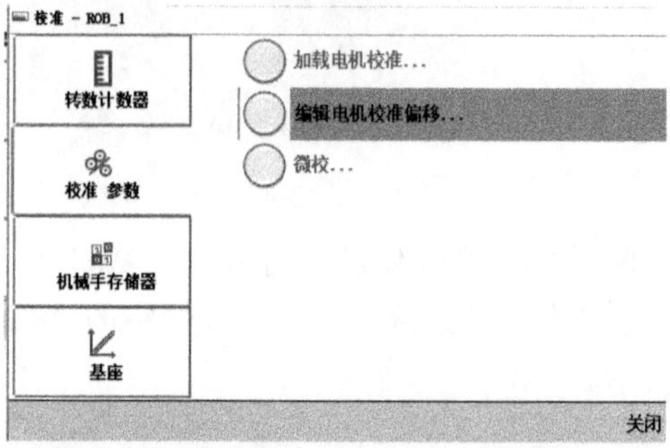 校准 - ROB_1 转数计数器 校准 参数 机械手存储器 基座 加载电机校准... 编辑电机校准偏移... 微校... 关闭
2	在弹出的对话框中单击【是】按钮	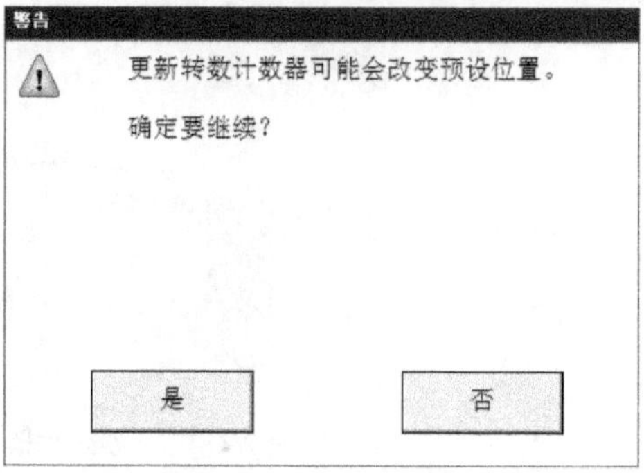 警告 更新转数计数器可能会改变预设位置。 确定要继续? 是　否
3	在出现的【校准-ROB_1-校准 参数】界面中，将显示的偏移数据与随机贴纸上的机器人本体转数偏移数据相对比，若数据不一致，则输入贴纸上的偏移数据，然后单击【确定】按钮；若数据一致，则单击【取消】按钮	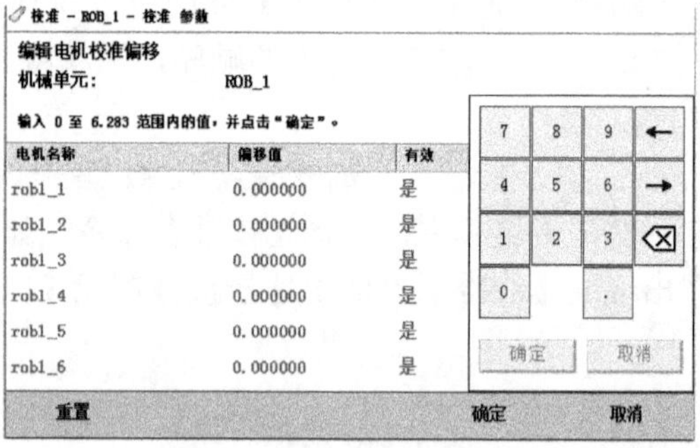 校准 - ROB_1 - 校准 参数 编辑电机校准偏移 机械单元: ROB_1 输入 0 至 6.283 范围内的值，并点击"确定"。 电机名称 偏移值 有效 rob1_1 0.000000 是 rob1_2 0.000000 是 rob1_3 0.000000 是 rob1_4 0.000000 是 rob1_5 0.000000 是 rob1_6 0.000000 是 7 8 9 4 5 6 1 2 3 0 . 确定 取消 重置 确定 取消
4	修改完毕后，在弹出的对话框中单击【是】按钮，重启控制器系统	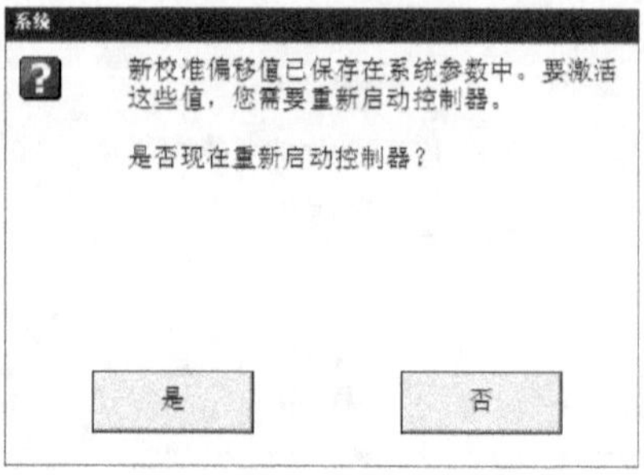 系统 新校准偏移值已保存在系统参数中。要激活这些值，您需要重新启动控制器。 是否现在重新启动控制器? 是　否

(5) 重新进入【校准-ROB_1】界面，单击其中的【转数计数器】选项卡，选择【更新转数计数器...】项，并在弹出的对话框中单击【是】按钮，如图 2-51 所示。

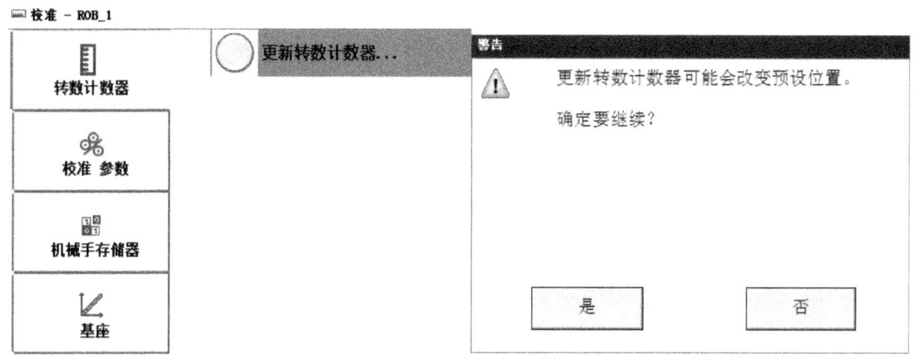

图 2-51　选择更新转数计数器

(6) 在出现的【校准-ROB_1-转数计数器】界面中，单击界面左下角的【全选】按钮，然后单击【更新】按钮，如图 2-52 所示。

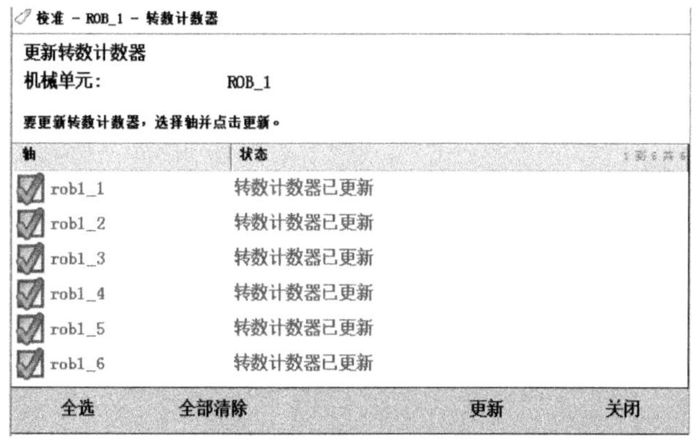

图 2-52　更新全部转数计数器

注意：如果机器人由于安装位置的缘故，无法使六个轴同时到达机械原点刻度位置，可对各关节轴的转数计数器逐一进行更新。

(7) 在弹出的对话框中单击【更新】按钮，即可完成转数计数器的更新工作，如图 2-53 所示。

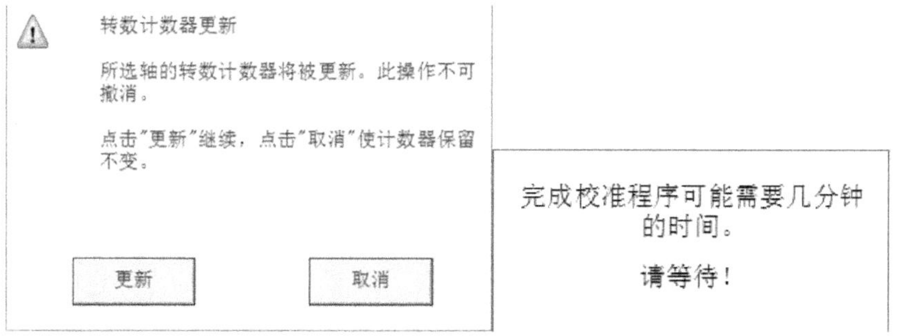

图 2-53　完成转数计数器更新

2.3 仿真软件

机器人的仿真是指通过交互式计算机图形技术和机器人学理论，在计算机软件中生成机器人本体三维几何模型与工作环境，并以此模拟实际运作的机器人系统的过程。

使用工业机器人仿真软件，可在实际投入制造之前模拟出由单机或多台工业机器人组成的工作站或生产线，映射出它们的结构布局并进行仿真运行，从而及时去除位置干涉之类的设计错漏，为工业机器人和自动化设备的选型和设计提供直观的技术测试与支持，极大地缩短机器人和设备的生产工期，并避免不必要的返工。

比较成熟的工业机器人制造商都有对应自有产品的机器人仿真软件，如“四大家族”中的 KUKA 公司的仿真软件 KUKA.Sim、ABB 公司的 RobotStudio、FANUC 公司的 ROBOGUIDE 等，部分国产工业机器人品牌也推出了自有的仿真软件。此外，某些软件公司也提供了“全能”型的仿真软件，如 RobotCAD 等。鉴于本书以 ABB 公司生产的机器人为例，因此主要讲解 ABB 机器人专用仿真软件 RobotStudio 的使用方法(可以扫描右侧二维码，观看仿真软件相关操作演示视频)。

仿真软件

2.3.1 基本功能

仿真软件通常会提供本品牌机器人及相关设备的全部可控、可编程的三维实体模型，可在其中搭建工业机器人应用方案，模拟真实的运行场景，还可以对虚拟机器人进行控制和离线编程，然后将程序导入到真实的机器人中，极大地节省了学习及设计的投入。

目前，市面上的主流仿真软件基本都具备以下三种功能。

1. 三维虚拟仿真

仿真软件内置了庞大的零件数据库，且具有一定的 CAD 性能，支持 *.step 等格式三维模型文件的导入，可以在仿真软件中方便快捷地搭建机器人工作站、进行机器人应用方案设计和机器人选型等，是方案研究分析的理想模拟软件。此外，仿真软件还可以实现以下功能：大量待选 CAD 组件导入、仿真运动视频生成和方案模拟视频导出。

2. 离线编程

可以在仿真软件中对虚拟机器人进行离线编程，并将编辑好的应用程序导入到真实的机器人工作站中，从而大大缩减工程项目的工作时间。此外还可以对虚拟的机器人控制系统进行编辑，并搭建参数化的自动化组件。

3. 在线编程

可以借助相应的通信协议，将 PC 机与真实的机器人控制器相连，使用 PC 端的仿真软件获取机器人控制器的控制权限后，就可使用该软件对机器人的程序进行编写、修改等一系列操作，从而实现机器人的在线编程。

2.3.2 RobotStudio 简介

RobotStudio 是 ABB 机器人专用的仿真软件，其中包含了 ABB 公司的全系列工业机器人本体和其他产品的模型数据，可以实现机器人的在线编程和仿真运行等功能。

首先，在本书配套教学资源的【工具与资料】文件夹中找到 RobotStudio 的安装程序进行安装(安装步骤在本系列教材《机器人控制与应用编程》第六章中已有详细介绍，此处不再赘述)。

RobotStudio 安装成功后，双击桌面程序图标，即可启动 RobotStudio 软件。在程序主窗口的菜单栏中单击【文件】选项卡，即可进行创建新工作站、创建新机器人系统、连接到控制器等操作，如图 2-54 所示。

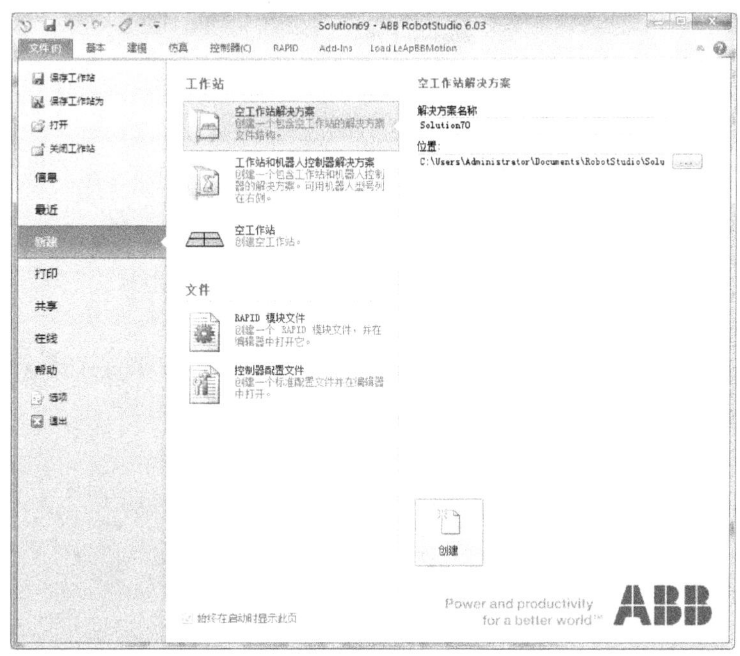

图 2-54　RobotStudio 新建工作站窗口

对 RobotStudio 主窗口中的各主要选项卡简介如下：

(1) 【基本】选项卡，包含搭建工作站、创建系统、路径编程和摆放物体操作所需的控件，如图 2-55 所示。

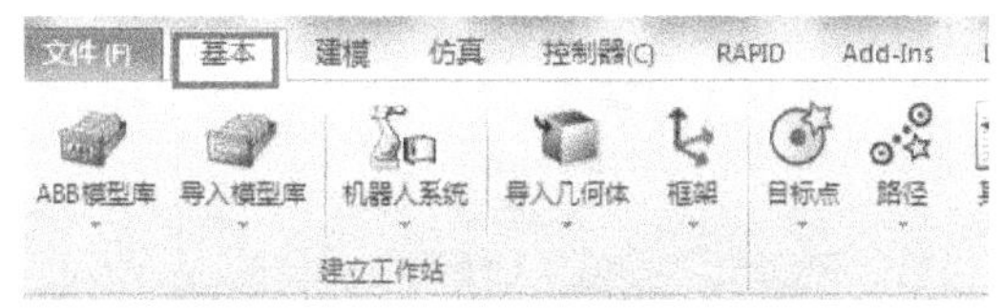

图 2-55　【基本】选项卡

(2) 【建模】选项卡，包含创建/分组工作站组件、创建实体、测量及其他 CAD 操作所需的控件，如图 2-56 所示。

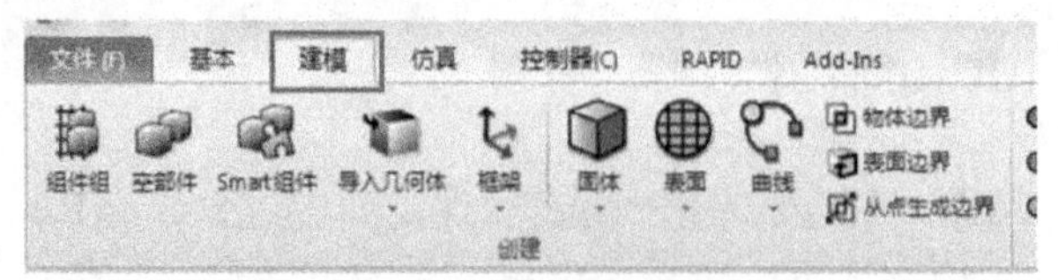

图 2-56 【建模】选项卡

(3) 【仿真】选项卡，包含创建、控制、监控、记录仿真运行所需的控件，如图 2-57 所示。

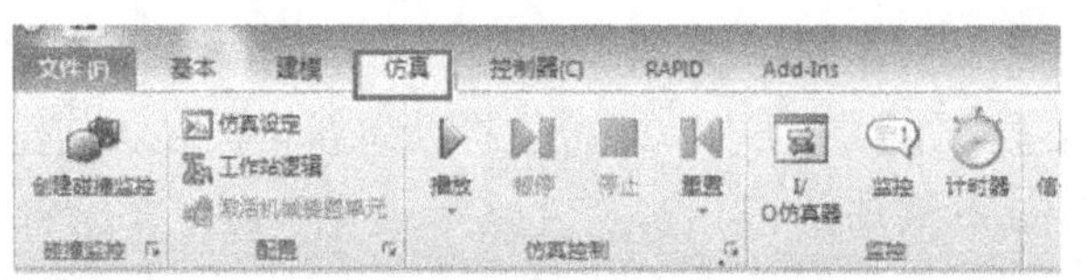

图 2-57 【仿真】选项卡

(4) 【控制器】选项卡，包含虚拟示教器、事件查看器、系统重启等控件，还包含管理真实控制器的控件，如图 2-58 所示。

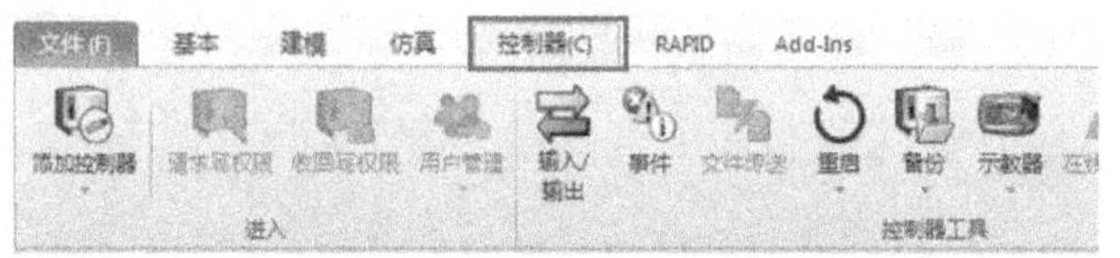

图 2-58 【控制器】选项卡

(5) 【RAPID】选项卡，包含 RAPID 编辑器、RAPID 文件管理以及用于 RAPID 编程的其他控件，如图 2-59 所示。

图 2-59 【RAPID】选项卡

注意：使用 RobotStudio 时，可能会遇到某些窗口被意外关闭导致无法找到对应功能的情况，此时可使用恢复默认 RobotStudio 窗口布局的方法来解决问题。单击窗口左上角的小三角按钮，在弹出菜单中选择【默认布局】命令，即可将窗口恢复为默认布局，如图 2-60 所示。

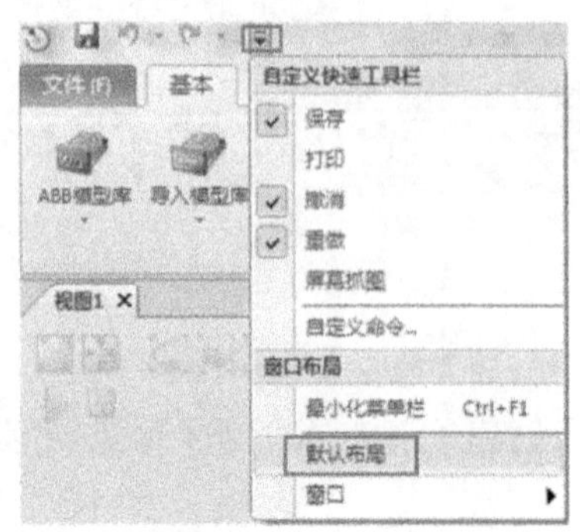

图 2-60 恢复默认 RobotStudio 窗口布局

2.3.3 新建机器人工作站

一个基本的工业机器人工作站包含两部分：工业机器人与工作对象。下面以搭建一个图 2-61 所示的工业机器人工作站为例，介绍导入机器人、建立工业机器人工作站与手动操作机器人的方法。在本节对应的配套教学资源包中，可以找到本例所需的软件资源。

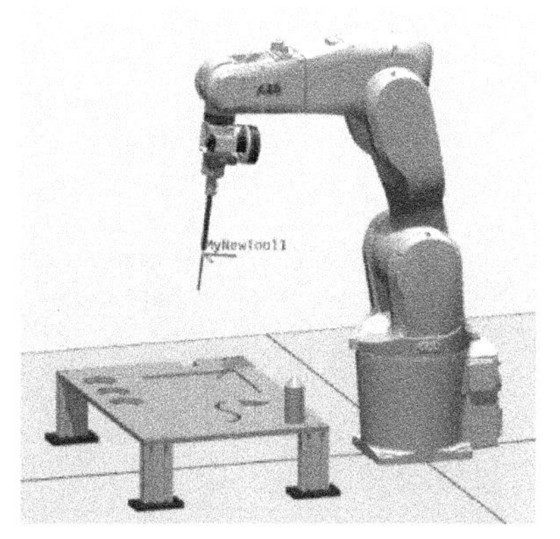

图 2-61　虚拟工业机器人工作站视图

1. 添加工业机器人对象

单击【文件】/【新建】命令，在窗口右侧的【创建新工作站】栏目下单击【空工作站】项目，创建一个新的空工作站，如图 2-62 所示。

图 2-62　创建新的空工作站

选择【基本】/【建立工作站】选项卡中的【ABB 模型库】命令，在下方出现的【机器人】浏览窗口中，选择机器人模型【IRB 1200】，如图 2-63 所示。

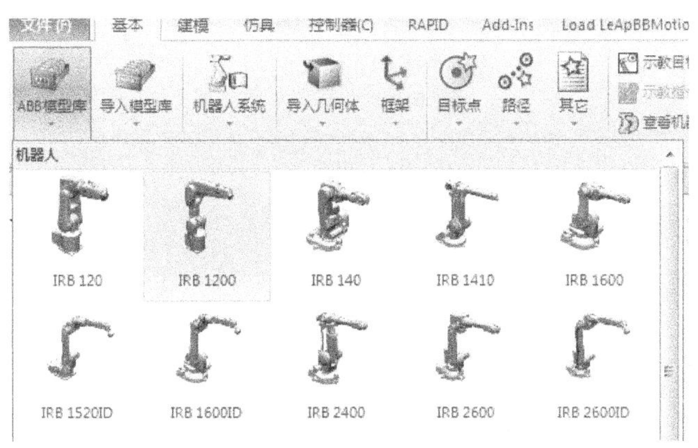

图 2-63　选择机器人模型

在弹出的【IRB 1200】对话框中，设置所需的机器人参数，设置完毕后单击【确定】按钮，如图 2-64 所示。

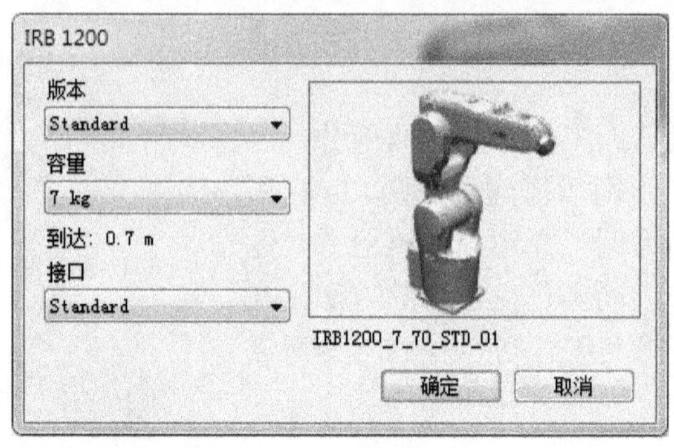

图 2-64　设置机器人参数

机器人对象添加完毕的工作站视图如图 2-65 所示。可使用键盘与鼠标的组合对视图进行调整。例如，按住键盘【Ctrl】键和鼠标左键拖动鼠标，可以平移视图；按住【Ctrl】+【Shift】键和鼠标左键拖动鼠标，可以切换视角；滑动鼠标滚轮，可以缩小/放大工作站视图。

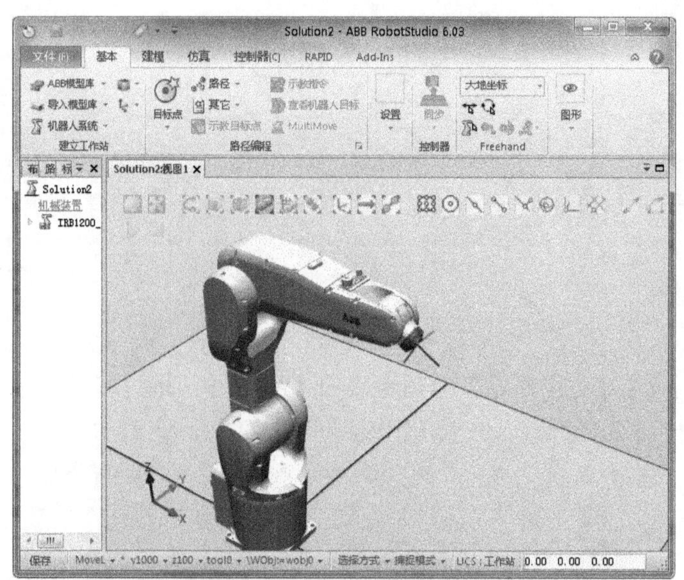

图 2-65　虚拟工作站中的 IRB 1200 型工业机器人模型

2．添加工业机器人工具

工业机器人末端执行器也称机器人工具或手臂末端工具，被认为是工业机器人的外围设备和附件。通常，从机器人本体制造商处购买的成套工业机器人设备并不包含工业机器人工具，如需使用机器人工具，需要自行设计，或者在下游服务商处购买或者定制。

为虚拟工作站中的工业机器人添加工具的主要步骤如下：

(1) 选择【基本】/【建立工作站】选项卡中的【导入模型库】命令，在下拉菜单中选择【浏览库文件】命令，在弹出的窗口中选择配套教学资源中的工具模型【MyNewTool.rslib】(也可选择其他工具)，单击【打开】按钮，将工具模型导入虚拟工作站，如图 2-66 所示。

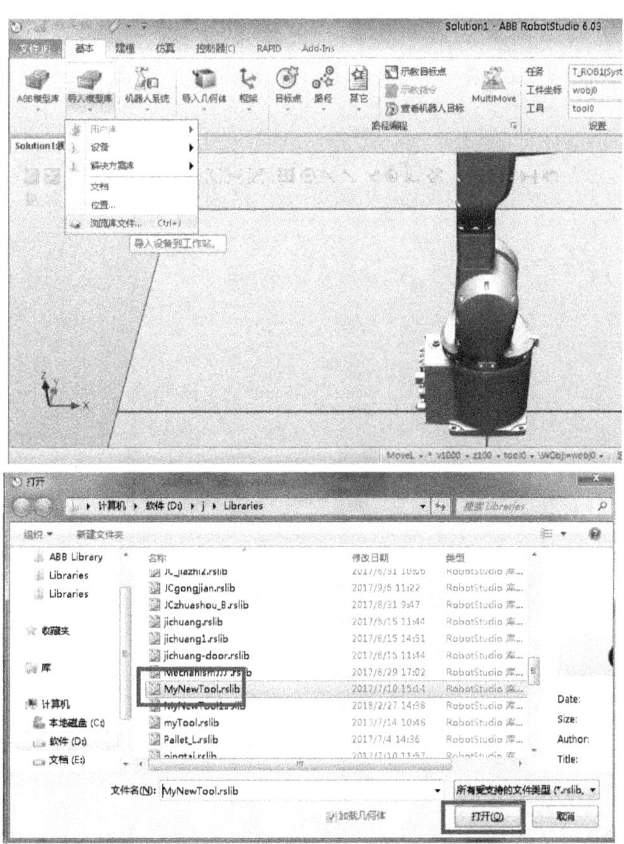

图 2-66　导入用户模型库中的机器人工具

(2) 在窗口左侧的【布局】导航栏中，按住鼠标左键将【MyNewTool】图标拖动到【IRB1200_7_70_STD_01】图标上，然后在弹出的【更新位置】对话框中单击【是】按钮，即可将导入的工具 MyNewTool 安装到工业机器人的末端法兰盘上，如图 2-67 所示。

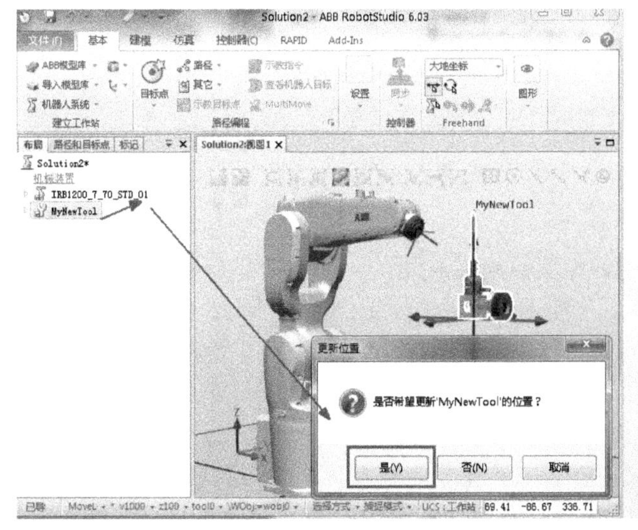

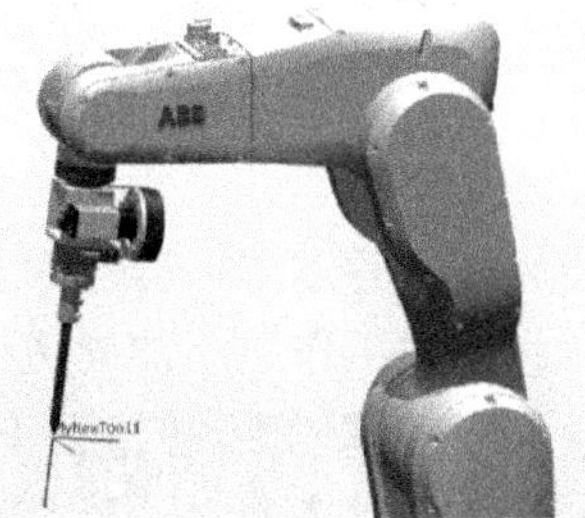

图 2-67　安装工业机器人工具

如果想将工具从机器人法兰盘上拆除，可在【布局】导航栏中的【MyNewToo1】图标上单击鼠标右键，在弹出的菜单中选择【拆除】命令，如图 2-68 所示。

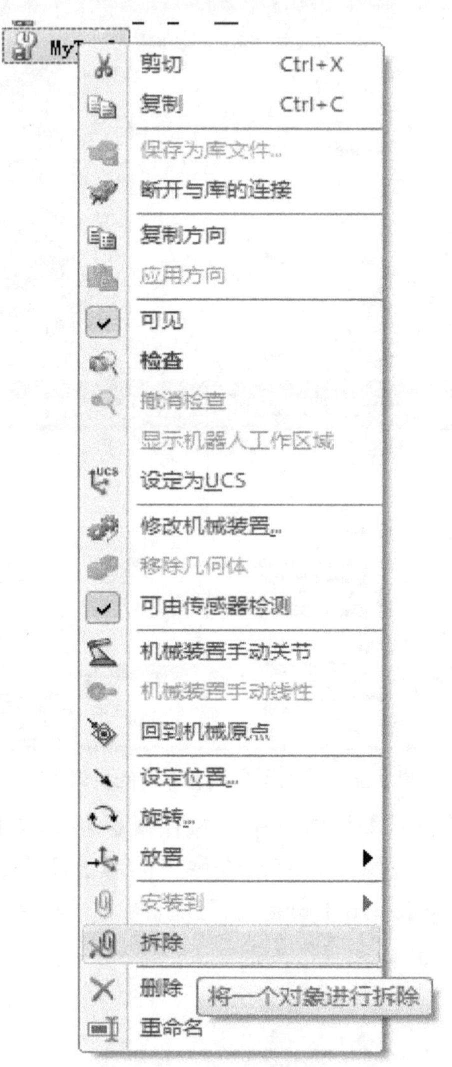

图 2-68 拆除工业机器人工具

3. 添加周边设备

工业机器人不是安装到位并匹配好工具就可以使用的，而是要与周边的自动化设备相结合，形成一套完整的工作站系统，才能满足工业生产的需要。因此，进行机器人仿真时，还需要搭建并编辑周边设备，形成一个工作站或者一条生产线来模拟现实生产，进行离线编程或者方案可行性的验证。

为虚拟工作站添加周边设备的步骤如下：

选择【基本】/【建立工作站】选项卡中的【导入模型库】命令，在下拉菜单中选择【浏览库文件】命令，在弹出窗口中选择配套教学资源中的设备【轨迹平台.rslib】，单击【打开】按钮，将其导入虚拟工作站，如图 2-69 所示。

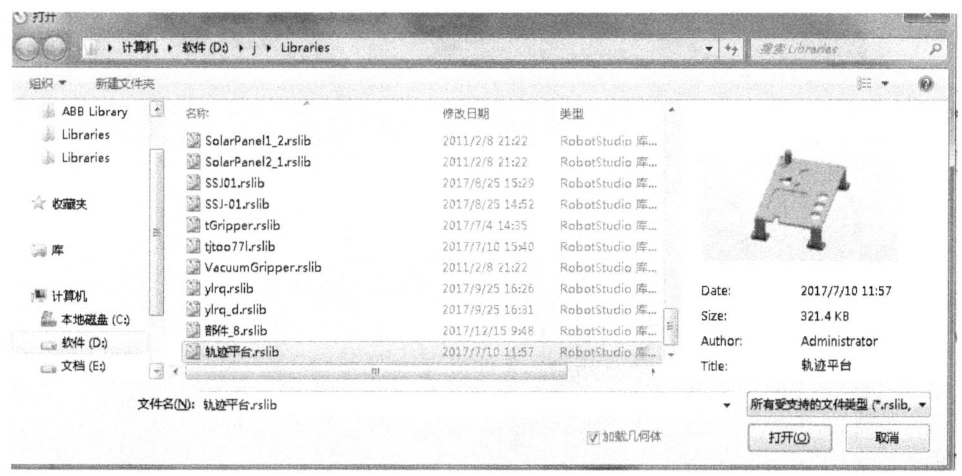

图 2-69　导入机器人周边设备

工业机器人工作空间有限，因此需要确保周边设备位于机器人的工作范围内，以防机器人出现“够不着”的状态。在【布局】导航栏中的【IRB1200_7_70_STD_01】图标上单击鼠标右键，在弹出的菜单中选择【显示机器人工作区域】，如图 2-70 所示。

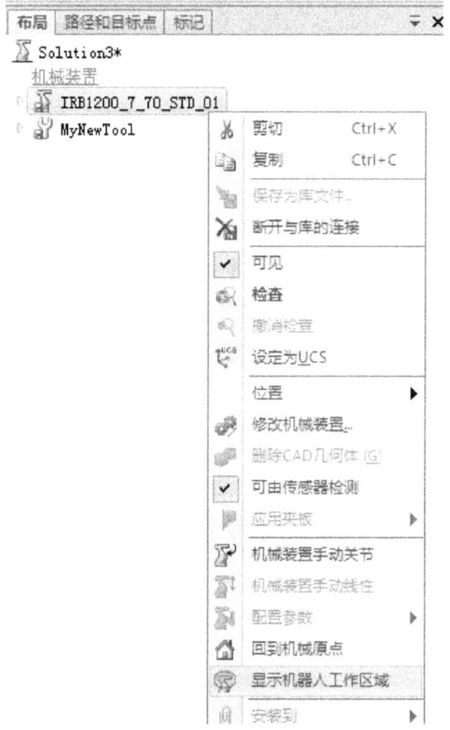

图 2-70　设置显示工业机器人区域

在弹出的对话框中选择【当前工具】，可以显示出安装工具后机器人的实际工作空间，如图 2-71 所示。其中，环形区域为工业机器人的可到达范围，需要将机器人的工作对象调整到该范围内，才能提高工作效率并方便轨迹规划。

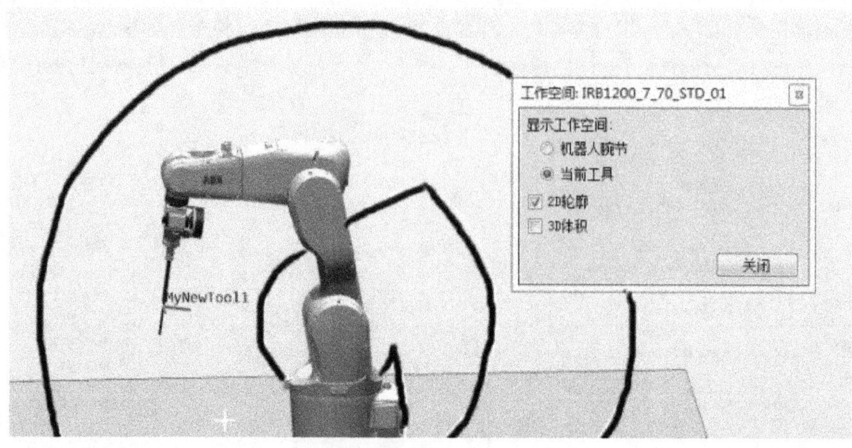

图 2-71　工业机器人工作范围

下面将导入的轨迹平台移到机器人的工作范围以内。要移动导入的对象，需要使用【基本】选项卡中的【Freehand】工具栏，其中的六个功能键由左至右分别为：【移动】、【旋转】、【手动关节】、【手动线性】、【手动重定位】、【多个机器人手动操作】，如图 2-72 所示。

图 2-72　Freehand 工具栏

移动轨迹平台的具体步骤为：首先在【Freehand】工具栏的下拉列表中将【大地坐标】设为参考坐标系，然后单击工具栏中的【移动】按钮，随后单击视图中的轨迹平台设备，该设备上就会出现如图 2-73 所示的坐标系，此时拖动该坐标系的 X、Y、Z 坐标轴，即可将轨迹平台移动到合适的位置。

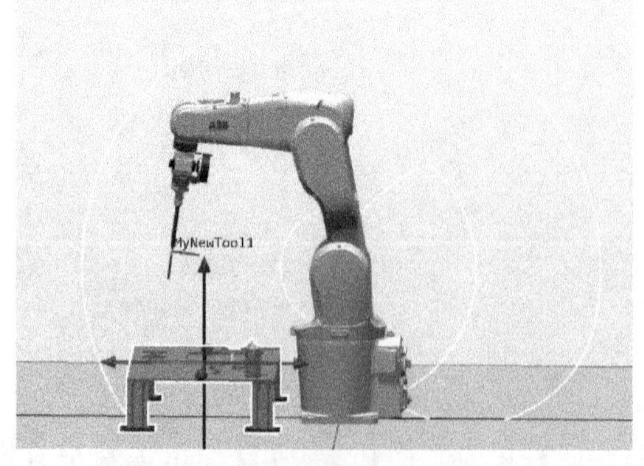

图 2-73　将设备移动到合适位置

此外，在搭建虚拟工作站时，为了方便操作，需要准确捕捉对象特征，因此要正确选择捕捉工具。捕捉工具栏位于工作站视图的上方，如图 2-74 所示。将鼠标移动到某个捕

捉工具的图标上，会显示该工具的详细说明。

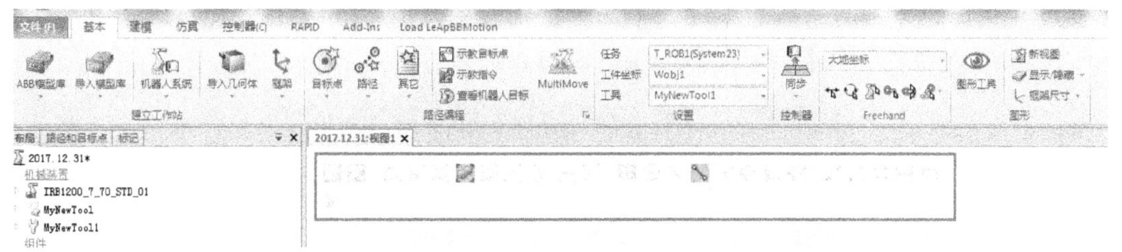

图 2-74　捕捉工具栏

如果要捕捉部件的一个边角端点，可以选择工具栏中的【选择部件】工具和【捕捉末端】工具，然后就可以通过鼠标单击选中需要捕捉的特征了，如图 2-75 所示。

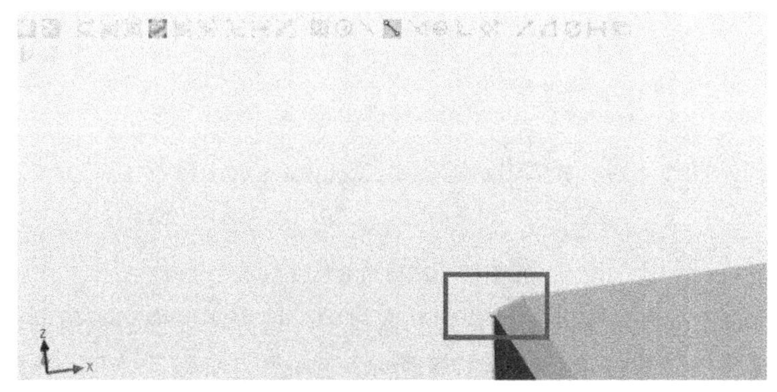

图 2-75　使用捕捉工具栏捕捉部件端点

4. 建立机器人控制系统

在完成虚拟工作站的布局搭建之后，还要为工作站中的机器人建立控制系统，即创建虚拟的控制器。仿真软件中的虚拟控制器可以让虚拟的工业机器人拥有受电气控制的特性，以此实现相关的仿真操作。否则，就相当于在现实场景中机器人只有机械本体而没有控制柜，这样的机器人显然是无法使用的。

为虚拟机器人建立控制系统的具体步骤如下：

(1) 单击【基本】/【建立工作站】选项卡中的【机器人系统】按钮，在扩展菜单中选择【从布局...】命令，根据工作站的布局创建机器人控制系统，如图 2-76 所示。

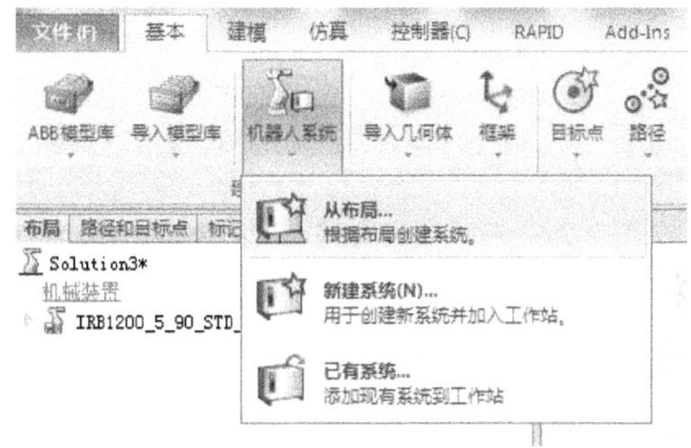

图 2-76　创建机器人控制系统

(2) 在弹出的【系统名字和位置】窗口中，设置新建机器人控制系统的名字与保存的位置，并在窗口下方的系统版本列表中选择使用的系统版本(如果有多种系统版本，选版本号最新的)，然后单击【下一个】按钮，如图 2-77 所示。

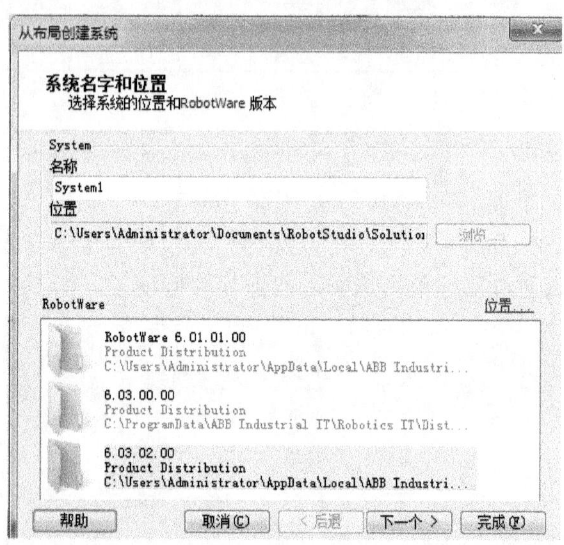

图 2-77　选择系统软件版本

(3) 在随后的【选择系统的机械装置】窗口中，选择需要安装系统的虚拟机器人工作站，然后单击【下一步】按钮，如图 2-78 所示。

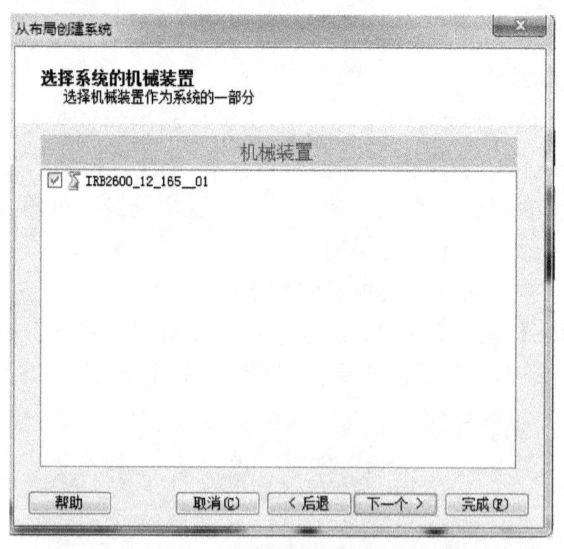

图 2-78　选择需要安装系统的虚拟机器人

(4) 在最后的【系统选项】窗口中，可为机器人系统添加选配功能。以增加 DeviceNet 现场总线通信功能 709-1 DeviceNet Master 为例：首先单击【选项】按钮，在弹出的【更改选项】窗口左侧的【类别】列表框中选择【Industrial Networks】，然后在中间的【选项】列表框中选择【709-1 DeviceNet Master】，该项目就会出现在窗口右侧的【概况】列表框中，单击【关闭】按钮，即可添加相应功能，如图 2-79 所示。

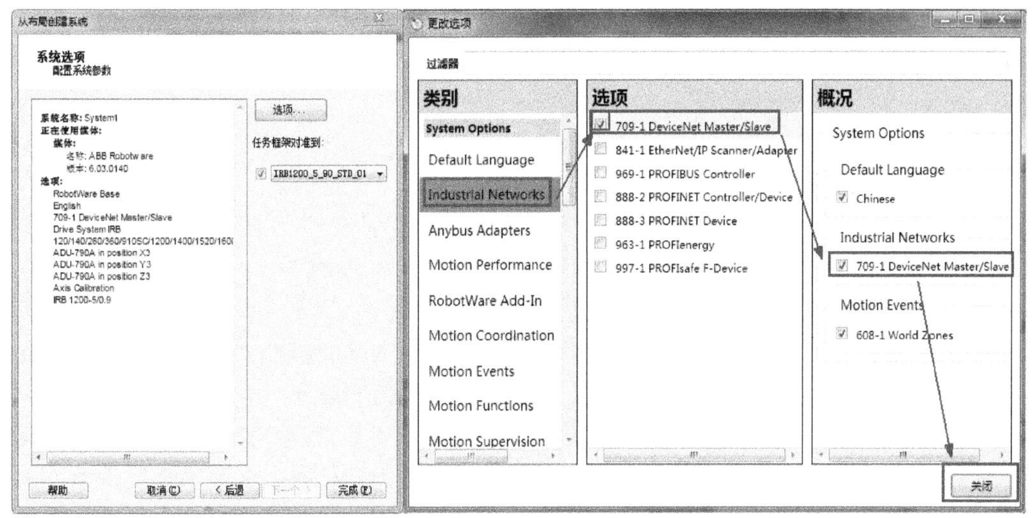

图 2-79　为机器人系统添加选配功能

(5) 返回【从布局创建系统】窗口，单击【完成】按钮，即可创建系统；若不需添加更多的选配功能，也可以直接单击窗口中的【完成】按钮，如图 2-80 所示。

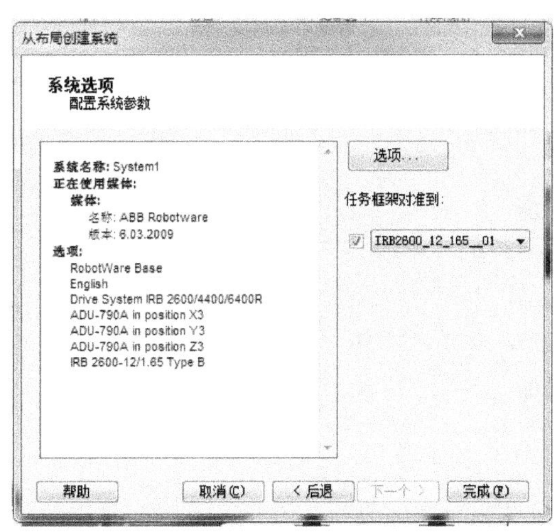

图 2-80　机器人系统创建完成

(6) 系统建立完成后，回到软件主窗口，在软件右下角弹出的【控制器状态】变为绿色时，表示系统启动完成，如图 2-81 所示。

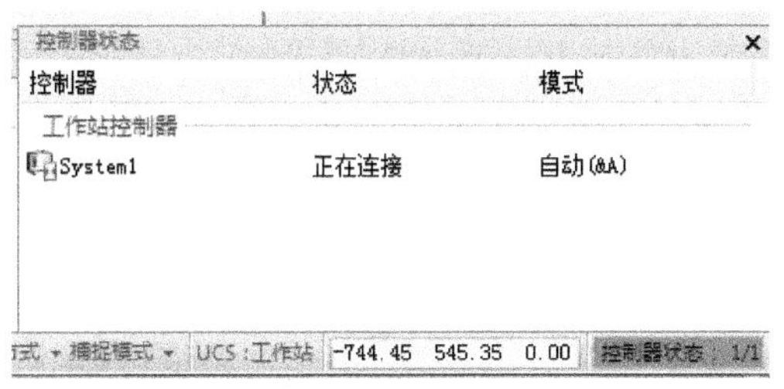

图 2-81 控制器状态显示栏

注意：机器人控制系统创建完成后，如果发现机器人的摆放位置不合适，仍然可以使用【Freehand】工具栏中的工具调整机器人的位置。

2.3.4 手动操纵机器人

在 RobotStudio 中，可以手动操纵虚拟机器人运动到所需位置。RobotStudio 支持两种手动控制方式：直接拖动和精确手动。

1. 直接拖动

直接拖动是指在仿真软件中通过拖动鼠标控制机器人或者机器人工具到达指定位置。这种方式的定位并不准确，通常用在对定位精度要求不高的场合。

(1) 单轴运动。单轴运动即手动关节运动。在【基本】选项卡的【Freehand】工具栏中，选择【手动关节】工具，即可在视图中选择对应的虚拟机器人关节轴进行调节，如图 2-82 所示。以第三轴为例，在视图中机器人的第三轴上按住鼠标左键，然后拖动，即可手动控制机器人的第三轴做单轴运动，如图 2-83 所示。

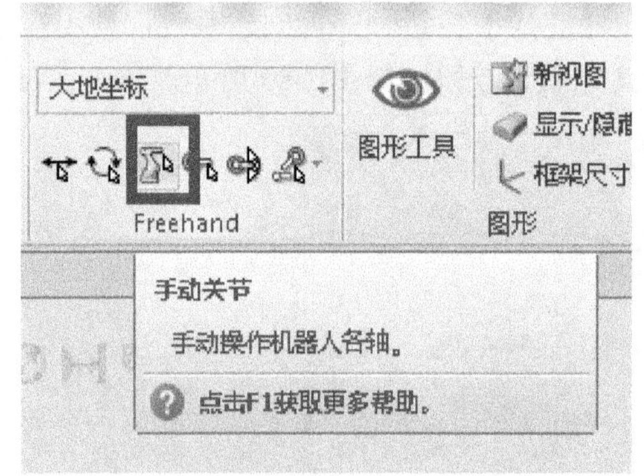

图 2-82 选择手动关节工具

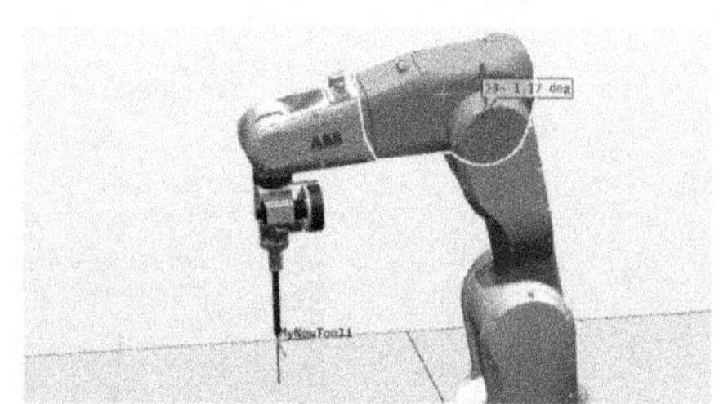

图 2-83 手动调节机器人第三轴

(2) 线性运动。将【基本】/【设置】选项卡中的【工具】设置为【MyNewTool】，然后选择【Freehand】工具栏中的【手动线性】工具，如图 2-84 所示。

图 2-84 设置线性运动的工具坐标系

单击视图中的机器人工具，会看到在工具的 TCP 位置处出现一个由红色、绿色和蓝色坐标轴构成的坐标系，即该工具对应的坐标系，红、绿、蓝三色分别代表 X 轴、Y 轴和 Z 轴。按住鼠标左键拖动某个坐标轴的箭头，即可使机器人工具沿该方向做线性运动，

如图 2-85 所示。

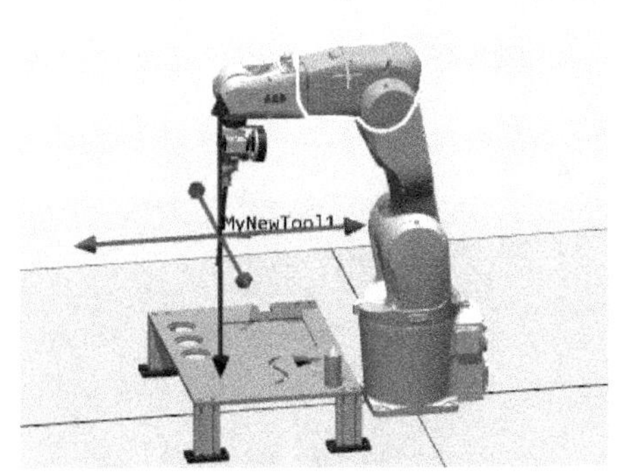

图 2-85　手动线性调节机器人

(3) 重定位运动。在【基本】选项卡的【Freehand】工具栏中选择【手动重定位】工具，然后单击视图中的机器人工具，此时工具的 TCP 周围会出现红色、绿色和蓝色带箭头的曲线，分别代表围绕 X 轴、Y 轴和 Z 轴的运动，如图 2-86 所示。在某一曲线上按住鼠标左键并拖动，即可在 TCP 空间坐标不变的情况下，使工具围绕相应坐标轴作改变姿态的运动，也就是重定位运动。

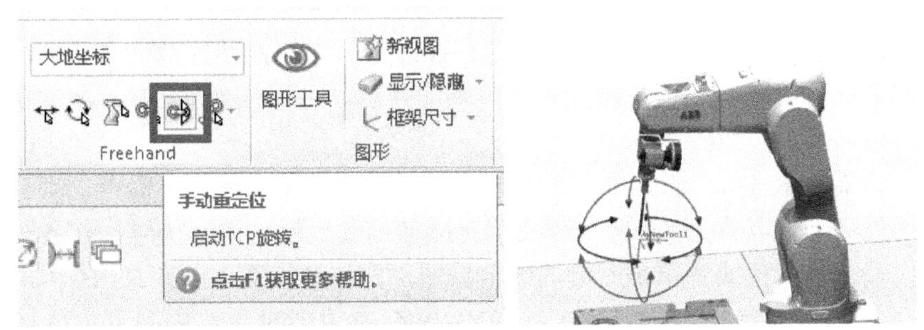

图 2-86　手动重定位调节机器人

2. 精确手动

与直接拖动方式相比，仿真软件中的精确手动方式可以对机器人的运动实施精细控制。例如，用精确手动方式控制关节运动时，可准确调节指定关节的旋转角度，并实时显示指定关节的角度参数；用精确手动控制线性和重定位运动时，可显示特定坐标系下机器人 TCP 的参数化位置和姿态，对机器人的运动进行参数化控制。

精确手动方式的使用方法如下：

(1) 将【基本】/【设置】选项卡中的【工具】设置为【MyNewTool1】，如图 2-87 所示。

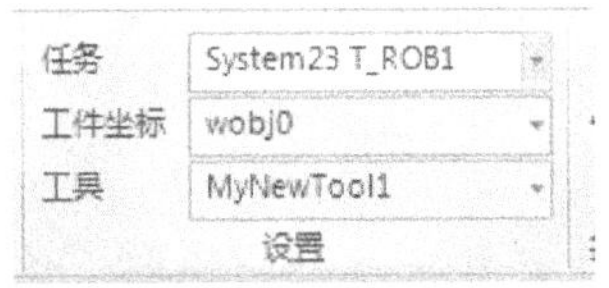

图 2-87　设置工具坐标系

(2) 在【布局】导航栏中的机器人图标上单击鼠标右键，在弹出的菜单中选择【机械装置手动关节】命令，如图 2-88 所示。

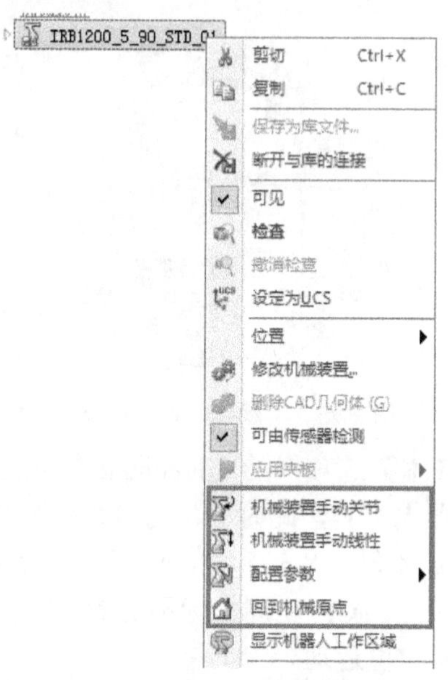

图 2-88　选择机械装置手动关节

(3) 在软件左侧出现的【手动关节运动】设置界面中，拖动关节轴对应的滑块或者单击右侧按钮，就可以精确调节机器人各关节轴的角度。可以在【Step】后的文本框内设定每次单击的增幅大小，如图 2-89 所示。

同理，如果在图 2-88 的弹出菜单中选择【机械装置手动线性】命令，则会出现手动线性运动设置界面。其中，X、Y、Z 三项对应精确线性运动的三个轴，在各轴对应的文本框中直接输入坐标值或者单击右侧的调节按钮，即可使机器人的工具 TCP 沿着工具坐标的某个坐标轴运动到指定位置；RX、RY、RZ 三项则对应着精确重定位运动的三个轴，如图 2-90 所示。

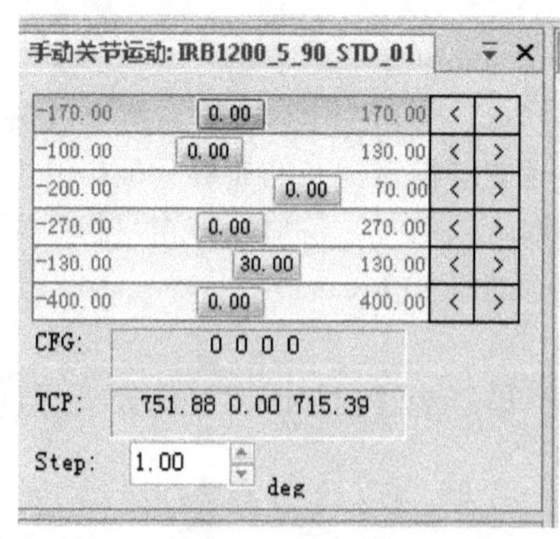

图 2-89　手动关节运动设置界面

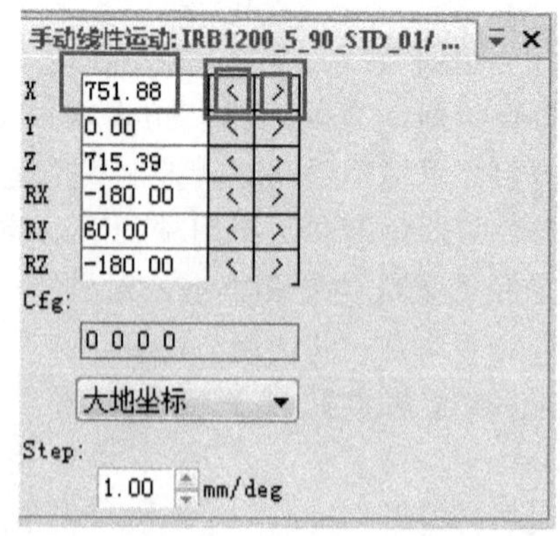

图 2-90　手动线性和手动重定位运动设置界面

3. 回到机械原点

在结束对机器人的手动操纵之后，如果要将机器人恢复到初始位置，可以在【布局】导航栏中的机器人图标上单击鼠标右键，在弹出的菜单中选择【回到机械原点】命令，机

器人就会回到机械原点，如图 2-91 所示。

图 2-91　回到机械原点

注意：这里所说的回到机械原点，并非 6 个关节轴都为 0° 的情形，其中的第 5 轴会保持在 30° 的位置，这是机器人的默认原点角度，但根据机型的不同会有区别。

2.3.5　轨迹编程

使用仿真软件对工业机器人进行编程前，需先确认工具坐标系和工件坐标系是否已经建立。由于本例中导入的机器人工具已自带工具坐标系，所以下面将重点学习如何建立工件坐标系，并进行轨迹编程。

1. 建立工件坐标系

工件坐标系是用于确定机器人所处理工件的空间坐标位置的坐标系。建立工件坐标系是进行示教编程的前提，如果示教点是在对应的工件坐标系中建立的，则机器人位置发生变化时，只更换工件坐标系即可，并不需要重新示教所有的点。

设定工件坐标系一般采用三点法。所谓的三点法就是用三个点来确定工件坐标系的坐标原点以及 X、Y、Z 三个轴的方向。因此，这三个点的选择是至关重要的。

通常情况下，第一个点位于待设定的工件坐标系的原点位置；第二个点位于待设定坐标系 X 轴上的一点；第三点位于待设定坐标系 Y 轴上的一点。RobotStudio 可以记录这三个点的数据，自动计算并完成工件坐标系的设定。

以在 2.3.3 小节中导入的轨迹平台上建立工件坐标系为例，具体操作步骤如下：

(1) 启动 RobotStudio 软件，打开 2.3.3 小节中创建完成的机器人工作站。单击【基本】选项卡中的【其它】按钮，在出现的扩展菜单中选择【创建工件坐标】命令，如图

2-92 所示。

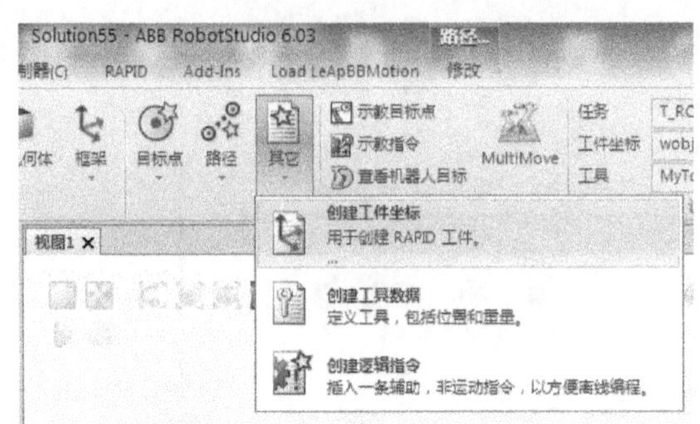

图 2-92　选择创建工件坐标系

(2) 在弹出的【创建工件坐标】设置界面中，将【Misc 数据】栏目下的【名称】设置为“Wobj1”，如图 2-93 所示。

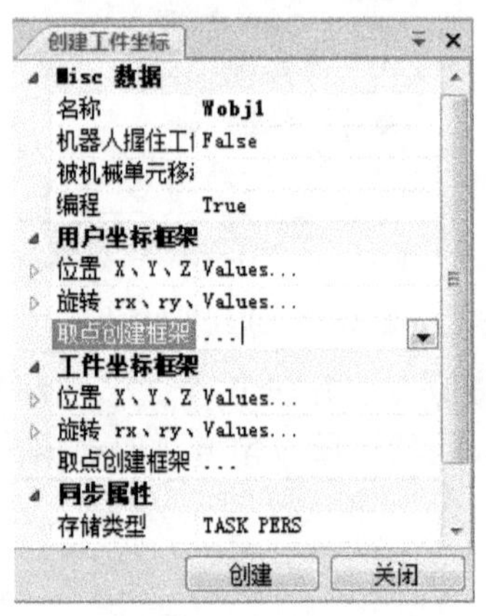

图 2-93　设置工件坐标系参数

(3) 单击【用户坐标框架】栏目下的【取点创建框架】右侧的下拉箭头，在出现的设置界面中选择【三点】，在下面设置三个坐标系参考点的位置：首先单击【X 轴上的第一个点】下方的第一个输入框，然后移动鼠标捕捉视图中轨迹平台工件上的点 1(可以选择捕捉工具栏中的【选择表面】和【捕捉末端】工具，以方便捕捉角点)的坐标数据；然后使用同样的方法，依次捕捉工件上的点 2 和点 3 的坐标数据，作为【X 轴上的第二个点】和【Y 轴上的点】，如图 2-94 所示。

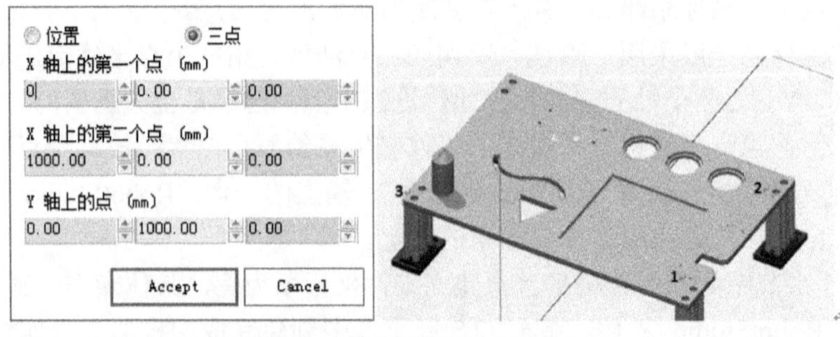

图 2-94　设置工件坐标系参考点

(4) 确认三个参考点的数据已生成后，单击【Accept】按钮，保存数据。然后在【创建工件坐标】设置界面中单击【创建】按钮，建立以点 1 为原点，原点向点 2 方向为 X 轴，原点向点 3 方向为 Y 轴，垂直于设备平面的方向为 Z 轴的工件坐标系 Wobj1，如图 2-95 所示。

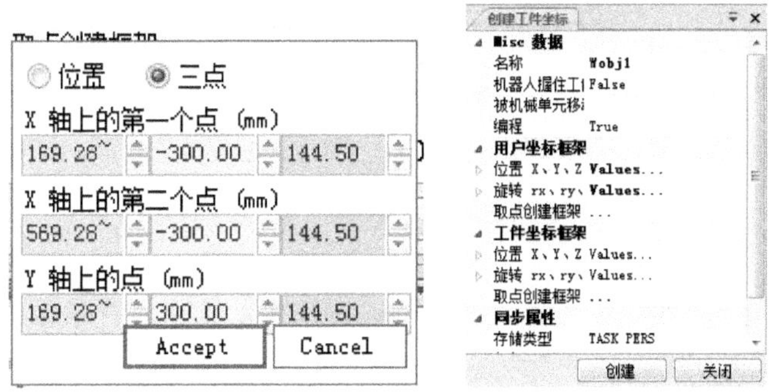

图 2-95　创建工件坐标系 Wobj1

工件坐标系 Wobj1 创建完成后，可在视图中工件的点 1 位置看到对应的工件坐标系名称，如图 2-96 所示。

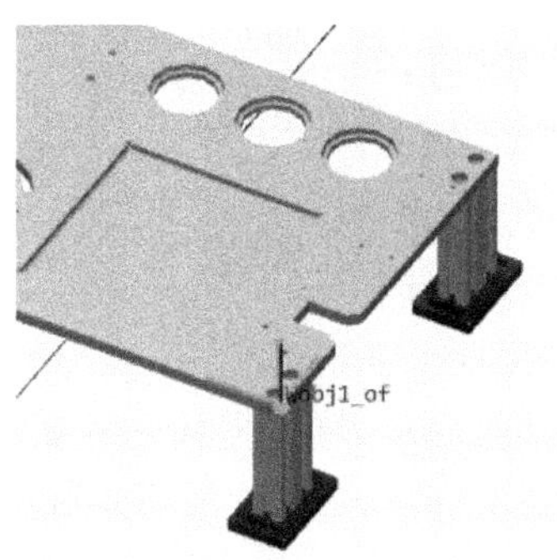

图 2-96　创建完成的工件坐标系

2. 创建轨迹程序

与真实的工业机器人一样，RobotStudio 中虚拟工业机器人的运动也是由 RAPID 程序控制的。下面以一个沿矩形轨迹运动的机器人程序为例，讲解如何在 RobotStudio 中创建轨迹程序。注意：RobotStudio 中生成的轨迹程序可以下载到真实的机器人中运行。

本例中，基于工件坐标系 Wobj1 建立轨迹程序，要求机器人工具 MyNewTool1 沿着工件对象的边沿行走一圈，如图 2-97 所示。

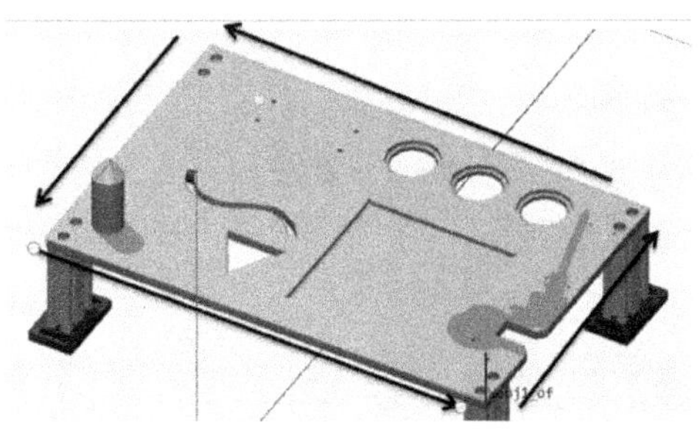

图 2-97　机器人工具运动轨迹示意

生成机器人轨迹程序的操作步骤如下：

(1) 单击【基本】选项卡中的【路径】按钮，在出现的扩展菜单中选择【空路径】命令，创建一个空路径，如图 2-98 所示。

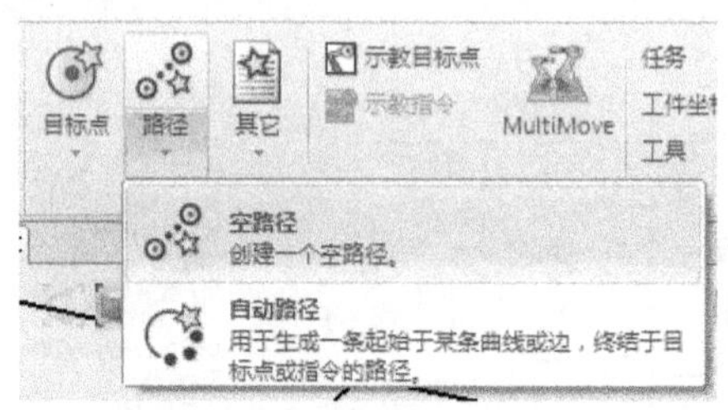

图 2-98　新建空路径

切换到【路径和目标点】导航栏，可以看到在【路径】目录下生成了一个空路径【Path_10】，如图 2-99 所示。

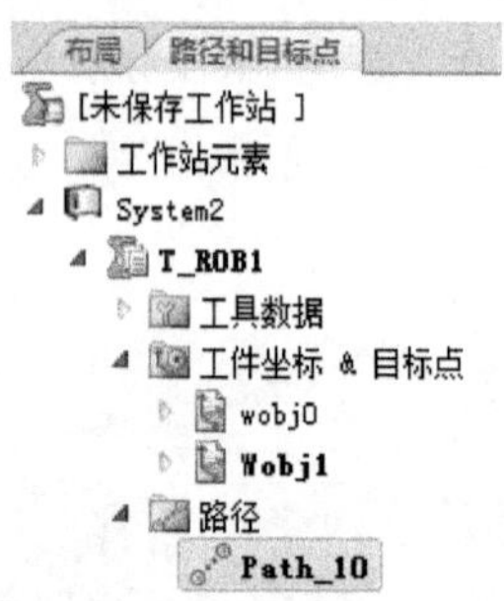

图 2-99　查看新建路径 Path_10

(2) 在【基本】/【设置】选项卡中，将【工具坐标】设置为【MyNewTool】，将【工件坐标系】设置为【Wobj1】，然后参考图 2-100 所示步骤，在窗口底部设置工具的运动指令及参数，将其调整如下：

```
MoveJ * v150 fine MyNewTool \Wobj:=Wobj1
```

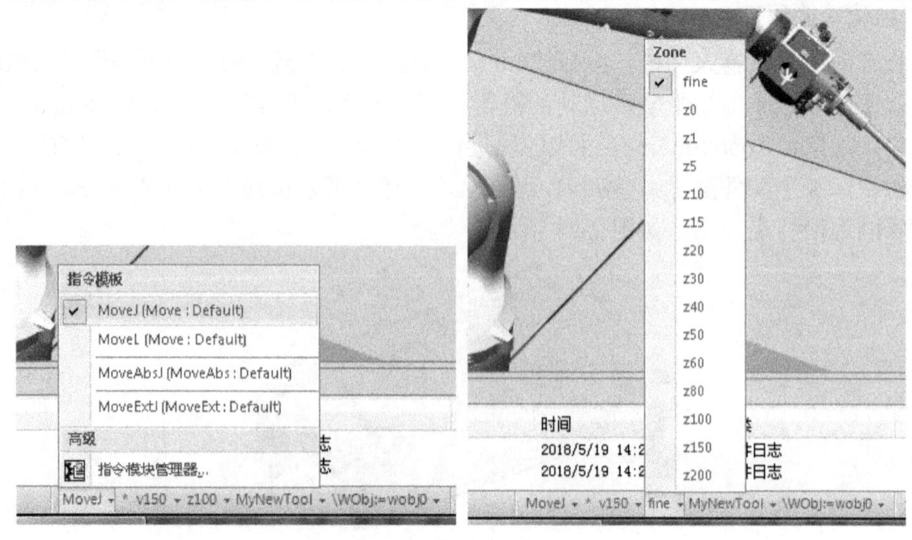

图 2-100　设置工具运动指令

(3) 在【基本】选项卡中的【Freehand】工具栏中选择【手动关节】工具，然后在视图中将机器人工具手动调节到合适的位置，作为运动轨迹的起始点(运动原点)，如图 2-101 所示。

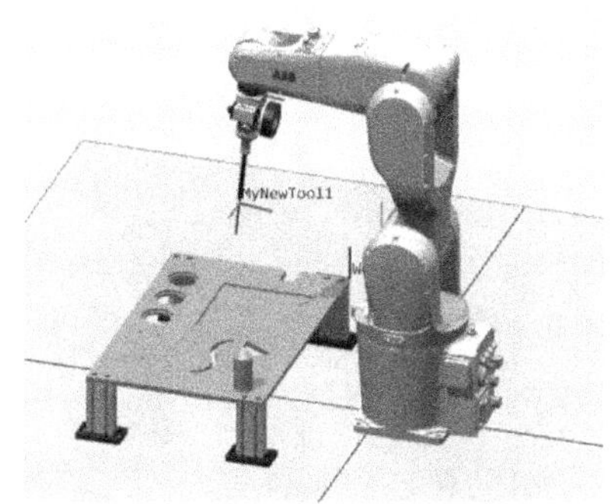

图 2-101 设定机器人运动起始点

一般来说，运动原点应选取机器人所处环境中相对“安全”(周围无过多干涉物)的点，以便于机器人改变姿态，并能用比较舒展的姿势运动到下一目标点。

(4) 单击【基本】/【路径编程】选项卡中的【示教指令】按钮，示教该起始点的位置，如图 2-102 所示。

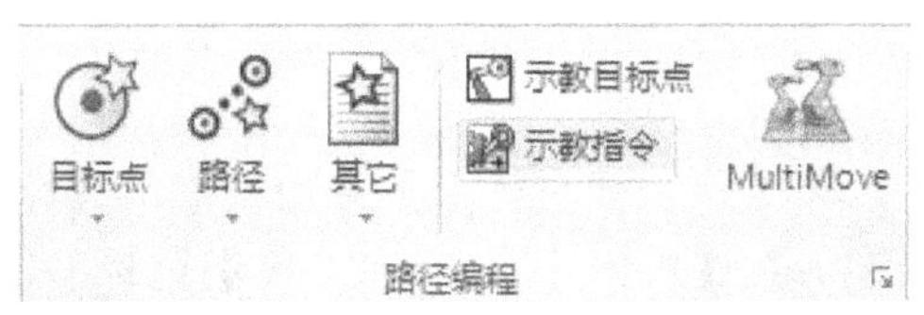

图 2-102 示教起始点位置

(5) 此时，在【路径和目标点】导航栏中的【路径】/【Path_10】下会出现一条新的运动轨迹【MoveJ Target_10】，如图 2-103 所示。

图 2-103 查看新建的运动轨迹

(6) 选择手动线性或其他合适的手动模式，用鼠标左键拖动机器人，使机器人的 TCP 对准轨迹平台的第一个角点，然后单击【基本】/【路径编程】选项卡中的【示教指令】按钮，示教第一个目标点的位置，如图 2-104 所示。

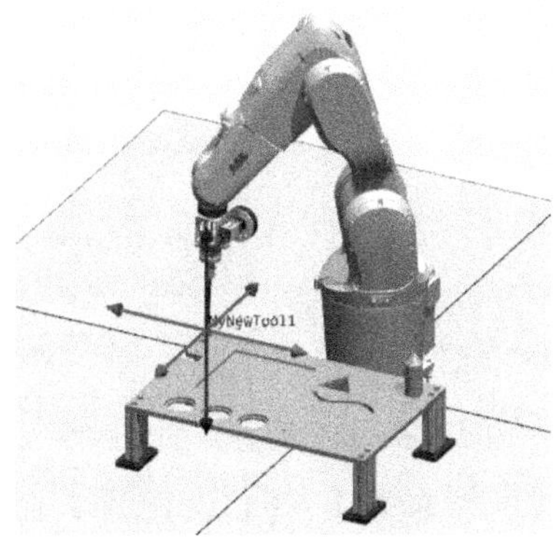

图 2-104 示教第一个目标点

(7) 接下来，要求沿桌子直线运动，在窗口底部将工具的运动指令及参数设置如下：MoveL * v150 fine MyNewTool \Wobj:=Wobj1。

用鼠标左键拖动机器人，使机器人的 TCP 对准轨迹平台的第二个角点，然后再次单击【示教指令】按钮，示教第二个目标点的位置，如图 2-105 所示。

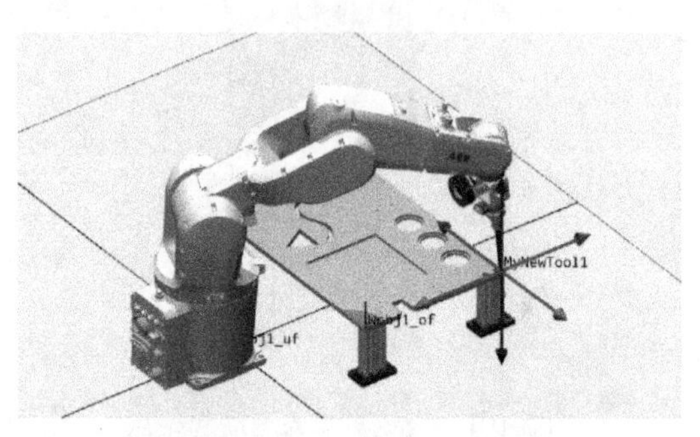

图 2-105　示教第二个目标点

(8) 使用同样方法，依次示教轨迹平台的第三个和第四个角点，最后再次示教第一个角点，使机器人工具能够回到最初位置，形成完整的矩形轨迹。

(9) 当机器人工具回到最初位置后，鼠标拖动机器人工具垂直向上运动，直至离开桌子一段距离，示教这个位置(注意示教前需将运动参数调节为 MoveJ)，然后结束示教操作。

(10) 示教操作完成后，在【路径和目标点】导航栏中的【路径】/【Path_10】目录下可以看到已生成的运动轨迹。在【Path_10】图标上单击鼠标右键，在弹出的菜单中选择【到达能力】命令，可以检查各目标点的可达情况：若所有的运动轨迹后均显示绿色对钩，则说明所有目标点都可到达；否则，就需要重新设置目标点，如图 2-106 所示。

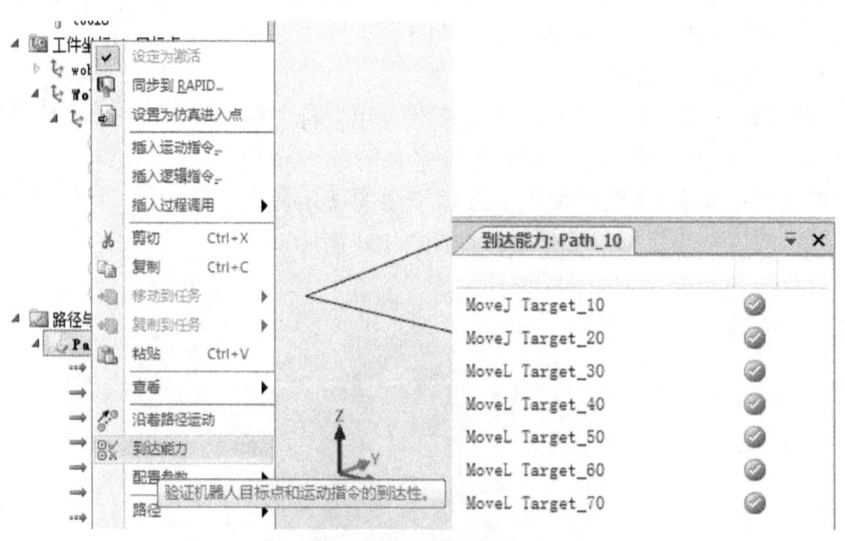

图 2-106　检验目标点的可达性

(11) 在弹出菜单中选择【配置参数】/【自动配置】命令，可以自动配置关节轴参数；然后选择【沿着路径运动】命令，检查程序能否正常运行，如图 2-107 所示。

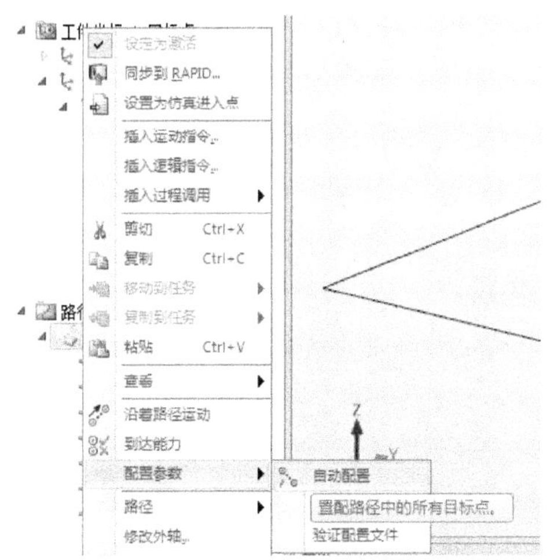

图 2-107　自动配置关节轴沿轨迹运动

经过以上步骤，机器人的轨迹程序就创建完成了。

在创建机器人轨迹程序时，需要注意以下事项：

(1) 进行手动线性运动时，要注意观察各关节轴是否因接近极限角度而无法拖动，并适当调整姿态。

(2) 在示教编程的过程中，如果出现机器人无法到达工件的情况，需适当调整工件的位置，再进行示教。

(3) 在示教编程的过程中，要适当调整视角，以方便观察机器人姿态。

(4) 在示教目标点时，建议使用正确的捕捉工具，有助于提高示教编程效率。

2.3.6　仿真运行

可以在仿真软件中运行虚拟机器人工作站，虚拟机器人会按照用户编辑的程序执行运动或进行逻辑运算，还可以录制机器人仿真运行过程的动画视频。

1. 播放动画

播放机器人仿真运行动画的具体操作步骤如下：

(1) 将虚拟控制器与虚拟工作站的数据进行同步。单击【基本】选项卡中的【同步】按钮，在出现的扩展菜单中选择【同步到 RAPID】命令(如在虚拟示教器中修改数据，则执行【同步到工作站】命令)，如图 2-108 所示。

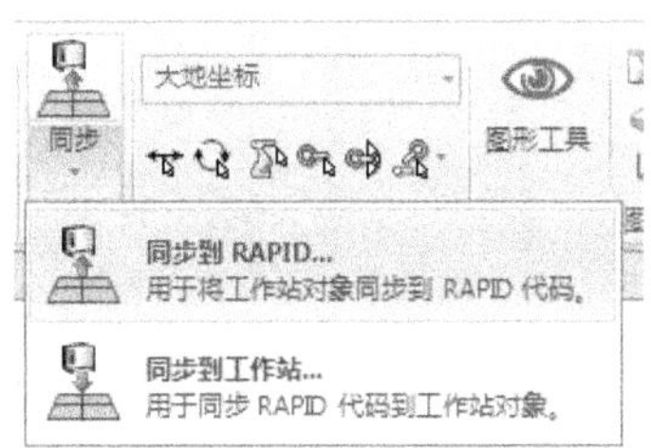

图 2-108　将虚拟工作站的数据同步到 RAPID

(2) 在弹出的【同步到 RAPID】窗口中，选择所有需要同步的项目(通常都会选择所有项目)，然后单击【确定】按钮，如图 2-109 所示。

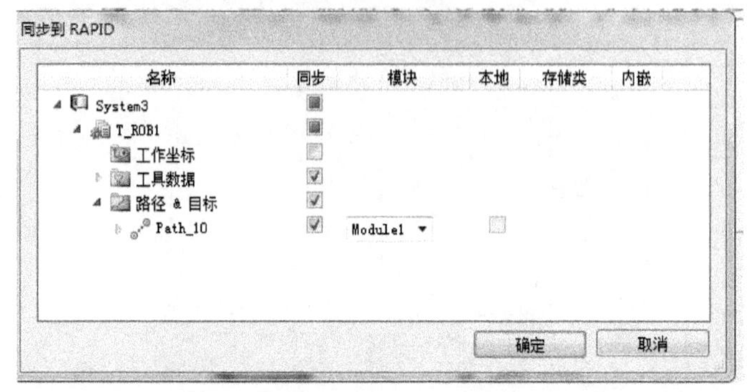

图 2-109　选择同步到 RAPID 的项目

(3) 单击【仿真】/【配置】选项卡中的【仿真设定】按钮，在出现的【仿真设定】视图的【T_ROB1 的设置】栏目下，将【进入点】设置为【Path_10】，其他选项保持默认即可，如图 2-110 所示。

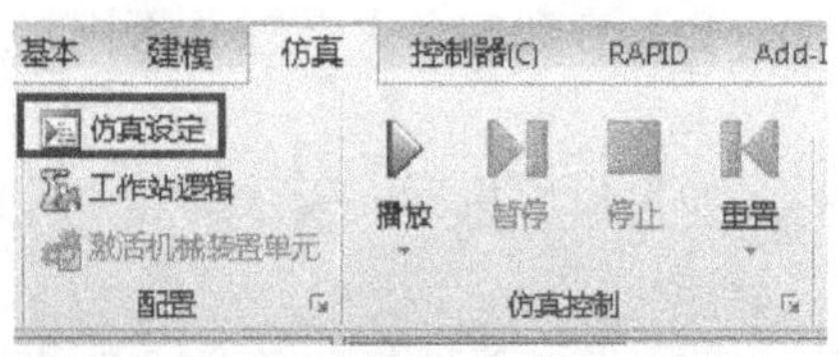

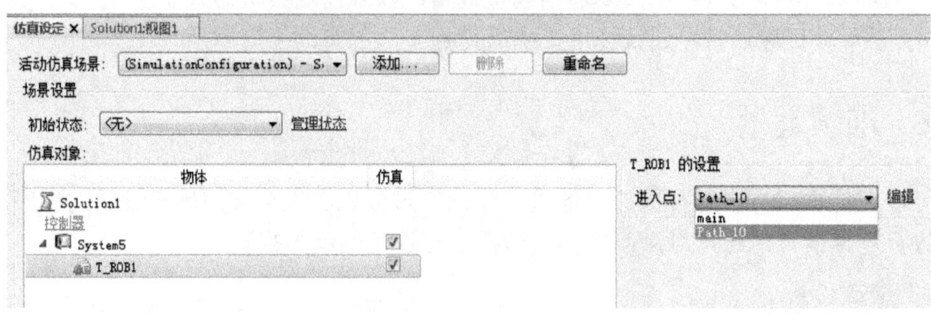

图 2-110　设置仿真运行的起始程序

(4) 设置完毕后单击【仿真】/【仿真控制】选项卡中的【播放】按钮，即可播放机器人仿真运行动画，如图 2-111 所示。在播放过程中单击【停止】按钮，即可停止仿真动画的播放。

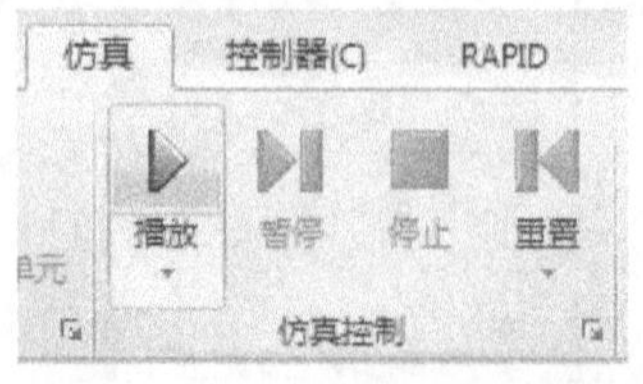

图 2-111　播放仿真运行动画

2. 录制动画

除了可以在仿真软件中查看虚拟机器人工作站的仿真运行动画以外，还可以将这些动画录制成视频，以便在未安装仿真软件的计算机中查看工业机器人的仿真运行情况。具体操作步骤如下：

(1) 单击【文件】选项卡中的【选项】命令，在弹出的【选项】窗口左侧列表中选择【屏幕录像机】项目，在窗口右侧设定该项目的参数，然后单击【确定】按钮，如图 2-112 所示。

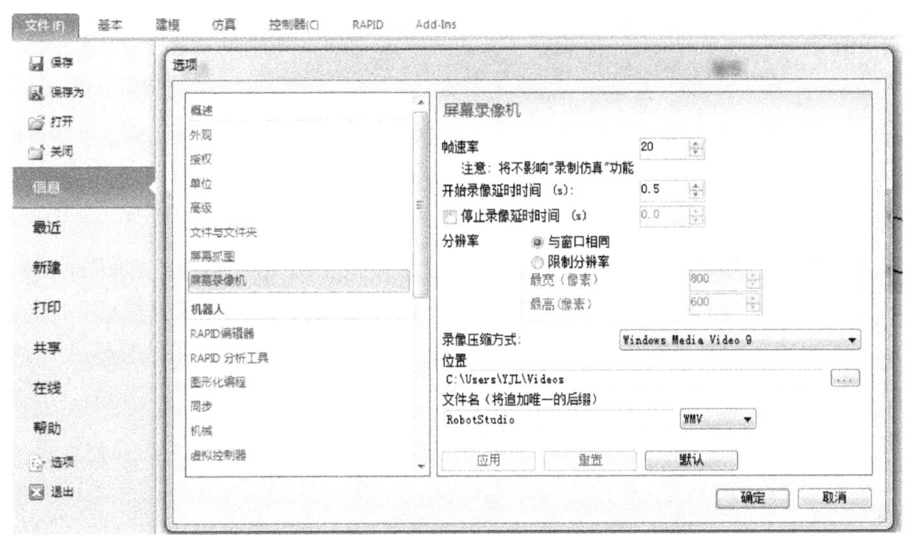

图 2-112　设置屏幕录像机参数

(2) 在【仿真】/【录制短片】选项卡中，单击【仿真录象】按钮，然后单击【仿真】/【仿真控制】工具栏中的【播放】按钮，即可开始录制仿真运行动画。录制完毕后单击【录制短片】中的【停止录象】按钮，再单击【查看录象】按钮，即可查看录制的动画视频，如图 2-113 所示。

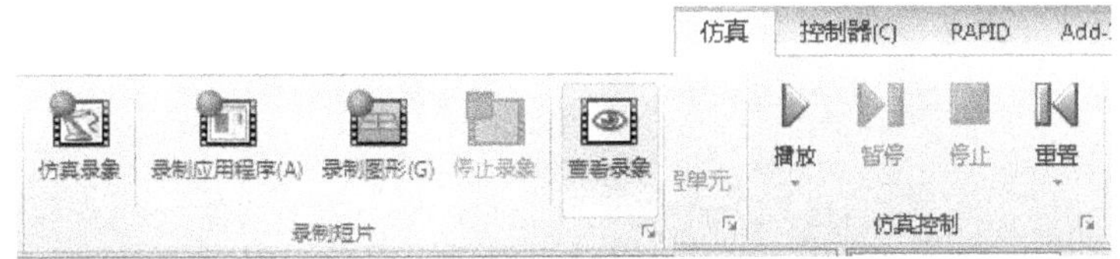

图 2-113　录制并查看仿真运行动画

3. 生成 exe 可执行文件

可以将 RobotStudio 中的虚拟机器人工作站制成 exe 可执行文件，运行该文件不需要在电脑中安装仿真软件，还可以在播放时使用鼠标控制改变和缩放视角。

将虚拟工作站制成 exe 可执行文件的操作步骤如下：

(1) 在【仿真】/【仿真控制】选项卡中，单击【播放】按钮，在出现的扩展菜单中选择【录制视图】命令，单击【停止】按钮结束录制，在弹出窗口中设置文件的保存路径和名称，如图 2-114 所示。

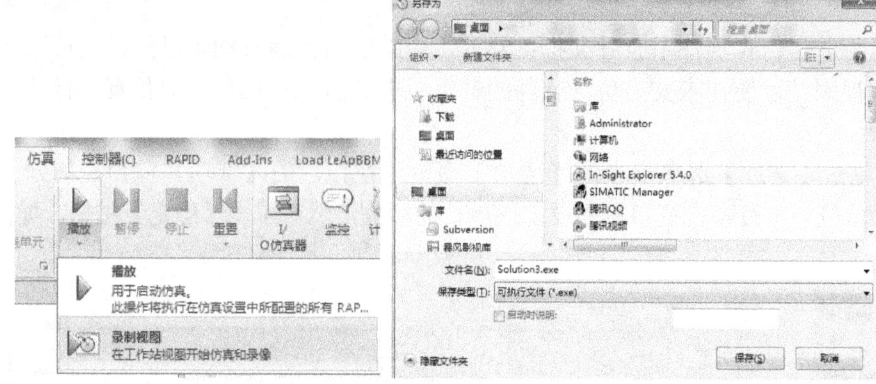

图 2-114　生成虚拟工作站的 exe 可执行文件

注意：在 RobotStudio 中进行任何保存操作时，使用的路径和文件名都建议使用非中文字符。

(2) 双击启动生成的.exe 文件，会弹出一个以虚拟工作站名称命名的程序窗口，单击窗口菜单栏【Home】选项卡中的【Play】按钮，可使工业机器人按照已编写好的轨迹程序运行。此外，还可以在该窗口中对机器人进行缩放、平移和转换视角等操作，操作方法与 RobotStudio 相同，如图 2-115 所示。

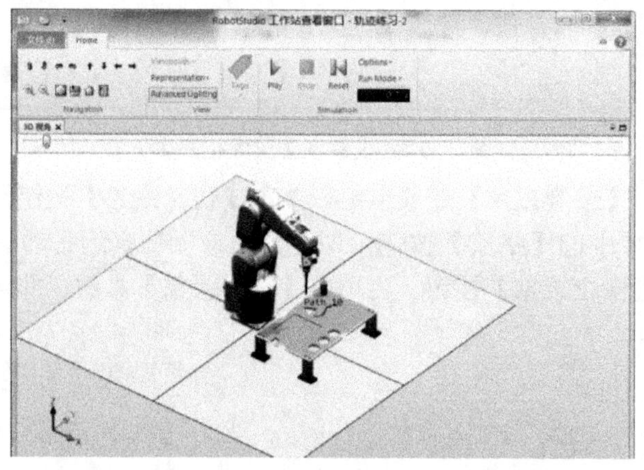

图 2-115　运行中的虚拟工作站 exe 可执行文件

2.3.7　测量工具

RobotStudio 除了可以进行仿真示教操作以外，还提供了测量功能，以提高编程的精度，下面介绍测量工具的使用方法。

1. 测量长方体的长度

以测量长方体的 A 角点到 B 角点之间的距离为例：首先在视图上方的捕捉工具栏中选择工具(选择部件)和(捕捉末端)，然后在【建模】/【测量】选项卡中单击【点到点】按钮，或者在捕捉工具栏右侧选择对应测量工具的快捷键，如图 2-116 所示。

图 2-116　选择测量工具

然后分别单击长方体的 A 角点和 B 角点，即可显示两点距离的测量结果，如图 2-117 所示。

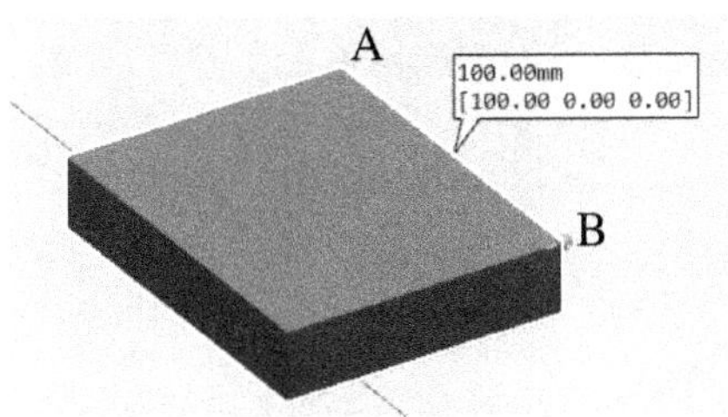

图 2-117　长方体 A 点到 B 点测量结果

2. 测量圆柱体的直径

首先在视图上方的捕捉工具栏中选择工具(捕捉边缘)，如图 2-118 所示。

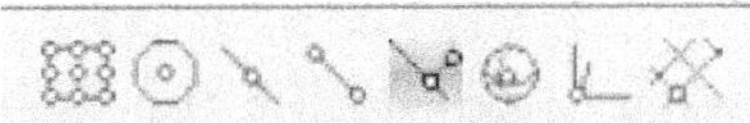

图 2-118　选择捕捉边缘工具

然后在【建模】/【测量】选项卡中单击【直径】按钮，如图 2-119 所示。

图 2-119　选择测量直径工具

最后选择圆柱体截面圆上的任意三个点，即可显示该圆柱体直径的测量结果，如图 2-120 所示。

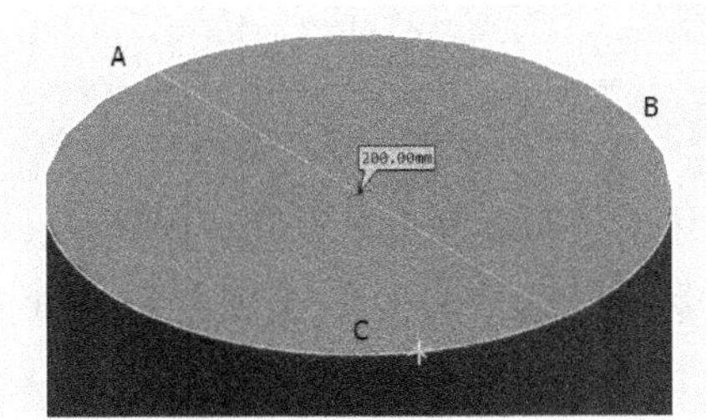

图 2-120　圆柱体直径测量结果

3. 测量锥体的角度

若要测量如图 2-121 所示椎体顶角的角度，可以单击【建模】/【测量】选项卡中的【角度】按钮，然后依次单击椎体的 A 角点、B 角点和 C 角点，即可显示椎体顶角角度的测量结果。

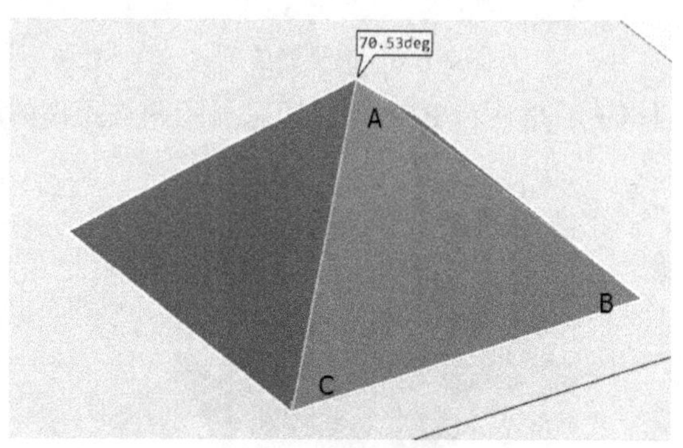

图 2-121　椎体角度测量结果

测量需要灵活运用各种捕捉模式和测量方式，需要多加练习，以掌握其中的技巧。

2.3.8　简单三维建模

使用 RobotStudio 进行机器人工作站应用方案的仿真验证时，往往需要机器人本体与周边设备相配合。有时软件设备库中的设备模型无法满足仿真需要，则可以用与实际设备大小相同的简单模型来代替所需设备，以节约仿真验证的时间；而如果需要精细的 3D 模型，则可以使用第三方的建模软件(如 SolidWork)进行建模，并将其保存为*.step 格式的文件，导入 RobotStudio 中，以满足需要。

下面通过一个示例，讲解如何使用 RobotStudio 的建模功能创建简单的 3D 模型：

(1) 新建一个空工作站，然后在【建模】/【创建】选项卡中单击【固体】按钮，在出现的扩展菜单中选择【矩形体】命令，如图 2-122 所示。

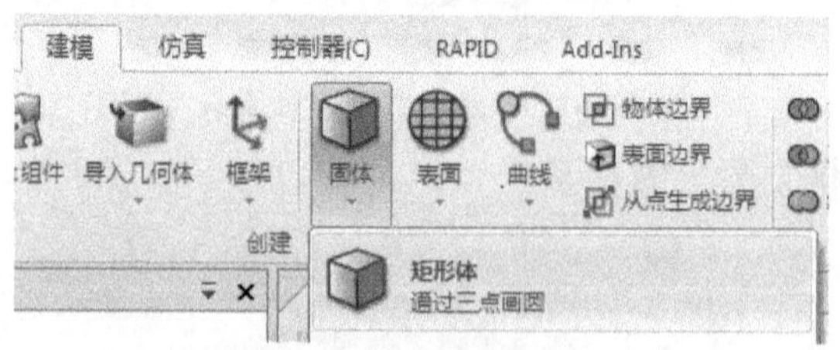

图 2-122　建立矩形体

(2) 在出现的【创建方体】设置界面中，设置新建矩形体的长、宽、高尺寸参数。本例中，将矩形体的【长度】设置为“1190”，【宽度】设置为“800”，【高度】设置为“140”，然后单击【创建】按钮，如图 2-123 所示。

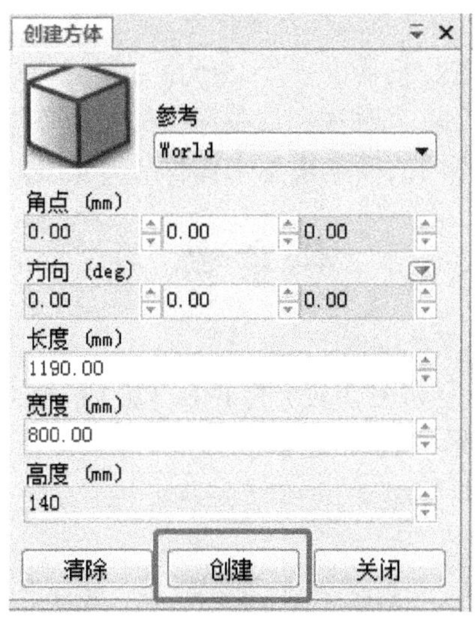

图 2-123　设置矩形体参数

设置完毕，视图中会出现一个新添加的矩形体对象。在该对象上单击鼠标右键，在弹出的菜单中选择【导出几何体】命令，即可将该对象保存在资源库中，供其他工作站导入，如图 2-124 所示。

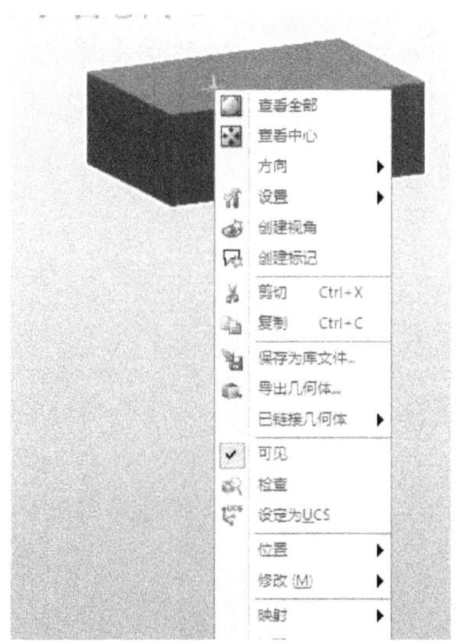

图 2-124　导出几何体

本 章 小 结

- ✧ 工业机器人开箱环节包括检查、安装、连接电缆、上电、校准和调试等步骤，是工业机器人应用的最基础环节，也是保证工业机器人正常运作的关键。
- ✧ 机器人运动有三种方式：单轴运动(又称关节运动)、线性运动(又称笛卡尔线性运动)和重定位运动。机器人可以结合这三种运动方式，计算出最优的运动路线并执行。

✧ 使用 RobotStudio 进行机器人工作站应用方案的仿真验证时，往往需要机器人本体与周边设备相配合。有时软件设备库中的设备模型无法满足仿真需要，则可以用与实际设备大小相同的简单模型来代替所需设备，以节约仿真验证的时间。

本 章 练 习

1．修改工业机器人控制系统的时间与日期。

2．在仿真软件中建立一个如图 2-125 的 IRB 1200 机器人工作站，然后编写程序，使机器人工具末端沿图中所示的轨迹线路运行，最后录制仿真动画(机器人工具使用仿真软件设备库中的工具模型即可)。

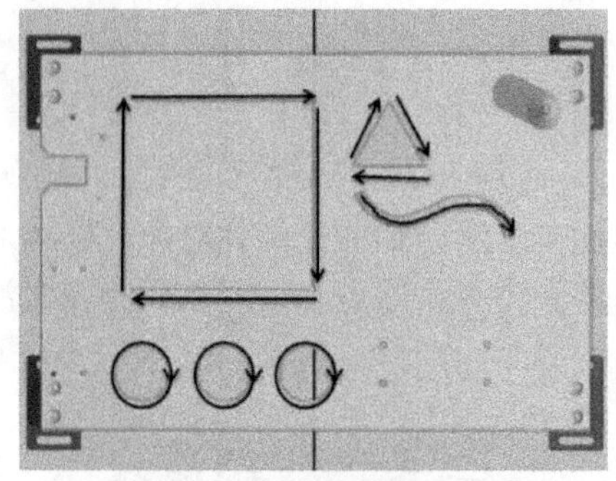

图 2-125　机器人工具轨迹运行图

第3章　工业机器人通信基础

本章目标

■ 掌握常用 ABB 标准板卡及 I/O 信号的配置方法

■ 熟悉 ABB 工业机器人使用 Profibus-DP 通信的方法

■ 掌握基础的工业机器人通信接线知识

在实际生产中，为了更好地完成任务，工业机器人经常需要与周边设备进行通信，以获取环境和设备信息。工业机器人通信可借助 RS485、光纤等不同通信接口，并采用 Modbus 协议、TCP/IP 协议等多种通信协议来实现。本章以 ABB 工业机器人为例，介绍 I/O 通信板卡的配置方法以及与 PLC 设备的典型通信方式。

3.1 通信概述

ABB 工业机器人支持多种通信方式和协议，如表 3-1 所示。

表 3-1 ABB 工业机器人支持的通信形式

通信功能	通信协议	连接方式	备注
主站功能(Master)	DeviceNet Master(现场总线)	PCI 插槽板卡	标配
	PROFIBUS DP Master	PCI 插槽板卡	选配
	PROFINET I/O SW	基于 LAN2、LAN3、WAN 端口	选配
	EtherNet/IP		选配
从站功能(Slave)	DeviceNet Slave	Fieldbus adapter(Slave)	选配
	PROFIBUS DP	Fieldbus adapter(Slave)	选配
	PROFINET I/O	Fieldbus adapter(Slave)	选配
	EtherNet/IP	Fieldbus adapter(Slave)	选配
	CC-Link	Fieldbus gatway(Slave)	选配
串口通信	RS232	可转换为 RS422、RS485	选配
Socket	需要 PC Inter face	基于 LAN2、LAN3、WAN 端口	选配
其他	OPC、FTO/NFS client、DNS、DHCP		

ABB 工业机器人默认配置是基于 DeviceNet 通信总线协议的 I/O 通信板卡，通过此板卡进行主机控制系统与工业设备之间的通信。DeviceNet 协议是一种 CAN(Controller Area Net，控制器局域网)总线协议，这种传感器/执行器总线系统起源于美国，但在欧洲和亚洲地区正得到越来越广泛的应用。基于 DeviceNet 协议的 ABB 工业机器人 I/O 通信方式的硬件配置如图 3-1 所示，对这些硬件的详细说明见表 3-2。

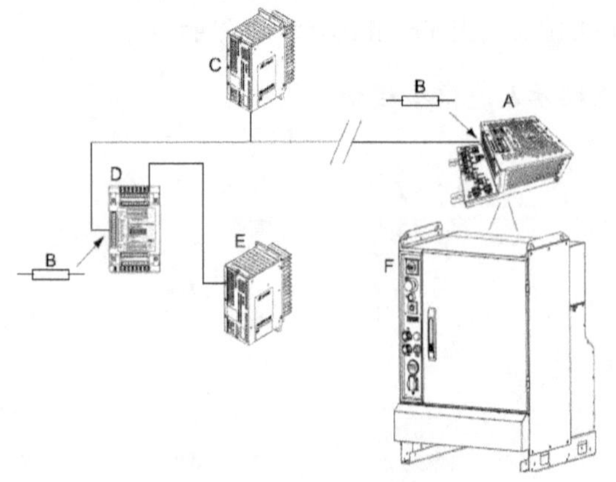

图 3-1 DeviceNet 协议通信硬件配置图

表 3-2　DeviceNet 协议通信硬件配置说明

序号	说　明
A	控制器主计算机中的 DeviceNet 总线通信模块
B	终端电阻
C	24 伏直流网络供电电源
D	分布式数字量 I/O 通信模块板卡
E	24 伏直流 I/O 信号供电电源
F	机器人控制器

ABB 机器人标准控制器 IRC5 可以安装多种通信板卡，如现场总线(DeviceNet)模块板卡，或 PROFIBUS DP Master PCIexpress、EtherNet/IP 等板卡。以现场总线模块板卡为例：图 3-2 中的 A 处为控制器主机的板卡插槽，可以将板卡插在此插槽上(需由专业人员操作)，图 3-3 中的 B 处则为已经安装完毕的板卡的一部分。

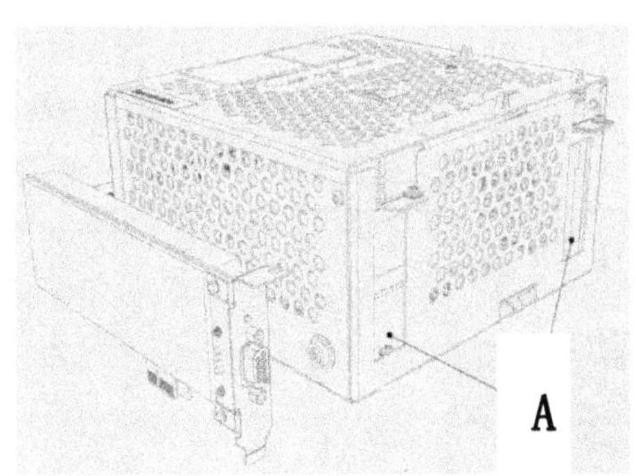

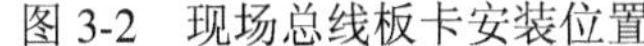
图 3-2　现场总线板卡安装位置

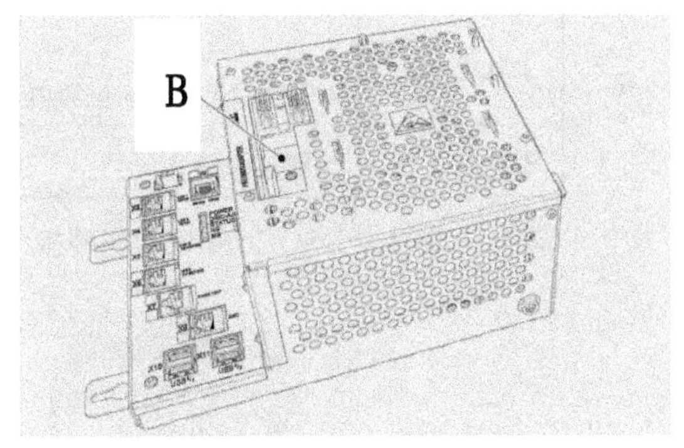

图 3-3　安装完毕后的现场总线板卡

ABB 工业机器人控制系统常用的通信信号包括数字量输入信号(di)、数字量输出信号(do)、模拟量输入信号(ai)、模拟量输出信号(ao)以及输送机跟踪信号等。其中，数字量输入/输出信号是最常用的信号，值为 true 或 false(1 或 0)；而一个模拟量信号的值用 16 位的二进制数来表示，范围为 0～25535。

3.2　通信配置方法

在机器人系统中使用通信信号进行编程，首先要对通信板卡进行配置，并对信号进行定义。在实际生产中，要根据工业机器人工作站的通信需求来确定配置何种类型及数量的通信模块。

目前，几乎所有的工业机器人都将 I/O 通信功能作为标准配置，因此，3.2.1 小节首先介绍 ABB 工业机器人 I/O 通信的配置方法。而工业机器人往往需要与自动化设备配合应用，这样的自动化设备多数使用 PLC 进行电气控制，且工业机器人可通过多种通信协议与 PLC 通信，3.2.2 小节将介绍 ABB 工业机器人通过 PROFIBUS 协议与 PLC 通信的

方法。

3.2.1 I/O 通信

ABB 工业机器人常用的 I/O 通信板卡介绍如表 3-3 所示。

表 3-3 ABB 工业机器人常用通信板卡

型号	说明
DSQC651	分布式 I/O 模块 8 位数字量输出\8 位数字量输入\ 2 位模拟量输出
DSQC652	分布式 I/O 模块 16 位数字量输出\16 位数字量输入
DSQC653	分布式 I/O 模块 8 位数字量输出\8 位数字量输入(带继电器)
DSQC355A	分布式 I/O 模块 4 位模拟量输出\4 位模拟量输入
DSQC377A	输送机跟踪单元

其中最为常见的是 DSQC651/652 两种板卡，如图 3-4 所示。

图 3-4 DSQC651/652 板卡

DSQC651 是 ABB 工业机器人最常用的标准 I/O 板卡之一，可以提供 8 个数字量输入信号、8 个数字量输出信号和 2 个模拟量输出信号。下面以 DSQC651 板卡为例，对 ABB 工业机器人使用的 I/O 板卡及信号的配置方法做一个详细的讲解(可以扫描右侧二维码，观看 DSQC651 板卡配置操作的视频)。

配置 DSQC651 板卡

1. 配置 DSQC651 板卡

DSQC651 板卡的外观如图 3-5 所示，其端口 A～F 的具体功能说明见表 3-4，各端口的详细说明见表 3-5。

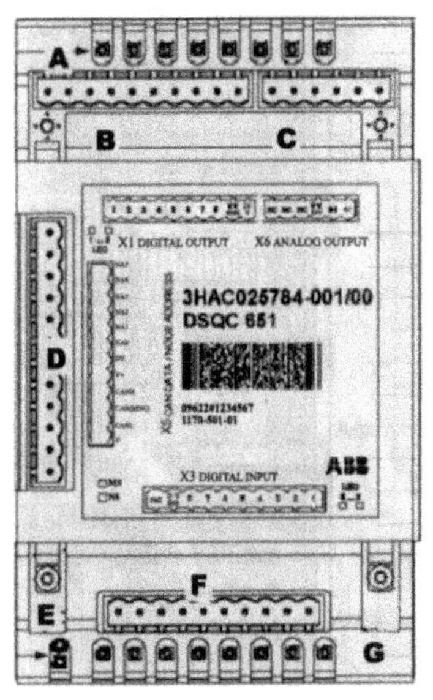

图 3-5　DSQC651 板卡示意图

表 3-4　DSQC651 板卡端口 A～F 功能说明

标号	说明
A	数字输出信号指示灯
B	X1 数字量输出端口
C	X6 模拟量输出端口
D	X5 DeviceNet 端口
E	模块状态指示灯
F	X3 数字量输入端口
G	数字量输入信号指示灯

表 3-5　DSQC651 板卡端口详细说明

X1 数字量输出端口：

X1 端子编号	使用定义	地址
1	OutPut CH1	32
2	OutPut CH2	33
3	OutPut CH3	34
4	OutPut CH4	35
5	OutPut CH5	36
6	OutPut CH6	37
7	OutPut CH7	38
8	OutPut CH8	39
9	0 V	
10	24 V	

X3 数字量输入端口：

X3 端子编号	使用定义	地址
1	InPut CH1	0
2	InPut CH2	1
3	InPut CH3	2
4	InPut CH4	3
5	InPut CH5	4
6	InPut CH6	5
7	InPut CH7	6
8	InPut CH8	7
9	0 V	
10	未使用	

X5 DeviceNet 端口：

X5 端子编号	定义
1	0V 线色　BLACK
2	CAN 信号线 low BLUE
3	屏蔽线
4	CAN 信号线 high WHILE
5	24 V RED
6	GND 地址选择公共端
7	模块 ID bit 0(LSB)
8	模块 ID bit 1(LSB)
9	模块 ID bit 2(LSB)
10	模块 ID bit 3(LSB)
11	模块 ID bit 4(LSB)
12	模块 ID bit 5(LSB)
专用线颜色：BLACK　黑色，BLUE　蓝色，WHILE 白色，RED 红色	

X6 模拟量输出端口：

X6 端子编号	使用定义	地址
1	未使用	
2	未使用	
3	未使用	
4	0 V	
5	模拟输出 ao1	0～15
6	模拟输出 ao2	16～31
模拟输出的电压范围：0～+10 V		

ABB 机器人标配的 I/O 板卡是挂在 DeviceNet 现场总线模块下的设备，因此要将板卡的 X5 端口与 DeviceNet 现场总线模块进行连接——一端接在 X5 端口的 1～5 号端子位置，另一端接在机器人控制器主机上的 DeviceNet 总线模块上，具体连接方式见购机说明(设备标配的 I/O 板卡出厂已经连接，其他板卡则需要自行连接)。

连接完毕的 DSQC651 板卡在 DeviceNet 总线上的地址由 X5 端口的 7～12 号端子的跳线决定。如图 3-6 所示，7～12 号端子对应的数字依次为 1、2、4、8、16、32，剪断哪个端子对应的跳线，该端子对应的数字相加的值就是板卡的地址。例如，板卡出厂时会默认将第 8 号和第 10 号端子的跳线剪去，由于 2＋8＝10，可知板卡默认地址为 10。DSQC651 板卡地址的范围是 10～63，X5 端口的第 6 号端子是公共端。

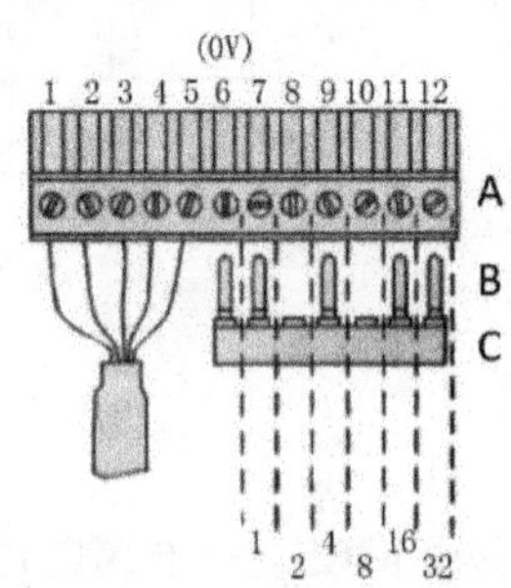

图 3-6　通信板卡跳线端子示意图

DSQC651 板卡的相关配置参数如表 3-6 所示。

表 3-6　通信板卡参数配置说明

参数名称	设定值	说　明
Name	d651	I/O 板在系统中的名称，方便在系统中识别
Type of Signal	d651	I/O 板的类型
Address	10	I/O 板在总线中的地址

DSQC651 板卡的配置步骤如下：

(1) 在示教器主菜单中选择【控制面板】/【配置】命令，在出现的【控制面板-配置-I/O System】界面中，选择【DeviceNet Device】，然后单击【显示全部】按钮，如图 3-7 所示。

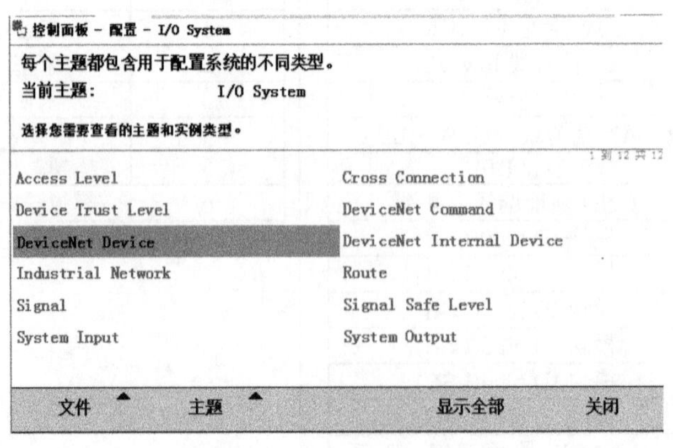

图 3-7　选择配置板卡

(2) 在出现的【控制面板-配置-I/O System- DeviceNet Device】界面中，单击【添加】按钮，如图 3-8 所示。

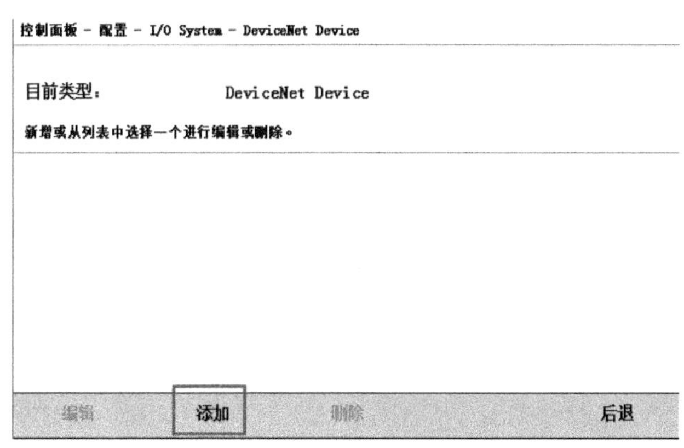

图 3-8　添加新板卡

(3) 在出现的【控制面板-配置-I/O System-DeviceNet Device-添加】界面中，在【使用来自模板的值】下拉菜单中选择新板卡使用的通信模板。本例选择【DSQC 651 Combi I/O Device】，如图 3-9 所示。

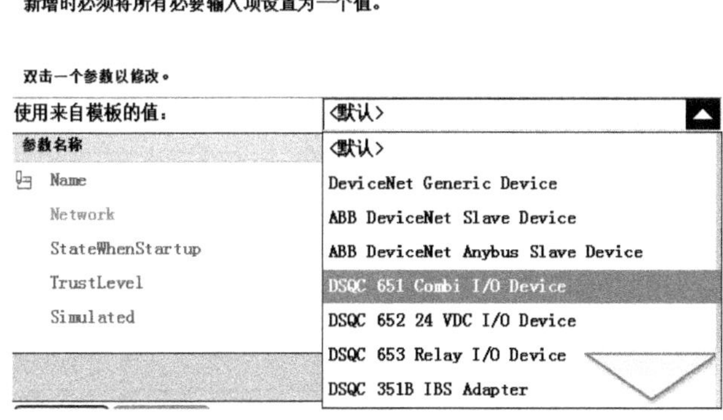

图 3-9　选择板卡对应的通信模板

(4) 在界面下方的参数列表中，使用虚拟键盘将参数【Name】设置为“d651”，如图 3-10 所示。

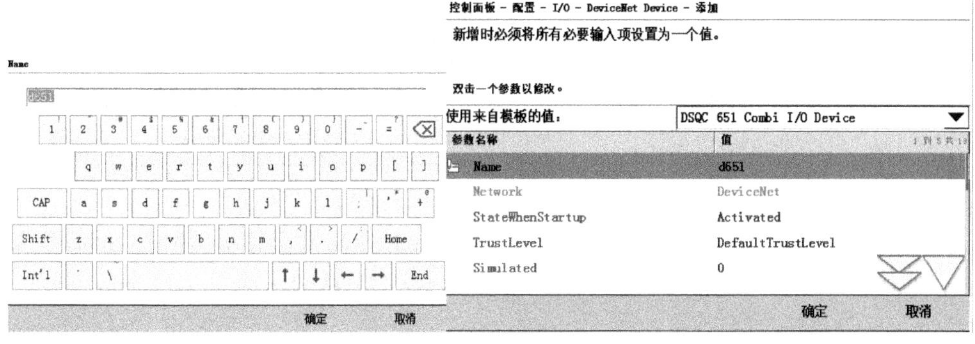

图 3-10　设置板卡名称

(5) 使用相同方法，将参数【Address】的值设置为“10”(通信板卡物理跳线地址)，其他参数保持默认，然后单击【确定】按钮，完成配置，如图 3-11 所示。

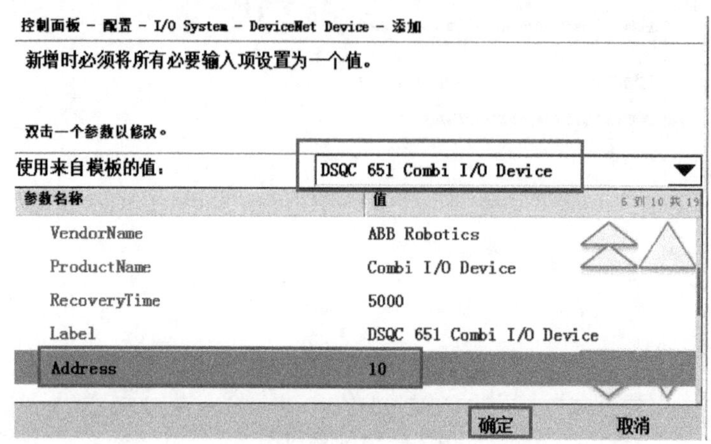

图 3-11　完成板卡配置

配置完成后，如示教器提示重启，建议暂不重启，待配置完信号后一并重启。

2．配置数字量输入/输出信号

通信板卡配置完成之后，就可以配置信号了。分别添加一个数字量输入信号 di1 和一个数字量输出信号 do1，二者各自的配置参数如表 3-7 和表 3-8 所示。

表 3-7　输入信号 di1 配置参数

参数名称	设定值	说　明
Name	di1	数字输入信号的名称
Type of Signal	Digital Input	信号的类型
Assigned to Device	d651	信号所在的 I/O 模块
Device Mapping	0	信号所占用的地址

表 3-8　输出信号 do1 配置参数

参数名称	设定值	说　明
Name	do1	数字输出信号的名字
Type of Signal	Digital Output	信号的类型
Assigned to Device	d651	信号所在的 I/O 模块
Device Mapping	32	信号所占用的地址

配置数字量输入信号 di1 的步骤如下：

(1) 单击示教器主菜单的【控制面板】/【配置】项，在出现的【控制面板-配置-I/O System】界面中，选择【Signal】，然后单击【显示全部】按钮，如图 3-12 所示。

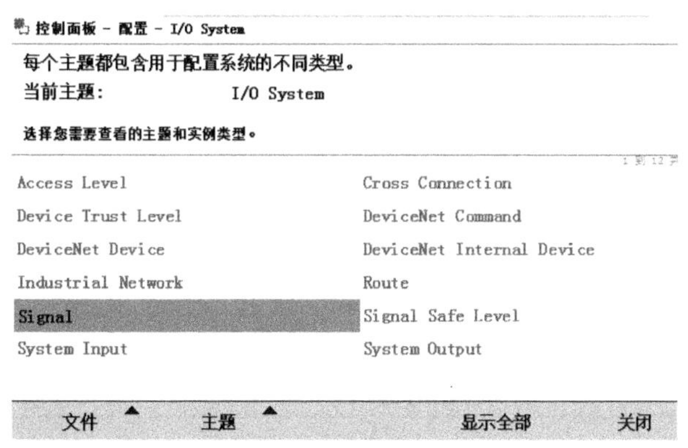

图 3-12　选择配置信号

(2) 在出现的【控制面板-配置-I/O System-Signal】界面中，单击底部的【添加】按钮，如图 3-13 所示。

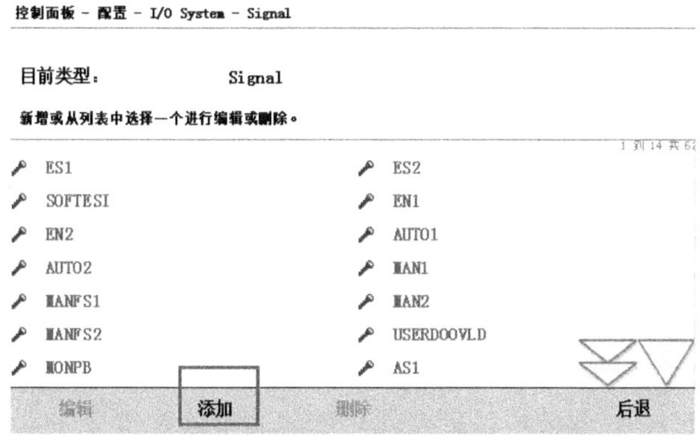

图 3-13　添加信号

(3) 在随后出现的【控制面板-配置-I/O System-Signal-添加】界面中，设置信号的名称、类型以及所属 I/O 板卡：在【Name】中设置信号名称，一般会按照特定顺序命名，如 di1、di2…；在【Type of Signal】中设置信号类型，不同信号类型的说明详见表 3-9；然后将【Assigned to Device】设置为前面配置的 I/O 板卡的名字【d651】，如图 3-14 所示。

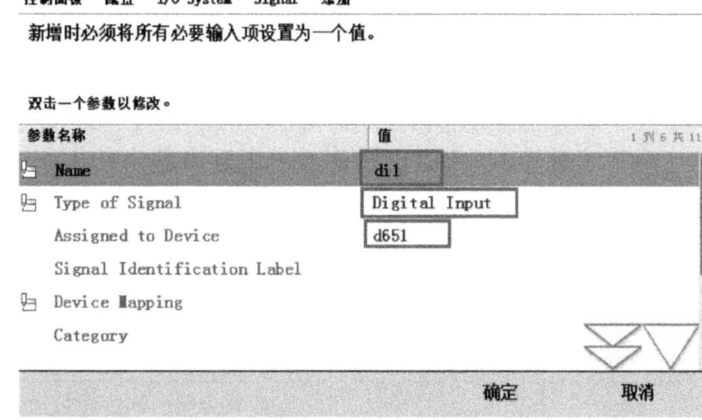

图 3-14　配置信号

表 3-9　信号类型说明

信号类型	说明	应用示例
Digital Input	数字输入信号	用于物料检测
Digital Output	数字输出信号	控制控制夹抓闭合
Group Input	组输入信号	用于控制程序偏移量
Group Output	组输出信号	用于控制工具
Analog Input	模拟输入信号	用于接收真空发生器负压参数
Analog Output	模拟输出信号	用于控制焊接电源电压

此外，还可以在【Device Mapping】中设置信号地址，即某一类信号在板卡中对应的同类端口的物理地址。在实际生产中，设置信号地址有助于明确某信号对应板卡的具体端口位置，从而起到指导通信连接的作用。本例中，DSQC651 板卡的数字量输入/输出信号各 8 个，其中，输入信号地址为 0～7；输出信号地址为 32～39。因此，DSQC651 板卡上第一位输入信号的地址应设置为 0；而第一位输出信号的地址则应设置为 32。其他型号板卡的说明见配套教学资源中的附件以及相关购机说明文件。

使用相同方法配置数字量输出信号 do1，具体步骤不再赘述。

3．配置组输入/输出信号

组信号就是由若干数字量信号组合而成的信号，组输入/输出信号就是将几个数字量输入/输出信号组合起来使用。组输入/输出信号中的每个数字量输入/输出信号均占用一个输入/输出物理端口地址，若已经有数字量信号占用了前面的物理端口地址，组信号的物理地址位就要向下顺延。

例如，配置一个由 4 路数字量输入信号组成的组输入信号 gi1，则其参数【Device Mapping】设置为 1～4，即占用板卡物理端口地址的 1～4 位，如表 3-10 所示。

表 3-10　组输入信号 gi1 配置参数

参数名称	设定值	说明
Name	gi1	组输入信号的名字
Type of Signal	Group Input	信号的类型
Assigned to Device	d651	信号所在的 I/O 板卡
Device Mapping	1～4	信号占用的物理端口地址 (0 号位地址已被占用)

同理，配置一个由 4 路数字量输出信号组成的组输出信号 go1，则其参数如表 3-11 所示。

表 3-11 组输出信号 go1 配置参数

参数名称	设定值	说明
Name	go1	组输出信号的名字
Type of Signal	Group Output	信号的类型
Assigned to Device	d651	信号所在的 I/O 板卡
Device Mapping	33～36	信号占用的物理端口地址 (32 号位地址已被占用)

组成组信号的数字量信号数量最小为 2 个，每个数字量信号占一位，排列在一起可以组成一个新的二进制数，将这个二进制数转换成十进制数值，就是这个组信号的值。在机器人系统中，组信号的值显示为十进制数值。例如，上面的组信号 gi1 和 go1 均占用 4 位端口地址，则其值的范围为 0000～1111，可以代表十进制数 0～15；以此类推，若组信号占用 5 位地址，则可以代表十进制数 0～31。组信号数值换算举例如表 3-12 所示。

表 3-12　组信号值换算举例

状态	地址 1	地址 2	地址 3	地址 4	十进制数值
	1	2	4	8	
例：状态 1	0	1	0	1	2 + 8 = 10
例：状态 2	1	0	1	1	1 + 4 + 8 = 13

4. 配置模拟输出信号

DSQC651 板卡共有 2 个模拟输出信号，每个占地址 16 位，即信号地址分别为 0～15 和 16～31。以配置一个模拟输出信号 ao1 为例，相关参数如表 3-13 所示。

表 3-13　模拟量输出信号配置说明

参数名称	设定值	说　明
Name	ao1	模拟输出信号的名称
Type of Signal	Analog Output	信号的类型
Assigned to Device	d651	信号所在的板卡模块
Device Mapping	0～15	信号所占用的地址
Analog Encoding Type	Unsigned	信号的属性
Maximum Logical Value	10	信号的最大逻辑值
MaximumPhysical Value	10	信号的最大物理值
Maximum Bit Value	65535	信号的最大位值

5. 验证信号

配置完成的信号可以使用如下操作进行验证：

1) *添加信号到常用界面*

配置完成后的信号可以添加到【输入输出】界面的【常用】列表中，以便进行各种快捷操作，添加步骤如下：

(1) 在示教器主菜单中选择【控制面板】/【I/O】命令，如图 3-15 所示。

图 3-15　配置常用 I/O 信号

(2) 在出现的【控制面板-I/O】界面中，选择所有显示的 I/O 信号，也可以单击【全部】按钮选择所有 I/O 信号，然后单击【应用】按钮，如图 3-16 所示。

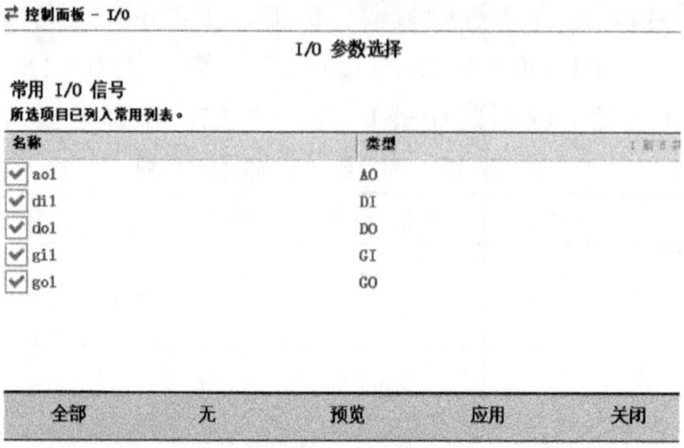

控制面板 - I/O
I/O 参数选择
常用 I/O 信号
所选项目已列入常用列表。
名称
类型
ao1
AO
di1
DI
do1
DO
gi1
GI
go1
GO
全部
无
预览
应用
关闭

图 3-16　选择要添加到常用列表的信号

(3) 回到示教器主菜单，选择【输入输出】命令，如图 3-17 所示。

HotEdit
备份与恢复
输入输出
校准
手动操纵
控制面板
自动生产窗口
事件日志
程序编辑器
FlexPendant 资源管理器
程序数据
系统信息
注销
Default User
重新启动

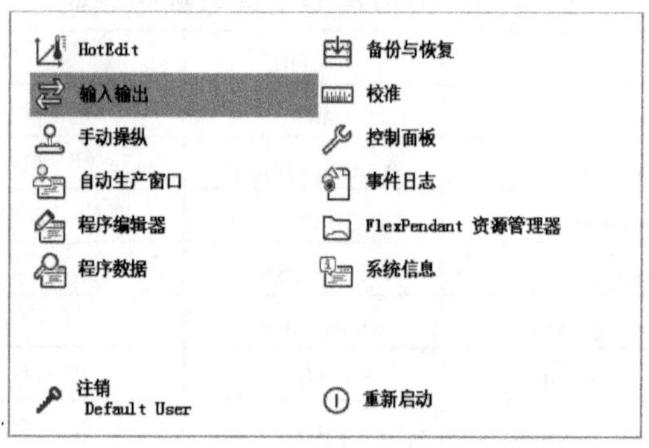

图 3-17　【输入输出】设置界面

在出现的【输入输出】界面中，可以看到刚才选的信号已加入【常用】列表中，可在此界面中对信号进行各种快捷操作，如观察信号状态、进行仿真及强制操作等，如图 3-18 所示。

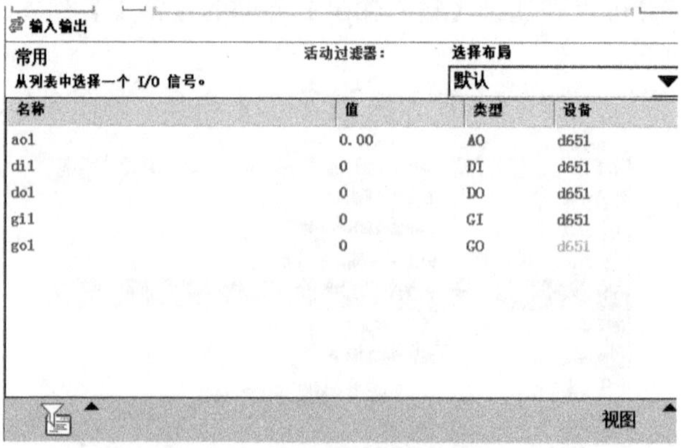

输入输出
常用
活动过滤器：
选择布局
从列表中选择一个 I/O 信号。
默认
名称
值
类型
设备
ao1
0.00
AO
d651
di1
0
DI
d651
do1
0
DO
d651
gi1
0
GI
d651
go1
0
GO
d651
视图

图 3-18　查看已加入常用列表的信号

2) 对信号进行仿真操作和强制操作

在工业机器人的调试和检修当中，经常需要对 I/O 信号的状态或数值进行仿真和强制操作。I/O 信号分为输入信号和输出信号两种：输入信号是外部设备发送给机器人的信号，因此当机器人处于编程测试环境中时，只能通过仿真操作来模拟外部设备的输入信号；输出信号是机器人发送给外部设备的信号，仿真操作不会修改输出信号的值，如需在调试过程中对输出信号进行赋值，则应使用强制操作。

机器人连接好通信板卡及相应端口，并在机器人系统中对通信板卡及相关信号进行配置后，就可以通过对信号的仿真/强制操作来模拟机器人与外部通信的效果。所有配置的信号都可以进行仿真或者强制操作：

(1) 仿真操作。在示教器的【输入输出】界面中选择一个信号，比如组输入信号 gi1，然后单击【仿真】按钮，如图 3-19 所示。

输入输出

常用　　活动过滤器：　　选择布局

从列表中选择一个 I/O 信号。　　默认

名称	值	类型	设备
ao1	0.00	AO	d651
di1	0	DI	d651
do1	0	DO	d651
gi1	0	GI	d651
go1	0	GO	d651

123...　仿真　视图

图 3-19　选择要进行仿真操作的信号

单击变为可选的【123…】按钮，然后在右侧弹出的输入面板中单击【5】按钮，然后单击【确定】按钮，将 gi1 的【值】参数修改为“5”，即将输入信号 gi1 的状态值仿真为 5，以在程序调试中使用，如图 3-20 所示。

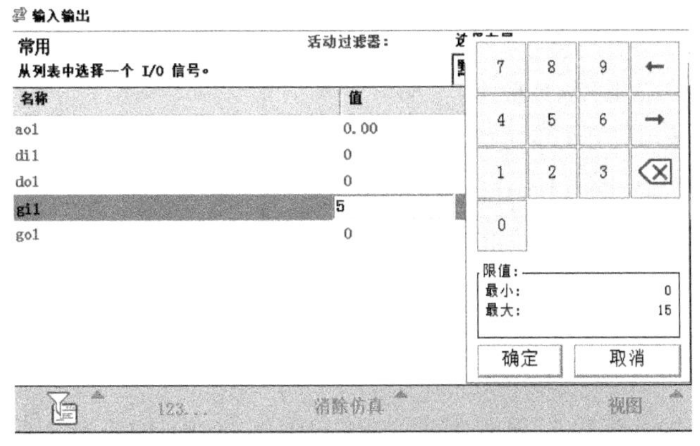

图 3-20　设置信号的仿真状态值

仿真结束后，单击【消除仿真】按钮，如图 3-21 所示。

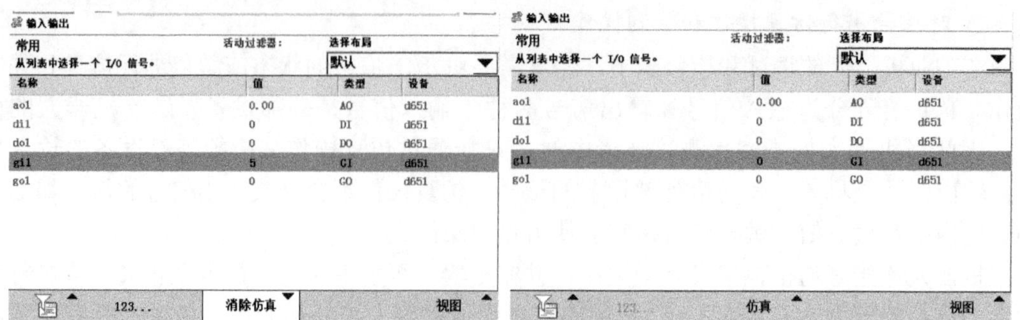

图 3-21　完成仿真操作

注意：如果选择的是数字量信号，其仿真状态值仅能设置为 1 或 0；模拟信号则与组信号操作相同。

(2) 强制操作。强制操作是针对输出信号的赋值操作，实施方法与仿真操作相同。

选择数字量输出信号 do1，然后单击按钮【0】或者【1】，就可以强制设置 do1 信号的值；如果选择的是组信号或模拟信号，则需单击按钮【123...】，参考仿真操作相关步骤进行设置，如图 3-22 所示。

输入输出

常用　　活动过滤器：　　选择布局：默认

从列表中选择一个 I/O 信号。

名称	值	类型	设备
aol	0.00	AO	d651
dil	0	DI	d651
dol	1	DO	d651
gil	0	GI	d651
gol	0	GO	d651

0　1　仿真　视图

图 3-22　完成强制操作

3.2.2　通过 PROFIBUS 协议与西门子 PLC 通信

除了通过现场总线的 I/O 板卡与外围设备通信以外，ABB 工业机器人还可以使用 DSQC667 模块通过 PROFIBUS 协议与西门子 PLC 进行快捷的大数据量通信。

如果机器人要通过 PROFIBUS 协议与西门子 PLC 进行通信，必须提供设备的 GSD 文件，并在西门子 PLC 组态软件中加载该文件，同时进行相关的通信配置。

下面以实现机器人与西门子 PLC 之间的 16 点输入和 16 点输出的通信为例，介绍通过 PROFIBUS 协议与 PLC 通信的操作方法。

1. 连接硬件

首先将西门子 300 系列的 PLC 通过 PROFIBUS-op-v1 电缆与工业机器人控制主机的 PROFIBUS 接口连接，如图 3-23 所示。

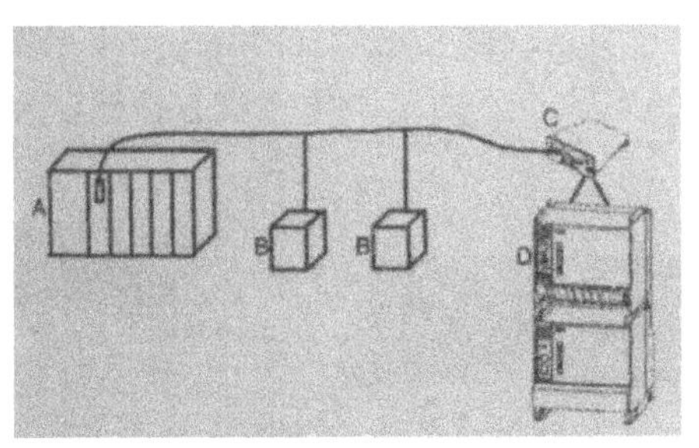

A—PLC 的主站；B—总线上的从站；C—机器人 PROFIBUS 适配器 DSQC667；D—机器人控制器

图 3-23　连接 PLC 与机器人控制器

2．获取机器人 GSD 组态文件

将 U 盘插到示教器的 U 盘插孔上，在示教器主菜单中选择【FlexPendant 资源管理器】命令，在出现的【FlexPendant 资源管理器】界面中，单击 按钮，在出现的文件目录界面中，找到 PRODUCTS/RobotWare_6.03**/utility/seveice/GSD/ 目录下的 HMS_1811.gsd 文件，将其复制粘贴到 U 盘目录下，如图 3-24 所示。

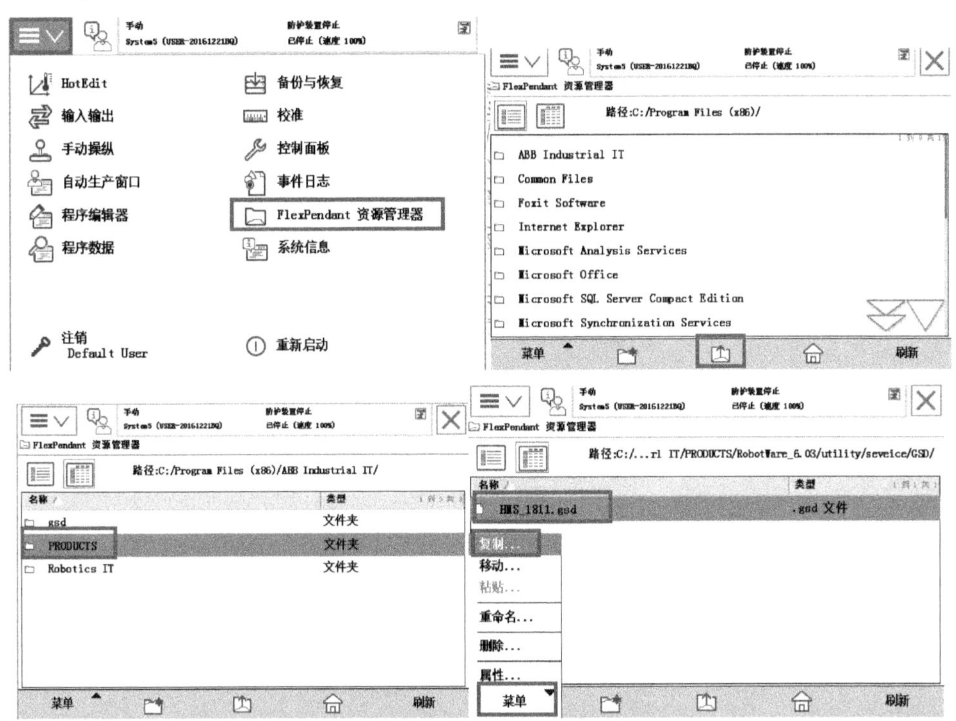

图 3-24　复制机器人 GSD 组态文件

将该 GSD 组态文件通过 U 盘保存到电脑中。注意：保存的路径不能包含中文字符，而且文件夹应为英文名称。

3．配置 PROFIBUS

这一步在 PLC 端进行，目的是将 GSD 组态文件添加到 PLC 组态网络中，这样就可以设置机器人的 PROFIBUS 地址，并添加相应的输入/输出，具体步骤如下：

(1) 启动西门子 PLC 项目编辑软件 SIMATIC Manager，在弹出的【STEP 7 向导："新建项目"】界面中，设置项目名称，然后单击【完成】按钮，新建 PLC 项目，如图 3-25 所示。

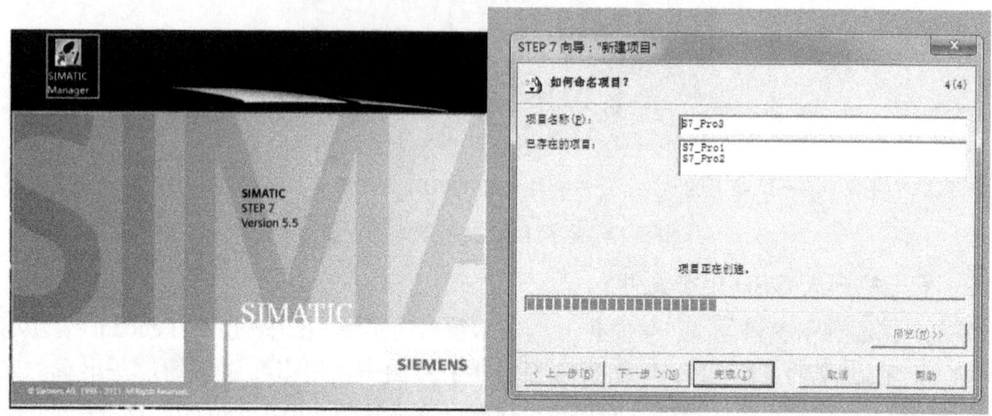

图 3-25　新建 PLC 项目

(2) 双击软件窗口左侧导航栏中的【SIMATIC 300 站点】图标，在窗口右侧会出现名为【硬件】的图标，双击该图标，会弹出硬件配置窗口，如图 3-26 所示。

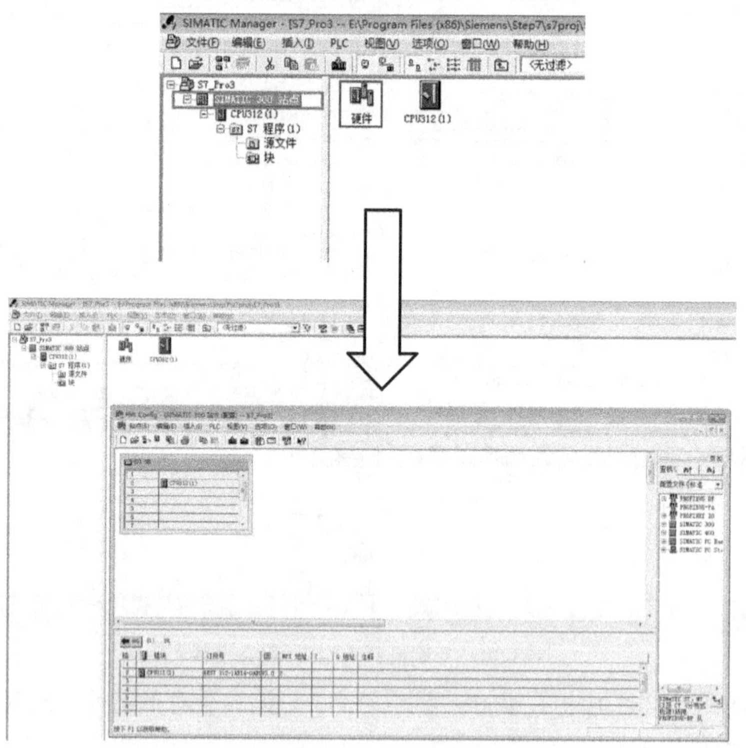

图 3-26　开启硬件配置窗口

(3) 在硬件配置窗口菜单栏的【选项】菜单中选择【安装 GSD 文件】命令，在弹出的【安装 GSD 文件】窗口中，单击【浏览】按钮，在弹出的【浏览文件夹】窗口中找到之前导入电脑中的组态文件 HMS_1811.gsd，然后单击【确定】按钮，如图 3-27 所示。

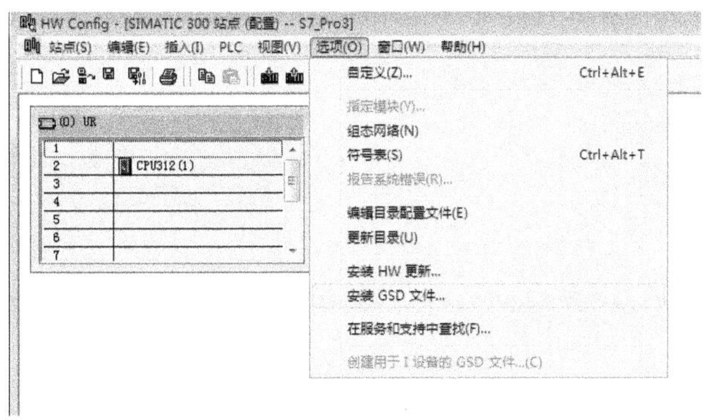

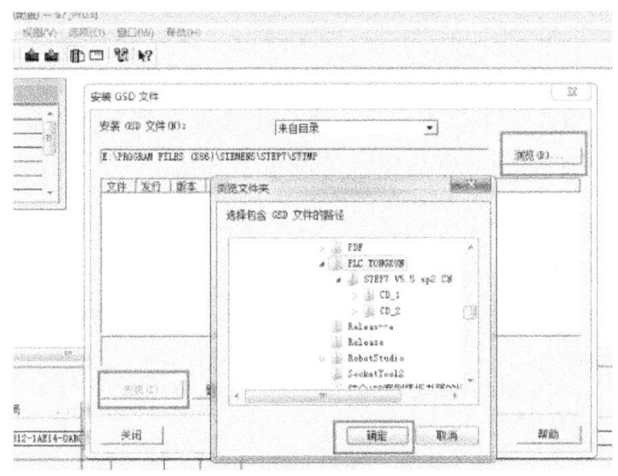

图 3-27　加载 GSD 组态文件

(4) 在出现的【安装 GSD 文件】窗口中选择 HMS_1811.gsd 文件，单击【安装】按钮，等待安装完成并确认，如图 3-28 所示。

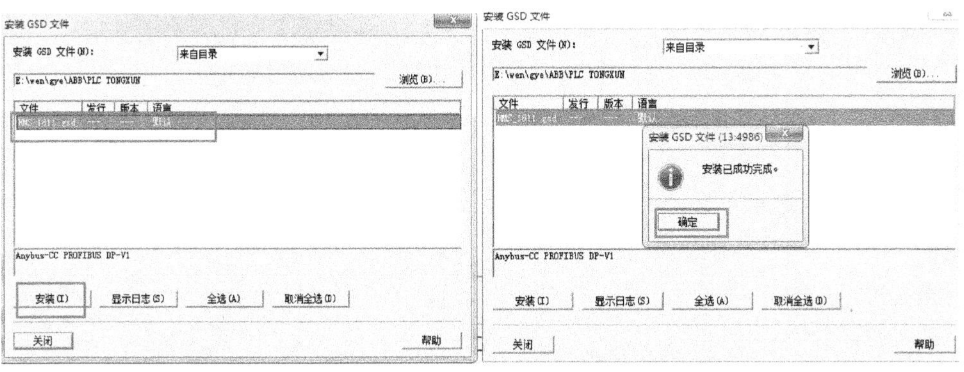

图 3-28　安装 GSD 组态文件

(5) GSD 文件安装完毕后，开始配置 PLC。在硬件配置窗口中的【CPU-312(1)】图标上单击鼠标右键，在弹出的菜单中选择【替换对象】命令，会出现 CPU 选择窗口。为实现 PLC 与机器人的通信功能，应选择一款包含 PROFIBUS-DP 通信功能的 CPU，本例中选择西门子 S7300 系列的 CPU 315-2 DP，如图 3-29 所示。

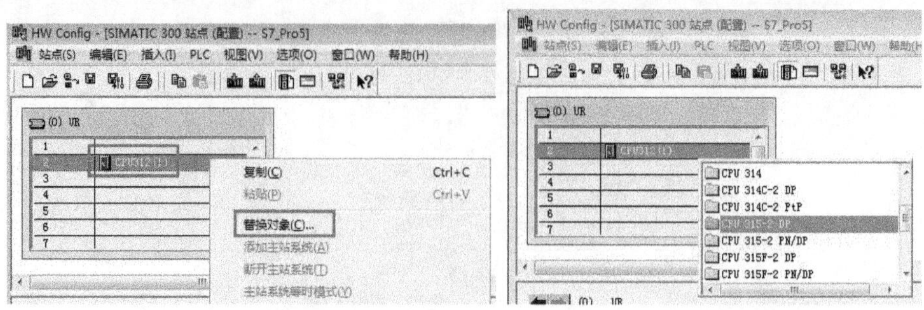

图 3-29　选择 PLC 对应的 CPU

(6) 接下来添加 PROFIBUS 通信模块。在硬件配置窗口右侧导航栏中依次展开【PROFIBUS DP】/【Additional Field Devices】/【General】目录，将该目录下的【Anybus-CC PROFIBUS-DP-V1】通信模块拖动到如图 3-30 所示的主站系统位置，在弹出的窗口中指定一个 PROFIBUS-DP 地址，即 PLC 端在组态网络中的地址(该地址只要与其他站点所用地址不冲突即可)，然后单击【确定】按钮。

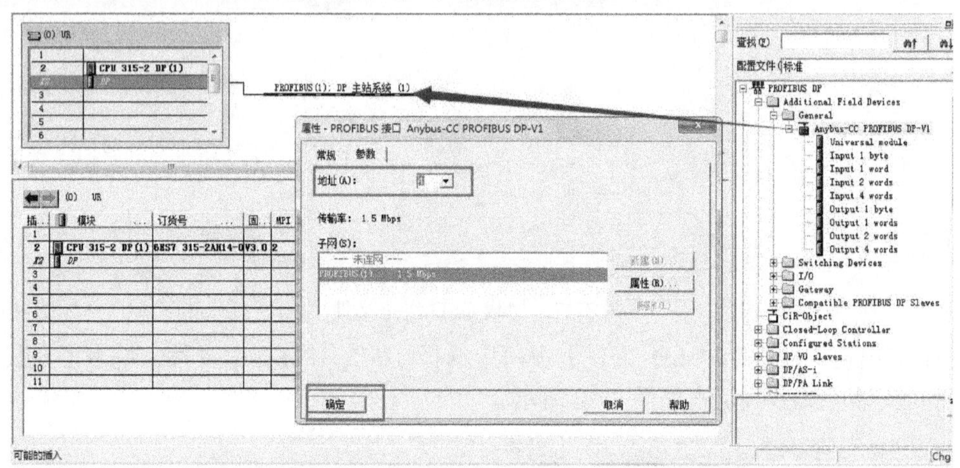

图 3-30　将 PROFIBUS 模块添加到主站系统并设置地址

(7) 在西门子 PLC 中，1 word = 2 bytes，1 byte = 8 bit。所以，如果要实现输入/输出各 16 个点(bit)，可以添加两个 byte 输入模块和一个 word 输出模块。分别将两个【Iput 1 byte】与一个【Output 1 words】通信模块从右侧导航栏中拖动到窗口左下方的【Anybus-CC PROFIBUS-DP-v1】表格里，如图 3-31 所示。

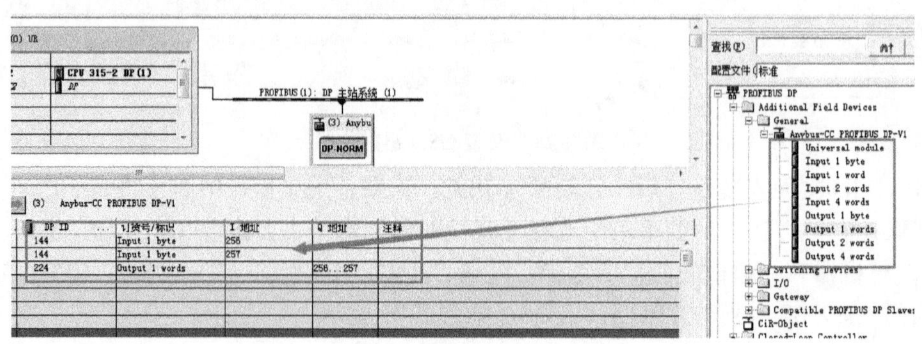

图 3-31　将 I/O 通信模块添加到 PROFIBUS 中

(8) 依次双击表格中添加的通信模块，在弹出的【属性-DP 从站】窗口中，将【输入】/【输出】栏下方的【启动】地址分别设置为“256”“257”(输入模块地址)/“256”(输出模块地址)，然后单击【确定】按钮，如图 3-32 所示。注意：输入地址与输出地址并无关联。

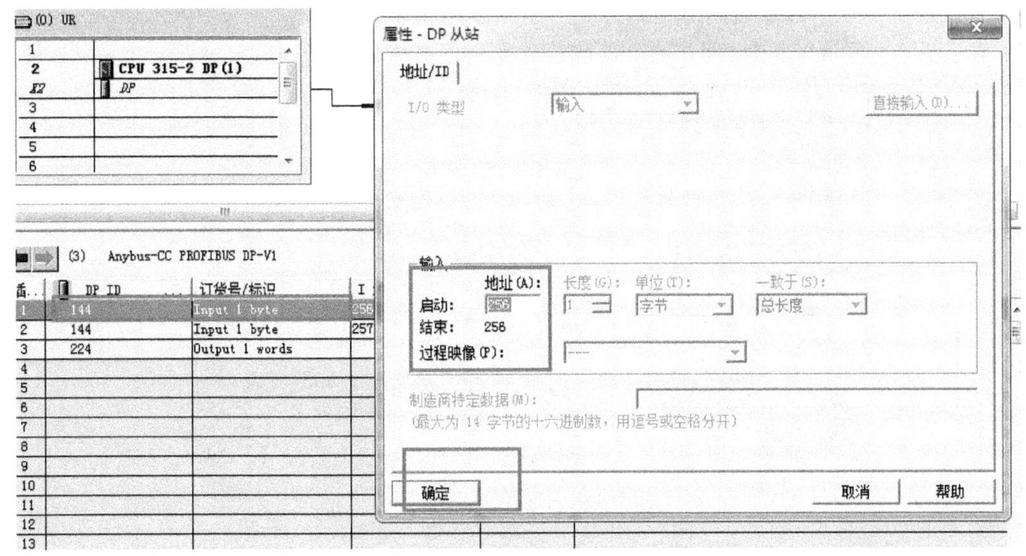

图 3-32　配置 I/O 通信模块地址

(9) 设置完成后，依次单击窗口上方的 (保存编译)和 (下载到模块)按钮，保存编译 PLC 项目的配置，并将其下载到 PLC 端，如图 3-33 所示。

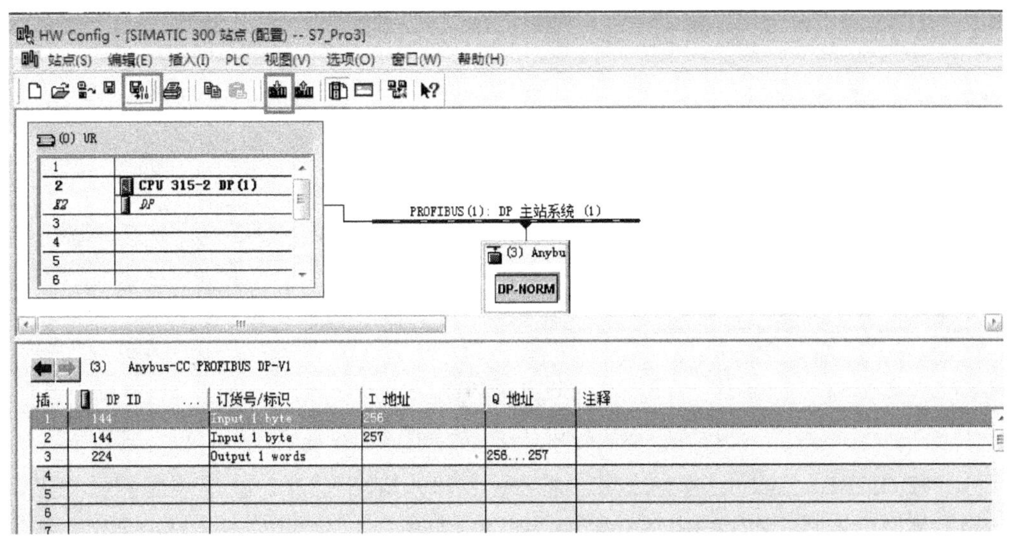

图 3-33　将 PLC 项目配置保存下载到 PLC 端

4. 机器人端通信配置

完成 PLC 端的配置之后，还要在机器人端进行通信配置。注意：在机器人端配置的 PROFIBUS 地址应与 PLC 端配置的 PROFIBUS 地址一致，并在机器人系统中配置信号。

操作步骤如下：

(1) 在示教器主菜单中选择【控制面板】/【配置】命令，在出现的【控制面板-配置-I/O System】界面中，选择【Industrial Network】，如图 3-34 所示。

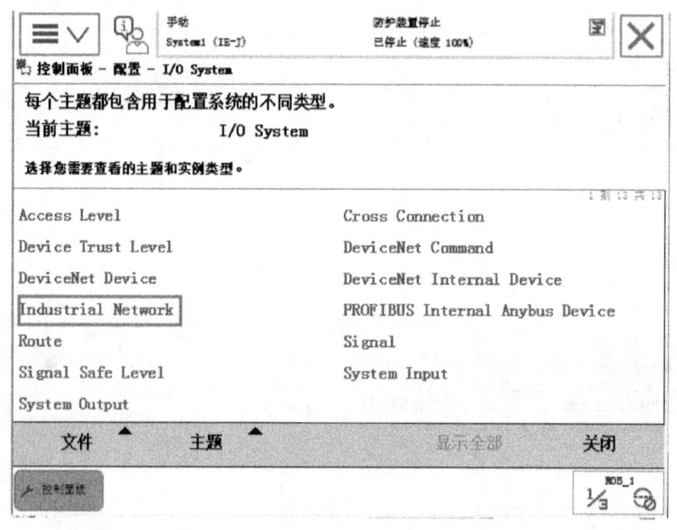

图 3-34　选择配置 Industrial Network

(2) 由于前面将 PLC 端的 PROFIBUS 地址设置为 4，此时也要将机器人通信单元中的 PROFIBUS 地址设置为 4。在出现的【控制面板-配置-I/O System-Industrial Network】界面中选择【PROFIBUS_Anybus】，然后单击【编辑】按钮，在随后出现的界面中将参数【Address】(地址)设置为“4”，然后单击【确定】按钮，如图 3-35 所示。

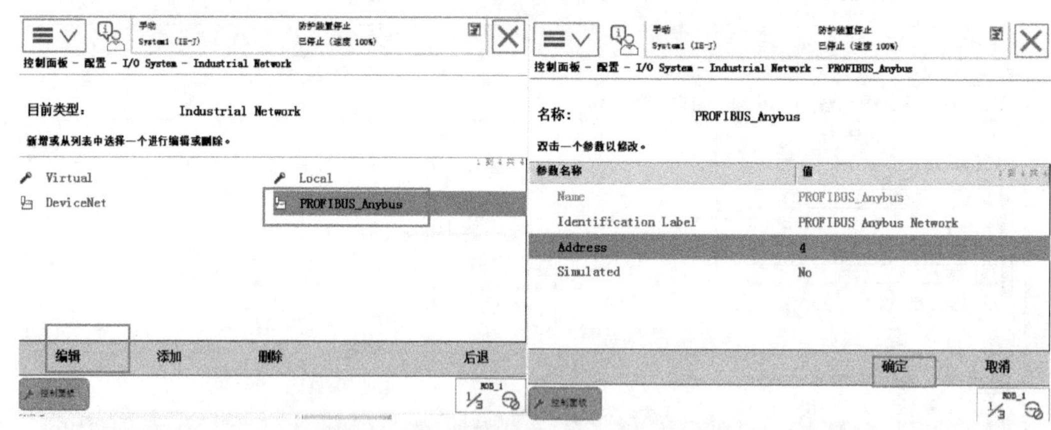

图 3-35　配置与 PLC 一致的 PROFIBUS 地址

(3) PROFIBUS 地址配置完成后，需要配置输入/输出信号。在【控制面板-配置-I/O System】界面中选择【PROFIBUS Internal Anybus Device】，然后单击【显示全部】按钮，在出现的【控制面板-配置-I/O System -PROFIBUS Internal Anybus Device】窗口中选择【PB_Internal_Anybus】，然后单击【编辑】按钮，如图 3-36 所示。

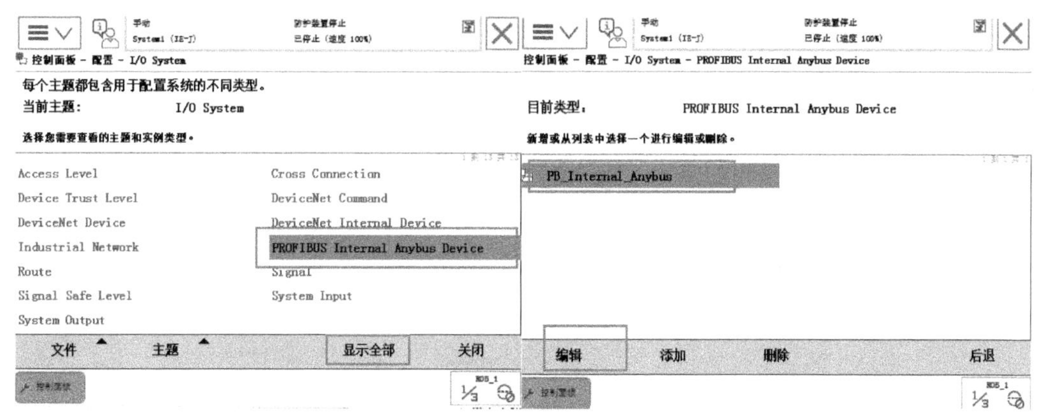

图 3-36　编辑 PB_Internal_Anybus

(4) PLC 端设置了 16 位输入信号、16 位输出信号，由于机器人端的每个字节是 8 位，所以应给机器人的输入/输出信号各配置两个字节，即在随后出现的界面中应将参数【Input Size】和【Output Size】的值均设置为“2”，这样机器人端的输入和输出信号数量可以与 PLC 端一一对应，如图 3-37 所示。

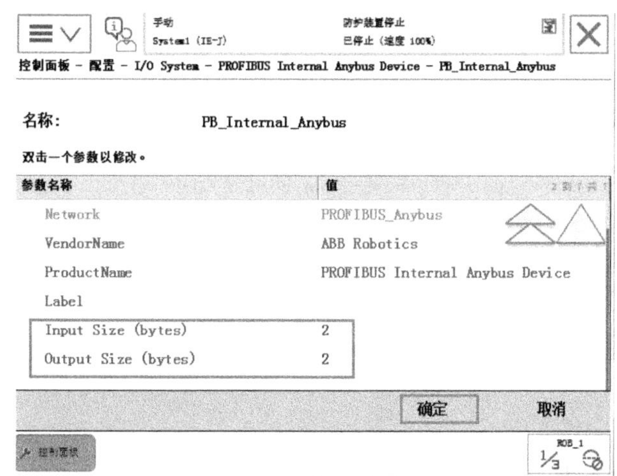

图 3-37　配置与 PLC 端匹配的信号量

(5) 机器人端若要与 PLC 端建立通信，不仅信号量要相互匹配，还要正确配置机器人端输入/输出信号地址与 PLC 端输入/输出通道的对应关系，如图 3-38 所示。

图 3-38　PLC 端与机器人端信号对应关系

可以参考 I/O 通信板卡的信号配置方法，对机器人端的组输入/输出信号或数字量输入/输出信号进行配置。注意：必须选择正确的协议类型(如 PB_Internal_Anybus)，如表 3-14 所示。

表 3-14 I/O 信号配置说明

参数名称	值	备注
Name	di/o	信号名
Type of Signal	Digital Input/output	类型
Assigned to Device	PB_Internal_Anybus	匹配的板卡或者硬件
Device mapping	0	地址

配置完成的信号如图 3-39 所示。

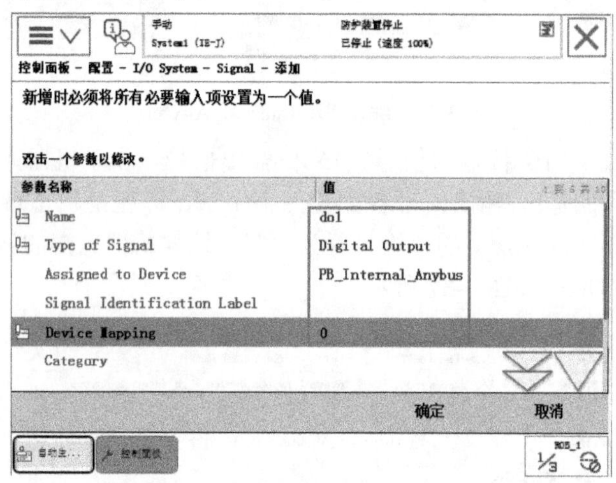

图 3-39 配置完成后的机器人端信号

3.3 通信知识拓展

本节主要对通信快捷键的设置方法、系统控制信号的知识以及通信物理连接的注意事项进行介绍。

3.3.1 设置通信快捷键

可以将示教器上的可编程按键与 I/O 信号绑定，即设置通信快捷键。这样，在进行编程时，只需按一个快捷键就可以对信号进行操作。

示教器的可编程按键位置如图 3-40 所示。

图 3-40 示教器的可编程按键

下面以将可编程按键 1 与数字输出信号 do1 绑定为例，讲解通信快捷键的配置方法：在示教器主菜单中选择【控制面板】/【ProgKeys】(配置可编程按键)命令，在出现的【控制面板-ProgKeys】界面中单击【按键 1】选项卡，在【类型】下拉菜单中将信号类型设置为【输出】，如图 3-41 所示。

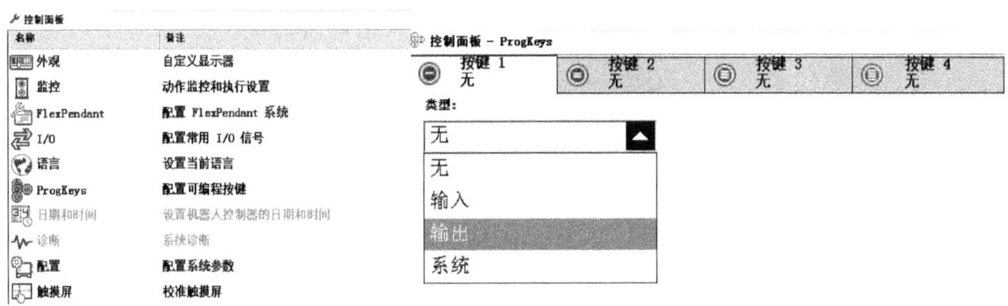

图 3-41 设置示教器快捷键类型

此时界面右侧会出现【数字输出】浏览栏，其中显示了系统中已有的所有数字输出信号。选择其中的【do1】，在【按下按键】下拉菜单中将按键方式设置为【按下/松开】(也可以设置为其他方式，详见表 3-15)，然后单击【确定】按钮，完成快捷键配置，如图 3-42 所示。

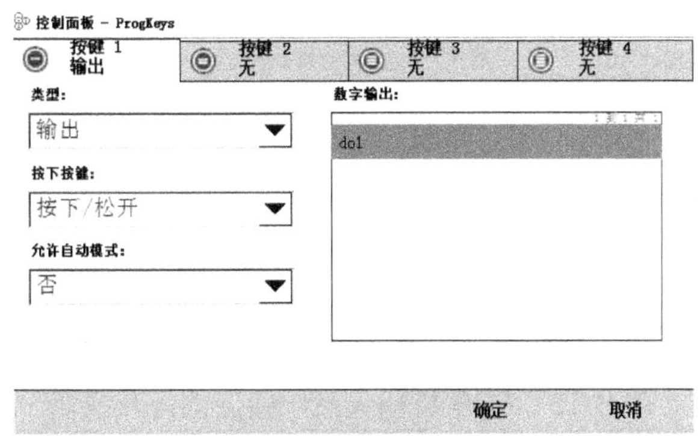

图 3-42 编辑示教器快捷键

表 3-15 示教器快捷键按键方式设置说明

序号	按键方式	说 明
1	切换	每按一次按键，信号在 1 和 0 之间切换
2	设为 1	按下按键将信号置为 1
3	设为 0	按下按键将信号置为 0
4	按下/松开	长按按键，信号为 1，松开后信号重置为 0
5	脉冲	按下按键 0.2 s 内，信号为 1，之后信号重置为 0

快捷键配置完成后，即可使用可编程按键 1 在手动状态下对信号 do1 进行强制操作。

3.3.2 关联系统控制信号

机器人控制系统中有很多控制信号，这些信号有的与物理按键相关联，有的是系统控制动作，如紧急停止、程序启动、程序暂停等。这些控制信号可以分为输入/输出信号两种， ABB 机器人系统控制的输入/输出信号如表 3-16 和 3-17 所示。

表 3-16　ABB 机器人系统输入信号及说明

系统输入	说　明
Motor On	电动机上电
Motor On and Start	电动机上电并启动运行
Motor Off	电动机下电
Load and Start	加载程序并启动运行
Interrupt	中断触发
Start	程序启动运行
Start at Main	从主程序启动运行
Stop	暂停
Quick Stop	快速停止
Soft Stop	软停止
Stop at End of Cycle	在循环结束后停止
Stop at End of Instruction	在指令运行结束后停止
Reset Execution Error Signal	报警复位
Reset Emergency Stop	急停复位
System Restart	重启系统
Load	加载存储装置中的程序
Backup	系统备份

表 3-17　ABB 机器人系统输出信号及说明

系统输出	说　明
Auto On	自动运行状态
Backup Error	备份错误报警
Backup in Progress	系统备份进行中状态，当备份结束或错误时该信号复位
Cycle On	程序运行状态
Emergency Stop	紧急停止
Execution Error	运行错误报警
Mechanical Unit Active	激活机械单元
Mechanical Unit Not Moving	机械单元没有运行
Motor Off	电动机下电
Motor On	电动机上电
Motor Off State	电动机下电状态
Motor On State	电动机上电状态
Motion Supervision On	动作监控打开状态
Motion Supervision Triggered	当碰撞检测被触发时输出此信号
Path Return Region Error	返回路径失败状态，机器人当前位置离程序位置太远导致
Power Fail Error	动力供应失效状态，机器人断电后无法从当前位置运行
Production Execution Error	程序执行错误报警

续表

系统输出	说　明
Run Chain OK	运行链处于正常状态
Simulated I/O	系统某一个 I/O 信号处于放置模式
Task Executing	任务运行状态
TCP Speed	TCP 速度，用模拟输出信号表示机器人当前速度
TCP Speed Reference	TCP 速度参考状态，用模拟输出信号表示机器人当前指令中的速度

将数字输入信号与系统的控制信号相关联，就可以对系统进行控制，例如开启电动机、启动程序等；数字输出信号也可以与系统的信号关联起来，以作控制机器人之用，或者将系统的状态传输给外围设备。以将系统输入信号【System Input】(电动机开启)与数字输入信号 di1 相关联为例，操作方法如下：

(1) 选择示教器的【控制面板】/【配置】命令，在出现的【控制面板-配置-I/O】界面中选择【System Input】，然后单击【显示全部】按钮，在【控制面板-配置-I/O -System Input】页面单击【添加】按钮，如图 3-43 所示。

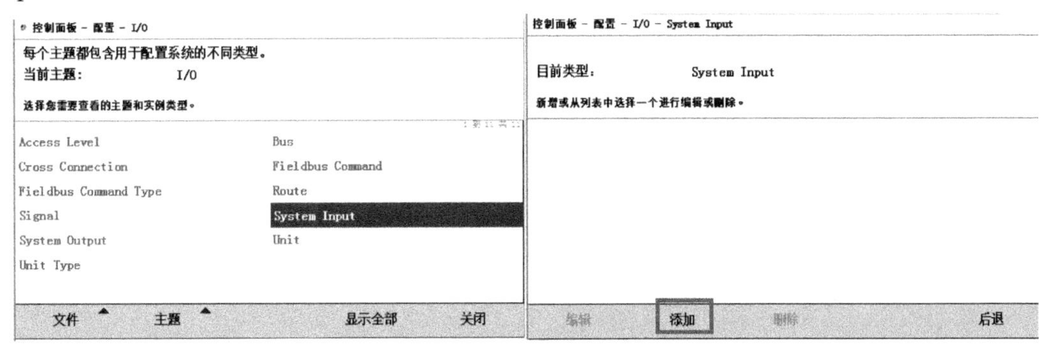

图 3-43　添加待关联的系统信号

(2) 在出现的【控制面板-配置-I/O-System Input-添加】界面中，将参数【Signal Name】的值设置为之前已配置好的信号【di1】，如图 3-44 所示。

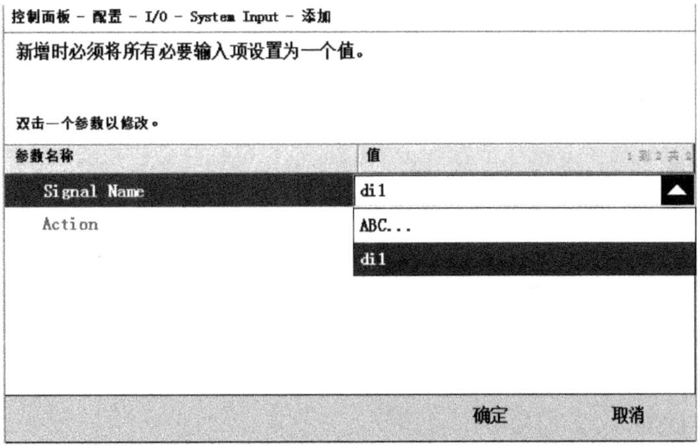

图 3-44　将系统信号与已有信号相关联

(3) 双击参数【Action】，在弹出界面的【当前值】列表中选择【Motors On】，然后单击【确定】按钮，如图 3-45 所示。

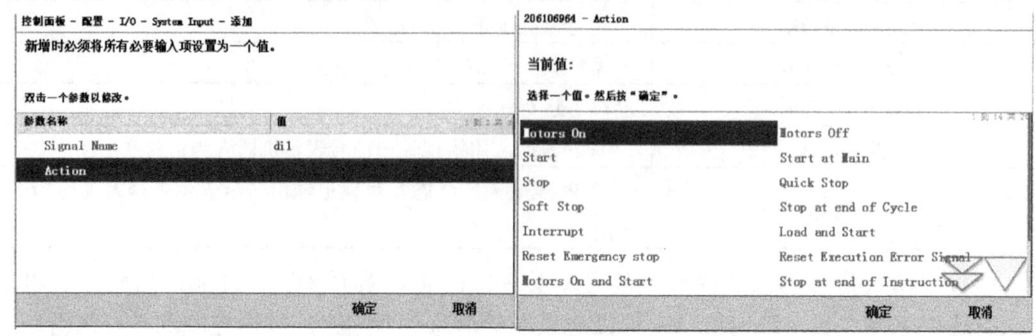

图 3-45 设置系统输入

(4) 设置完成后的系统信号如图 3-46 所示，重启示教器即可将其与数字输入信号 di1 相关联。

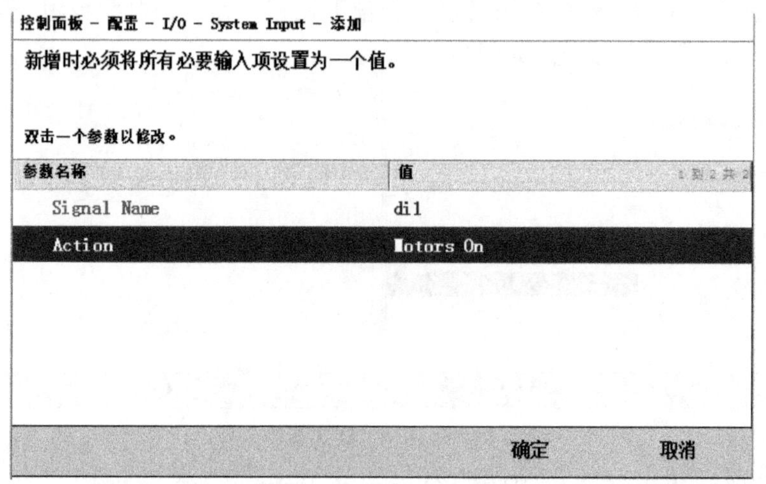

图 3-46 完成系统信号关联设置

同理，也可以在系统输出信号【System Output】与数字输出信号之间建立关联。例如，可以建立系统输出信号“电动机开启”与数字输出信号 do1 的关联，操作步骤与关联输入信号基本相同，但要将【Signal Name】配置为数字输出信号 do1。

3.3.3 紧凑型控制柜端口连接

紧凑型控制柜标配的 DSQC652 通信板卡与标准控制柜的 DSQC652 板卡的端口外观不同。

IRC5 Compact 紧凑型控制柜是一种将系统控制柜内部的 DSQC652 端口外置的控制柜，其内部的 DSQC652 板卡与常规 DSQC652 板卡相同，但外部连接端子的名称不同。紧凑型控制柜的 DSQC652 通信板卡各端子的详细介绍见表 3-18(如表 3-18 中的 XS16 和 XS17 组合在一起就是 DSQC652 的 X5 端子，详细说明参见配套教学资源中的附件)。

表 3-18　紧凑型控制柜 I/O 信号连接端子说明

端子名称	说明	地址
XS12	共 10 位，包含 8 位输入信号和 0 V，空一位	地址 0～7
XS13	共 10 位，包含 8 位输入信号和 0 V，空一位	地址 8～15
XS14	共 10 位，包含 8 位输出信号和 0 V、24 V 电源接口	地址 0～7
XS15	共 10 位，包含 8 位输出信号和 0 V、24 V 电源接口	地址 8～15
XS16	系统内部 24 V/0 V 供电电源	两组
XS17	DeviceNet 电源接口。通过此端口可以扩展通信板卡，或连接 DeviceNet 专用线缆	
备注	紧凑型控制柜标配 DSQC652 通信板卡的默认地址为 10(若想更改地址需要将控制柜拆除后在内部修改，不推荐)	10～63 (默认 10)

标准型机器人系统控制柜可直接在柜内看到 DSQC652 通信板卡，紧凑型控制柜标配的 DSQC652 通信板卡的 I/O 接线端口介绍如图 3-47 所示。

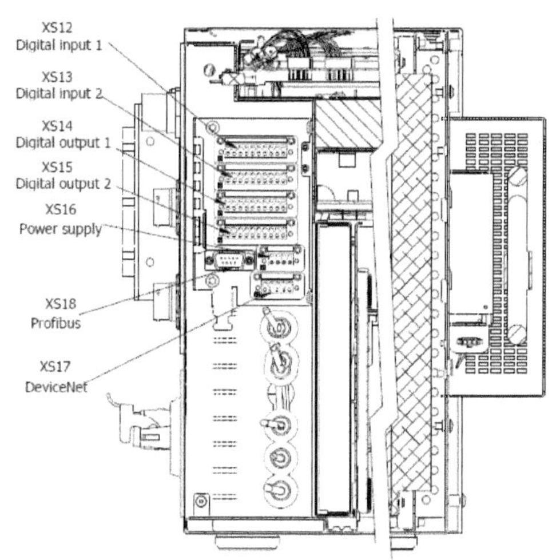

图 3-47　紧凑型控制柜标配 DSQC652 通信板卡的端口示意

DSQC652 通信板卡的 I/O 接线端口在 IRC5 Compact 紧凑型控制柜上的位置如图 3-48 所示。

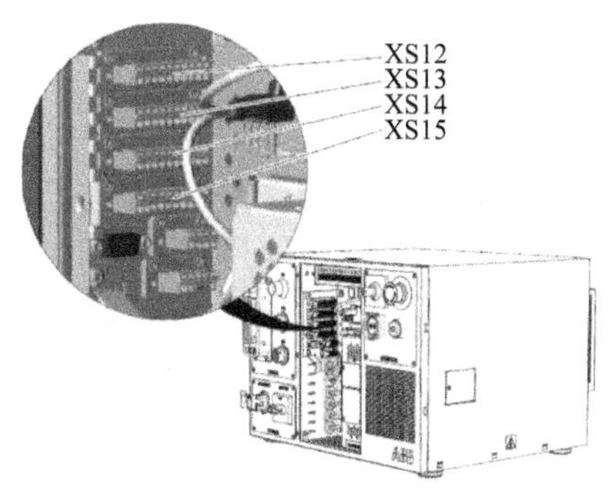

图 3-48　紧凑型控制柜上的 I/O 接线端口位置

3.3.4 通信接线实例

ABB 工业机器人使用的通信板卡是 PNP 类型的板卡，即高电平有效，也就是常态位保持 0 信号(断开状态)，当给其 1 信号时(也就是闭合开关)，开关(端口)就会触发下一级电路。

以让机器人通过 DSQC651 板卡的一个输出信号来控制指示灯开关为例，接线方式如下：指示灯两端分别接在板卡的 0 V 端口和信号端口上，控制电源对应接在板卡输出端口组的 24 V 和 0 V 端口上，当接在指示灯端口上的信号置为 1(高电平)时，指示灯亮，如图 3-49 所示(默认图右边为电源端口)。

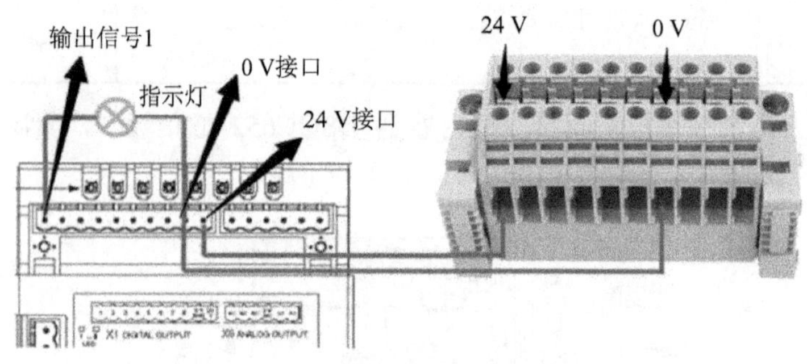

图 3-49　输出信号接线示意图

当通过按钮给机器人 DSQC651 板卡的输入端口提供反馈信号时，输入端接线方式如下：用按钮开关控制输入信号的通断，将按钮两端分别接在电源的 24 V 端口上和板卡的输入信号物理端口上，电源的 0 V 端口接在板卡输出信号物理端口的 0 V 地址位上，按下按钮，信号就会发送到板卡输入信号 1 的物理端口地址位上，如图 3-50 所示。

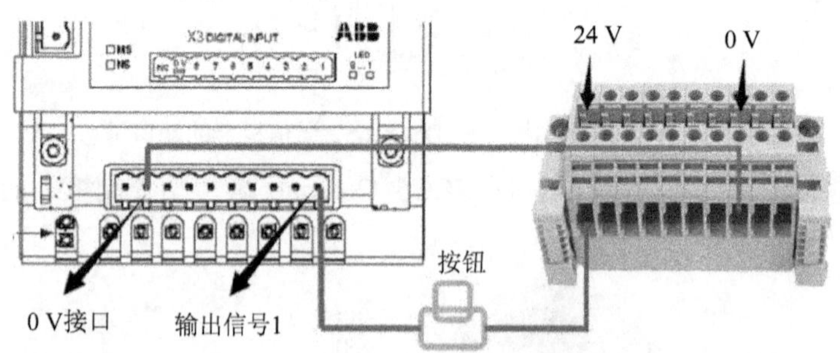

图 3-50　输入信号接线示意图

3.3.5 I/O 信号详细说明

ABB 机器人示教器的 I/O 信号配置页面包含许多参数，对这些参数的详细说明如表 3-19 所示。

表 3-19　I/O 信号配置参数说明

参数名称	参 数 说 明
Name	信号名称
Type of Signal	信号类型
Assigned to unit	连接到的 I/O 单元
Signal Identification lable	信号标签，为信号添加标签以便查看。例如，可以将信号标签与接线端子号设为一致
Unit Mapping	占用 I/O 单元的地址
Category	信号类别，为信号设置类别标签，当信号数量较多时，可以分类别查看信号
Access Level	写入权限选项，分为以下三种情况： ReadOnly：只读状态，此时各客户端均无写入权限 Default：可通过指令或示教器写入 All：各客户端在各模式下均有写入权限
Default Value	信号的默认值
Filter Time Passive	失效过滤时间，单位为 ms，用于防止信号干扰。如设置为 1000，则当信号置为 0 的状态持续 1 s 后，才视为该信号已置为 0(限于输入信号)
Filter Time Active	激活过滤时间，单位为 ms，用于防止信号干扰。如设置为 1000，则当信号置为 1 的状态持续 1 s 后，才视为该信号已置为 1(限于输入信号)
Signal value at system failure and power fail	断电保持，用于指定当机器人系统出现错误或系统断电时是否保持当前信号状态/值(限于输出信号)
Store signal Value at Power Fail	用于指定重启系统时是否将该信号恢复为系统断电前的状态(限于输出信号)
Invert Physical Value	信号的值取反

本 章 小 结

- ✧ ABB 工业机器人的标配 I/O 通信板卡是基于 DeviceNet 通信总线协议进行机器人控制器与工业设备 I/O 的通信的。DeviceNet 总线协议采用 CAN(Controller Area Net，控制器局域网)设备总线，这是一种传感器/执行器总线系统，起源于美国，但在欧洲和亚洲地区正得到越来越广泛的应用。
- ✧ DSQC651 板卡可以提供对 8 位数字输入信号、8 位数字输出信号和 2 位模拟输出信号的处理。
- ✧ ABB 工业机器人的标配 I/O 通信板卡是挂在 DeviceNet 现场总线模块下的设备，通过专用的 DeviceNet 线缆可将其 X5 端口与 DeviceNet 现场总线进行连接。

- ✧ 机器人控制系统中有很多控制信号，这些信号有的与物理按键相关联，有的是系统控制动作，如紧急停止、程序启动、程序暂停等。将数字输入信号与系统的控制信号关联起来，就可以对系统进行控制，例如开启电动机、启动程序等。

本 章 练 习

1. 简述 ABB 工业机器人支持的通信方式与通信协议。
2. 简述 DSQC651 板卡的配置步骤。

第 4 章　工业机器人数据

本章目标

- 了解 ABB 工业机器人数据的概念
- 了解 RAPID 语言中的数据类型与分类
- 掌握常用数据类型的用法
- 掌握 RAPID 语言中建立数据的方法
- 掌握 RAPID 语言的特殊数据赋值方法

工业机器人数据是指可以被机器人程序处理的，具有特定含义的数字、字母、符号和模拟量的总称。工业机器人数据既可以是一种环境数据，也可以是单纯的值。

对 ABB 工业机器人进行编程，需要使用特定的语言 RAPID 以及 ABB 机器人专用的编程环境。ABB 工业机器人的数据是在编程环境中的程序模块或系统模块中建立的，并可由同一个模块或其他模块中的指令引用。

4.1 数据类型

ABB 工业机器人可创建的数据类型约有 90 种，可以根据需要创建不同类型的程序数据，繁多的数据种类使 ABB 机器人程序的设计具有无限的可能性。

ABB 机器人程序代码示例如下：

```
MODULE Module1
CONST   robtarget pt11:=[[343.16,600.33,1.15],[0.0242346,-0.497614,
-0.861743,-0.0958751],[0,0,0,0],[9E+09,9E+09,9E+09,9E+09,9E+09,9E+09]];
PROC main ()
①   MoveJ pt11, v1000, z50, tool0;
ENDPROC
ENDMODULE
```

以上代码是一段简单的运动程序，其中最重要的一条语句是编号①处的机器人关节运动指令 MoveJ，它调用了 4 个数据，这 4 个数据的属性及说明如表 4-1 所示(代码中的编号①仅起到标记代码位置，以便解释代码功能的作用，实际编写程序时不需输入)。

表 4-1　示例代码数据属性及说明

程序数据	数据类型	说　明
pt11	robtarget	机器人运动目标位置数据
v1000	speeddata	机器人运动速度数据
z50	zonedata	机器人运动转弯数据
tool0	tooldata	机器人工具数据

由表 4-1 可以看出，数据有基本的属性，即数据类型，而且每个数据都有其特定含义。下面我们学习如何在示教器的【程序数据】窗口中查看和创建所需类型的程序数据。

4.1.1 数据存储类型

在 RAPID 语言中，工具、位置、负载等不同的信息都以数据形式进行保存。数据由用户创建和声明，并可任意命名。数据建立时需要明确数据的存储方式(即数据存储类型)，以分配存储空间。常用的数据存储类型包括变量、可变量和常量三种，分别用标识符 VAR、PERS 和 CONST 表示。

1. 变量 VAR

变量数据的标识符为 VAR。变量数据必须用常量表达式进行初始化，对于未定义初

始化值的变量数据，其值会被设为默认值。

声明变量数据的示例代码如下：

```
VAR num reg6:=0;! 声明一个名称为 reg6 的数字变量，并初始化
VAR string NAME:="T";! 声明一个名称为 NAME 的字符变量
VAR bool flag1:=FALSE;! 声明一个名称为 flag1 的布尔量变量
VAR num reg7;! 声明一个名称为 reg7 的数字变量，未初始化
```

对上述代码第一行“VAR num Reg6:=0”的说明如表 4-2 所示。

表 4-2　示例代码说明

符号	说　　明
VAR	表示存储类型为变量的声明
num	表示程序数据类型为数值数据
reg6	数据名称为 reg6
:=	赋值指令：把数值 0 赋值给数值数据变量 reg6
;	语句终止符号

机器人在执行 RAPID 程序时，也可以对程序中的变量数据进行赋值操作。以一个完整的机器人运动程序为例，代码如下：

```
MODULE Module1
CONST   robtarget pt11:=[[343.16,600.33,1.15],[0.0242346,-0.497614,
-0.861743,-0.0958751],[0,0,0,0],[9E+09,9E+09,9E+09,9E+09,9E+09,9E+09]];
PROC main()
  MoveJ pt11，v1000，z50,tool0;
ENDPROC
ENDMODULE
```

上述代码第一句声明了位置数据 pt11，主程序 main 仅有一条运动语句。

包含赋值语程序的代码如下：

```
MODULE Module1
CONST   robtarget pt11:=[[343.16,600.33,1.15],[0.0242346,-0.497614,
-0.861743,-0.0958751],[0,0,0,0],[9E+09,9E+09,9E+09,9E+09,9E+09,9E+09]];
VAR num reg6：=0
VAR string NAME：="T"
VAR bool flag1：=FALSE
PROC main()
  MoveJ pt11，v1000，z50,tool0;
  reg6：=4+2;
  NAME：="T";
  flag1：=TRUE;
ENDPROC
ENDMODULE
```

在程序执行期间，变量数据会保持当前的值；遇到赋值语句后，变量的值就会发生改变。但如果程序指针被移到变量数据的声明语句处，即声明语句被再次执行时，该变量数据的当前值就会丢失，而恢复成声明时的初始值。

2. 可变量 PERS

可变量数据最大的特点是：即使程序再次运行，数据也会保持最后被赋予的值。

可以对机器人执行 RAPID 程序中的可变量数据进行赋值操作，示例如下：

```
PERS num reg1 := 0;
！省略部分代码
reg1 := 5;
```

上述代码第一条语句声明了可变量 reg1，第二条语句对其赋值为 5，该变量会一直保持该值。

3. 常量 CONST

常量数据是指在程序执行期间其值不会改变的数据。常量数据的特点是在声明时已赋予了数值，并且不能在程序中进行修改。常量数据通常会在程序的开始处声明，以便后续使用，示例如下：

```
CONST num pi := 3.14;
```

上述代码声明了一个常量数据 pi，其数据类型为 num 型，初始值为 3.14，且该值不会发生变化。

RAPID 中的数据必须由用户声明之后才能调用，但这些数据并不包括预定义数据对象和循环变量。预定义数据对象是由系统自动声明的，允许任何模块调用；循环变量指在 for 语句等循环语句中递增或递减的数据，也不需要声明。

4.1.2 常用数据类型

RAPID 语言定义了多种可供工程师编程时使用的数据类型，表 4-3 列出了比较常用的几种数据类型。

表 4-3 机器人系统主要数据类型

序号	数据类型	说 明
1	bool	布尔量
2	byte	整数数据(范围 0～255)
3	clock	计时数据
4	dionum	数字输入/输出信号
5	extjoint	外轴位置数据
6	intnum	中断标志符
7	jointtarget	关节位置数据
8	loaddata	负荷数据
9	mecunit	机械装置数据
10	num	数值数据

续表

序号	数据类型	说　明
11	orient	姿态数据
12	pos	位置数据(只有 X、Y 和 Z)
13	pose	坐标转换
14	robjoint	机器人轴角度数据
15	robtarget	机器人和附加轴的位置数据
16	speeddata	机器人与外轴的速度数据
17	string	字符串
18	tooldata	工具数据
19	trapdata	中断数据
20	wobjdata	工件数据
21	zonedata	TCP 转弯半径数据

此外，还有一些用于实现特殊功能的数据类型，在 ABB 机器人随机技术手册中有详细的介绍，此处不再赘述。同时，RAPID 语言也允许程序员根据需要新建数据类型。

下面重点介绍几种常用的数据类型。

1，布尔数据类型(bool 型)

bool 型数据用于描述逻辑值，其取值范围为 TRUE 或 FALSE。示例如下：

```
① VAR num S1R：=2;
② VAR bool w1value;
③ w1value := S1R< 3;
```

上述代码中，①处的代码声明了一个 num 型变量，其值为 2；②处的代码声明了一个 bool 型变量，未进行初始化；③处的代码则是对该 bool 型变量的一个赋值语句。但和①处不同，③所赋的值并非一个常量，而是一个常量表达式，此表达式进行一个大小的判断，并将返回的真(TRUE)或假(FALSE)的结果赋值给 wlvalue。也就是说，如果 S1R 小于 3，则将 w1value 赋值为 TRUE；否则赋值为 FALSE。

2．字符数据类型(string 型)

string 型数据用于声明字符串。字符串由一串包含在双引号("")中的字符组成，包含的字符数量上限为 80 个，示例如下：

```
VAR string streceived:="hello";
```

注意：如果想在字符串中显示引号，则必须在编写时输入两个引号，否则会出现错误或歧义，例如“word and" "”；同理，如果想在字符串中显示反斜线(\)，则必须在编写时输入两个反斜线符号，例如“word\\”。

RAPID 中使用字符数据类型定义了一系列的字符串常量(称作预定义数据)，可供程序员在函数或指令中调用。

下面来看一个智能相机传输数据处理程序 getvisiondata 的节选，该程序的功能是截取相机传输的字符串数据，并将其转换为机器人所用的数据。

```
VAR string streceived:="";
```

```
VAR num NumCharacters;
VAR string XData:="";
PERS num nXOffs:=10;
PROC getvisiondata;
  nXOffs
  Qq:
  NumCharacters := 5;
……
  ！将接收的套接字传输的字符串数据存储到变量 streceived(套接字是一种通信方式)
  SocketReceive ComScoket\Str:=streceived;
  XData:=StrPart(streceived,1,1);
  ！判断相机传输的数据是否有错误，即判断数据的第一位是否为字母 E，如果是，跳转到程序首行
  IF XData = "E" THEN
    GOTO Qq;
  ENDIF
  ！截取字符串streceived的从第6位开始的连续五个字符，将其作为一个新的字符串存储到XData中
  Data:=StrPart(streceived,6 ,NumCharacters);
  ！将字符串 XData 转换为数字，并赋值给变量 nXOffs
  bOK:=StrToVal(XData,nXOffs);
……
```

上述代码中，指令 StrPart 的功能是截取一部分字符串，指令 StrToVal 则将这段字符串转换为一个值。本示例代码较为复杂，其中涉及指令、标签等尚未接触到的概念，读者在此只理解功能即可。

3. 位置数据类型(pos 型)

pos 型数据用于表示机器人在 3D 空间中的矢量位置，有三个 num 数字型参数，即 [x,y, z]，其值分别表示 X 轴、Y 轴和 Z 轴的坐标。

声明并使用 pos 型变量的示例代码如下：

```
VAR pos p1; !声明变量 p1
VAR pos p2; !声明变量 p2
p1 := [ 10, 10, 55.7 ]; !对变量 p1 进行赋值
p2 := [ 65, 58, 250 ]; !对变量 p2 进行赋值
```

上述代码首先声明了两个 pos 型变量 p1 和 p2，然后分别对两个变量进行赋值。其中，p1 的位置参数分别为 x=10 mm、y=10 mm、z=55.7 mm；而 p2 的位置参数则为 x=65 mm、y=58 mm、z=250 mm。

可以只改变 pos 型变量的某一部分数值，也可以在两个 pos 型变量间进行四则运算，示例代码如下：

```
VAR pos p1; !声明变量 p1
VAR pos p2; !声明变量 p2
p1.z := p1.z + 250; !移动变量 p1 的分量 z
```

```
p1:=p1+p2; !对 p1 和 p2 使用加法运算符运算
```

上述代码中，第一条赋值语句调用了变量 p1 的参数 z，并对其进行四则运算，相当于将变量 p1 的位置在 z 轴正方向上移动了 250 mm；第二条赋值语句则相当于把 p1 的位置分别沿 x 轴、y 轴和 z 轴的正方向移动了 65 mm、58 mm 和 250 mm。

4. robtarget

robtarget 型数据用于描述机器人在空间中的位置，如果机器人能以多种不同的方式到达这一位置，则可以使用轴配置参数 robconf 来规定机器人到达此位置的运动方式。通常在移动机器人和附加轴的指令中使用。

robtarget 型数据各参数的介绍如表 4-4 所示。

表 4-4　robtarget 型数据参数介绍

参数	数据类型	描　述
trans	pos	以三坐标的形式(x、y 和 z)表示工具中心点的位置，单位为 mm。默认使用当前目标点的坐标系，如果未规定任何坐标系，则为世界坐标系
rotation(Rot)	orient	以四元数的形式(q1、q2、q3 和 q4)表示工具方位。默认使用当前目标坐标系的方位，包括程序位移，如果未规定任何工件，则为世界坐标系
robconf	confdata	以轴 1、轴 4 和轴 6 当前四分之一旋转的形式(cf1、cf4、cf6 和 cfx)定义机器人的轴配置
extra	extjoint	附加轴的位置

5. confdata

confdata 型数据使用参数 cf1、cf4、cf6 和 cfx 来定义机器人的轴配置，是 robtaget 型数据的参数 robconf 的数据类型。其中，参数 cf1、cf4、cf6 分别为 1、4、6 关节轴的角度对应的象限代号。

象限的划分方法如图 4-1 所示。把关节轴的角度从−360°～360°分为 8 个象限，每个象限占比 90°，顺时针为正方向，逆时针为反方向。按正方向顺序，象限 0 为 360°四分区中的第一个分区，即 0°～90°的区间，象限 1 为第二个分区，即 90°～180°的区间，以此类推；同理，按反方向顺序，象限−1 为 0°～−90°的区间，以此类推(注意图中箭头不代表方向)。

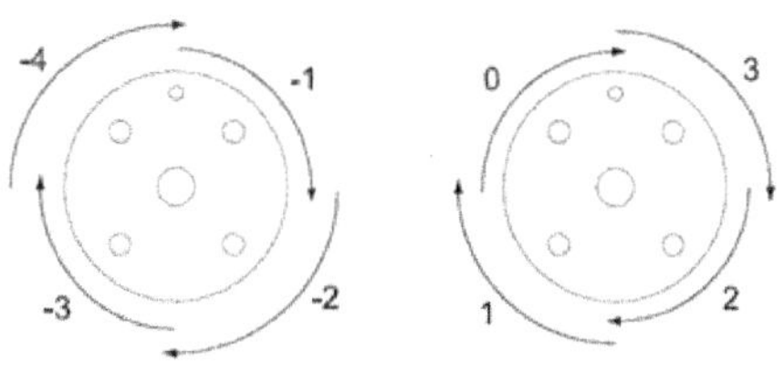

图 4-1　关节轴象限划分示意

例如，某机器人的第一关节轴为 85°，则参数 cf1 值为 0；若第一关节轴为 200°，则参数 cf1 值为 2，参数 cf4、cf6 与 cf1 类似。

参数 cfx 表示编号为 0～7 的八种可能的机械臂姿态配置，各编号对应的姿态如图 4-2 所示。

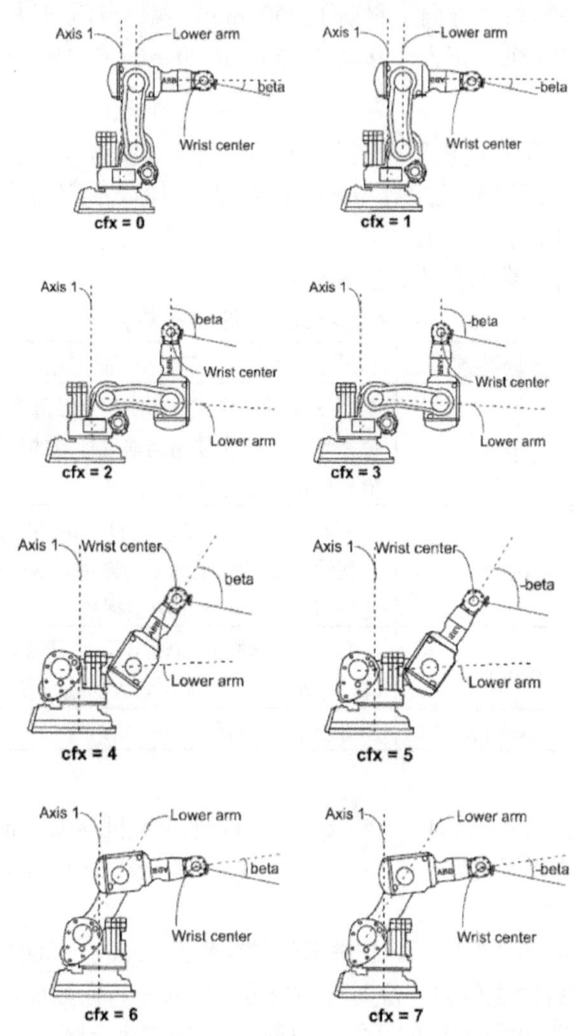

图 4-2　八种机械臂姿态示意

6. extjoint

extjoint 是 robtaget 的参数 extra 的数据类型，是表示附加轴位置的一种数据。

如果没有在位置数据中使用附加轴，则当连接且未激活该轴时，extjoint 的值为 9E+09。

三个 robtarget 数据声明如下(可以看到每个 robtarget 数据的第四个分量，其中最后一部分为 extjoint 数据类型)：

```
CONST robtarget p730:=[[406.46,-70.68,318.72],
[0.00841006,-0.688251,-0.725405,-0.00532784],
[0,-1,0,0],[9E+09,9E+09,9E+09,9E+09,9E+09,9E+09]];
```

```
CONST robtarget p740:=[[407.41,-72.99,293.86],
[0.0080191,-0.688335,-0.725331,-0.00503551],
[0,-1,0,0],[9E+09,9E+09,9E+09,9E+09,9E+09,9E+09]];

CONST robtarget PBY352:=[[435.60,42.07,676.05],
[0.00389423,-0.999965,0.00681854,0.00286727],
[-1,1,-1,0],[9E+09,9E+09,9E+09,9E+09,9E+09,9E+09]];
```

7. speeddata

speeddata 型数据用于规定机械臂及外轴匀速运动时的速度。该类型数据可以规定多种运动的速度，如工具 TCP 点运动的速度、工具重新定位运动的速度、线性或旋转外轴运动的速度等。

speeddata 型数据包含四个参数，如表 4-5 所示。

表 4-5　speeddata 型数据参数介绍

参数	数据类型	描　述
v_tcp	num	规定工具中心点的速度，单位为 mm/s
v_ori	num	规定 TCP 的重新定位速度，以(°)/s 表示。如果使用固定工具或协调外轴，则规定的是相对于工件的速度
v_leax	num	规定线性外轴运动的速度，以 mm/s 计
v_reax	num	规定旋转外轴运动的速度，以(°)/s 计

由于 speeddata 型数据同时规定了多种运动的速度，因此当机器人包含多种运动方式时，某个速度较低的运动会限制该条语句规定的所有运动，降低其他运动的速度，最终使得所有的运动同时停止。

RAPID 中已经预定义了若干 speeddata 变量，供用户编程时调用，如表 4-6 所示。

表 4-6　系统预定义 speeddata 变量一览

名称	TCP 速度/(mm/s)	方向/(°/s)	线性外轴速度/(mm/s)	旋转外轴速度/(°/s)
v5	5	500	5000	1000
v10	10	500	5000	1000
v20	20	500	5000	1000
v30	30	500	5000	1000
v40	40	500	5000	1000
v50	50	500	5000	1000
v60	60	500	5000	1000
v80	80	500	5000	1000
v100	100	500	5000	1000
v150	150	500	5000	1000
v200	200	500	5000	1000
v300	300	500	5000	1000
v400	400	500	5000	1000
v500	500	500	5000	1000

续表

名称	TCP 速度/(mm/s)	方向/(° /s)	线性外轴速度/(mm/s)	旋转外轴速度/(° /s)
v600	600	500	5000	1000
v800	800	500	5000	1000
v1000	1000	500	5000	1000
v1500	1500	500	5000	1000
v2000	2000	500	5000	1000
v2500	2500	500	5000	1000
v3000	3000	500	5000	1000
v4000	4000	500	5000	1000
v5000	5000	500	5000	1000
v6000	6000	500	5000	1000
v7000	7000	500	5000	1000
vmax	*	500	5000	1000

此外，用户也可以自定义 speeddata 类型的变量，示例如下：

```
VAR speeddata vmedium := [ 1000, 30, 200, 15 ];
```

上述代码定义了一个 speeddata 型变量 vmedium，其 TCP 点的运动速度为 1000 mm/s，TCP 重定位速度为 30° /s，线性外轴和旋转外轴运动的速度分别为 200 mm/s 和 15° /s。

可以单独更改自定义变量 vmedium 的任一参数值。例如，将 TCP 的速度改为 900 mm/s，代码如下：

```
vmedium.v_tcp := 900;
```

8. zonedata

zonedata 型数据用于描述机器人 TCP(工具中心点)通过一个编程位置时，接近并飞越该位置所形成圆弧的轨迹参数，又叫运动转弯数据。

如图 4-3 所示，机器人 TCP 从编程点 a 通过编程点 b 向下一个编程点 c 运动。运动过程中，需要以比较顺滑的轨迹通过图中的编程点 b，而不是机械式生硬的到达编程点 b 位置，这就需要引入 zonedata 数据。zonedata 数据的值是通过图中“TCP 路径区域”和“姿态改变区域”的半径等参数来标定的，zonedata 参数的数值越大，机器人的动作路径就越圆滑和流畅。

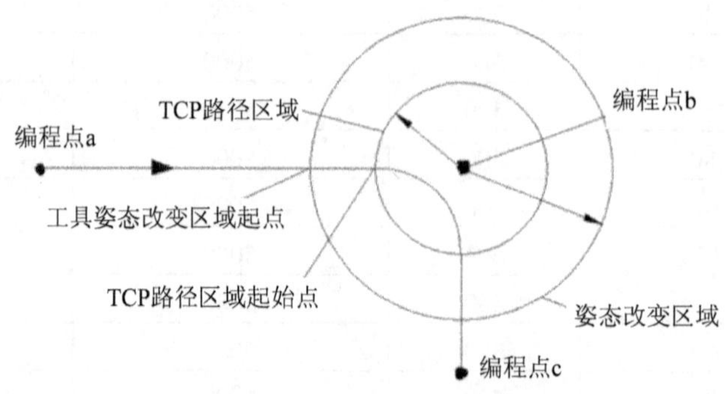

图 4-3　zonedata 数据解析示意

图 4-3 中，机器人 TCP 的轨迹并没有到达编程点 b，而是形成一个规则的圆弧形转弯，若要使机器人的 TCP 停在或者通过一个准确的位置，可将 zonedata 设置为预定义值 fine。fine 是机器人的特殊运动转弯数据，指机器人 TCP 准确到达目标点，在目标点速度降为零，然后动作停顿一下，随即向下运动。

对 zonedata 型数据各参数的介绍如表 4-7 所示。

表 4-7　zonedata 型数据参数介绍

参数	数据类型	描　述
finep	bool	规定运动是否运动至停止点(fine 点)或飞越点而结束，取值有两种： TRUE：运动至停止点而结束，且程序将不再继续执行，不再使用 zonedata 数据中的其他参数； FALSE：运动至飞越点而结束，且机械臂在到达 zonedata 数据运算出的停止位置之前继续前进大约 100 ms
pzone_tcp	num	TCP 路径区域的半径，单位为 mm
pzone_ori	num	工具重新定位运动的转弯数据半径，可以理解为 TCP 距编程点的距离，单位为 mm
pzone_eax	num	外轴的区域半径。将半径定义为 TCP 距编程点的距离，单位为 mm
zone_ori	num	工具重新定位区域的半径，单位为度。如果机械臂正夹持着工件，则表示工件的旋转角度
zone_leax	num	线性外轴区域的半径，单位为 mm
zone_reax	num	旋转外轴区域的半径，单位为度

以下为一个 zonedata 型变量的声明示例：

```
VAR zonedata path := [ FALSE, 25, 40, 40, 10, 35, 5 ];
```

对上述代码中 zonedata 型变量 path 的分析解读如下：

(1) TCP 路径区域的半径为 25 mm。

(2) 工具重新定位区域的半径为 40 mm(TCP 运动)。

(3) 外轴的区域半径为 40 mm(TCP 运动)。

如果 TCP 静止不动，或存在大幅度重新定位运动，或存在机器人外轴的大幅度运动，则需应用以下规定：

(1) 工具重新定位区域的半径为 10°。

(2) 线性外轴区域的半径为 35 mm。

(3) 旋转外轴区域的半径为 5°。

将 TCP 路径区域的半径调整为 40 mm，代码如下：

```
path.pzone_tcp := 40;
```

下面来看一下 zonedata 数据在 MoveJ 指令中的用法(MoveJ 指令用于将机器人快速移动至目标点，该指令的细节将在后续章节进行阐述)：

```
MoveJ p2 v100 ZA1 tool1
```

上述指令中，ZA1 是一个预定义的 zonedata 类型变量，代表工具从第一个点通过飞越

第二个点向第三个点移动：路径方面，规定当工具进入半径为 25 mm 的圆的范围内向着第三个点转弯；姿态方面，规定当工具进入半径为 40 mm 的圆的范围内时向着第三个点的工具姿态改变，如图 4-4 所示。

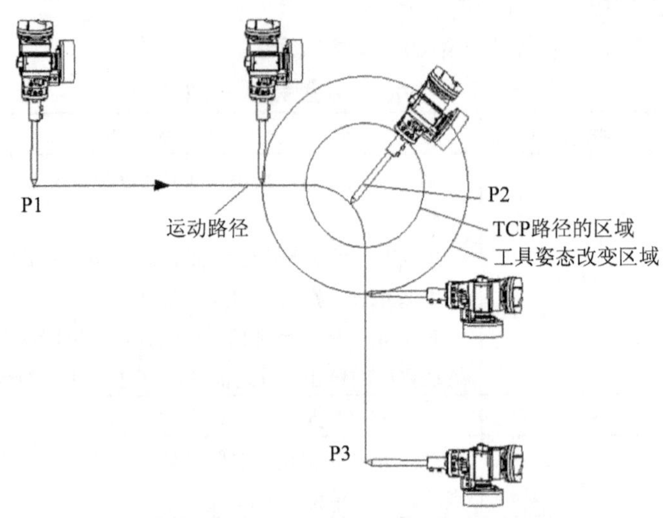

图 4-4　工具转弯时机器人姿态变化示意

除 ZA1 之外，RAPID 中已经预定义的其他 zonedata 变量如表 4-8 所示。

表 4-8　部分系统预定义区域数据一览

路径区域/mm				Zone		
名称	TCP 路径	方向	外轴	方向/(°)	线性轴/mm	旋转轴/(°)
Z0	0.3	0.3	0.3	0.03	0.3	0.03
Z1	1	1	1	0.1	1	0.1
Z5	5	8	8	0.8	8	0.8
Z20	20	30	30	3	30	3
Z50	50	75	75	7.5	75	7.5
Z80	80	120	120	12	120	12
Z100	100	150	150	15	150	15
Z150	150	225	225	23	225	23
Z200	200	300	300	30	300	30

4.2　数据建立与特殊数据赋值

上面介绍了 RAPID 中常用的数据类型，下面来看一下这些数据是如何被创建的。数据建立是程序编辑的一项重要内容，有些数据必须在编程之前建立，有些数据则可以在编程的同时建立。数据类型种类繁多，建立和赋值的方法不尽相同，结构较为复杂的数据还需要特殊的赋值方法。因此，本节主要对数据建立的方法和特殊

数据建立与特殊数据赋值

数据的赋值方法进行讲解。

可以扫描右侧二维码，观看数据建立与特殊数据赋值的操作视频。

4.2.1　数据建立

比较常用的数据建立方法有两种：一是直接在示教器的【程序数据】界面中建立数据；二是在建立程序指令的同时，自动生成对应的程序数据。下面以建立数字类型(num型)数据为例，介绍直接在示教器的【程序数据】界面建立数据的方法。

建立 num 型数据的步骤简述如下：

(1) 在示教器主菜单中选择【程序数据】命令，在出现的【程序数据-全部数据类型】界面中，选择待建立数据的数据类型，本例中选择【num】，然后单击【显示数据】按钮，如图 4-5 所示。

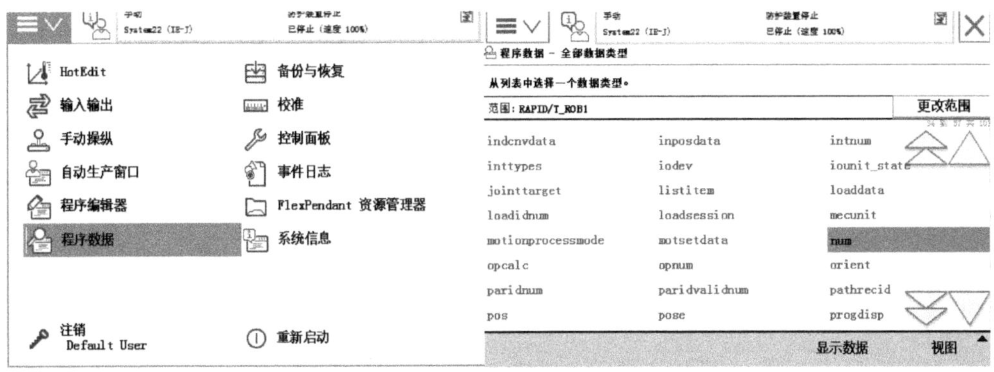

图 4-5　选择新建数据类型

(2) 在出现的【数据类型：num】界面中单击【新建...】按钮，然后在出现的【数据声明】界面中设置新建数据的名称、范围、存储类型等参数。设置完毕后，单击界面左下角的【初始值】按钮，如图 4-6 所示。

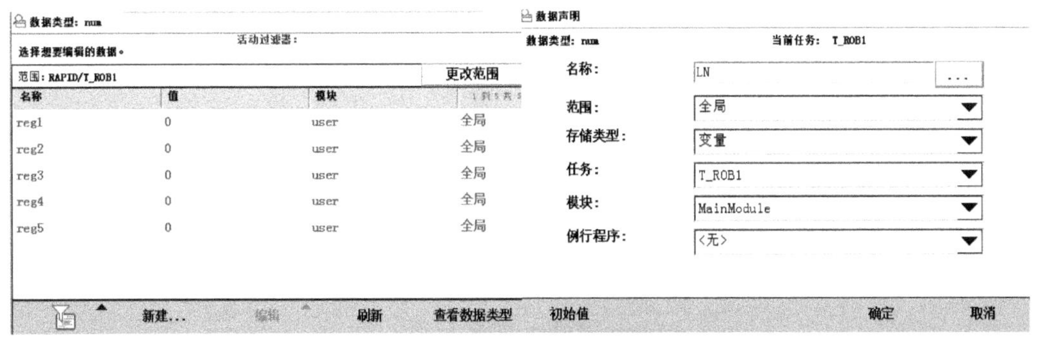

图 4-6 设置新建数据参数

(3) 在出现的【编辑】界面中，单击新建数据的【值】字段，使用右侧出现的虚拟键盘输入“555”，将新建数据的初始值设定为 555，完成数据建立，如图 4-7 所示。

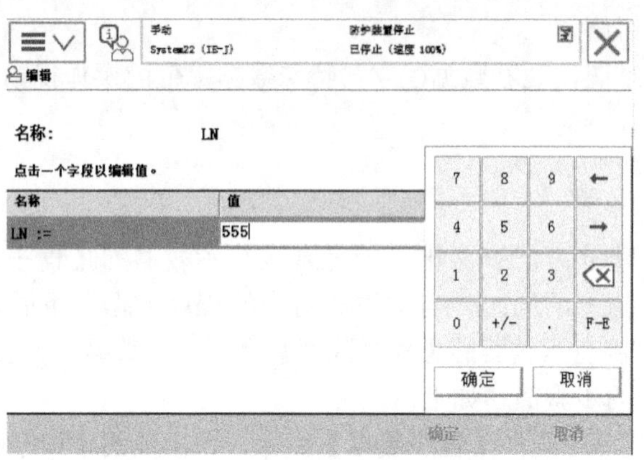

图 4-7 设置新建数据的初始值

使用同样方法也可以建立 bool 和 robtarget 等类型的数据，读者可以自行尝试，本书不再一一介绍。

4.2.2 特殊数据赋值

在 RAPID 程序数据中，有一些结构较为复杂的数据，如 robtarget 数据，这些数据需要通过特殊方式进行赋值。

例如，以下代码声明了 robtarget 型数据 pt15：

```
PERS  robtarget pt15:=
[[533,0,889.1],[0.707107,0,0.707107,0],[0,0,0,0],[9E+09,9E+09,9E+09,9E+09,9E+09,9E+09]]
```

该数据由一串数字(包括笛卡尔坐标 XYZ、q1-4、轴角度等)组成，结构比较复杂。下面以修改该数据中的坐标 X 值为例，介绍复杂数据的赋值操作：

(1) 在示教器主页面选择【程序编辑器】命令，进入包含上述数据声明的程序，确定数据的类型为可变量 PERS，然后单击待插入语句位置的上一行语句，再单击【添加指令】按钮，在出现的扩展菜单中选择赋值指令【:=】，如图 4-8 所示。

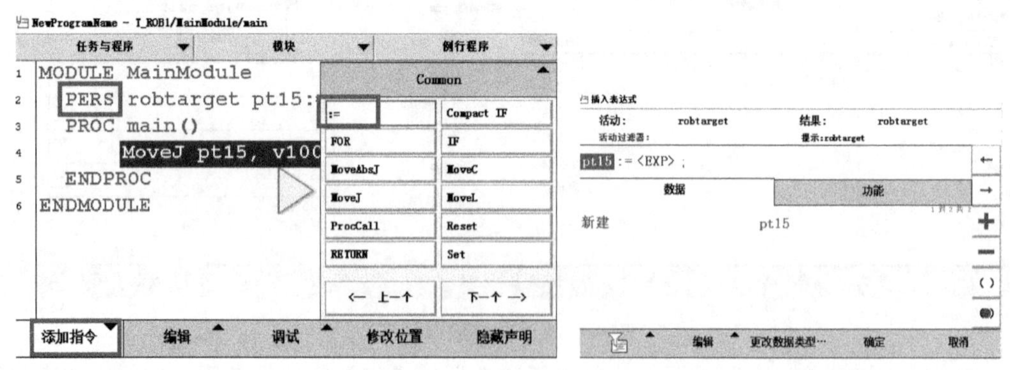

图 4-8 添加数据赋值指令

(2) 在出现的【插入表达式】界面中，单击表达式中已有的可变量数据【pt15】，然后选择【编辑】/【添加记录组件】命令，接着单击【数据】选项卡中出现的【trans】，如图

4-9 所示。

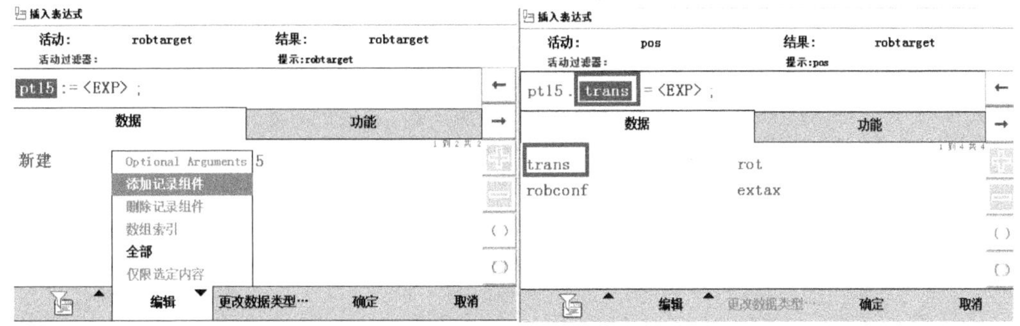

图 4-9　添加记录组件 trans

(3) 然后使用同样方法，添加记录组件【X】，如图 4-10 所示。

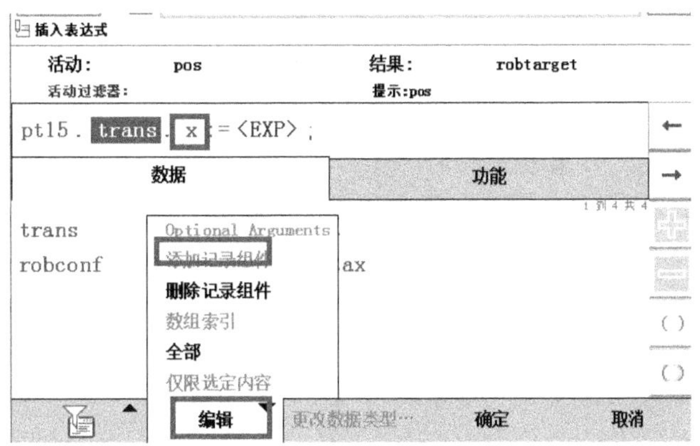

图 4-10　添加记录组件 X

(4) 添加完毕后，单击赋值表达式中的【<EXP>】，然后选择【编辑】/【仅限选定内容】命令，在出现的【插入表达式-仅限选定内容】界面中使用虚拟键盘输入“400”，然后单击【确定】按钮，如图 4-11 所示。

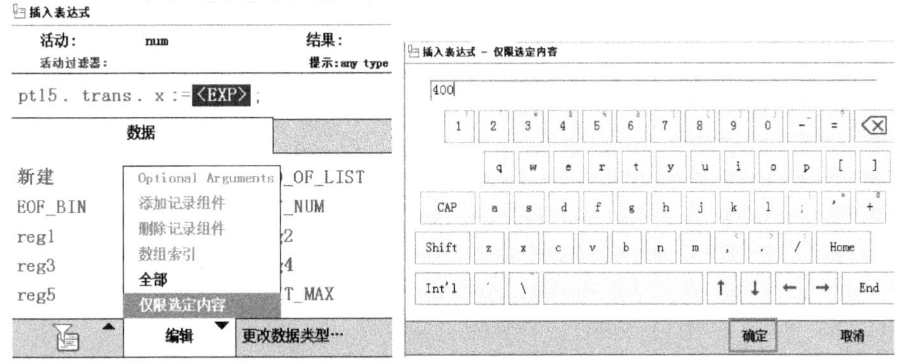

图 4-11　设置所赋的值

在【插入表达式】界面中单击【确定】按钮，完成赋值，系统自动返回【程序编辑器】界面，其中第 5 行语句就是编辑完成的赋值语句，如图 4-12 所示。

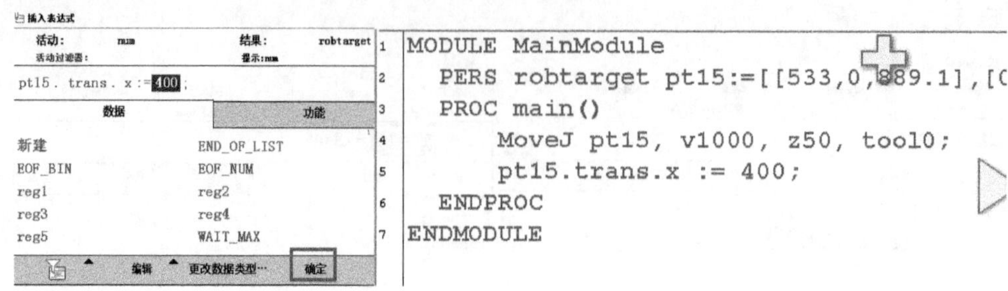

图 4-12　完成数据赋值

本 章 小 结

✧ 对 ABB 工业机器人进行编程，需要使用特定的语言 RAPID 以及 ABB 机器人专用的编程环境。ABB 工业机器人的数据是在编程环境中的程序模块或系统模块中建立的，并可由同一个模块或其他模块中的指令引用。

✧ RAPID 语言中，工具、位置、负载等不同的信息都以数据形式保存。数据由用户创建和声明，并可任意命名。

✧ 数据建立时需要明确数据的存储方式，即数据存储类型，以分配存储空间。常用的数据存储类型包括变量、可变量和常量三种，分别用 VAR、PERS 和 CONST 表示。

✧ 比较常用的数据建立方法有两种：一是直接在示教器中的【程序数据】界面中建立数据；二是在建立程序指令的同时，自动生成对应的程序数据。

本 章 练 习

1. 简述变量、可变量和常量(VAR、PERS 与 CONST)的功能，并分别举例。
2. 简述使用示教器建立数据的方法及步骤。

第5章　工业机器人编程基础

本章目标

- 了解机器人编程需要构建的基础数据
- 掌握工具坐标系与工件坐标系的建立方法
- 了解 RAPID 程序的架构和分类
- 掌握常用的程序控制指令
- 掌握常用的数据运算指令
- 掌握常用的机器人运动指令

通过前四章的学习，读者已经能够建立一个基本的机器人工作站，并掌握机器人操作和通信方面的基础知识。本章将介绍机器人编程的必备知识，如程序架构、常用指令和编程技巧等，并结合相关实例，帮助读者掌握建立程序、编写程序、测试程序以及使机器人按照指令执行动作的方法。

5.1　建立基础数据

编辑工业机器人应用程序，首先要搭建编程环境，第一步就是要建立三种基础数据：工具坐标系、工件坐标系和工具载荷。本书第二章已经介绍了使用 RobotStudio 软件创建工件坐标系的方法，本节将详细介绍工件坐标系的意义，以及通过示教器建立工件坐标系的方法。

5.1.1　建立工具坐标系

针对不同的应用，工业机器人使用的工具也不同，如弧焊机器人使用焊枪作为工具；搬运机器人的工具是吸盘或者机械夹爪；切割下料机器人则多数使用激光切割工具等。这些工具种类繁多，通常由工程师针对不同工况而设计，安装在工业机器人的第六轴或者末端轴的法兰盘上。工具坐标系是用来描述这些工具的 TCP、质量、重心等参数的特殊数据，因此，设定工具坐标系是进行工业机器人编程的前提(可扫描右侧二维码，观看建立工具坐标系的操作视频)。

建立工具坐标系

ABB 工业机器人默认的工具坐标系为 tool0，其 TCP 位于第六轴法兰盘外表面的中心，即图 5-1 所示的 A 点。

如果机器人使用不同的工具，就可能需要建立新的工具坐标系。举例来说，假设图 5-1 中安装的机器人工具为焊枪，就需要以焊枪的焊接末端为 TCP，建立新的工具坐标系 tool1，如图 5-2 所示。此时，机器人的 TCP 在焊枪的末端，即 B 点。

图 5-1　工业机器人默认工具坐标系 tool0

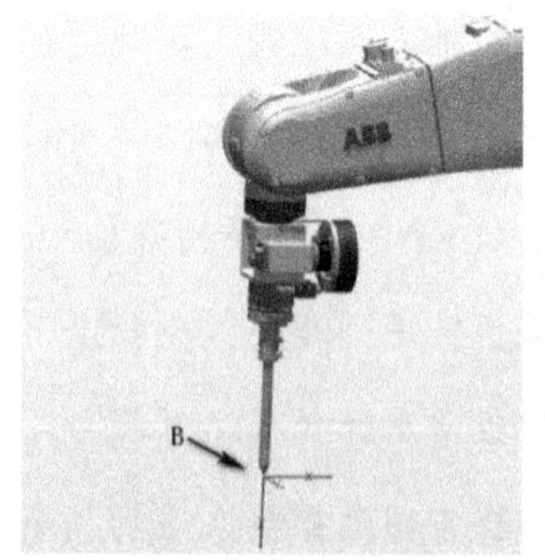

图 5-2　新建的工具坐标系 tool1

1. 建立方法

工具坐标系是一种特殊的机器人数据(数据类型为 tooldata)，但它的创建方式与其他数据(如上一章学过的 robtarget 类型的数据)并不相同。

使用示教器建立新工具坐标系需要记录若干参考点。按照参考点的数量，建立工具坐标系的方法有以下三种：

✧　4 点法：不改变默认工具坐标系的坐标方向。

✧　5 点法：只改变默认工具坐标系的 Z 方向。

✧　6 点法：改变默认工具坐标系 X 和 Z 方向。

为保证精度，通常选择 6 点法来建立工具坐标系。以建立图 5-2 所示的工具坐标系 tool1 为例，基本步骤如下：

(1) 选择一个有效范围内的固定点作为参考点，如平台的一角或者圆锥形的尖头点。6 点法中的“6 点”，即指围绕该参考点的机器人工具的 6 种姿态和位置。

(2) 手动操控机器人，使焊枪的末端(预设的工具 TCP)运动至参考点，然后保持焊枪末端在空间的位置不变，操控机器人做出三种不同姿态，分别记录这三种姿态下的机器人数据，作为 6 点法中的前 3 点。注意：这三种机器人姿态最好有较大差别(可通过改变工具的姿态和位置来改变机器人的姿态)，这样有利于提高 TCP 的精度。

(3) 操控焊枪的末端保持垂直姿态接触参考点，记录此时的机器人数据，作为第 4 点。注意：示教前 4 个点时，焊枪末端要最大限度地接触到参考点。

(4) 在第 4 点的基础上，操控焊枪末端沿待建立新坐标系 tool1 的 X 轴运动一段距离，记录此时的机器人数据，作为第 5 点。

(5) 操控机器人回到第 4 点的位置及姿态，在第 4 点的基础上操控焊枪末端沿待建立新坐标系 tool1 的 Z 轴运动一段距离，记录此时的机器人数据，作为第 6 点。

记录完毕后，机器人系统会自动计算出新坐标系 tool1 的 TCP 等参数，并保存为 tooldata 类型的数据(即 tool1)，供程序进行调用。

2. 建立普通工具坐标系

下面以图 5-3 所示的机器人为例，介绍建立工具坐标系的详细步骤。

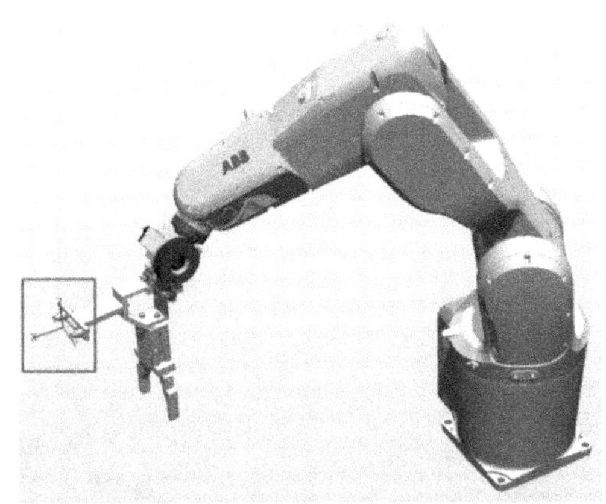

图 5-3　工具坐标系

本例中使用 6 点法建立工具坐标系，详细操作步骤如下：

(1) 选择示教器主菜单中的【手动操纵】/【工具坐标】命令，在出现的【手动操纵-工具】界面中，单击【新建...】按钮，在出现的【数据声明】界面中创建工具坐标系，按图 5-4 所示配置新建工具坐标系的参数，然后单击【确定】按钮。

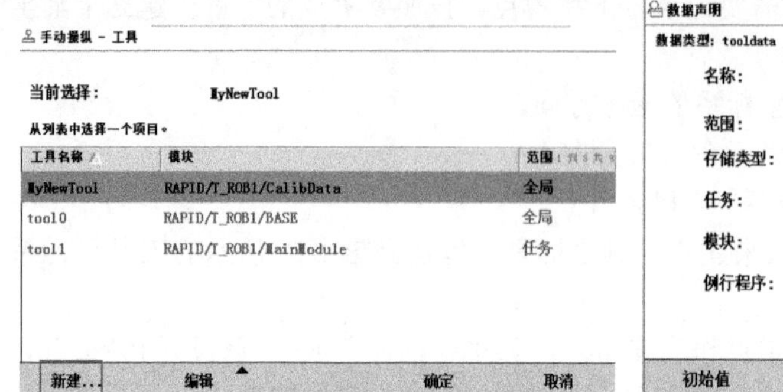

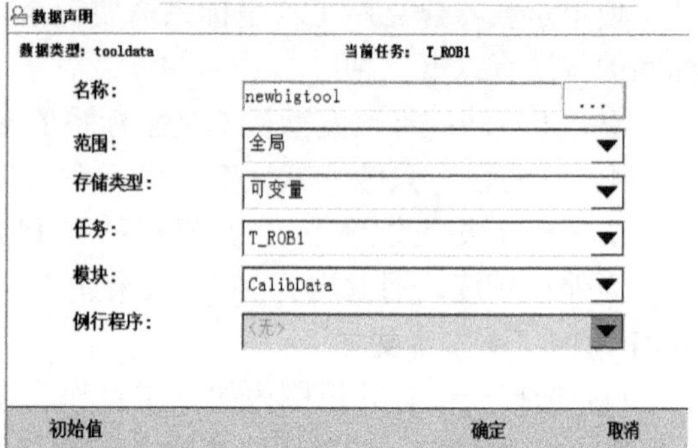

图 5-4　新建工具坐标系

(2) 在【手动操纵-工具】界面的列表中，选择新建的工具坐标系【newbigtool】，然后选择【编辑】/【定义...】命令，在出现的【程序数据->tooldata->定义】界面中，将【方法】设置为【TCP 和 Z，X】，然后将【点数】设置为【4】，代表选择 4 个接触点与 2 个延伸点，即设定 6 点法中的 6 个点，如图 5-5 所示。

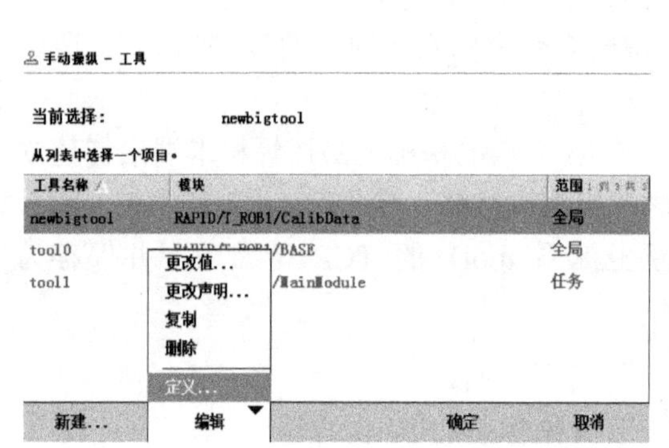

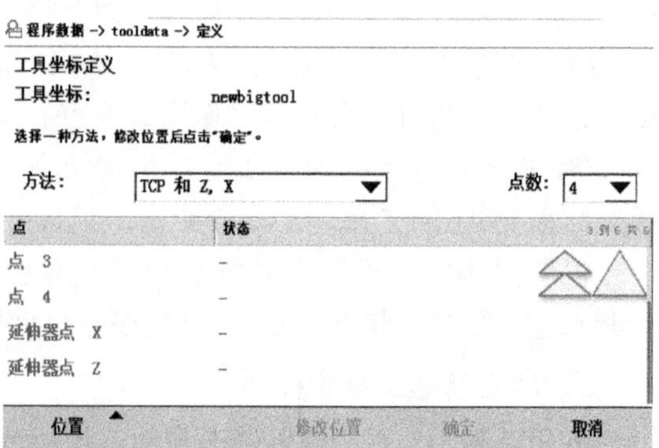

图 5-5　定义工具坐标系

(3) 接下来记录坐标系参考点。选择合适的手动操纵模式，拖动工具 TCP 最大限度接近如图 5-6 所示的参考点，然后转动多个角度，确保从任何角度看起来工具 TCP 都能接触到参考点。

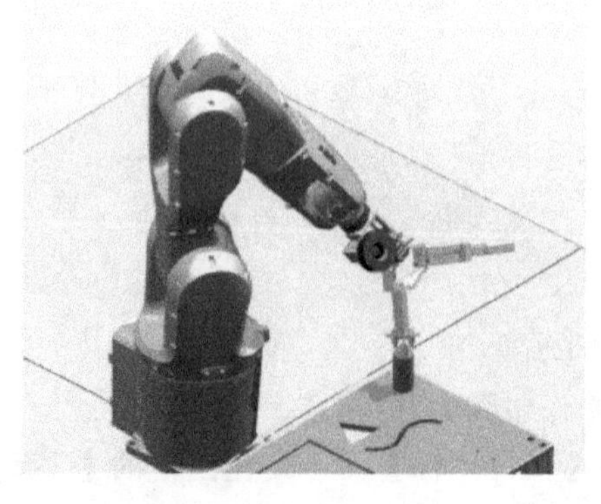

图 5-6　接触参考点

(4) 在示教器的【程序数据->tooldata->定义】界面的列表中选择【点 1】，然后单击【修改位置】按钮，将点 1 的位置记录下来，如图 5-7 所示。

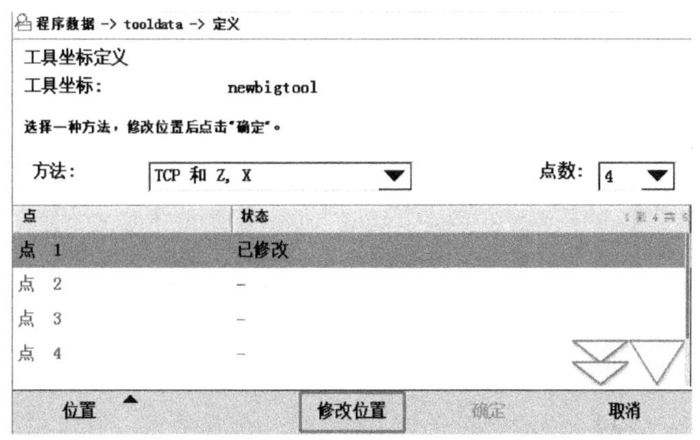

图 5-7　记录第一个点

(5) 按照 6 点法的要求，依次将六个点记录完毕，然后单击【确定】按钮，如图 5-8 所示。

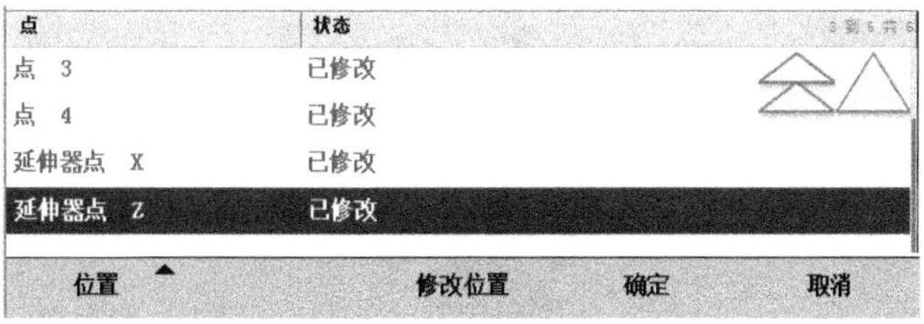

图 5-8　工具坐标系设置完成

(6) 工具坐标系建立完成后，在【手动操纵-工具】界面中再次选择【newbigtool】，然后选择【编辑】/【更改值...】命令，如图 5-9 所示。

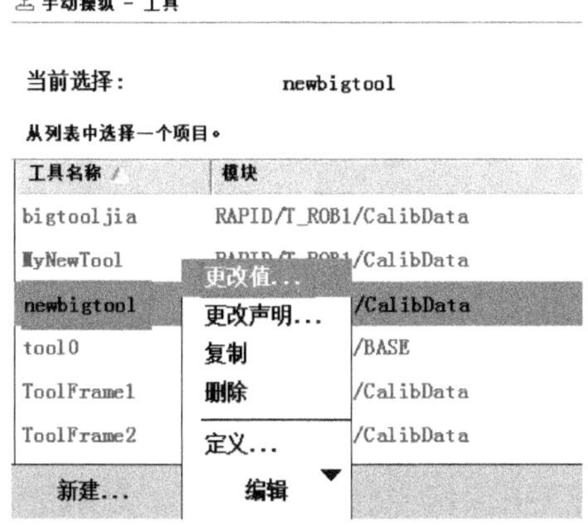

图 5-9　更改工具坐标系参数

(7) 在出现的【编辑】界面中，设置工具的质量 mass(单位 kg)和重心 cog 的坐标(X、Y、Z)位置数据，然后单击【确定】按钮，如图 5-10 所示。

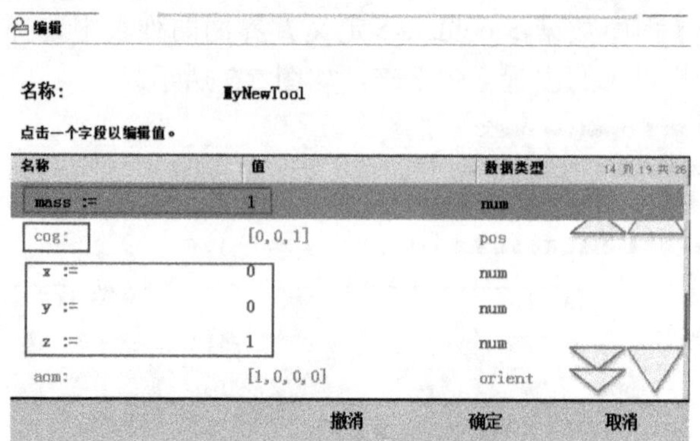

图 5-10　设置工具信息

(8) 最后对新创建的工具坐标系进行验证：在示教器的【手动操纵-工具】界面中选择工具坐标系【newbigtool】，手动操纵工具 TCP 移动至参考点，然后在重定位模式下手动操纵机器人，若工具 TCP 与参考点始终保持接触，则工具坐标系创建成功，如图 5-11 所示。同理，也可以切换到线性运动模式，控制机器人进行单轴移动，来验证工具坐标的三个方向是否建立正确。

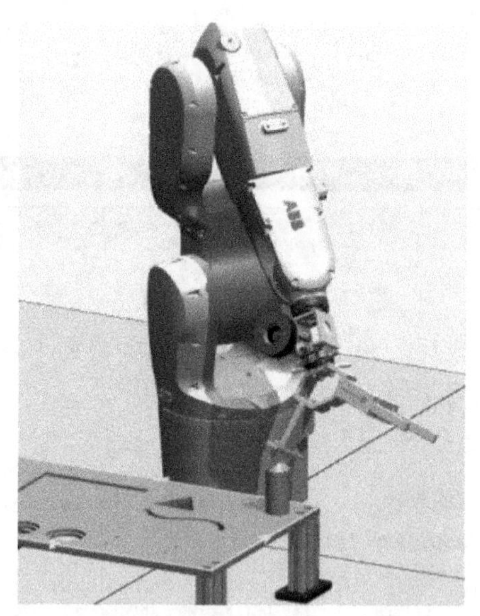

图 5-11　验证新建工具坐标系

3．建立码垛搬运类工具坐标系

对码垛搬运类工具而言，其工具坐标系仅仅是在默认坐标系的 Z 方向上发生了偏移，因此在实际生产中经常使用一种较为简单的坐标系建立方法。

以搬运薄板的真空吸盘夹具为例(如图 5-12 所示)，默认坐标系 tool0 的原点位置在机器人的第 6 轴法兰盘表面中心处。本例中设工具质量为 40 kg，且工具的重心在机器人默认工具坐标系的 Z 方向上偏移 200 mm；设 TCP 在吸盘的接触面上，且在默认坐标系原点 tool0 的 Z 方向上偏移 350 mm。

图 5-12　待建立工具坐标系的真空吸盘夹具

建立图 5-12 中的码垛搬运工具坐标系的步骤如下：

(1) 选择示教器主菜单中的【手动操纵】/【工具坐标】命令，在出现的【手动操纵-工具】界面中，单击【新建...】按钮，在出现的【新数据声明】界面中，将新建工具坐标系的【名称】设置为“tool2”，然后单击【初始值】按钮，如图 5-13 所示。

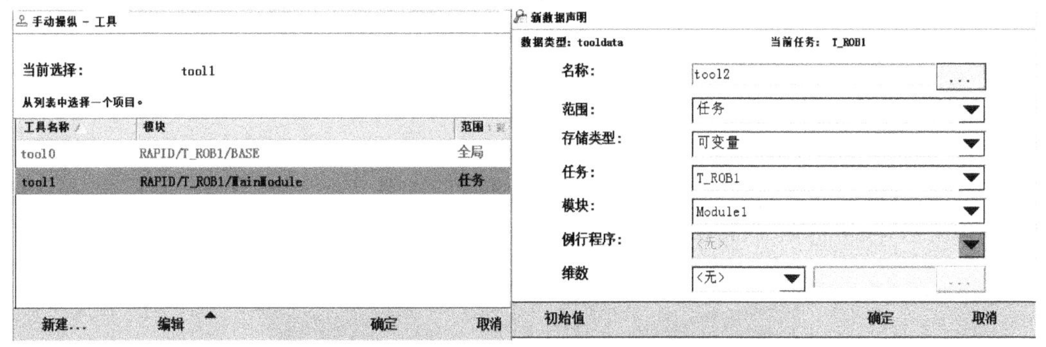

图 5-13　新建工具坐标系

(2) 在【手动操纵-工具】界面中选择【tool2】，然后选择【编辑】/【更改值...】命令，在出现的【编辑】界面中，将 trans 的【z :=】(Z 坐标)的值设置为“350”，即在默认坐标系原点 tool0 的 Z 的正方向上偏移 350 mm，将工具的 TCP 设定在吸盘的接触面上，如图 5-14 所示。

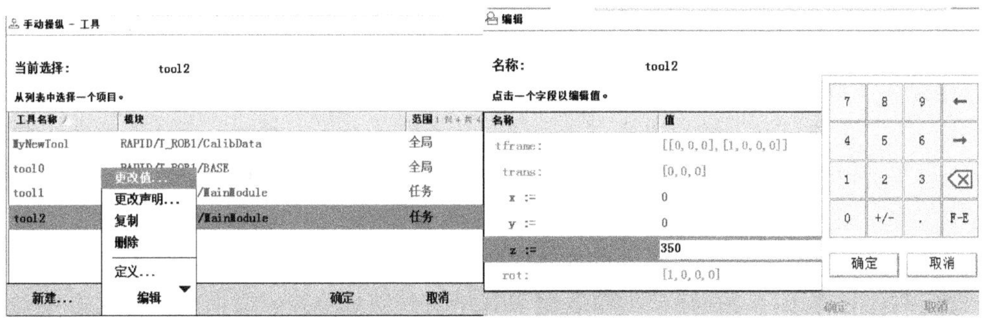

图 5-14　设定工具的 TCP 位置

(3) 使用同样的方法，将【mass :=】(工具质量)设置为“40”，将【cog:】(重心)设置为“[0,0,200]”，即在默认坐标系原点 tool0 的 Z 正方向上偏移 200 mm，然后单击【确定】按钮，如图 5-15 所示。

编辑

名称：　tool2

点击一个字段以编辑值。

名称	值	数据类型
mass :=	40	num
cog:	[0, 0, 200]	pos
x :=	0	num
y :=	0	num
z :=	200	num
aom:	[1, 0, 0, 0]	orient

确定

图 5-15　设定工具质量和重心

5.1.2　建立工件坐标系

工件坐标系用来确定工件相对于大地坐标系的位置。设定工件坐标系是进行示教编程的前提，所有的示教点都必须在对应的工件坐标系中建立。由于机器人工作站往往存在多个工作场景，因此也可以针对不同的工况和工件设置若干个工件坐标系。

如图 5-16 所示，右图中的工作台有相应的工件坐标，而左图没有。显然，与有相应工件坐标系的机器人工作站相比，没有工件坐标系的机器人无法在工作台上沿着 X 轴/Y 轴方向进行移动(坐标系方向与工作台不平行)，从而使得示教更为困难。

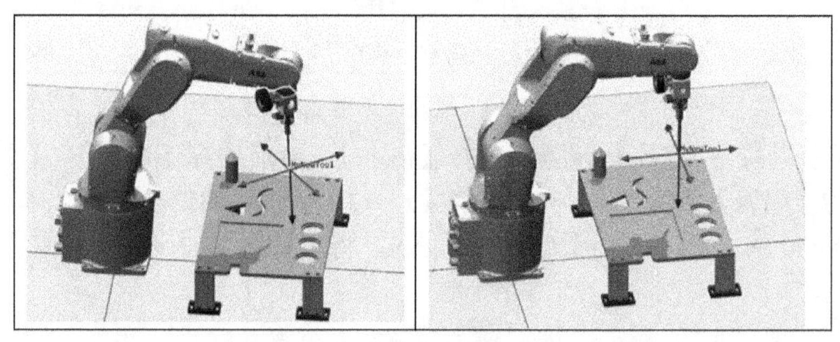

图 5-16　有无工件坐标系的对比

ABB 工业机器人导入到工作站后，默认的工件坐标系为 wobj0，如果在 wobj0 上建立示教点，当工件或机器人的位置改变后，就必须重新示教所有的点，才能正常进行编程操作。而如果针对移动后的工件建立新的工件坐标系，那么改变位置后只需修改工件坐标系即可，无需重新示教所有的点。

如图 5-17 所示，A 是机器人的世界坐标系，为了方便编程，我们给第一个工件建立了一个工件坐标系 B，并在这个工件坐标系 B 中进行轨迹编程。而如果平台上还有一个相同的工件需要经过同一轨迹，那么只需建立工件坐标系 C，然后将原程序中的工件坐标系 B 更改为工件坐标系 C 即可。

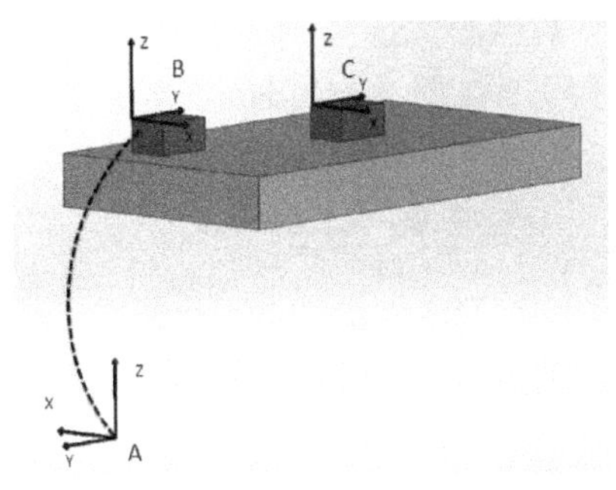

图 5-17　工件坐标与大地坐标

也就是说，如果在工件坐标系 b 中对工件 a 进行了轨迹编程，当需要对工件 c 进行编程时，只需在机器人系统中定义工件坐标系 d，则机器人的轨迹就自动更新为 c 了，不需要再次进行轨迹编程，因为 a 相对于 b 的位置与 c 相对于 d 的位置相同，并没有因为整体偏移而发生变化，如图 5-18 所示。

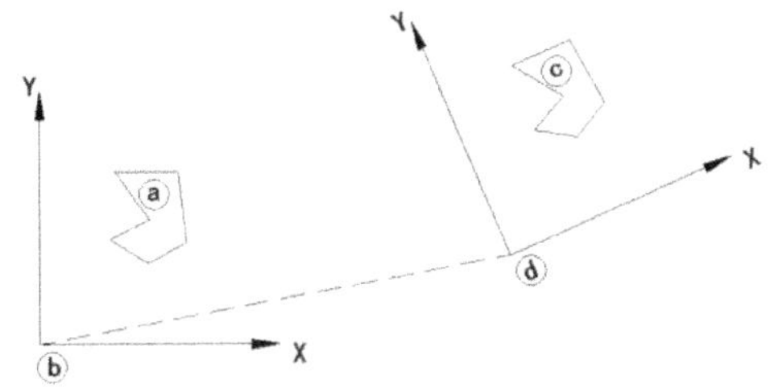

图 5-18　工件坐标与编程

建立工件坐标系通常使用三点法，即首先采集工件坐标系的原点位置数据，然后采集 X 轴上一个点的位置数据，最后采集 Y 轴上一个点的位置数据(可以扫描右侧二维码，观看建立工件坐标系的操作视频)。

建立工件坐标系

下面以图 5-16 所示的工作台为例，使用三点法建立工作台的工件坐标系，步骤如下：

(1) 在示教器主菜单中选择【手动操纵】/【工件坐标】命令，在出现的【手动操纵-工件】界面中，单击【新建...】按钮，在出现的【新数据声明】界面中，设置新建工件坐标系的各项参数，设置完成后，单击【确定】按钮，如图 5-19 所示。

手动操纵 - 工件
当前选择:　wobj0
从列表中选择一个项目。

工件名称 /	模块	范围
wobj0	RAPID/T_ROB1/BASE	全局

新建...　编辑　确定　取消

新数据声明
数据类型: wobjdata　当前任务: T_ROB1

名称:	wobj1
范围:	任务
存储类型:	可变量
任务:	T_ROB1
模块:	MainModule
例行程序:	<无>
维数	<无>

初始值　确定　取消

图 5-19　新建工件坐标系

(2) 返回【手动操纵-工件】界面，选择刚才新建的工件坐标系，然后选择【编辑】/【定义...】命令，在出现的【程序数据->wobjdata->定义】界面中，将【用户方法】设置为【3 点】，如图 5-20 所示。

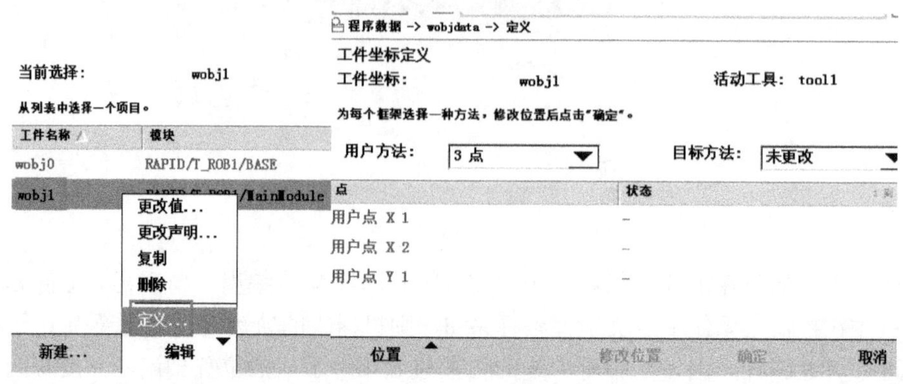

图 5-20　工件坐标系创建方法

(3) 手动操纵机器人的工具 TCP 尽量靠近工件上的 X1 点，在到达时单击【修改位置】按钮，将 X1 点的数据记录下来，作为新建工件坐标系的原点。然后使用相同的方法，依次将工件上的 X2 点、Y1 点的数据记录下来，作为 X 轴方向上的点与 Y 轴方向上的点，如图 5-21 所示。

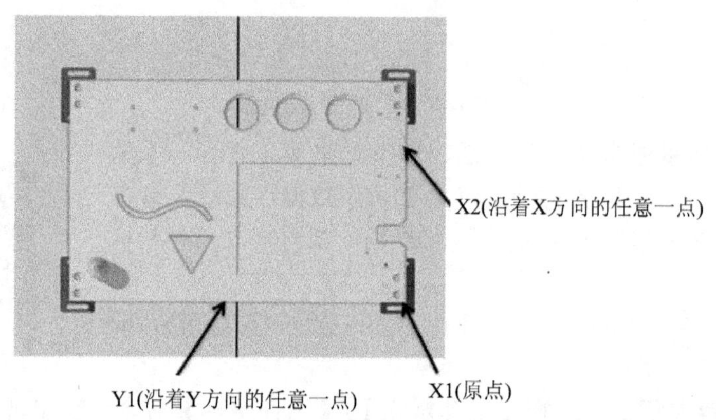

图 5-21　记录工件坐标系参考点

(4) 确认【程序数据->wobjdata->定义】界面中自动生成的工件坐标数据后，单击【确定】按钮，完成工件坐标系设置，如图 5-22 所示。

点	状态
用户点 X 1	已修改
用户点 X 2	已修改
用户点 Y 1	已修改

位置　修改位置　确定　取消

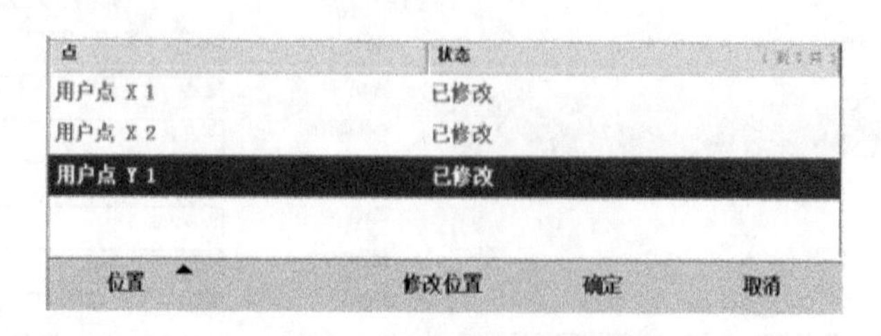

图 5-22　工件坐标系设置完成

5.1.3　建立载荷数据

工业机器人在搬运和码垛场景中应用时，需要正确设置夹具的质量、重心、工具数据以及搬运对象的载荷数据等。

对于结构简单的工具和工件，可通过手工测量的方法测出工具载荷及工件有效载荷的数据，并根据表 5-1 所示的载荷参数直接对工具或工件进行配置。但若工具或者搬运的工件较为复杂(如图 5-23 所示的高负载搬运抓取机器人)，则可以通过 ABB 工业机器人系统中预定义的载荷测量服务程序 LoadIdentify 自动测量出工具载荷数据和工件的有效载荷数据。

表 5-1　有效载荷参数说明

名称	参数	单位
有效载荷质量	mass	kg
有效载荷重心	cog.x cog.y cog.z	mm
力矩轴方向	aom.q1 aom.q2 aom.q3 aom.q4	
有效载荷的转动惯量	ix iy iz	kg • m^2

图 5-23　高负载搬运抓取机器人

使用载荷测量服务程序测量工具载荷数据和有效载荷数据的具体步骤如下：

(1) 测量之前，首先要将机器人的 6 个关节轴都手动调节到 0° (注意将控制模式改为手动控制)，然后选择想要测量的工具，如图 5-24 所示。

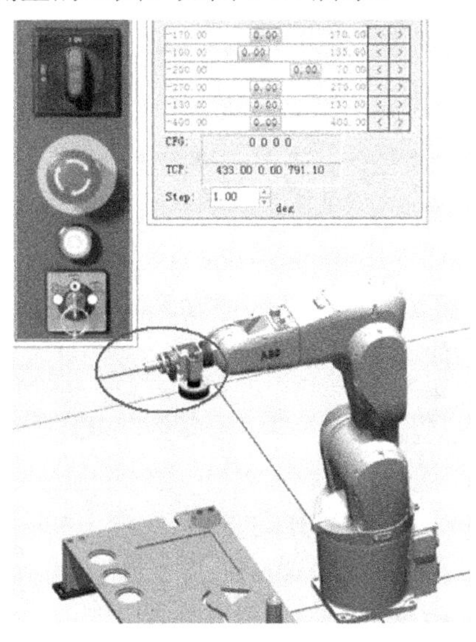

图 5-24　选择待测量的工具

(2) 在示教器中选择【程序编辑器】命令，在出现的【程序编辑】界面中，选择【调

试】命令，在出现的扩展菜单中单击【调用例行程序】按钮，如图 5-25 所示。

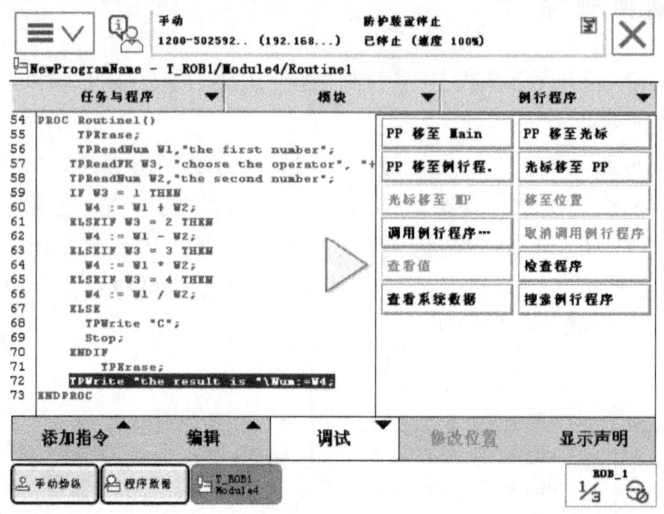

图 5-25　调用载荷测量程序

(3) 在出现的【调用例行程序】界面中，选择程序【LoadIdentify】，然后单击【转到】按钮，进入载荷测量服务程序，如图 5-26 所示。保持使能键处于激活状态，单击示教器运行按钮，根据示教器界面提示选择相应的选项，即可自动测算工具载荷，详细步骤可参考配套教学资源。

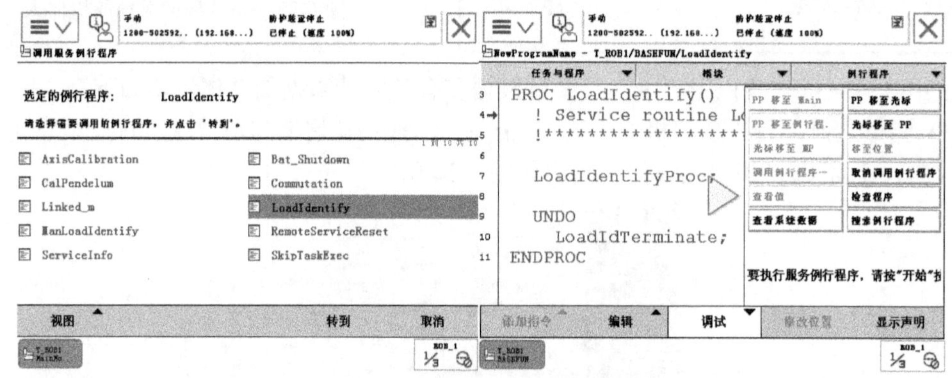

图 5-26　开始测量载荷数据

(4) 测量完毕后，系统会将测量出的工具重量和中心位置显示在示教器屏幕上，并将测量结果写入工具数据当中，如图 5-27 所示。

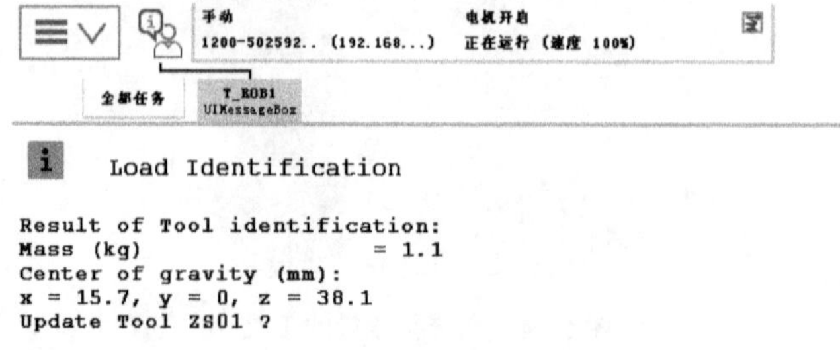

图 5-27　查看测量结果

5.2 RAPID 程序

不同品牌的工业机器人，其编程开发环境并不相同。例如日本 Motoman 公司、德国 KUKA 公司、日本的 FANUC 公司以及瑞典的 ABB 公司都有自己专属的编程软件。

ABB 工业机器人的应用程序是使用 RAPID 语言编写而成的，这是一种由 ABB 公司独立开发的高级编程语言，包含移动机器人、设置输出、读取输入等多种功能指令。下面对 RAPID 语言的程序架构、程序分类及建立程序的方法进行介绍。

5.2.1 程序架构

RAPID 程序的最高级别是任务，一个任务下面只允许有一个任务程序，在任务程序内部可以建立多个程序模块及系统模块。

程序模块由用户定义，用户可以根据程序的不同功能来定义不同的程序模块。每个程序模块都可以包含程序数据、例行程序、中断程序和功能四种对象，但不一定每个模块中都有这四种对象。在建立这四种对象的时候，可以设定调用范围，以实现不同程序模块之间的数据、例行程序、中断程序和功能的相互调用。

系统模块由机器人制造商或生产线的创建者编写，用于机器人系统的控制，并在系统启动过程中进入任务缓冲区，对系统数据及接口等进行预定义。

例行程序是由指令集构成的 RAPID 程序，它定义了机器人实际执行的任务。例行程序 main 是所有例行程序运行的起点，可以在任意一个程序模块中定义。一个 RAPID 任务程序中只能包含一个名为 main 的例行程序。

RAPID 程序的基本框架见表 5-2 所示。

表 5-2　RAPID 程序的基本框架

任务	RAPID 任务程序				
模块	程序模块 1	程序模块 2	程序模块 3	程序模块 4	系统模块
程序	程序数据 主程序 main 例行程序 中断程序 功能 错误处理程序	程序数据 例行程序 中断程序 功能 错误处理程序	… … … …	程序数据 例行程序 中断程序 功能	厂商编写 (如：载荷测算服务程序)

主程序调用例行程序的方式有两种：在示教器中使用 PROCCALL 指令，或者在 RobotStudio 的程序编辑页面直接将该例行程序的名称作为一条语句使用，示例如下：

```
Path; !调用名为 Path 的程序
```

5.2.2 程序分类

RAPID 语言中，程序模块中的程序按照来源不同，可分为预定义程序和用户程序。

预定义程序由系统提供，用户仅能调用，不能修改；而用户程序是由用户根据功能需求自定义的，用户可以随时修改。上文示例中的 Path 程序即为用户程序，而且是无返回值的用户程序。

按用户程序有无返回值，可将程序分为无返回值程序、有返回值程序和软中断程序。无返回值程序执行后不会返回任何类型的数值，常用于语句中；有返回值程序执行后会返回一个特定类型的数值，必须用于表达式中；软中断程序则提供了一种中断响应方式：通过将软中断程序与特定中断关联起来，在产生该中断时，系统自动执行相应的软中断程序，软中断程序不能被调用。

用户程序需要先声明才能被调用。用户程序声明不允许嵌套，也就是说，不能在程序声明中再声明其他程序。

下面分别介绍无返回值程序、有返回值程序和软中断程序的声明方法。三种程序各自对应着不同的标识符，需要在声明中标明。

1．无返回值程序

无返回值程序的标识符为 PROC，声明以 PROC 开头，以 ENDPROC 结尾。例如，声明一个无返回值程序，程序名称为“Path_10”，代码如下：

```
VAR num b;
VAR num a;
PROC Path_10()  ！声明程序
  a:=10;         ！程序语句
  b:=5+a;
ENDPROC              ！程序结束
```

可以看到上述代码中未声明参数，表示此程序没有参数。

实际上，主程序 main 就是一个无参数的无返回值程序。一个 main 程序的声明示例如下：

```
!省略 Path_10 程序声明
PROC main()
        Path_10; !调用 Path_10 程序
ENDPROC
```

同样，也可以声明一个带参数的无返回值程序 Path，代码如下：

```
VAR num a;
VAR num b;
PROC Path(VAR num c)
        a1:
        a:=a+c;
        IF a=15   stop;
GOTO a1;
ENDPROC
```

上述代码声明了一个带参数(参数 c)的无返回值程序 Path，在调用该程序时，必须为该参数传递一个值，代码如下：

```
Path 10;! 调用 Path，并令 c 等于 10
```

2．有返回值程序

有返回值的程序也称为功能程序，就是常说的函数，必须用于表达式中，其标识符为 FUNC，且只能以 RETURN 语句结束程序。有返回值程序的返回值可以定义为任何数据类型，但不能定义为数组。RAPID 内置了很多数学运算函数和数据类型转换函数，供用户在例行程序中使用。

有返回值程序也可以携带参数，声明方式与无返回值程序相同，示例代码如下：

```
FUNC num veclen(pos vector) !声明一个有返回值程序，返回值类型为 num
  RETURN sqrt(quad(vector.x) + quad(vector.y) + quad(vector.z));
  ERROR
  IF ERRNO = ERR_OVERFLOW THEN
    RETURN maxnum;
  ENDIF
ENDFUNC
```

上述代码声明了一个名为 veclen 的有返回值程序，参数类型为 pos，返回值类型为 num。该程序的功能是计算并返回矢量的长度，若运行超时导致发生 ERR_OVERFLOW(时钟溢出)的错误，程序将返回最大值。

3．软中断程序

软中断程序的标识符为 TRAP，以 RETURN 语句结束(如软中断程序中不包含 RETURN 语句，则执行到中断程序末端结束)，并跳转到调用软中断程序被调用的位置继续运行。软中断程序可以通过 CONNECT 语句与特定的中断编号关联起来，当特定的中断发生时，系统会自动执行与该中断编号相关联的软中断程序。一个软中断程序可以与多个中断编号关联，也可以不与任何中断编号关联。

一个软中断程序的声明示例如下：

```
TRAP feeder_empty
  wait_feeder;
! return to point of interrupt
  RETURN;
ENDTRAP
```

可以看到，软中断程序不需要定义参数。

此外，按照程序的作用范围不同，还可以将用户程序分为全局程序和局部程序。一般来说，只要程序未声明为局部程序，该程序就会被认为是全局程序，示例代码如下：

```
LOCAL PROC local_routine()
...
ENDPROC

PROC global_routine()
...
ENDPROC
```

上述代码分别声明了一个局部程序 local_routine 和一个全局程序 global_routine。其中，局部程序 local_routine 仅能在声明它的模块中调用，而全局程序 global_routine 则可在所有模块中调用。注意，若全局程序 global_routine 的名称与模块内的程序或数据的名称相同，该程序将会被隐藏，不能被其他程序调用。

5.2.3 建立程序

程序声明时，需要指明程序名称、返回值的数据类型及参数、程序所包含的数据声明和语句指令等内容。在示教器中进行程序声明(也称为建立程序)，同样需要指明这些参数。下面讲解使用示教器建立程序的方法：

(1) 首先在示教器主菜单中选择【程序编辑器】命令，第一次编辑程序时，会弹出如图 5-28 的提示对话框，单击其中的【新建】按钮，选择新建程序。

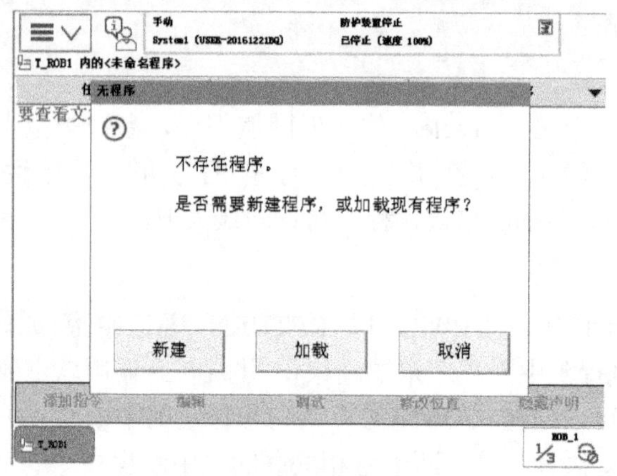

图 5-28　新建程序提示

(2) 在出现的程序编辑器界面中，可以看到系统自动建立了一个新的任务程序【NewProgramName】，程序结构为“T_ROB1(任务)/MainModule(模块)/Main(主程序/例行程序)”，如图 5-29 所示。

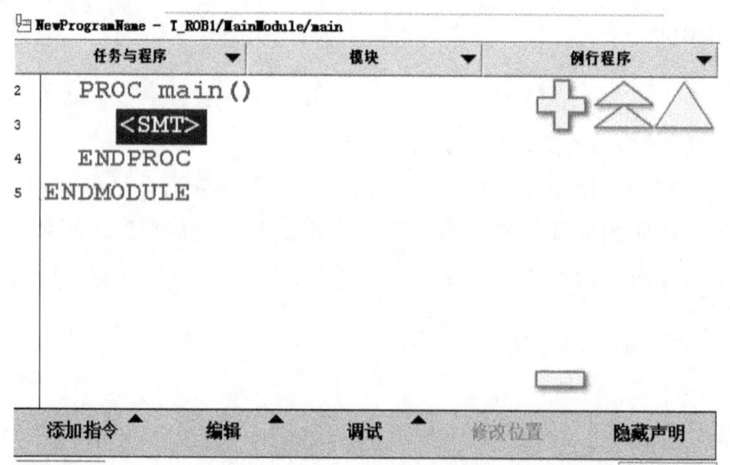

图 5-29　查看新建的程序

这里说明一下：NewProgramName 是程序名，在系统中被叫做程序，就是上述程序架构中说的任务程序；Main 也是程序，但与 NewProgramName 不同，Main 确切的名称是例行程序，本书将例行程序简称程序，后面讲的建立程序都是指建立例行程序。常规情况下，系统只会存在一个任务(第 6 章会讲到特殊情况)，一个任务只有一个任务程序，可任务程序可以存在多个模块，一个模块下可以创建多个例行程序；整个编程系统中只允许存在一个主程序(例行程序)，主程序的名字必须为 main。

(3) 在程序编辑器界面中单击【模块】按钮，然后在出现的【T_ROB1】界面中单击【文件】按钮，就可以使用扩展菜单中的命令进行程序模块的新建、保存、删除等操作，如图 5-30 所示，单击【后退】按钮，可以回到程序编辑器界面。

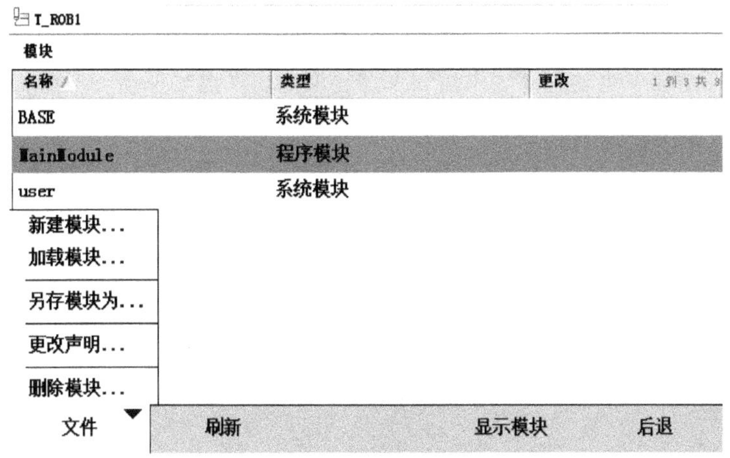

图 5-30　管理程序模块

(4) 在程序编辑器界面中单击【例行程序】按钮，然后在出现的【T_ROB1】界面中单击【文件】按钮，就可以使用扩展菜单中的命令进行例行程序的新建、保存、删除等操作，如图 5-31 所示。

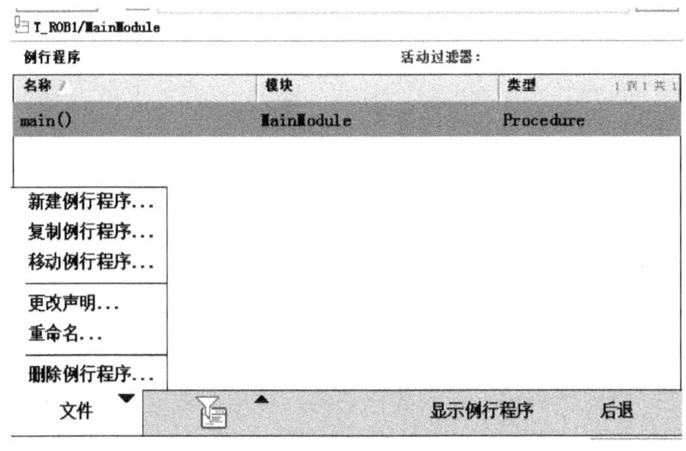

图 5-31　管理例行程序

(5) 选择【文件】/【新建例行程序】命令，进入【新例行程序声明】界面，在其中设置程序名称、程序类型等参数，如图 5-32 所示。此处勾选【错误处理程序】，可以建立错误处理程序，这是一种特别的程序，具体内容会在第 6 章讲解。

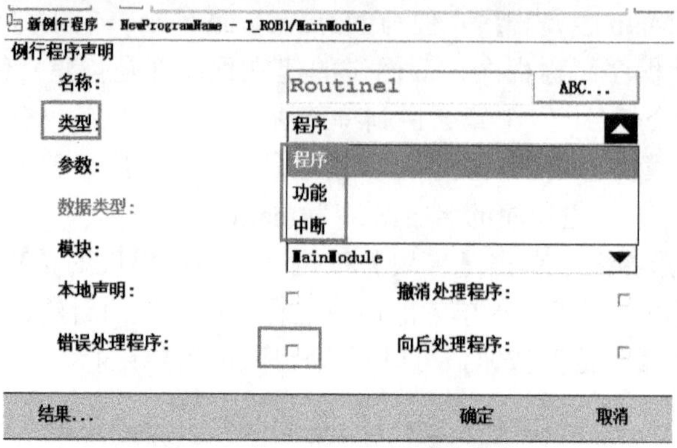

图 5-32　配置新建例行程序属性

以使用示教器创建一个带参数的无返回值例行程序为例，操作步骤如图 5-33 所示。

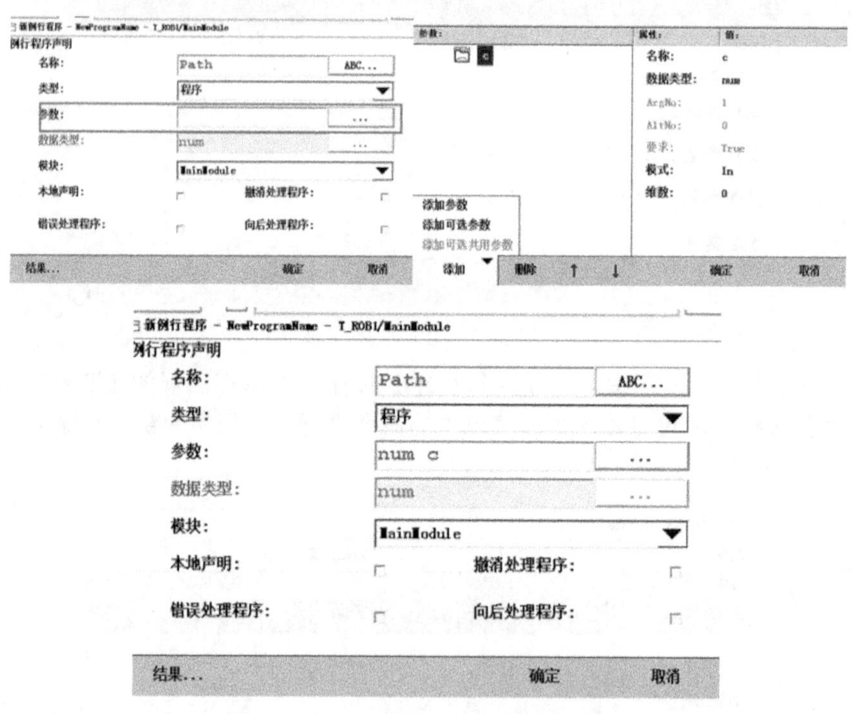

图 5-33　新建带参数的无返回值例行程序

5.3 指令

指令是指能在一段程序语句中起主导作用的，将相应数据和函数按照某种方式运算的特殊符号或字符。RAPID 程序中除了基本的数据运算指令和参数控制指令之外，还包含了很多机器人的控制指令，使用这些指令可以实现想要的操作(例如移动机器人、设置输入/输出信号等)，为工业机器人复杂应用的实现提供了可能。下面对部分常用 RAPID 指令的功能进行说明，如需详细了解指令的使用与参数，可以查找对应的配套教学资源。

5.3.1　基本指令

建立一个程序模块，在模块下建立例行程序 main 和 R01，在程序 main 下练习基本指令的使用方法。

1．赋值指令

赋值指令用于对程序数据进行赋值，赋值对象可以是一个常量或数学表达式，示例如下：

```
PROC main()
    a:=10;      ! 常量赋值
    b:=a+5;     ! 数字表达式赋值
ENDPROC
```

上述代码中，使用常量“10”对数据对象 a 进行赋值，而使用数学表达式“a+5”对数据对象 b 进行赋值。

在示教器中进行这两种赋值操作的步骤如下：

(1) 添加常量赋值指令。

进入程序编辑器界面，单击【添加指令】按钮，在出现的指令列表中选择赋值符号【:=】，进入【插入表达式】指令编辑界面。单击表达式中赋值符号左边的项目【<VAR>】，可以指定要被赋值的数据对象；单击赋值符号右边的项目【<EXP>】，可以指定所赋的数值或者数据，注意赋值指令左右两边的数据类型必须一致，然后单击【确定】按钮，即可在程序中添加赋值指令，如图 5-34 所示。

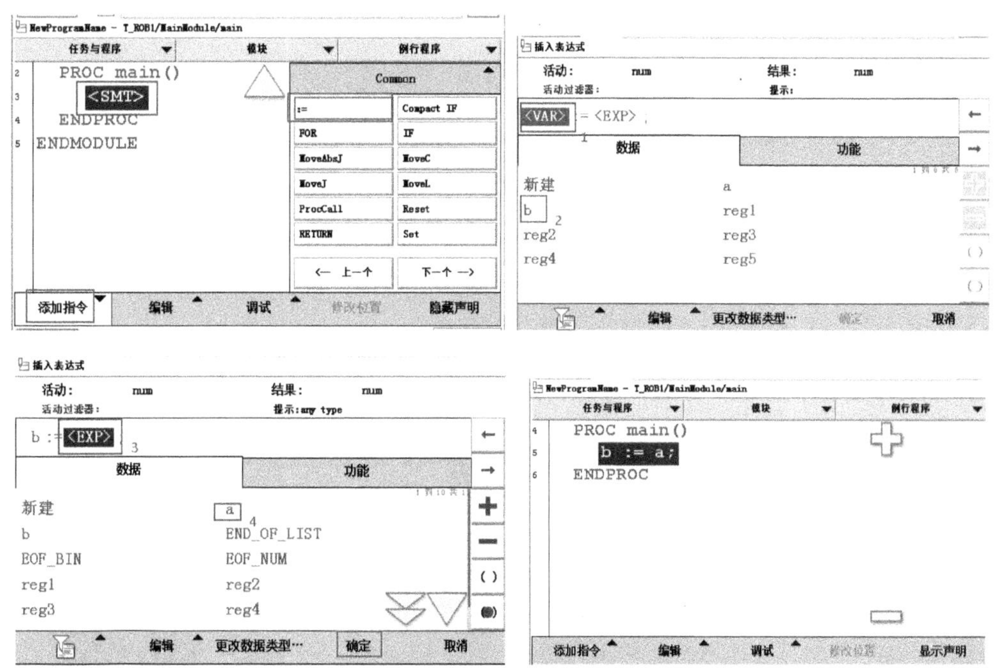

图 5-34　添加常量赋值指令

(2) 添加带数学表达式的赋值指令。

编辑赋值指令时，单击界面右侧工具栏中的【+】按钮，即可在赋值指令右边的多个<EXP>项目之间添加数学运算符。默认的运算符号是“+”，也可以改为其他运算符号。如图 5-35 所示。

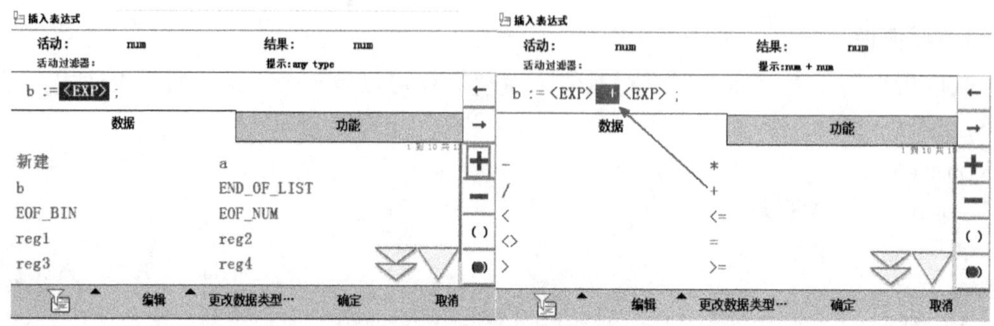

图 5-35　编辑赋值表达式

单击第一个<EXP>项目，在【数据】(数据类型)选项卡中选择变量【a】；然后单击另一个<EXP>项目，选择【编辑】/【仅限选定内容】命令，在出现的虚拟键盘中输入“5”，编辑完成后，单击【确定】按钮，保存指令，如图 5-36 所示。

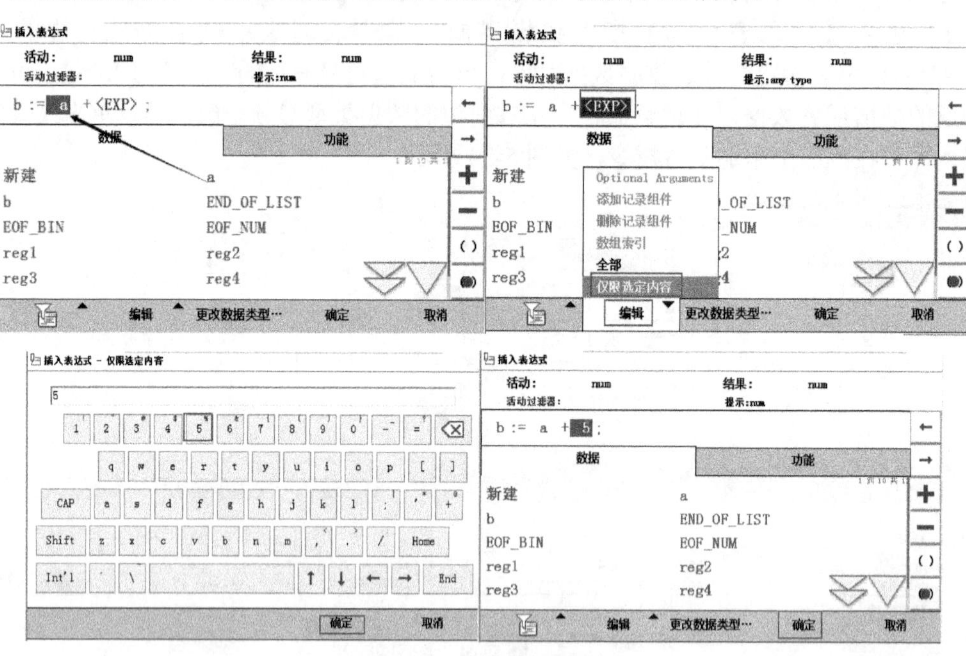

图 5-36　为表达式赋值

这样就成功将带数学表达式的赋值指令添加到了程序当中，如图 5-37 所示(可以扫描右侧二维码，观看赋值指令的操作视频。)。

赋值指令

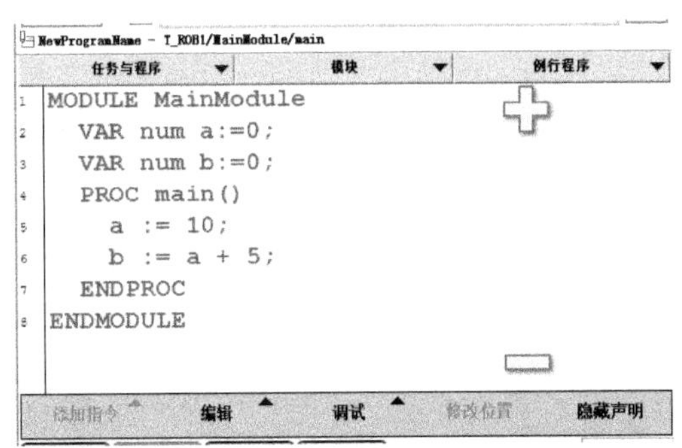

图 5-37　查看添加的带数学表达式的赋值指令

2. 信号控制指令

信号控制指令用于控制机器人系统的 I/O 信号，以实现机器人与周边设备的信号传递。

常用 I/O 信号控制指令的说明如表 5-3 所示。

表 5-3　常用 I/O 信号控制指令

指令	说　明	例子
Set	数字信号置位指令，用于将数字输出信号(Digital Output)设置为 1	Set do5;
Reset	数字信号复位指令，用于将数字输出信号(Digital Output)设置为 0	Reset do5;
WaitDI	数字输入信号判断指令，用于判断数字输入信号的值是否为 0 或 1	WaitDI di3, 1;
WaitDO	数字输出信号判断指令，用于判断数字输出信号的值是否为 0 或 1	WaitDO do3, 0;

在执行指令 WaitDI 或 WaitDO 时，需等待信号的值变为 1 或 0，示例如下：

```
WaitDO do3, 0;
```

上述指令的功能是等待信号 do3 的值变为 0，即如果 do3 变为 0，则程序继续往下执行，否则程序会一直等待。需要注意的是，指令的最大等待时间为 300 s，若超过 300 s，do3 信号的值仍然不为 0，则机器人会报警，或者进入出错处理程序。

3. 程序调用与返回指令

程序调用与返回是编程中最常见的基本指令，常用的有 ProcCall、CallByVar 与 RETURN。这三种指令的说明如表 5-4 所示。

表 5-4　程序调用与返回指令说明

类型	指令名	说　明
程序调用	ProcCall	机器人调用相应例行程序的指令，同时给带有参数的例行程序中的相应参数赋值
	CallByVar	通过带变量的例行程序名称来调用例行程序
程序返回	RETURN	退出当前例行程序，并可根据需要返回一个值

上述指令的示例代码如下：

```
CallByVar "proc",numa1;!使用 CallByVar 指令调用例行程序 proc3;
①proc3;！ 使用 PorcCall 调用例行程序 proc3
RETURN;! 退出当前程序
```

需要注意的是，使用指令 ProcCall 调用程序不会在代码中显示“ProcCall”，而只会显示调用程序的名称，如①处的语句。

5.3.2 数据运算指令

数据运算是编程中不可或缺的。一些常用的运算功能在机器人控制系统中已经封装为对应指令，可以直接在编程时使用，如求余数、求正弦、判断数据类型、数据转换等运算指令。常用的数据运算指令如表 5-5 所示。

表 5-5 数据运算相关功能指令

类型	指令/函数名	说 明
运算功能	Abs	取绝对值
	Round	四舍五入
	Trunc	舍位操作
	Sqrt	计算二次根
	Pow	计算指数值
	ACos	计算圆弧余弦值
变量函数功能	TryInt	判断数据是否为有效的整数
	Dim	获取一个数组的维数
	Present	读取(测试)带参数例行程序的可选参数值
	IsPers	判断一个参数是否为可变量
	IsVar	判断一个参数是否为变量
数据转换功能	StrToByte	将字符串转换为指定格式的字节数据
	NumToStr	将数字数据转换为字符串
	ByteToStr	将字节数据转换成字符串

表 5-5 中的数据运算指令的使用步骤与赋值指令相似，这里就不多描述。

5.3.3 程序控制指令

程序控制指令有很多，常用的有逻辑判断指令、等待指令、程序停止指令等。

1．逻辑判断指令

编辑程序离不开逻辑判断，不论在数据计算、轨迹判断还是信号读取操作中，逻辑判断指令都是不可或缺的。RAPID 程序常用的逻辑判断指令如表 5-6 所示。

表 5-6　常用程序逻辑判断指令

指令	说　明
IF	条件判断，若满足相应条件则执行相应语句
FOR	重复执行语句直到达到指定次数
WHILE	符合条件则重复执行
TEST	对一个变量进行判断，从而执行不同的程序。注意 Test data 和 Test value 不同，前者判断数据变量，后者判断数据的值
GOTO	跳转到例行程序内标签的位置(与 Label 同时使用)
Label	标签

(1) IF 条件判断指令。

IF 指令用于根据不同的条件执行相应的程序语句。执行 IF 指令时，系统按顺序判断指令中的条件表达式的值是否为真，若为真，则执行对应的程序语句；若不为真，则继续判断下一个条件表达式，直至其中一个求值为真。如果没有任何条件表达式求值为真，那么将执行 ELSE 子句，示例代码如下：

```
IF di1 = 1 THEN
    Bool1:=FALSE;        ！如果 di1为1，则 Bool1会被赋值为FALSE
ELSEIF di2 = 1 THEN
   Bool2:=TRUE;   ！如果di2为1 ，则Bool2会被赋值为TRUE
ELSE
   Reset do0; ！如果 di1 和 di2 都不为 1，则复位do0置位为0
ENDIF
```

如果判断条件只有一个，可以将 IF 指令写为简略形式，代码如下：

```
IF di1 = 1 Reset do0;          ！如果di1的状态为1，则do0被复位为0
```

下面来看一个 IF 指令的应用示例：

```
VAR num b;
PROC Path_10()
  a:=10;
  b:=5;
a1:
  b:=b+1;
  IF b=10 stop;
  Goto a1;
ENDPROC
```

上述代码中，b 的初始值为 5，程序会循环执行标签 a1 对应的指令，也就是将 b 的值持续加 1，直到 b 值为 10 时，执行 stop 指令。

(2) FOR 重复判断指令。

FOR 指令多用于一个或多个指令需要重复执行若干次的情况，可以指定重复执行的次数。示例代码如下：

例 1：

```
FOR i FROM 1 TO 100 DO
    PROCA1;  ！将例行程序PROCA1重复执行100次
ENDFOR
```

例 2：

```
VAR num a;
VAR num b;
FOR i FROM 1 TO 100 DO
   a:=a+b;  ！变量a的值等于a加100次b的值
ENDFOR
```

(3) WHILE 条件判断指令。

WHILE 指令用于在其中的条件表达式为真时循环执行某些语句，直到条件表达式不成立为止。当条件表达式不成立时，系统会跳出 WHILE 语句，继续执行后续语句,示例如下：

```
WHILE REG1 < REG2 DO
    REG1:= REG1+3;
！当REG1< REG2 时，一直执行REG1:= REG1+3的操作
ENDWHILE
```

(4) TEST 指令。

TEST 指令会将表达式的值与 CASE 后的测试值进行比较，如表达式的值与测试值相等，则执行对应的语句，否则检测下一个测试值。若所有测试值均不等于表达式的值，则执行默认的 DEFAULT 语句，示例如下：

```
TEST choice
        CASE 1, 2, 3 :
                routine1;
        CASE 4 :
                routine2;
        DEFAULT:
                Tpwrite "Illegal choice";
        Stop;
ENDTEST
```

上述代码中，系统根据变量 choice 的值执行不同指令：若 choice 值为 1、2、3 时，执行程序 routine1；若 choice 值为 4 时，执行程序 routine2；若 choice 值不满足以上两个条件，则执行 DEFAULT 语句，即输出错误信息“Illegal choice”，并停止运行。

(5) 标签 Label 与指令 GOTO。

标签 Label 用于定义程序中指定位置的“空操作”语句，以“:”结尾。指令 GOTO 会使程序跳转到标签的位置继续执行，示例如下：

```
next:
i := i + 1;
！省略部分代码
GOTO next;
```

上述代码中的“next:”就是一个标签，功能是当程序执行到 GOTO 指令时，将跳转到标签 next 指定的程序位置继续执行。

此外，定义标签还要遵循以下规则：

✧ 标签的作用范围仅为其所处的程序。
✧ 在作用范围之内，标签隐藏了同名的预定义对象或用户定义对象。
✧ 同一程序中声明的两个标签不可同名。
✧ 标签不可与同一程序中声明的程序数据对象同名。
✧ 标签名必须以英文字母开头。

2. 等待指令

等待指令是另一种常用的程序控制指令，如 WaitTime 指令与 WaitUntil 指令：

(1) WaitTime 指令。

WaitTime 指令用于使程序暂停一段指定的时间，示例如下：

```
WaitTime 1;  ！等待 1s 以后，程序向下执行
```

(2) WaitUntil 指令。

WaitUntil 指令用于暂停程序，直到满足某个条件，可用于对布尔量、数字量和 I/O 信号值的判断，示例如下：

```
WaitUntil di1 = 1;
！一直等待，直到信号 di1 的值为 1 时，结束等待并继续运行程序
WaitUntil do1 = 0;
WaitUntil flag = TRUE; ！判断布尔量
WaitUntil gi1 = 6; ！判断组输入值(一组信号量)
```

上述代码中，如果信号的值(如 di1)符合指令中的设定值(如 1)，程序将继续往下执行，否则就会一直等待。

3. 程序停止指令

与一般的程序不同，停止 RAPID 程序时需要考虑机器人的实际情况。一方面需要停止机器人程序的执行，另一方面还需要考虑机器人的运动情况和程序指针的问题。

几种程序停止指令的对比如表 5-7 所示。

表 5-7　程序停止指令说明

指　令	说　明
Stop	停止程序执行。指令就绪之前会将当前正在执行的所有指令执行完毕，然后程序指针停止在当前运行到的程序行，按下示教器的 Start 键，可以继续运行程序
EXIT	终止程序执行。执行指令后，程序指针消失，继续运行程序需要将指针调到首行
Break	临时停止程序的执行。执行指令后立即中断程序的执行，同时机械臂立刻停止运动，按下示教器的 Start 键，可以继续运行程序，多用于程序调试
SystemStopAction	停止整个机器人系统，包括程序执行和机器人运动
ExitCycle	中止当前程序的运行，并将程序指针 PP 复位到主程序的第一条指令。如果选择了程序连续运行模式，程序将从主程序的第一句重新执行

指令 Break 和 Stop 的不同之处在于：在开始执行一段圆弧运动指令时，当代码运行完

第一句，刚开始运行第二句时，若执行 Break 指令，机器人工具 TCP 会马上停止在圆弧起点位置；而执行 Stop 指令的话，机器人工具的 TCP 会持续运行到圆弧运动第一个点位，如图 5-38 所示。

```
PROC main()
    ! 圆弧起始点 p10
     MoveL p10, v1000, z50, tool0
    ! 圆弧运动第一个点 p20 和圆弧运动末尾点 p30
     MoveC p20, p30, v1000, z10, tool0;
ENDPROC
```

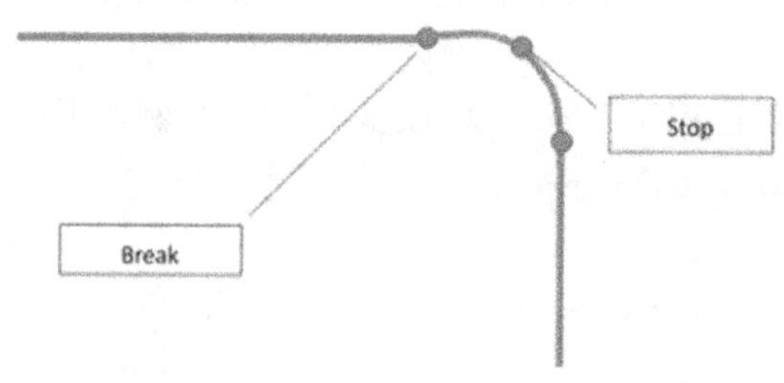

图 5-38　使用不同指令时运动停止位置的对比

综上所述，下面以一个简单的例行程序 proi 为例，来看一下各种程序控制指令的实际使用方法：

```
VAR num a:=10;                          ! 赋值指令
VAR num b:=0;
PROC proi()                             !  程序 proi 声明
WaitDI di1, 1;                          ! 等待 di1 信号变为 1
  L:                                    ! 标签
      FOR i FROM 1 TO 1000 DO           !  FOR 指令
          IF a > b THEN                 ! IF 指令
              b := b + 1;
          ELSE
              b := 0;
              Set do1;                  ! 信号置位
              Goto L;
          ENDIF                         ! IF 指令结束
      WaitTime 0.3;                     ! 等待指令
      ENDFOR                            ! FOR 指令结束
ENDPROC                                 ! 程序 proi 结束
```

以上是一个简单的计数程序，可以通过改变 a 的值来确定实际生产时的产品装箱数量或者计数数量的目标值。程序接到外部输入信号后开始运行，进行计数，当一组产品计数完成，输出信号，并跳转到开头重新计数。

5.3.4　机器人运动指令

任何品牌的工业机器人都至少包含三种最为常见的运动指令——关节运动指令(MoveJ)、线性运动指令(MoveL)与圆弧运动指令(MoveC)。除此之外，控制机器人运动还会用到轴绝对位置运动指令、运动触发信号指令、运动并联控制信号指令等。

ABB 机器人常用的运动控制指令如表 5-8 所示。

表 5-8　常用机器人运动控制指令

指令	说　明
MoveJ	关节运动
MoveC	TCP 圆弧运动
MoveL	TCP 线性运动
MoveAbsJ	轴绝对角度位置运动
MoveCDO	在进行圆弧运动的同时，触发一个输出信号
MoveJDO	在进行关节运动的同时，触发一个输出信号
MoveLDO	在进行线性运动的同时，触发一个输出信号
MoveCSync	在进行圆弧运动的同时，执行一个例行程序
MoveJSync	在进行关节运动的同时，执行一个例行程序
MoveLSync	在进行线性运动的同时，执行一个例行程序

1．基本运动指令 MoveJ、MoveC 和 MoveL

指令 MoveJ、MoveC、MoveL 的格式相似，常用的参数有运动方式(关节、圆弧、直线)、运动位置数据、运动速度、转弯数据和坐标系等，基本格式如下：

```
MoveJ [\Conc] ToPoint Speed [\V] | [\T] Zone [\Z] [\Inpos]Tool [\WObj];
MoveC [\Conc] ToPoint ToPoint Speed [\V] | [\T] Zone [\Z] [\Inpos]Tool [\WObj];
MoveL [\Conc] ToPoint Speed [\V] | [\T] Zone [\Z] [\Inpos]Tool [\WObj];
```

下面以指令 MoveJ 为例，对其中各参数的含义进行详细说明，如表 5-9 所示。

表 5-9　MoveJ 运动指令参数说明

指 令 解 析	
MoveJ [\Conc] ToPoint Speed [\V] | [\T] Zone [\Z] [\Inpos]Tool [\WObj]	
参数	说　明
【\Conc】	数据类型：switch 系统协作运动开关。当运行打开此开关的 MoveJ 指令时，可同时运行该指令下面的逻辑程序
ToPoint	数据类型：robtarget 设置机器人和外部轴的目标点，代表已命名的位置或直接存储在指令中的点(在指令中加*标记)
Speed	数据类型：speeddata 设置运动的速度
【\V】	即 Velocity。数据类型：num 设置特殊运动速度，用于取代参数 Speed 中指定的相关速度，单位为 mm/s

续表

参数	说　明
【\T】	即 Time。数据类型：num 设置机械臂运动的总时间，单位为 s
Zone	数据类型：zonedata 设置转弯区域数据。该数据描述了所生成角路径的大小
【\Z】	即 Zone。数据类型：num 设置指令中机械臂 TCP 的位置精度。角路径的长度以 mm 计，以替代参数 Zone 中指定的转弯区域数据
【\Inpos】	即 In position。数据类型：stoppointdata 将某一点设置为机械臂 TCP 的停止点，该停止点的数据会取代 Zone 参数中指定的区域数据
Tool	数据类型：tooldata 设置指令中机械臂使用的工具
【\WObj】	即 Work Object。数据类型：wobjdata 设置机器人位置的坐标系。可省略该参数，此坐标系的位置与世界坐标系相关

下面来看一个包含参数【\Conc】的 MoveJ 指令示例：

```
MoveJ \Conc, P1, v2000, z40, grip3;
```

执行上述指令，可以在工具 grip3 的 TCP 沿非线性路径运动至 P1 点的过程中同时执行后续的逻辑程序。

另外，在一段程序中，若在运动指令 MoveJ、MoveL、MoveC 或 MoveAbsJ 下面有输出信号控制指令(Set 或 Reset)，则运动指令的转弯数据参数必须设置为 fine，才能准确地输出 I/O 信号状态的变化，示例代码如下：

```
MoveJ, P1, v2000, fine, grip3;
Set do1;
```

下面分别介绍上述三种基本运动指令的功能、常用格式和效果：

(1) 关节运动指令 MoveJ。

关节运动是指在路径精度要求不高的情况下，将机器人的 TCP 从一个位置移动到另一个位置的运动。注意：两个位置之间的路径不一定是直线，如图 5-39 所示。

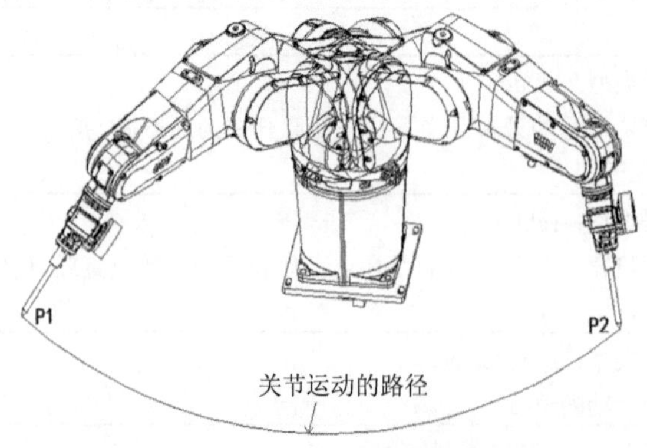

图 5-39　关节运动工具姿态示意

以实现如图 5-39 所示的机器人 TCP 关节运动为例，指令代码如下：

```
MoveJ P1, v1000, z50, tool1\Wobj:=wobj1;
MoveJ P2, v1000, z50, tool1\Wobj:=wobj1;
```

上述指令定义了两个关节运动，对指令中各参数的说明如表 5-10 所示。

表 5-10　关节运动指令参数说明

参数	含　义	说　明
P1	目标点位置数据	TCP 的运动目标空间位置
P2	目标点位置数据	TCP 的运动目标空间位置
v1000	运动速度数据(1000)	单位 mm/s
z50	转弯区数据	转弯半径，单位 mm
tool1	工具坐标数据	当前指令使用的工具坐标系
wobj1	工件坐标数据	当前指令使用的工件坐标系

注意：关节运动适合在机器人进行大范围运动时使用，这样不易出现关节轴进入机械死点的问题。

(2) 线性运动指令 MoveL。

线性运动指机器人的 TCP 运动路径始终保持为直线，一般在对路径要求比较高的场合使用，如焊接、涂胶等。

MoveL 指令的格式与 MoveJ 相似。例如，定义一个从 P1 点到 P2 点的机器人线性运动，指令代码如下：

```
MoveL p1, v1000, z50, tool1\Wobj:=wobj1;
```

相应的机器人姿态如图 5-40 所示。

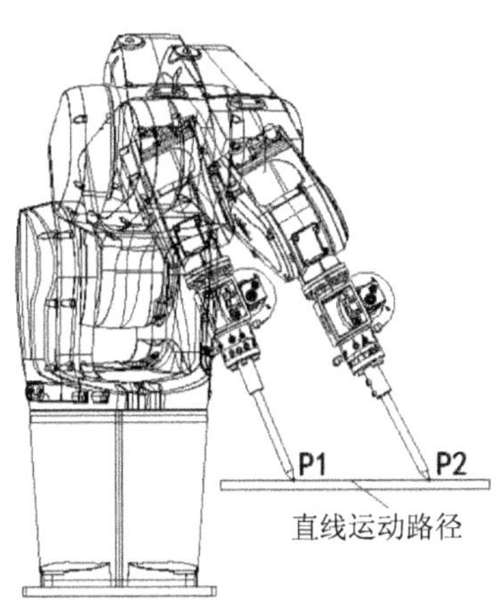

图 5-40　直线运动工具姿态示意

(3) 圆弧运动指令 MoveC。

进行圆弧运动，要在机器人可到达的空间范围内定义三个位置点：第一个点是圆弧的起点，第二个点用于设定圆弧的曲率，第三个点是圆弧的终点。

准确绘制一段圆弧需要两条运动指令，首先要使机器人到达圆弧起始位置 P1，然后以圆弧运动经过 P2 点，最后到达终点位置 P3，如图 5-41 所示。

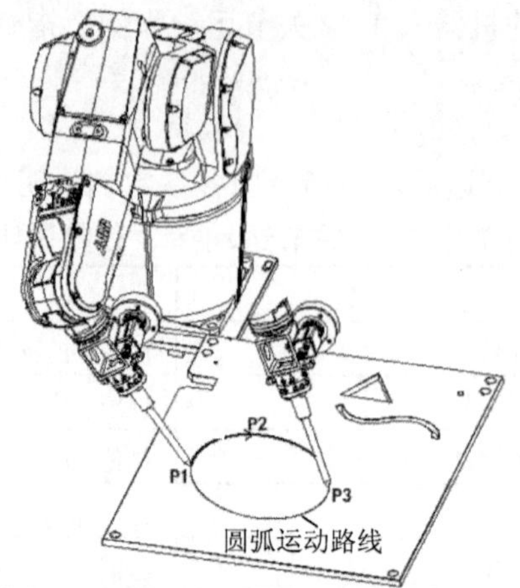

图 5-41 圆弧运动工具姿态示意

实现上述运动需要使用指令 MoveJ 和 MoveC，代码如下：

```
MoveJ p1, v1000, fine, tool1\Wobj:=wobj1;
MoveC p2, p3, v1000, z1, tool1\Wobj:=wobj1;
```

综合应用三种运动指令，实现如图 5-42 所示的精确运动轨迹，代码如下：

```
……
MoveJ Pa1, v100, fine, tool1\Wobj:=wobj1;
MoveL Pa2, v100, fine, tool1\Wobj:=wobj1;
MoveC Pa3, Pa4 v100, z10, tool1\Wobj:=wobj1;
MoveL Pa5, v120, fine, tool1\Wobj:=wobj1;
MoveC Pa6, Pa7 v80, z1, tool1\Wobj:=wobj1;
MoveL Pa8, v300, z100, tool1\Wobj:=wobj1;
MoveL Pa9, v150, z1, tool1\Wobj:=wobj1;
MoveJ Pa1, v80, fine, tool1\Wobj:=wobj1;
……
```

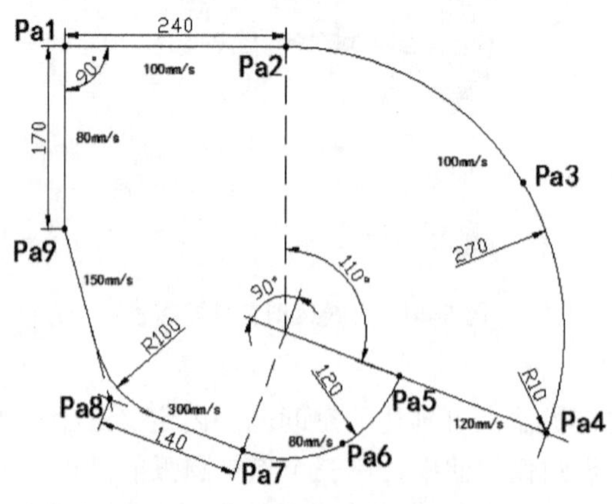

图 5-42 精确运动轨迹示例

2. MoveJDO 指令

MoveJDO 是一种使机械臂在移动到拐角处时输出数字信号的关节运动指令，格式如下：

```
MoveJDO ToPoint Speed [\T] Zone Tool [\WObj] Signal Value
```

与指令 MoveJ 相比，有两个不同的参数 Signal 和 Value：

✧ 参数 Signal 的数据类型为 signaldo，是待改变的数字量输出信号。

✧ 参数 Value 的数据类型为 dionum，是信号的值(0 或 1)。

一个 MoveJDO 指令的应用示例如下：

```
MoveJDO p2, v1000, z30, tool2, do1, 1;
```

上述指令描述的运动如图 5-43 所示：机器人的 TCP 由点 p1 经点 p2 移动到点 p3，其速度数据为 v1000，区域数据为 z30，在最接近点 P2 时，将输出信号 do1 设置为 1。

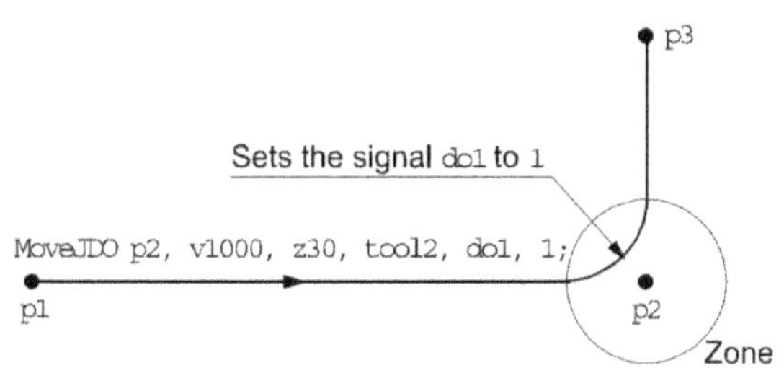

图 5-43　MoveJDO 指令应用示例

指令 MoveLDO、MoveCDO、MoveJAO、MoveJGO 与指令 MoveJDO 的用法类似，此处不再赘述。

3. MoveJSync 指令

MoveJSync 指令可以通过关节运动将机器人移动到目标位置，并在运动的非线性路径中部下达执行无返回值程序的指令，格式如下：

```
MoveJSync ToPoint [\ID] Speed [\T] Zone Tool [\WObj] ProcName;
```

其中，参数 ProcName 的数据类型为 string，是在机器人运动角路径中间位置执行的 RAPID 程序的名称。调试时，以单步运行模式执行 MoveJSync 语句会出现错误。使用 stop 指令停止该语句会出错，可采用 StopInstr 指令代替 stop 指令。

示例代码一：

```
MoveJSync Pa1, v500, z80, tool1, "pr1";
```

上述指令将工具 tool1 的 TCP 沿非线性路径移动至位置点 Pa1，并在 Pa1 点处的角路径中部执行无返回值程序 pr1，其速度数据为 v500，转弯数据为 z80。

示例代码二：

```
MoveJSync Pa1, v500, z80, tool1,"Module2: pr2";
```

上述指令在运动到目标点的角路径中部时调用模块 Module2 中的 pr2 程序。

4. MoveAbsJ 指令

MoveAbsJ 指令用于将机械臂和外轴同时移动至轴位置中指定的绝对位置，常用来将机器人六个轴调回到机械零点(0°)，格式如下：

```
MoveAbsJ [\Conc] ToJointPos[\NoEoffs]Speed [\V] | [\T] Zone [\Z] [\Inpos]Tool [\WObj]
```

MoveAbsJ 指令与 MoveJ 指令的参数区别如下：

✧ 参数 ToJointPos 与 MoveJ 指令的参数 ToPoint 相同。

✧ 参数\NoEoffs 为外轴偏差开关，数据类型为 switch，如果设置了该参数，则 MoveAbsJ 指令定义的运动将不受到外轴有效偏移量的影响。

MoveAbsJ 指令应用示例如下：

例 1：

```
MoveAbsJ p0, v100, z30, tool1;
```

上述指令将机械臂及工具 tool1 沿非线性路径运动(单轴运动)到绝对轴位置 p0，速度数据为 v100，区域数据为 z30。

例 2：

```
……
！参数NoEOffs表示无外轴偏移数据
MoveAbsJ P1\NoEOffs, v1000, z50, tool1\Wobj:=wobj1;
……
```

5．探索及配置监测指令

工业机器人的探索和检测功能可以与运动指令、传感器及相关信号参数有机结合，提供一种更为优秀的编程思路，极大地优化程序。

常用的探索指令如表 5-11 所示。

表 5-11　常用探索指令说明

指令	说　明
SearchC	TCP 圆弧搜索运动
SearchL	TCP 线性搜索运动
SearchExtJ	外轴搜索运动

指令 SearchL 的应用示例如下：

```
SearchL\Stop, di103, Ts10, p20, v20, XP02;
```

上述指令使机械臂工具 XP02 以 20 mm/s 的速度向点 p20 的方向进行直线运动，到输入信号 di103 变为 1(有效)时停止，并将停止时的位置数据存储到位置变量 Ts10 中。

指令 ConfL(ConfJ)是一种配置监测指令，当程序默认或者 ConfL 处于 On 状态，下面的相关运动语句无法到达语句中存储的位置时，停止程序执行；当关闭轴配置监控后(ConfL \Off)，机器人会采取最接近当前轴配置数据的配置运动到达目标点。

在某些应用场合，如通过离线编程或手动示教来创建相邻两个目标点间的运动时，若轴配置数据相差较大，在机器人运动过程中就容易出现“轴配置错误”报警，造成停机。这种情况下，如果对轴配置要求较高，可通过添加中间过渡点解决；如果对轴配置要求不高，则可通过指令 ConfL \Off 关闭轴配置监控，使机器人自动匹配最优的轴配置参数来到达指定目标点，示例如下：

```
CONST robtarget p10 := [[*,*,*],[*,*,*,*],[1,0,1,0],[9E9, 9E9, 9E9, 9E9, 9E9, 9E9]];
ConfL \Off;
```

```
MoveL p10, v1000, fine, tool0;
```

上述代码中，目标点 p10 指定的轴配置数据为[1,0,1,0]，关闭轴配置监控后，机器人会自动匹配一组最接近当前关节轴姿态的轴配置数据并运动至目标点 p10，但到达 p10 点时，轴配置数据不一定为程序中指定的[1,0,1,0]。

指令 ConfJ 的用法与指令 ConfL 相同，区别在于前者是关节运动过程中的轴配置监控开关，影响对应的 MoveJ 指令；而后者为线性运动过程中的轴配置监控开关，影响的是 MoveL 指令。

6. 使用示教器编辑运动指令

在某些运动语句中需要编辑多个参数。使用示教器编辑指令的方法如下：

(1) 单击【添加指令】按钮，在出现的指令列表中选择【MoveAbsJ】，然后在程序编辑界面中，单击新生成的 MoveAbsJ 运动语句中的“MoveAbsJ”，如图 5-44 所示。

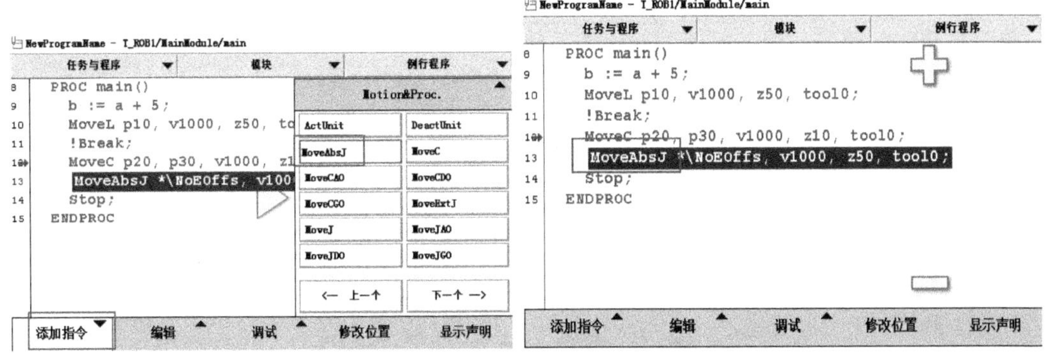

图 5-44　添加 MoveAbsJ 指令

(2) 在出现的【更改选择】界面中，可以设置运动的 Speed(速度)等参数：单击【v1000】，在接下来出现界面的【数据】选项卡中选择已有的速度参数(或者选择【新建】，自定义速度参数)，设置完毕后单击【确定】按钮，如图 5-45 所示。

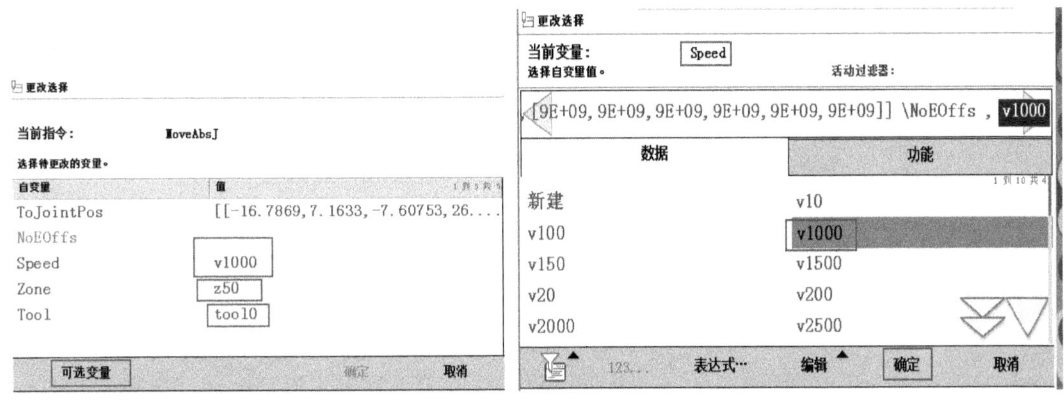

图 5-45　编辑 MoveAbsJ 指令

(3) 回到【更改选择】界面，单击其中的【可选变量】按钮，在出现的【更改选择-可选参变量】界面设置 MoveAbsJ 指令各参数的使用状态。例如单击参数【[\Conc]】，将其状态改为【使用】，然后单击【关闭】按钮，如图 5-46 所示。

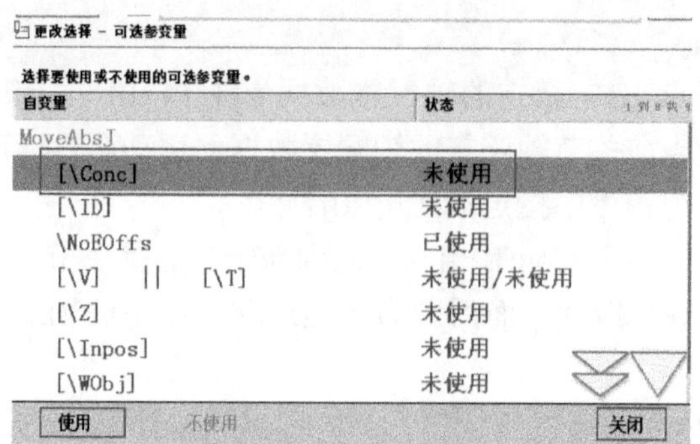

图 5-46　设置 MoveAbsJ 指令参数使用状态

(4) 回到【更改选择】界面，单击【确定】按钮，回到程序编辑器中完成 MoveAbsJ 指令的编辑，如图 5-47 所示。

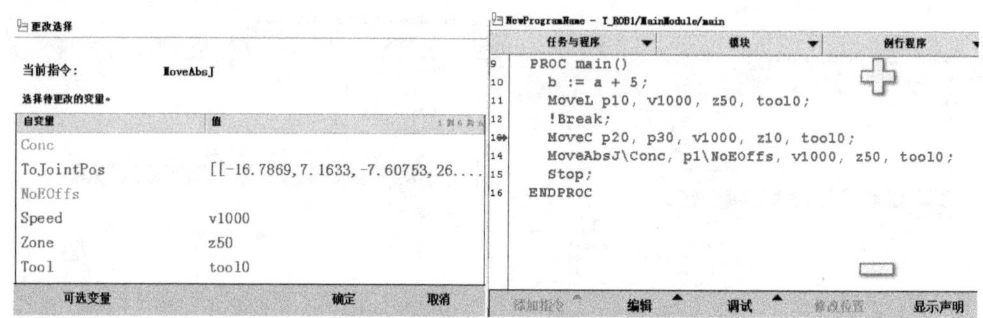

图 5-47　MoveAbsJ 指令设置完成

5.3.5　运动速度控制指令

工业机器人的速度和加速度控制指令是机器人运动控制的关键环节。常用的三种机器人运动速度控制指令如表 5-12 所示。

表 5-12　常用机器人运动速度控制指令

指令	说　明
AccSet	设置机器人的加速度
VelSet	设置机器人的速度百分比及最大速度
SpeedRefresh	更新当前机器人运动的速度百分比

1. AccSet 指令

AccSet 指令用于控制机械臂和外轴的加速度，直到一个新的 AccSet 指令执行之前，系统一直会保持当前 AccSet 指令所定义的加速度，格式如下：

```
AccSet Acc    Ramp [\FinePointRamp]
```

参数说明：

✧ Acc：数据类型为 num，定义机器人加速度和减速度的百分比。默认值为 100，即机器人最大加速度的 100%，最小值为 20，即最大加速度的 20%。

✧ Ramp：数据类型为 num，定义加速度和减速度比率的百分比，100%相当于最大

速率。通过调节该值，可控制机器人动作的顿挫程度。默认值为 100，即机器人最大加速率的 100%；最小值为 10，即最大加速率的 10%。

以下面三条 AccSet 指令为例，结合图 5-48 所示，理解 AccSet 各参数的意义：

```
AccSet100,100;
AccSet30,100;
AccSet100,30.
```

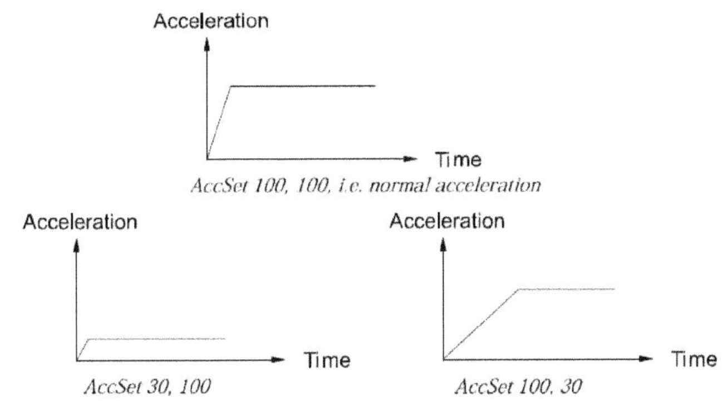

图 5-48　机器人加速度的比率与时间对比图

当出现以下情况时，系统会将加速度自动设置为默认值 100%：

✧ 重启 RAPID。
✧ 加载一则新程序或一个新模块。
✧ 从起点开始执行程序。
✧ 将程序指针移动到 main 程序。
✧ 将程序指针移动到子程序。
✧ 程序指针移动导致程序执行顺序丢失。

2．VelSet 指令

VelSet 指令用于限定机器人 TCP 的运动速度。指令 MoveL、MoveJ、MoveC 中均可设置机器人 TCP 的运动速度，但机器人 TCP 的实际速度还会受到 VelSet 指令的影响。VelSet 指令影响所有后续指令的运动速度，直至新的 VelSet 指令被执行，格式如下：

```
VelSet Override          Max
```

参数说明：

✧ 参数 Override 的数据类型为 num，为所需速率占编程速率的百分比。设置为 100 时，为最大编程速率。
✧ 参数 Max 的数据类型为 num，为最大 TCP 速率，单位为 mm/s。

VelSet 指令的应用示例如下：

```
VelSet 50, 800;
MoveL pa, v1000, z10, tool1;
MoveL pb, v2000, z10, tool1;
MoveL pc, v1000\T:=5, z10, tool1;
```

上述代码将 pa 点的速度设置为 500 mm/s，pb 点的速度设置为 800 mm/s，从 pb 点移动至 pc 点的时间设置为 10 s。注意：当在定位指令中规定了时间时，将不考虑最大速度限制。

3. SpeedRefresh 指令

SpeedRefresh 是一种可以改变当前运动程序中机械臂移动速度的指令，格式如下：

```
SpeedRefresh Override;
```

其中，参数 Override 的数据类型为 num，是速度比率的覆盖值，范围为 0～100%。

示例代码如下：

```
VAR num changeN:=50;
SpeedRefresh changeN;    ！这将把当前速度覆盖改变为50%
```

5.3.6 功能

ABB 机器人程序模块中的功能(FUNCTION)也称为函数，可以理解为系统内置的有返回值程序，执行后会返回一个数值。使用 FUNCTION 能有效提高程序编写和执行的效率，是非常实用的编程技巧。

FUNCTION 有两种来源，除了从系统内部调用，还可以通过编程创建。下面以功能 Offs 为例，介绍如何使用 FUNCTION。

Offs 是编程中常用的一种 FUNCTION，它的作用是使机器人的运动目标点沿着某一方向进行偏移，示例代码如下：

```
  PROC main()
 a:=1;
 c:=1;
  MoveJ p0,v100,z100,MyNewTool1\WObj:=Wobj1;
  pHOME:=offs(p0,100,0,200);
  MoveJ phome,v100,z100,MyNewTool1\WObj:=Wobj1;
  ENDPROC
```

上述代码将位置目标点 pHOME 基于 p0 点向坐标系 Wobj1 的 X 方向偏移 100 mm，向坐标系 Wobj1 的 Y 方向偏移 0 mm，向坐标系 Wobj1 的 Z 方向偏移 200 mm。可以理解为使机器人 TCP 运动到距离 p0 点 X 方向的 100 mm、Z 方向的 200 mm 的位置。

下面通过一个例子理解逻辑判断指令在机器人程序中的应用。此程序中含有四种系统内置的运算函数，分别为 Abs、Sqrt、Pow 与 Sin，代码如下：

```
PROC abs1()
TPReadNum W1, "the first number";
!通过示教器显示屏输入一个数字
TPReadFK W3, "choose ", "sqrt", "2", "SIN", stEmpty, stEmpty;
!在示教器上选择对应的单词，选择“"sqrt"”，则 W3=1；选择“"2"”，则 W3=2；选择“"SIN"”，则 W3=3
W1 := Abs(W1);
!对 W1 进行取绝对值运算
  IF W3 = 1 THEN
      W4 := Sqrt(W1);
```

```
!对 W1 进行开平方运算，将运算值赋值给 W4
   ELSEIF W3 = 2 THEN
       W4 := Pow(W1,2);
!对 W1 进行平方运算，将运算值赋值给 W4
   ELSE
       W4 := Sin(W1);
!对 W1 进行取正弦值运算，将运算值赋值给 W4
  ENDIF
  TPWrite "the result is "\Num:=W4;
!将 W4 的值连同"the result is "显示在示教器屏幕上
ENDPROC
```

5.4　编程实例

本节通过对两个典型程序实例的讲解，帮助读者加深对机器人编程的理解。但在学习之前，需要掌握表 5-13 所示的示教器屏幕交互指令，这些指令能够帮助机器人使用者提高对程序的调试和验证效率。

表 5-13　示教器屏幕交互指令群

指令	说　明
TPErase	清屏
TPWrite	在示教器操作界面上写信息
ErrWrite	在示教器事件日志中写报警信息并储存
TPReadFK	互动的功能键操作
TPReadNum	互动的数字键操作
TPShow	通过 RAPID 程序打开指定的窗口

各指令的用法实例详见相关程序注释及教学资源附件。例如，TPWrite 指令的使用方法如下：

```
    TPWrite “896.0”;
```

上述指令用于将字符串显示在示教器上，运行结果如图 5-49 所示。

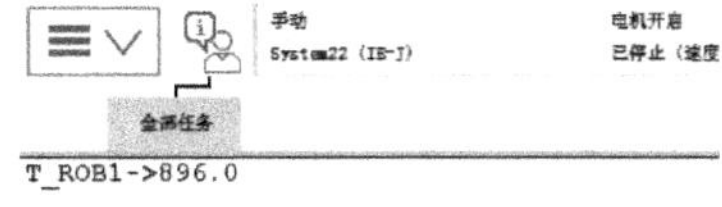

图 5-49　示教器显示信息

5.4.1 逻辑程序实例

例 1：编写例行程序 Routine2，提示用户在示教器中输入一个身高数值。接收到用户输入后，弹出选择界面(有 men、women 两个选项)等待用户选择。用户选择后，程序判断高矮，并输出结果。

此段代码可以练习 IF 指令，代码如下：

```
PROC Routine2()
    TPReadNum W1, "height？";
    ！示教器屏幕显示“height？”，并在屏幕上弹出键盘，采集用户输入数据赋值给 w1
  TPReadFK W3, "gender？",  "men", "women", stEmpty, stEmpty, stEmpty;
    ！通过在示教器屏幕上选择字符的方式，将字符代表的数值赋值给数据变量 W3
    ！第一个字符“gender？”是屏幕上显示的文字，无意义，从第二个字符开始计算数值
    ！选择“men”将数字 1 赋值给 w3，选择“women”将数值 2 赋值给 w3
        IF W3 = 1THEN
            GOTO b1;
        ELSEIF W3 =2 THEN
            goto b2;
                ELSE
            TPWrite "erro";
            Stop;
        ENDIF
  b1:
  IF W1 >160 THEN
            string1:="high";
        ELSE
            string1:="low";
            GOTO b3;
        ENDIF
  b2:
  IF W1 >148 THEN
            string1:="high";
        ELSE
            string1:= "low";
            GOTO b3;
        ENDIF
  b3:
 TPWrite "you are " + string1;
！使示教器屏幕显示“you are”和 string1 的值
  ENDPROC
```

例 2：使用 WHILE 或 FOR 循环指令，计算 1×2×3×…×10 的结果，代码如下：

```
PROC yunsuan()
            s1:=1;
    FOR i FROM 1 TO 10 do
    s1:=s1*i;
    ENDFOR
    TPWrite"result is "\Num:=s1;
    s2:=1;
    H1:=1;
    WHILE H1<=10 DO
        s2:=H1*s2;
        H1:=H1+1;
    ENDWHILE
   TPWrite"result is "\Num:=s2;
    ENDPROC
```

5.4.2 运动程序实例

通过前面的学习，我们已经掌握了 RAPID 编程使用的基本指令。本节将通过一个实例，系统学习 ABB 机器人运动程序的编辑方法。

编写一个机器人运动程序的基本流程是：首先建立程序模块，如运算模块、程序数据定义模块、逻辑控制模块、信号处理模块等；然后在模块下建立相应的例行程序，可以针对实际控制功能或工作流程定义例行程序(可以扫描右侧二维码，观看运动程序实例编辑过程的视频)。

运动程序实例

本实例要求加载配套教学资源中的工作站(如图 5-50 所示)，并实现以下功能：

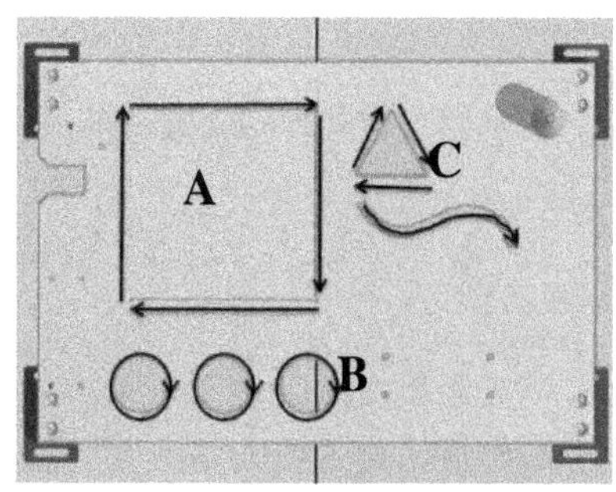

图 5-50　实例工作站工作台平面图

- ✧ 机器人空闲时，在安全点 pHome 等待，安全点设置在远离工作台的任意位置。
- ✧ 如果外部信号 di1 输入为 1 时，机器人沿着 A 区域的方形轨迹运动，结束以后回到 pHome 点。
- ✧ 如果外部信号 di2 输入为 1 时，机器人沿着 B 区域的圆形边缘做轨迹运动，结束以后回到 pHome 点。

✧ 如果外部信号 di3 输入为 1 时，机器人沿着 C 区域的三角形边缘做轨迹运动，结束以后回到 pHome 点。

✧ 要求在所有轨迹运动中，机器人工具要垂直进入平台上轨迹运动的起始和结束位置。

1. 建立运动程序

首先构建基础数据，也就是建立工具坐标系和工件坐标系，并匹配好 I/O 通信板卡和 I/O 信号 di1、di2、di3；然后建立一个新的模块 Module1，在模块中建立主程序 main，并建立相应的例行程序：回安全点程序 rHome，初始化程序 rInitAll 以及运动轨迹程序 PR1、PR2、PR3 等，具体建立方法参考 5.2.3 节。

下面来讲解各程序的代码，并以 main 主程序为例，讲解用示教器编辑程序的操作步骤：

(1) 编辑主程序 main。

main 程序是机器人程序的入口，在 main 程序中需要执行初始化程序，并根据输入信号 di1、di2 和 di3 的值，调用各轨迹程序 PR1、PR2 和 PR3。另外，为保证程序一直运行，需要使用一个循环指令，这里我们使用 WHILE。

根据上述要求，main 程序的代码编写如下：

```
PROC main()
rInitAll; ！进入初始化程序进行相关初始化的设置
WHILE TRUE DO ！进行 WHILE 循环，目的是将初始化程序隔离开
        IF di1 = 1 THEN ！通过信号值来判断执行哪一个运动程序
                PR1;
        ELSEIF di2 = 1 THEN
                PR2;
        ELSEIF di3 = 1 THEN
                PR3;
        ENDIF
        WaitTime 0.3; ！等待 0.3 s，这个指令的目的是防止系统 CPU 过负荷
ENDWHILE
ENDPROC
```

(2) 编辑回安全点程序，代码如下：

```
PROC rHOME()
  MoveJ pHOME, v500, z100, tool1
ENDPROC
```

(3) 编辑初始化程序 rInitAll。

机器人程序运行时，首先要运行初始化程序 rInitAll。因此在 rInitAll 程序中需要初始化一些机器人参数，如设置机器人速度、夹具复位、机器人回原点动作等。

一个简单的初始化程序如下：

```
PROC rInitAll()
```

```
        AccSet 100, 100;        ! 设置机器人速度为最大速度
        VelSet 100, 5000;       ! 设定机器人 TCP 的速度
        rHome;                  ! 机器人回到原点
    !   IDelete intno1;
    !   CONNECT intno1 WITH ZHONGDUAN;
    !   ISignalDI\Single, di4, 1, intno1;
ENDPROC
```

上述程序使用两条指令设置了机器人的速度，并调用了机器人回原点的例行程序 rHome。一般来说，初始化程序还应该包括中断的声明。上述初始化程序代码里没有中断，因此中断相关语句已经被屏蔽，可以忽略。

(4) 编辑运动轨迹程序 PR1、PR2 和 PR3。

建立三个轨迹运行程序 PR1、PR2、PR3，分别对应图 5-50 中 A、B、C 三个区域的运动轨迹。PR1、PR2、PR3 是单纯的轨迹运动程序，这里不再介绍具体的建立步骤。

2. 手动调试程序

程序编辑完成后，需要进行调试和验证，方法如下：

(1) 进入示教器程序编辑器界面，单击【调试】按钮，在扩展菜单中选择【检查程序】命令，检查程序的语法，如图 5-51 所示。如果有错，系统会显示出错的具体位置与建议的操作，按提示修改后，重新执行检查命令。

(2) 调试 main 以外的例行程序时，必须进行低速或者超低速单步调试。在【调试】菜单中选择【PP 移至例行程序】命令，打开想要调试的例行程序，如图 5-51 所示。按下示教器的使能键，进入电动机开启状态，随后按下示教器的步进按键，小心观察机器人的移动。切记：要在按下程序停止键后，才可以松开使能键。

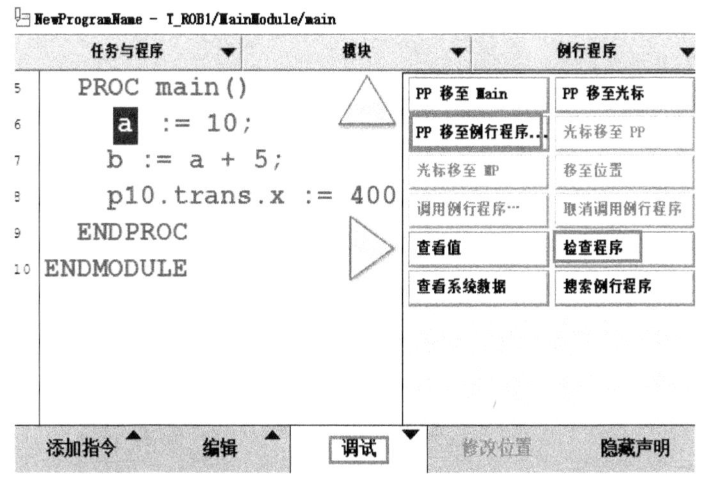

图 5-51 手动调试程序

(3) 单步运行时，要注意观察程序编辑器中的程序指针位置与实际机器人的动作及位置的差异：箭头代表程序指针(PP)指向将要执行的指令；而机器人的简化图标表示当前机器人执行的指令，如图 5-52 所示。

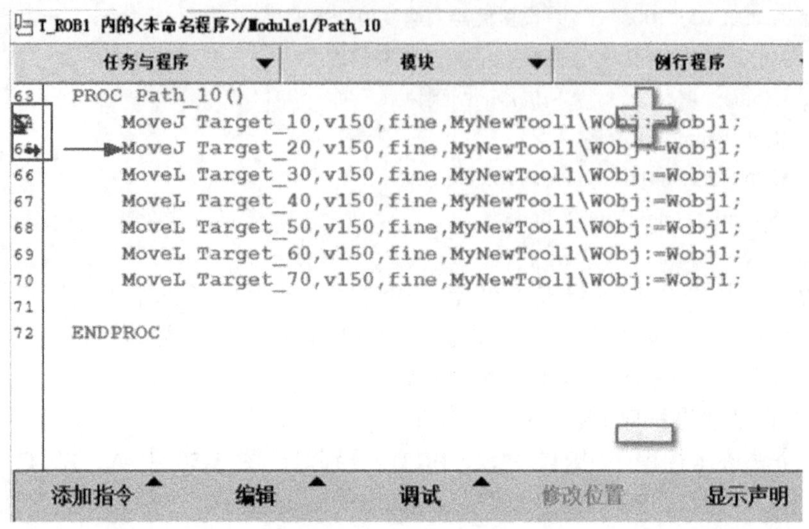

图 5-52　程序调试过程

(4) 在程序调试过程中，如果只想执行某一行语句，或者以某一行语句开始执行程序，可先在示教器中选择该语句，然后在【调试】扩展菜单中选择【PP 移至光标】命令，将程序指针移至该语句，进行程序调试。注意：使用此功能时，程序指针只能在同一个例行程序中跳转，如果要将程序指针移至其他例行程序，要先选择【PP 移至例行程序】命令。

(5) 例行程序调试完毕之后，开始对 main 主程序进行调试：在【调试】扩展菜单中选择【PP 移至 Main】命令，程序指针会自动指向主程序的第一条语句。将机器人速度尽可能调节到低速，左手激活使能键，使机器人进入电动机开启状态，然后按下【启动】按钮，小心观察机器人的移动，进行调试操作。

3. 自动运行调试

经手动调试确认机器人程序的运动与逻辑控制正确之后，就可以将机器人系统转入自动运行状态进行调试，下面对操作方法进行说明：

(1) 将控制柜模式选择钥匙左旋，将控制模式切换为自动状态，并在示教器弹出的对话框中单击【确认】按钮，确认状态切换，如图 5-53 所示。

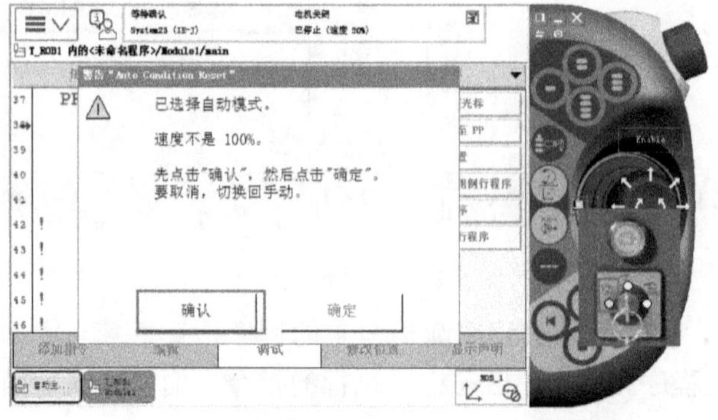

图 5-53　自动运行操作

(2) 单击程序编辑界面中的【PP 移至 Main】按钮，将 PP 指向主程序的第一条语句，然后按下系统控制柜的电机上电按钮，如图 5-54 所示。

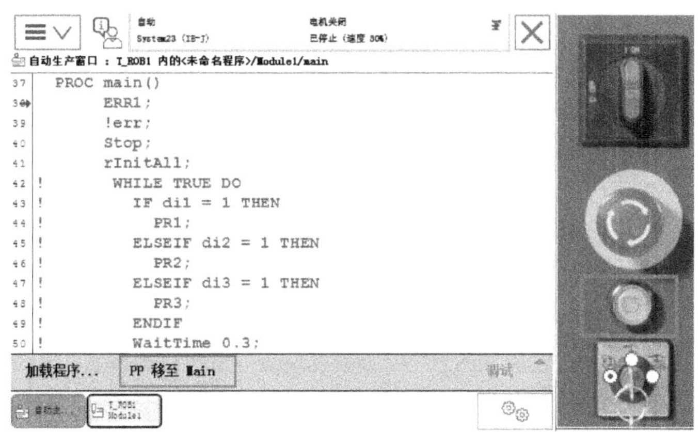

图 5-54　将 PP 移至 Main

(3) 使用示教器的快捷工具栏，将机器人的运行速度调节至合适状态(建议第一次试运行时将速度设置为 5%左右)，然后按下示教器上的【程序启动】按钮，如图 5-55 所示。

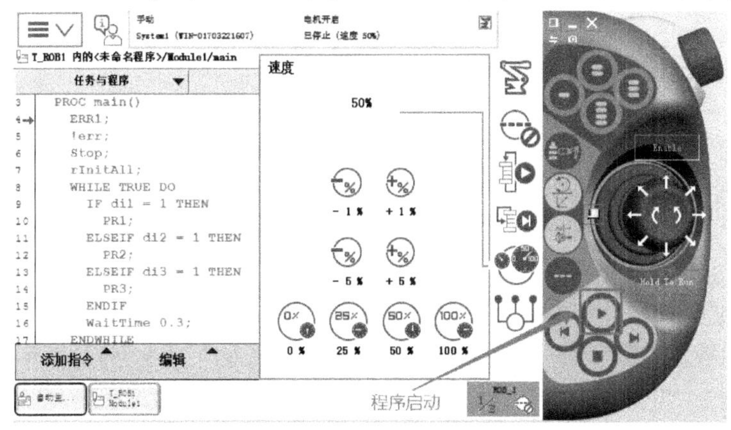

图 5-55　调节程序自动运行速度

(4) 观察程序自动运行的状态，随时通过示教器控制程序启停。

5.5　编程操作技巧

通常而言，同一种工艺或者行业的机器人工作站程序的编写、运行、逻辑及运算方式等较为相近，因此，只需将相似工业机器人的程序模块导入到新的工作站，即可大大提高编程效率。

5.5.1　导入与保存程序模块

程序模块的导入可通过以下步骤实现：在示教器的【模块】管理界面中，选择【文件】/【加载模块...】命令，即可从系统目录下或者 U 盘目录中加载所需要的程序模块，

如图 5-56 所示。

T_ROB1
模块
名称 | 类型 | 更改
BASE 系统模块
CalibData 程序模块
Module1 程序模块
新建模块... 程序模块
加载模块... 程序模块
另存模块为... 程序模块
更改声明... 系统模块
删除模块...
文件 刷新 显示模块 后退

图 5-56 导入程序模块

同理，也可以在【模块】管理界面的列表中选择现有的程序模块，然后选择【文件】/【另存模块为...】命令，将现有的程序模块保存到系统目录下作为备份，或者保存到 U 盘中，以备其他机器人程序加载使用。

5.5.2 导入 EIO 文件

EIO 文件是工业机器人 I/O 的分配源文件，导入 EIO 文件后，系统能够按照文件中的分配方式快速对 I/O 进行分配，不需要再人工分配 I/O。

注意：导入 EIO 文件前，需要确认 EIO 文件对应的工业机器人型号、通信方式及通信板卡是否相同或相近。

导入 EIO 文件的操作步骤如下：

(1) 选择示教器主菜单的【控制面板】/【配置】命令，如图 5-57 所示。

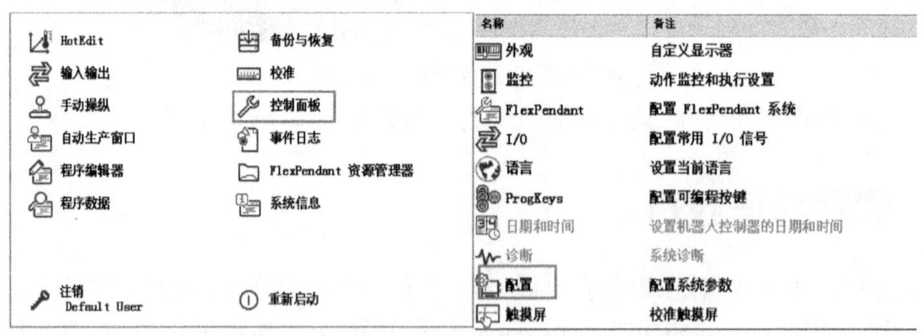

图 5-57 进入 I/O 配置界面

(2) 在【控制面板-配置-I/O System】界面中，选择【文件】/【加载参数...】命令，在出现的【控制面板-配置-加载参数】界面中选择加载方式，本例选择【删除现有参数后加载】，然后单击【加载】按钮，在出现的界面中找到备份的 EIO.cfg 文件，单击【确定】按钮加载，如图 5-58 所示。

(3) 重启示教器，即可完成 EIO 文件导入。

图 5-58　加载 EIO 文件

5.5.3　调用带参数的例行程序

在 ABB 工业机器人的编程过程中，可以调用带参数的例行程序，同时也调用其中的参数。参数在例行程序的局部变量表中定义，必须包含一个符号名、一个变量类型和一个数据类型。例行程序之间可以交换最多 16 个参数。

下面来看一个程序模块，其中包含一个带参数的例行程序 Pr1 以及主程序 main，代码如下：

```
MODULE MainModule
    VAR num nuf:=0;
    ！带有变量参数 nuf 的例行程序
    PROC Pr1(num nuf)
        ！循环语句，循环次数为 nuf，循环的计算内容为：2^nuf×nuf；
        FOR i FROM 1 TO nuf DO
            nuf := nuf * 2;
        ENDFOR
        reg4 := nuf;
        TPWrite NumToStr(reg4,1); ！将变量转换为字符串显示在示教器上
    ENDPROC
    PROC main()
        Pr1 (7);  ！运行程序 Pr1，并将 7 赋值给变量 nuf
    ENDPROC
ENDMODULE
```

运行主程序 main，计算结果为 $2^7\times7=896$，示教器显示如图 5-59 所示。

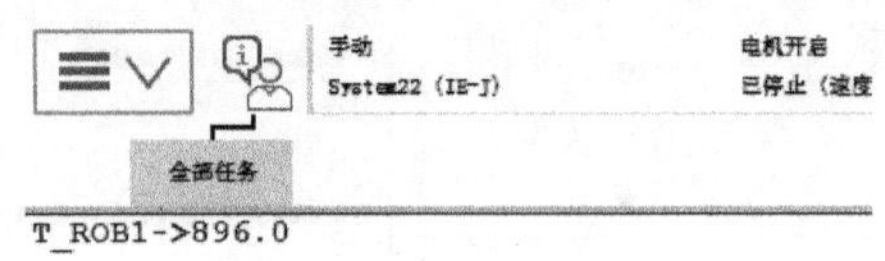

图 5-59　程序运行结果

本 章 小 结

✧ 工具动作的作用点(Tool Center Point，TCP)称为工具中心点，是工具坐标系的原点。工具中心点可设定在工具上，也可以设定在工具外。工业机器人本体默认的工具中心点位于工具安装法兰盘外表面的中心。

✧ 通常 RAPID 语言只允许有一个任务程序，任务程序内可以建立多个程序模块。

✧ RAPID 程序的模块由用户定义，可根据功能的不同定义不同的程序模块。程序模块可以包含程序数据、例行程序、中断程序和功能四种对象，但不一定每个程序模块中都有这四种对象。在建立这四种对象的时候，可以设定它们的作用范围，以确保程序模块之间的数据、例行程序、中断程序和功能可以互相调用。

本 章 练 习

1．在仿真软件中搭建一个工作站，并通过示教器建立一个主程序和一个名为 M1 的例行程序。

2．在对应习题的教学资源工作站中编写运动程序，使机器人沿如图 5-60 所示路径运动。

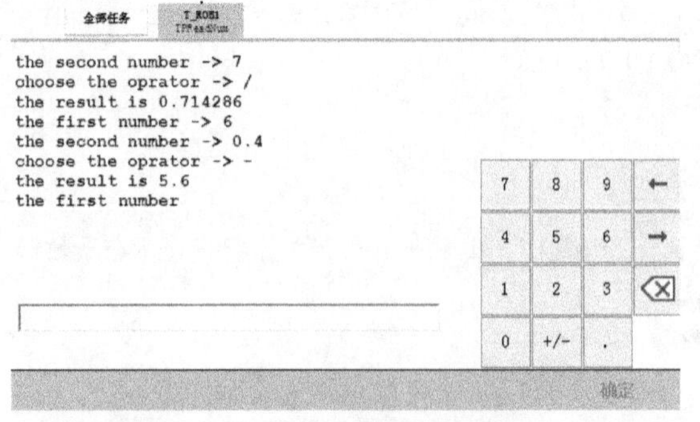

图 5-60　计算器程序效果演示

3．(选做)在示教器中使用 TPReadNum、TPReadFK、TPWrite 等指令，编辑一个计算器程序，语句不要超过 100 条，实现如图 5-60 所示的效果。

第6章 工业机器人高级编程

本章目标

- 掌握中断和事件程序
- 掌握机器人错误处理的方式
- 了解机器人区域监控的功能及用法
- 掌握机器人根据信号调用程序的方法
- 了解机器人奇异点的概念
- 了解机器人多任务的概念

工业机器人的实际作业场景往往比较复杂，单纯依靠运动控制语句和简单逻辑语句难以完成作业需求，此时，可通过机器人的中断、事件程序、错误处理、轨迹限速、区域监控等高级编程功能的配合使用，来满足复杂工况及工艺的需求。

6.1 中断与事件程序

在 RAPID 程序执行过程中，如果出现需要紧急处理的情况，机器人系统会中断当前程序的执行，并马上跳转到专门的程序中对紧急情况进行相应处理，处理结束后，程序指针会返回程序中断的地方，继续执行程序。这种专门用来处理紧急情况的程序称为中断程序(TRAP)，经常用于程序错误处理、外部信号响应等实时响应要求高的场合。

6.1.1 中断

中断是一种程序定义的事件，程序通过中断编号识别对应的中断，当程序中的数据满足中断触发条件时，中断就会被触发。中断会导致正常程序的执行过程暂停，进入软中断程序。中断不同于其他错误，中断与中断编号的位置无直接关系(可以扫描右侧二维码，观看中断程序编辑演示视频)。

中断

虽然机器人可以快速响应中断事件(调用相应的软中断程序)，但不是在任何时候都会响应，只有当遇到以下三种情况时，才会响应中断：

✧ 输入下一条指令时。

✧ 等待指令(如 WaitUntil)执行期间的任意时候。

✧ 移动指令(如 MoveL)执行期间的任意时候。

因此，经常出现机器人在识别出中断后需要延迟 2～30 ms 才能作出反应的情况，具体延时长短取决于中断触发时机器人所执行的运动类型和程序结构。

包含中断的程序与常规程序的区别在于前者需要建立一个中断处理程序，将主程序或者相应的例行程序与中断程序相关联。包含中断程序的主程序结构参见本书 5.2 节。

例如，以下代码是一个主程序及其初始化程序，要求在其中建立一个中断程序，将信号 di4 的变化设置为中断触发的条件：当 di4 的信号为 1 时，触发中断程序“b:=b+1;”，并将中断程序与初始化程序相关联：

```
PROC main()
  rInitAll;
  WHILE TRUE DO
    IF di1 = 1 THEN
       PR1;
    ELSEIF di2 = 1 THEN
       PR2;
    ELSEIF di3 = 1 THEN
      PR3;
```

```
    ENDIF
    WaitTime 0.3;
  ENDWHILE
ENDPROC

PROC rInitAll()
  AccSet 100, 100;
  VelSet 100, 5000;
  rHome;
ENDPROC
```

编辑中断程序需要使用相关的中断指令，本例中用到的中断指令说明如表 6-1 所示。

表 6-1　中断指令说明

指令	说　明
IDelet	关闭中断条件的触发
CONNECT	关联一个中断条件到中断程序
ISignalDI	使用一个数字输入信号触发中断

编辑中断程序的操作步骤如下：

(1) 建立中断程序。在相应的程序模块下建立中断程序，与建立普通程序不同的是，此处要将程序声明界面中的【类型】设置为【中断】，如图 6-1 所示。

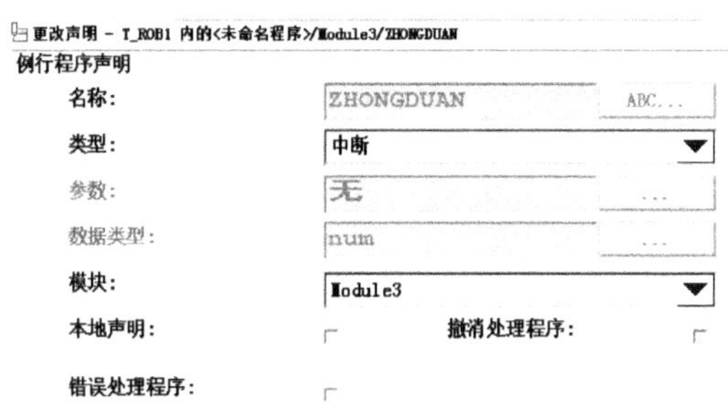

图 6-1　选择建立中断程序

(2) 编写中断程序语句“b:=b+1;”，代码如下：

```
TRAP ZHONGDUAN
  b := b + 1;
ENDTRAP
```

(3) 关联中断程序。中断程序只需声明一次，但常规主程序往往要重复执行很多次，而如果把中断程序的声明放在初始化程序中，就可以避免重复声明，代码如下：

```
ROC rInitAll()
  AccSet 100, 100;
  VelSet 100, 5000;
  rHome;
  IDelete intno1;
```

```
  CONNECT intno1 WITH ZHONGDUAN;
  ISignalDI\Single, di4, 1, intno1;
ENDPROC
```

对上述中断声明语句的具体解析如表 6-2 所示。

表 6-2 中断声明语句解析

语句	解 析
IDelete intno1;	关闭(重置)中断触发符号 intno1
CONNECT intno1 WITH ZHONGDUAN;	将中断程序 ZHONGDUAN 关联到中断触发符号 intno1 上
ISignalDI\Single, di4, 1, intno1;	将“输入信号 di4 为 1”设定为中断触发符号 intno1 的触发条件

这样，在程序运行时，当输入信号 di4 为 1 时，就会触发中断程序 ZHONGDUAN，执行语句“b:=b+1;”，将 b 加 1。

常用中断触发相关指令的介绍如表 6-3 所示。

表 6-3 常用中断触发相关指令

指令	说 明
ISignalDI	使用一个数字输入信号触发中断
ISignalDO	使用一个数字输出信号触发中断
ISignalGI	使用一个组输入信号触发中断
ISignalGO	使用一个组输出信号触发中断
ISignalAI	使用一个模拟输入信号触发中断
ISignalAO	使用一个模拟输出信号触发中断
ITimer	在一个指定的时间触发中断
TriggInt	在一个指定的位置触发中断
IPers	使用一个可变量触发中断
IError	当一个错误发生时触发中断

6.1.2 事件程序

事件程序(Event Routine)是处理事件的程序，由一条或多条指令组成，当事件发生时，系统便会自动执行所关联的事件程序。可以将程序停止等系统事件与普通的 RAPID 程序关联起来，例如，系统启动时检查 I/O 输入信号状态的工作就可以通过事件程序来完成。要注意的是，在事件程序中不能有运动指令，也不能有复杂的逻辑判断，以免程序陷入死循环，影响系统的正常运行(可以扫描右侧二维码，观看事件程序编辑演示视频)。

事件程序

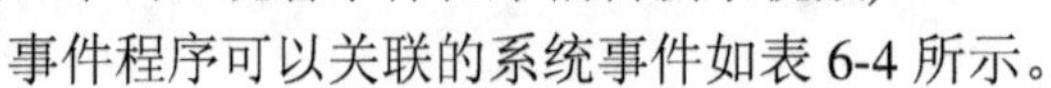

事件程序可以关联的系统事件如表 6-4 所示。

表 6-4　事件程序可以关联的系统事件

事件程序值	说　明
POWER_ON	重启
START	从程序开头处开始执行
STOP	停止
QSTOP	机器人被迅速停止(即紧急停止)
RESTART	从当前停止位置开始执行，或从程序指针所指的指令开始执行
RESET	先关闭，然后用示教器载入一则新程序
STEP	以单步步进运动运行指定程序

例如，编写一个事件程序，使系统主程序运行到语句 stop 时在示教器屏幕上显示“Come On”字样，步骤如下：

(1) 建立事件程序 SHIJIAN，代码如下：

```
PROC SHIJIAN()
  TPWrite “Come On”;
ENDPROC
```

(2) 将编辑好的事件程序关联到系统事件：在示教器主菜单中选择【控制面板】/【配置】命令，在【控制面板-配置-Controller】界面中选择【Event Routine】类型，在出现的【控制面板-配置-Controller-Event Routine】界面中编辑所关联的系统事件——将参数【Event】(系统事件)设置为【STOP】；参数【Routine】设置为事件程序的名字【SHIJIAN】，如图 6-2 所示。

控制面板 - 配置 - Controller
每个主题都包含用于配置系统的不同类型。
当前主题：　Controller
选择您需要查看的主题和实例类型。

Auto Condition Reset	Automatic loading of Modules
Cyclic bool settings	Event Routine
General Rapid	ModPos Settings
Operator Safety	Options
Path Return region	Run Mode Settings
Safety Run Chain	Task

控制面板 - 配置 - Controller - Event Routine
双击一个参数以修改。

参数名称	值
Event	STOP
Routine	SHIJIAN
Task	T_ROB1
All Tasks	NO
All Motion Tasks	NO
Sequence Number	0

确定　取消

图 6-2　关联事件程序

这样，当系统主程序运行到语句 stop 时，就会触发事件程序 SHIJIAN，代码如下：

```
PROC main()
  waitTime0.2
  stop;
  waitTime0.2
ENDPROC
```

(3) 观察示教器，查看屏幕上是否出现了如图 6-3 所示的信息，验证事件程序 SHIJIAN 与系统事件 stop 的关联。

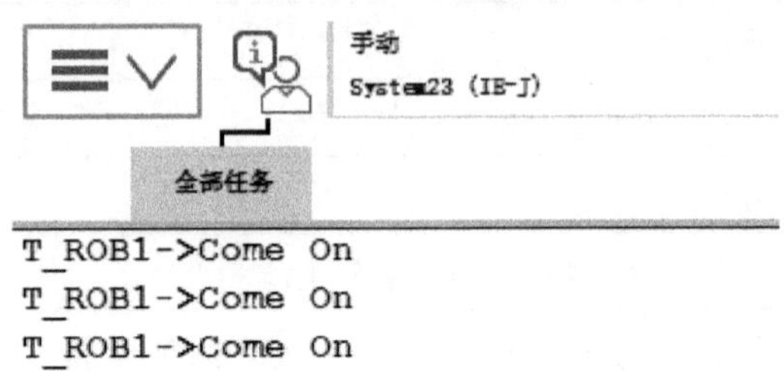

图 6-3　测试事件程序

6.2　错误处理与轨迹限速

在对工业机器人进行编程时，错误处理功能起着非常重要的作用。而轨迹限速程序则会极大提高机器人在实际生产应用中的安全性。

6.2.1　错误处理

在 RAPID 程序执行过程中，为了提高程序可靠性，减少人为干预，一些简单的错误可以使用程序自动进行处理。除使用系统预置的错误处理程序以外，用户也可以根据需要自行编写程序，对错误进行自定义处理。

以一个圆整处理程序为例，代码如下：

```
PROC ERR1()
    H2:=3.4;
    TryInt H2;
    ! TryInt指令为判断整数指令，若非整数系统会报错
     ERROR
    ! 错误处理标示符(错误处理程序专有)
    IF ERRNO = ERR_INT_NOTVAL THEN
     ! ERR_INT_NOTVAL 是 errnum 类型的数据(错误编号数据)
      H2 := Round(H2);
      ! 将数据进行Round(圆整)处理(四舍五入)
     RETRY;
      ! 再次执行激活错误处理程序的指令，跳转到第三行再次进行 TryInt判断
    ENDIF
 ENDPROC
```

上述代码中出现了两个新的概念：errnum(错误编号数据)和出错处理指令。

常用的错误处理指令如表 6-5 所示。

表 6-5　常用错误处理指令

指令	说　明
EXIT	当出现无法处理的错误时停止执行程序
RAISE	激活错误处理程序
RETRY	再次执行激活错误处理程序的指令
TRYNEXT	执行激活错误处理程序的下一句指令
RETURN	回到错误处理程序之前的子程序

注意：错误处理程序中不要有运动指令，否则容易引起系统错误和不可控的事故。

上述代码中的错误处理程序 ERR1 的编写步骤如下：

(1) 选择相应的程序模块，选择【文件】/【新建例行程序...】命令，在出现的程序声明界面中勾选【错误处理程序】，然后单击【确定】按钮，如图 6-4 所示。

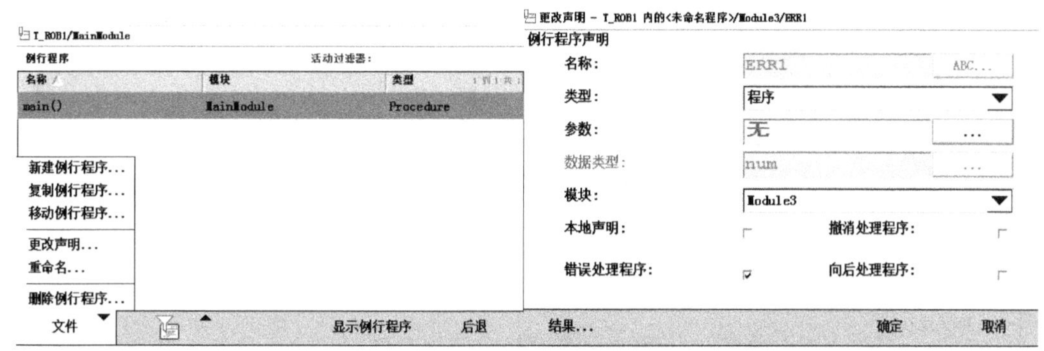

图 6-4　新建错误处理程序

(2) 在出现的程序编辑器界面中，编辑 ERR1 程序的相关指令：在界面右侧的列表中选择相应指令，在左侧界面中编辑对应的出错处理触发条件，选择对应的错误编号，并填写错误处理指令，如图 6-5 所示。

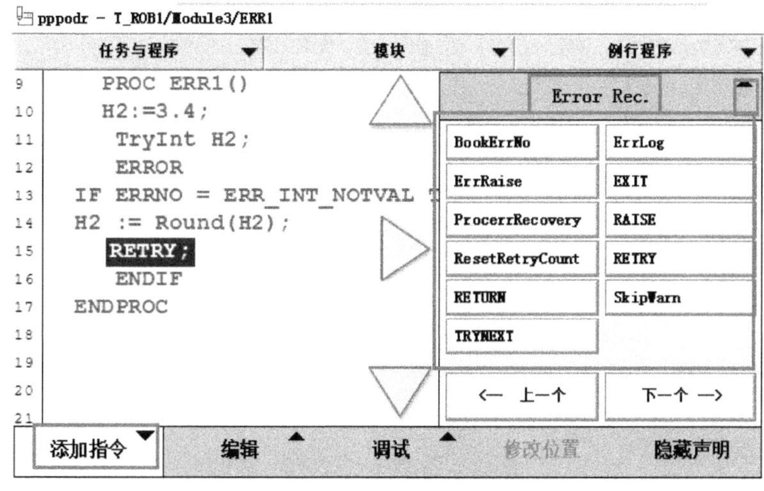

图 6-5　编辑错误处理程序

6.2.2 轨迹限速

在对工业机器人进行编程时，不仅需要考虑运算逻辑和运动轨迹，更要考虑对现场工况及工艺的适应性。有时需要对机器人进行较为频繁的加减速，以满足某些特殊的应用需求。例如，为提高视觉分拣动作的效率，需要加快机器人抓取和分类动作的速度，但抓取某些易损毁的工件时，又需要适当地减慢速度。

此时，除使用相应的运动速度控制指令以外，使用 PathAccLim 指令也是一个很好的方法。PathAccLim 指令可以对机器人路径沿线的 TCP 加速度进行控制，该指令的限速控制以动作路径为分割点，使限速控制更精确。

对 PathAccLim 指令的参数说明如表 6-6 所示。

表 6-6　PathAccLim 指令参数说明

指 令 解 析	
PathAccLim AccLim [\AccMax] DecelLim [\DecelMax]	
参数	说　明
AccLim	数据类型：bool 如果加速度存在限制，则为 TRUE，否则为 FALSE
[\AccMax]	数据类型：num 加速度限制的绝对值，单位为 m/s^2。仅当 AccLim 为真时使用
DecelLim	数据类型：bool 如果减速度存在限制，则为 TRUE，否则为 FALSE
[\DecelMax]	数据类型：num 减速度限制的绝对值，单位为 m/s^2。仅当 DecelLim 为真时使用

注意：加/减速度限制的绝对值最小只能设定为 0.5 m/s^2。

下面通过一个示例程序，学习 PathAccLim 指令的使用方法：

```
……
PathAccLim FALSE, FALSE;
！TCP 的加速度被设定为最大值(一般默认情况)
PathAccLim TRUE \AccMax:=8, TRUE \DecelMax:=8;
！将此段路径中的 TCP 的加/减速度限定在±8 m/s2
MoveL p0, v1500,z20, tool1;
PathAccLim TRUE\AccMax:=5, FALSE;
！将此段路径中的 TCP 的加速度限定为 5 m/s2
MoveL p1, v800, z50, tool1;
MoveL p2, v800, fine, tool1;
PathAccLim FALSE, FALSE;
！TCP 的加速度被设定为默认
……
```

6.3 区域监控与关节轴限制

区域监控功能可以对机器人的运动范围进行限制，避免同一空间内的机器人及设备发生碰撞和干涉。关节轴限制功能则可以限制机器人自身机构的运动幅度。

6.3.1 区域监控

区域监控(World Zones)的功能是设定一个虚拟空间，使机器人本体进入该空间时，机械臂会停下或是触发被设定的信号。购买 ABB 工业机器人时，区域监控功能需要另行选配。

区域监控功能可应用于多种场景。例如，双机联动时，若两台机器人的工作区域有部分重叠，就可使用该功能进行监控，从而安全消除两机械臂相撞的可能性；当外部设备(如自动化设备或者物料转运小车)位于机械臂工作区域内时，也可以使用该功能制造一个禁用区域，以防止机械臂与该设备相撞；若机器人进入设定的非安全区域，可立即停止或者输出信号给工作站系统(可以扫描右侧二维码，观看区域监控程序编辑演示视频)。

区域监控

1. 监控区域类型

区域监控功能的作用是监控当前工具 TCP 的坐标值是否位于监控区域内。

世界坐标系又称为全局坐标系，坐标原点在机器人本体的底座中心，以机器人初始姿态的本体延伸方向为 x 轴，底座正上方向为 z 轴，y 轴方向使用右手定则推出，如图 6-6 所示。通过世界坐标系界定的所有区域称之为全局区域，可以将监控区域设定在全局区域内。

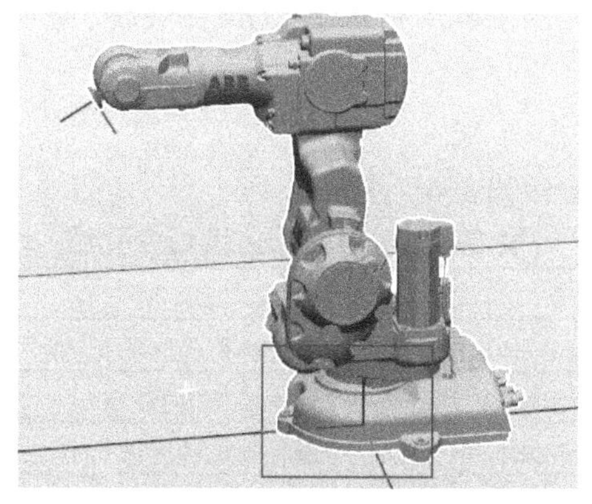

图 6-6　世界坐标系

监控区域可设定为长方体、球体或圆柱体的外侧或内侧，也可以通过 TCP 点和底座中线点来界定监控区域，将监控区域设在任意机械臂或附加轴的 TCP 点和底座中线点的坐标值范围内(内侧)或范围外(外侧)，如图 6-7 所示。

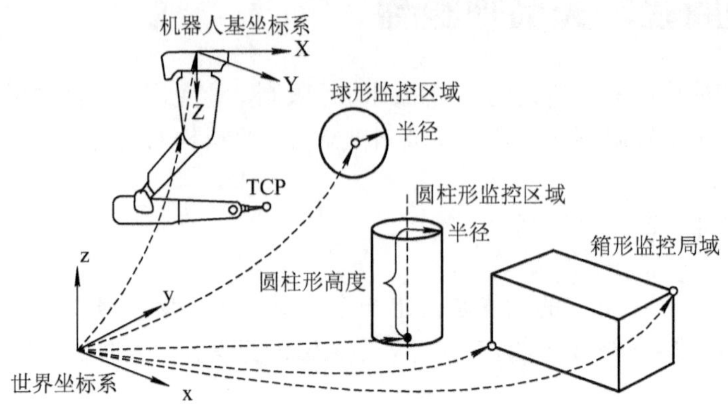

图 6-7　监控区域对比

如图 6-8 所示，区域监控程序通过定义空间中的 A、B 两点的位置来确定进行监控的区域。图中的监控区域为长方体，A、B 两点分别为长方体空间对角点。

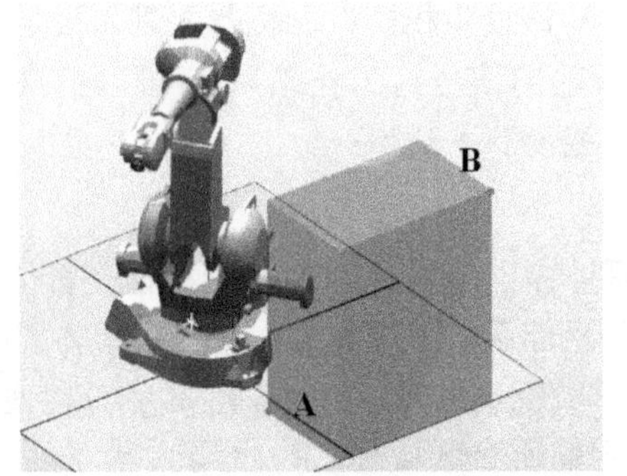

图 6-8　区域监控功能设定的长方体监控区域

区域监控的启动可以与系统事件 POWER_ON 相关联，这样在启动系统的时候就会自动进行监控。

2. 常用指令

常用的区域监控指令介绍如表 6-7 所示。

表 6-7　常用区域监控指令介绍

指令	说　明
WZBoxDef	定义一个长方体监控区域
WZSphDef	定义一个球形监控区域
WZCylDef	定义一个圆柱形监控区域
WZLimSup	启用区域监控
WZDOSet	启用区域监控数字信号输出
WZDisable	停用临时区域监控
WZEnable	启用临时区域监控
WZFree	擦除临时区域监控

下面重点介绍一下其中的 WZBoxDef 指令与 WZDOSet 指令。

WZBoxDef 指令用来定义一个长方体监控区域，格式如下：

```
WZBoxDef  [\Inside] | [\Outside] Shape LowPoint HighPoint
```

WZBoxDef 指令中各参数的说明如表 6-8 所示。

表 6-8　WZBoxDef 指令参数说明

参数	数据类型	说　明
[\Inside]	switch	用于定义长方体内的体积
[\Outside]	switch	用于定义长方体外的体积，与[\Inside]二者必须选择其一
Shape	shapedata	存储监控区域几何形状数据的变量(系统专用数据)
LowPoint	pos	用于定义长方体的一个较低角的位置(x、y、z)，单位为 mm
HighPoint	pos	用于定义与先前角相对的角的位置(x、y、z)，单位为 mm

WZDOSet 指令用来启用区域监控，设置数字输出信号，是常用的区域监控执行指令，格式如下：

```
WZDOSet  [\Temp] | [\Stat] WorldZone [\Inside] | [\Before] ShapeSignal SetValue
```

WZDOSet 指令中各参数的说明如表 6-9 所示。

表 6-9　WZDOSet 指令参数说明

参数	数据类型	说　明
[\Temp]	switch	用于将监控区域定义为临时监控区域
[\Stat]	switch	用于将监控区域定义为固定监控区域，与[\Temp]二选一
WorldZone	Wztemporar/ Wzstationary	存储监控区域数据的变量，通过参数[\Temp]与[\Stat]来确定是变量或常量。如果使用参数[\Temp]，则数据类型必须为 wztemporary；如果使用参数[\Stat]，则数据类型必须为 wzstationary
[\Inside]	switch	规定在机械臂的 TCP 或指定轴位于指定监控区域内时，触发数字输出信号
[\Before]	switch	在机械臂的 TCP 或指定轴到达监控区域前(尽可能在该体积前)，设置数字输出信号，与[\Inside]二选一
Shape	shapedata	存储监控区域几何形状数据的变量
Signal	signaldo	待输出的数字输出信号的名称，如果使用固定式区域监控，则必须输出信号
SetValue	dionum	若当机械臂的 TCP 位于监控区域内或者刚好处于进入监控区域之前时，SetValue 为信号的期望值；当位于监控区域外或恰好位于监控区域外时，信号设置为 SetValue 的相反值

3. 设置方法

区域监控功能的设置步骤如下：

(1) 在示教器主菜单中选择【系统信息】命令，在出现的【系统信息】界面中单击【选项】，查看系统是否已包含了 608-1 World Zones 功能，如图 6-9 所示。

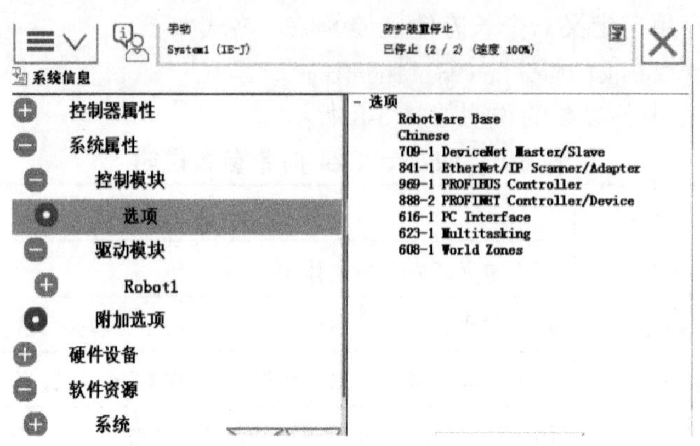

图 6-9 查看系统信息

(2) 参考 5.1.1 小节，为系统添加对应的工具坐标系。

(3) 新建两个 pos 类型的数据，分别作为长方体监控区域的两个矩形对角点 pos1 和 pos2，如图 6-10 所示。

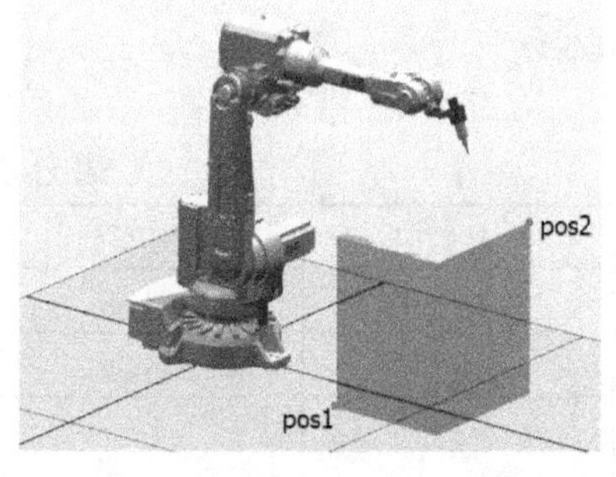

图 6-10 待设置的长方体监控区域

(4) 在对应的模块中新建事件程序 Routine1，在其中设置监控区域及其关联的 I/O 信号，代码如下：

```
PROC Routine1()
    WZBoxDef\Inside, shape1, pos1, pos2;
    WZDOSet\Stat, wzstat1\Inside, shape1, do1, 1;
ENDPROC
```

(5) 在【控制面板-配置-Controller-Event Routine】界面中，参考 6.1.2 小节对事件程序 Routine1 进行配置，使其与系统的 START 事件相关联，这样在程序开头处(机器人开始运行时)就会自动开启设置的区域监控功能，如图 6-11 所示。

控制面板 - 配置 - Controller - Event Routine

双击一个参数以修改。

参数名称	值
Event	START
Routine	Routine1
Task	T_ROB1
All Tasks	NO
All Motion Tasks	NO
Sequence Number	0

图 6-11 将区域监控程序与系统事件相关联

(6) 为便于验证设置的区域监控功能，可编辑机器人程序，将监控区域的触发信号设置为中断程序的触发条件，代码如下：

```
MODULE Module1
    ！程序数据
    VAR shapedata shape1;
    CONST robtarget p10:=[[721.04,-224.87,-0.00],[0.190809,3.80814E-07,0.981627,7.33029E-07],[-1,-3,1,0],[9E+09,9E+09,9E+09,9E+09,9E+09,9E+09]];
    CONST robtarget p20:=[[1221.04,375.13,700.00],[0.18835,-0.157081,0.968978,0.030535],[0,-4,3,0],[9E+09,9E+09,9E+09,9E+09,9E+09,9E+09]];
    VAR pos pos1:=[721.04,-224.87,0];
    VAR pos pos2:=[1221.04,375.13,700];
    VAR wztemporary wzPos:=[0];
    CONST robtarget home:=[[1201.59,0.00,503.97],[0.190809,1.50254E-07,0.981627,1.86528E-07],[-1,-3,2,0],[9E+09,9E+09,9E+09,9E+09,9E+09,9E+09]];
    VAR intnum intno1:=0;
    CONST robtarget p30:=[[1201.59,0.00,503.97],[0.190809,1.50254E-07,0.981627,1.86528E-07],[-1,-3,2,0],[9E+09,9E+09,9E+09,9E+09,9E+09,9E+09]];
    ！区域监控程序，需要将此程序与“START”事件相关联
    PROC Routine1()
        !清除临时区域监控，防止重复执行程序
        WZFree wzPos;
        !通过两个对角点定义一个长方体区域，将此区域内部范围作为监控区域
        WZBoxDef\Inside, shape1, pos1, pos2;
        !在触发临时区域监控时，将输出信号 do1 的值置为 1
        WZDOSet\Temp, wzPos\Inside, shape1, do1, 1;
    ENDPROC
    !中断程序，在示教器屏幕上显示“ok”
    TRAP test1
        TPWrite "ok";
    ENDTRAP
    ！主程序首先运行一次初始化程序，然后运行运动程序 G01
    PROC main()
        rInitAll;
        G01;
    ENDPROC
    ！将初始化程序与中断程序相关联，并将中断触发条件定义为“do1 的值为 1”
    PROC rInitAll()
        IDelete intno1;
        CONNECT intno1 WITH test1;
        ISignalDO\Single, do1, 1, intno1;
    ENDPROC
    ！ G01 是两个点位之间运动的程序，在运动时使机器人运动轨迹穿过监控区域内部
```

```
        PROC G01()
                MoveL p10, v1000, z50, MyTool;
                MoveL p20, v1000, z50, MyTool;
        ENDPROC
ENDMODULE
```

程序运行结果如图 6-12 所示。

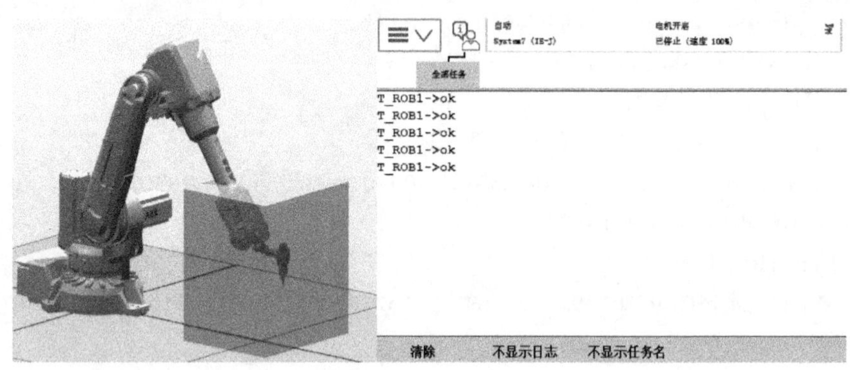

图 6-12　程序运行结果

6.3.2　关节限制

对机器人进行编程时，不能只考虑机器人工具 TCP 在某条运动指令中的起始点和目标点，还要考虑起始点和目标点运动过程中产生的路径。由于工作环境或控制的需要，有时需要限定机器人单个关节轴的运动范围，即对单轴的上限和下限值进行设定。设定的数据以弧度(1 弧度约等于 57.3°)的值来表达。对某个单轴进行限定后，机器人的可到达范围有可能会变小。

设置机器人关节限制的操作步骤如下：

(1) 在示教器主菜单中选择【控制面板】/【配置】命令，在其中选择【Motion】，在出现的【控制面板-配置-Motion】界面中，选择【Arm】，如图 6-13 所示。

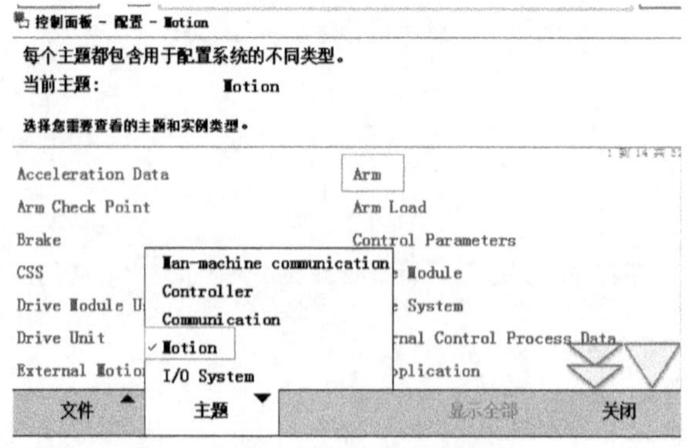

图 6-13　设置关节限制

(2) 在出现的【控制面板-配置-Motion-Arm】界面中，选择要限制的关节轴。本例中选择第一轴【rob1_1】，然后单击【编辑】按钮，在出现的界面中设置该轴的参数【Upper

Joint Bound】(上限)和 【Lower Joint Bound】(下限)，如图 6-14 所示。注意：由于设计结构的不同，不同型号机器人的关节轴的上、下限并不相同。

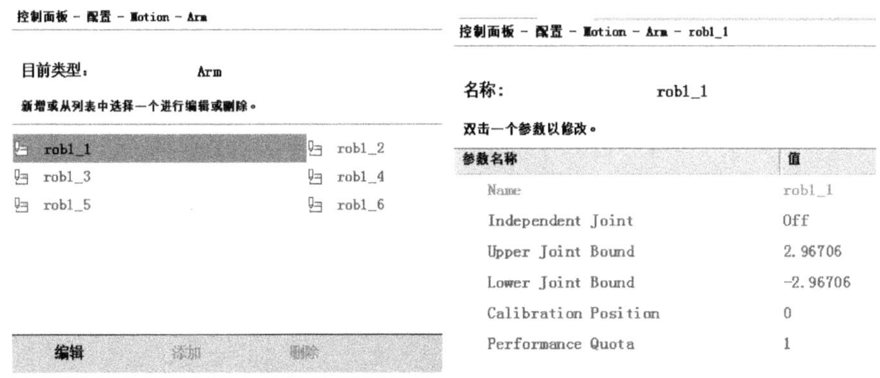

图 6-14　设置关节运动的上限和下限

6.3.3　信号调用程序

使用信号调用程序是指根据不同的信号来调用不同的机器人程序。

在智能制造时代，工业发展趋势是定制化、小批量的生产，这就需要能够生产多种产品、多种规格的柔性智能生产线。例如，同一条生产线上的机器人需要生产多种形状结构不同的产品，或者包装差别很大的产品，这就对机器人工程师的“一机多用”能力提出了考验。

最常见的“一机多用”场景是产品换产，工控的逻辑流程是：工程师或操作员换产后，通过人机交互界面选择对应产品的加工程序，PLC 从界面中采集到这一更改命令并进行运算处理后，将改换程序的消息信号传输给工业机器人，通过信号调用程序调用工业机器人程序，使其做出针对换线产品的一系列更改。

信号调用程序

接下来以 I/O 通信方式为例，介绍信号调用程序的编写方法(可以扫描右侧二维码，观看信号调用程序编辑操作视频)。

信号调用程序的编写步骤如下：

(1) 参考 3.2.1 节，配置一个机器人的组输入信号，如图 6-15 所示。

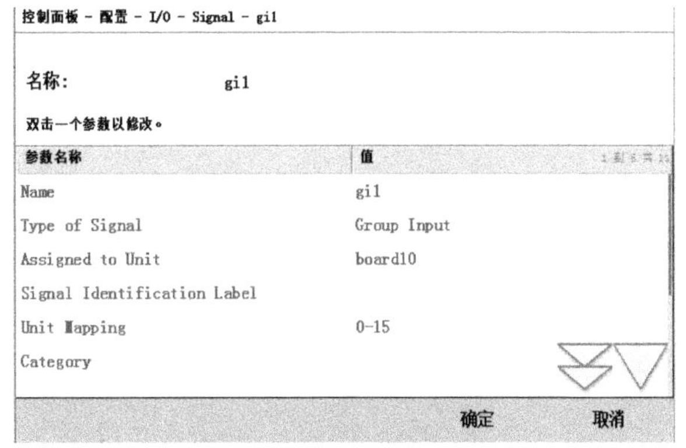

控制面板 - 配置 - I/O - Signal - gi1

名称： gi1

双击一个参数以修改。

参数名称	值
Name	gi1
Type of Signal	Group Input
Assigned to Unit	board10
Signal Identification Label	
Unit Mapping	0-15
Category	

确定　取消

图 6-15　配置组输入信号

(2) 编写测试程序 proc1()~proc40()以及一个信号调用程序的总领程序，代码如下：

```
！定义数字变量
Var num REG1:=0
！定义多个例行程序(注意程序名称)
PROC1()
   ……
END PROC
PROC2()
   ……
END PROC

……省略

PROC40()
   ……
END PROC

main()
  ！将组I/O 值赋值给数字变量REG
  REG1:=Gi1;
  ！通过调用程序指令，将变量值作为程序名称调用
  CallByVar "proc"，REG1;
END PROC
```

除此之外，还可以使用以下方式调用无返回值程序：

```
！调用无返回值程序proc2。
PROCS()
  reg1 := 2;
  CallByVar "proc", reg1;
END PROC
```

这样，PLC 会在运算后将处理好的数据传输给机器人，从而轻松实现机器人生产程序的更换。

6.4 奇异点处理与多任务

奇异点错误和多任务并行处理是工业机器人编程时需要注意的问题。对六轴工业机器人来说，从工具设计到示教编程都需要注意奇异点问题。机器人的多任务并行处理功能则在某些应用中能够起到很好的效果。

6.4.1 奇异点处理

在对机器人进行手动操作时，可能会出现“靠近奇异点”的错误，如图 6-16 所示。

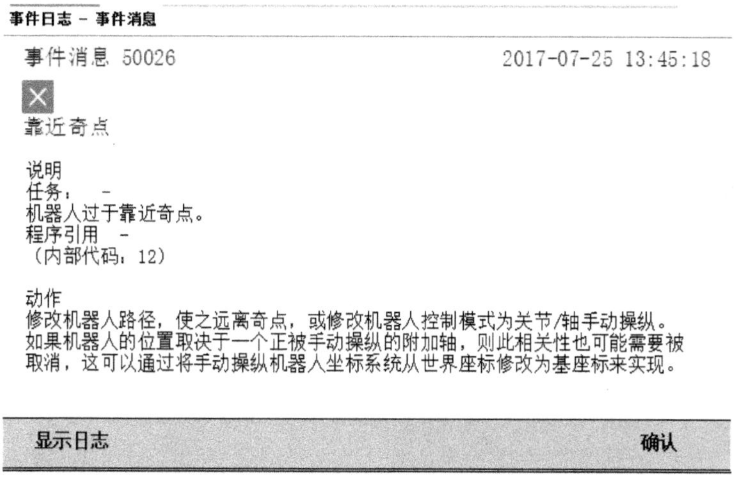

事件日志 - 事件消息

事件消息 50026　　　　2017-07-25 13:45:18

靠近奇点

说明
任务：　-
机器人过于靠近奇点。
程序引用　-
（内部代码：12）

动作
修改机器人路径，使之远离奇点，或修改机器人控制模式为关节/轴手动操纵。
如果机器人的位置取决于一个正被手动操纵的附加轴，则此相关性也可能需要被取消，这可以通过将手动操纵机器人坐标系统从世界座标修改为基座标来实现。

显示日志　　　　**确认**

图 6-16　奇异点错误提示

当工业机器人关节的第 5 轴角度为 0°，且第 4 轴和第 6 轴角度相同时，则称机器人的此种姿态处于奇异点位置。在设计夹具或布局工作站时，应尽量避免机器人的运动轨迹或执行关键动作时的姿态进入奇异点。

可以使用一种简单的方法来避免机器人进入奇异点：鉴于当机器人 4、5、6 关节轴连接成直线且 4、6 轴角度相同时就会出现奇异点错误，因此可以在安装工具时给工具增加一个很小的角度(5～15°)，以减少机器人进入奇点的机会，如图 6-17 所示。这种方法通常可以确保机器人完全避免奇异点，成本较低且很容易实现。

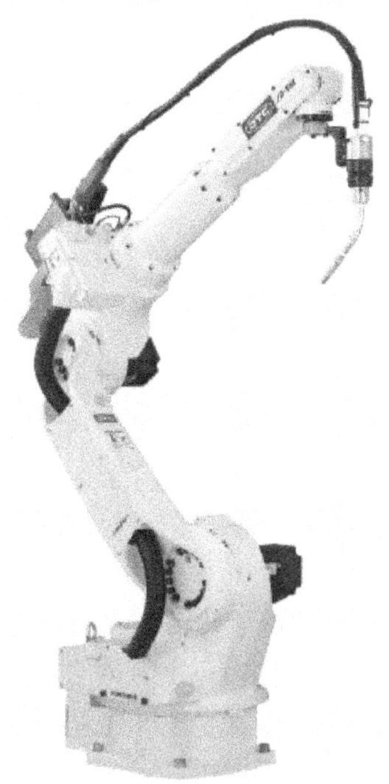

图 6-17　为避免奇异点而增加角度的焊接工具

当然，最直接有效的方式就是在编程时避免机器人出现奇异点错误：可以使用SingArea指令帮助机器人规划运动轨迹，优化经过奇异点时的插补方式，避免出现奇异点而报错。对SingArea指令的说明如表6-10所示。

表6-10 SingArea指令说明

项目/指令	说 明
SingArea	设置机器人运动时在奇异点的插补方式
格式	SingArea [\Wrist]|[\LockAxis4]|[\Off]
SingArea只对MoveL、MoveC指令有效	

SingArea参数Wrist、LockAxis4和Off的数据类型都是switch型：

(1) Wrist：允许工具方位稍微偏离，以避免奇异点。适用于轴4和轴6平行的情况(轴5为0°)，同时适用于六轴及以下机械臂的线性和圆周插补。

(2) LockAxis4：将轴4锁定在0°或±180°，使机器人依然可以继续运行，从而避免在轴5接近于零时的奇异点问题。当轴4位于0°或±180°时，若达不到编程位置，可通过四轴微调改变工具姿态后再运行机械臂来到达位置；如果轴4需要偏离锁定位置2°以上，系统会通过自行改变参数来执行一次参数Wrist的功能，这样机器人就可以继续运动，在后面的移动中，轴4将保持锁定，直至执行新的SingArea指令。

(3) Off：不允许工具方位出现偏离。当工具未通过奇异点或不允许方位发生改变时，适用Off。如果程序未指定任何参数，则系统默认设置为\Off。若机器人通过奇异点，则一个或多个轴无法正常运动，导致速率降低及机器人的运动轴数量减少至不足六个，进而机器人可能无法运行至编程的目标位置，因此机器人将停止并报警。

6.4.2 多任务

多任务(MultiTasking)指在前台运行一个控制机器人逻辑运算和运动的RAPID程序时，后台还有同时运行的RAPID程序。实现多任务控制需要机器人系统选装623-1 MultiTasking功能。

多任务允许同时执行多段程序，使各应用程序与主程序并行运行，即使主程序已经停止，后台程序也仍然可以继续进行信号监控等工作。有时多任务可以接手PLC的工作，但响应时间与机器人工作站中的PLC相比要长一些。多任务功能最重要的用途是使机器人能够在工作的同时接收外部设备的控制及激活/停用指令或者操作员输入的数据，单任务模式则无法在机器人正常运行状态下处理上述事项。

多任务程序最多可以支持20个不带运动指令的后台RAPID程序并行运行，可用于机器人与PC之间不间断的通信处理，或作为一个简单的PLC进行逻辑运算。多任务程序在系统启动的同时就开始连续运行，不受机器人控制状态的影响。

多任务程序最常见的应用就是任务间数据交换：名称相同的可变量数据可以在不同任务中共享，实现数据交换的效果。

多任务的建立步骤如下所述。

1. 建立多任务

(1) 打开机器人示教器控制面板的配置界面，单击此页面下的【主题】按钮，在扩展菜单中选择【Controller】命令，然后在出现的【控制面板-配置-Controller】界面中选择【Task】，单击【显示全部】按钮，如图 6-18 所示。

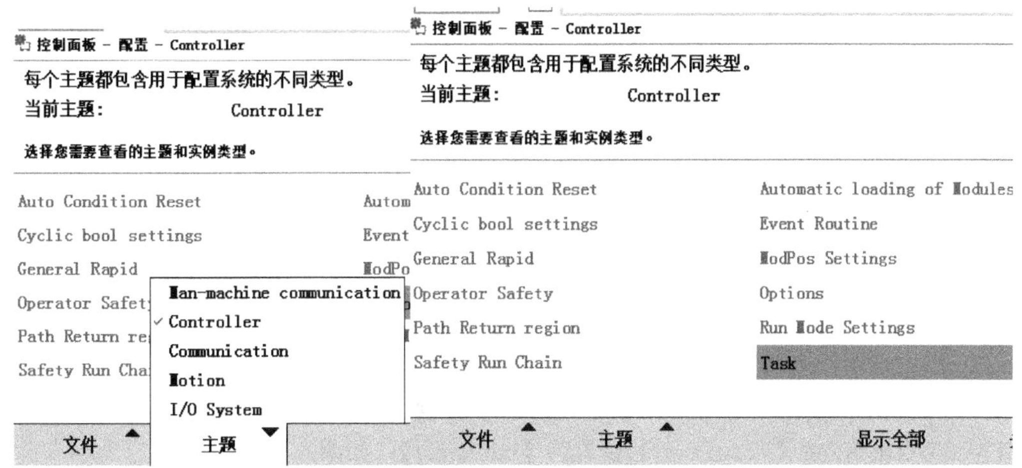

图 6-18　添加新任务

(2) 单击【控制面板-配置-Controller-Task】界面中的 T_POB1，然后单击【添加】按钮，在出现的界面中，将新建的后台任务的【Task】(名称)设置为“tmp01”，将【Type】(类型)设置为【NONMAL】，并将【Main entry】(新任务主程序名)重命名为“mainTK”，如图 6-19 所示。

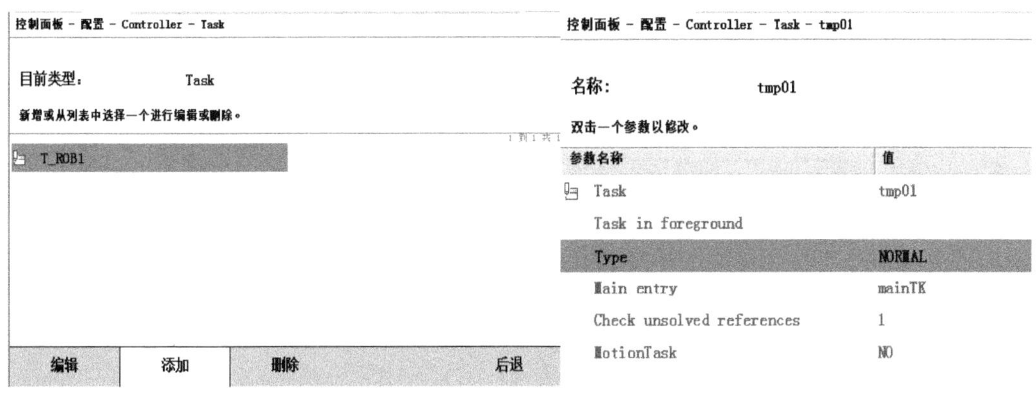

图 6-19　配置新任务参数

(3) 重启机器人系统，使设置生效。然后，单击示教器主页右下角快捷菜单按钮，在出现的工具栏中单击【任务起停】按钮，在出现的扩展界面中取消选择前台任务【T_ROB1】，如图 6-20 所示。这样就可以创建并编辑后台任务 tmp01 中的主程序和例行程序，具体操作方法与常规编程操作相同，此处不再赘述。

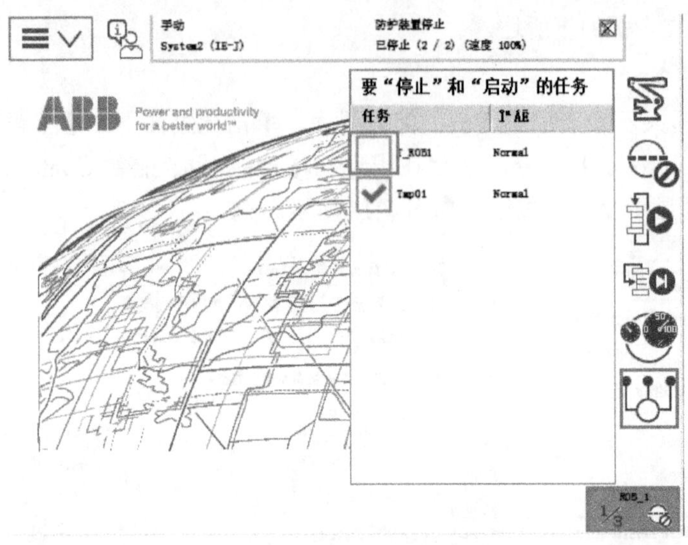

图 6-20　取消前台任务

(4) 后台任务中的程序编辑完成后，需要重新选择前台任务【T_ROB1】。进入【控制面板-配置-Controller-Task-tmp01】界面，将后台任务 tmp01 的【Type】设置为【SEMISTATIC】，将【TrustLevel】设置为【NoSafety】，如图 6-21 所示。

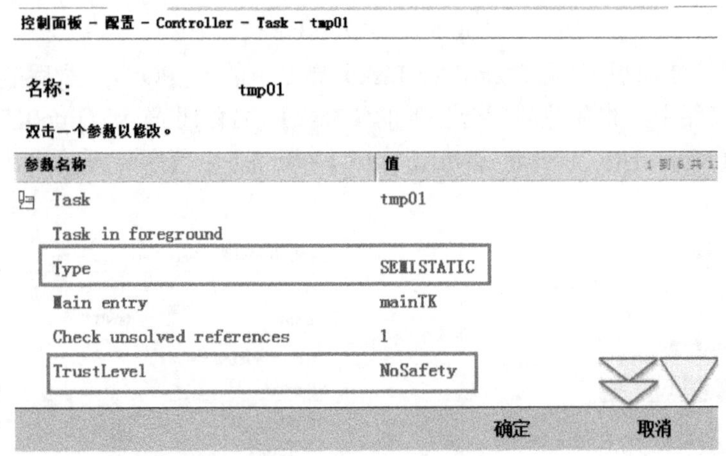

图 6-21　编辑后台任务

(5) 最后重新启动后台程序，将自动执行新建任务 tmp01 下的主程序 mainTK。

2. 多任务之间数据通信

多任务之间实现数据通信的方法是：在两个不同任务中建立一个或多个相同名字的可变量类型的数据，在多任务运行时就可以实现数据互通共享。

下面结合实例，介绍多任务间数据通信的实现方法：

(1) 在已有的主任务基础上另外新建一个后台任务，在【控制面板-配置-Controller】界面中，将新建后台任务的【type】设置为【NONMAL】。

(2) 分别进入两个任务的【数据声明】界面，在两个任务下各建立一个名称相同的可变量类型数据，如图 6-22 所示。

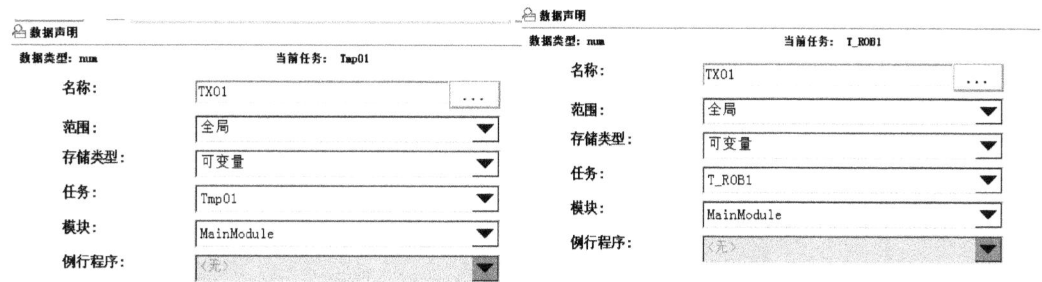

图 6-22　建立同名可变量数据

(3) 在【控制面板-配置-Controller-Task-tmp01】界面中，将任务 tmp01 的【type】改为【SEMISTATIC】，并确保【TrustLevel】为【NoSafety】，然后在默认前台任务 T_ROB1 的程序中编写赋值语句，用于处理数据，代码如下：

```
MODULE MainModule
    PERS num TX01:=881;
    PROC main()
        TX01 := 881;
    ENDPROC
ENDMODULE
```

(4) 打开示教器程序数据页，观察后台任务数据的变化，如图 6-23 所示。

范围：RAPID/Tmp01			更改范围
名称	值	模块	
reg1	0	user	全局
reg2	0	user	全局
reg3	0	user	全局
reg4	0	user	全局
reg5	0	user	全局
TX01	881	MainModule	全局

图 6-23　查看数据通信结果

本 章 小 结

✧ 在 RAPID 程序执行过程中，如果出现需要紧急处理的情况，机器人系统会中断当前指令的执行，程序指针马上跳转到相应的程序中对紧急情况进行处理，处理结束后，程序指针会返回程序被中断的地方，继续执行程序。这种专门用来处理紧急情况的程序称为中断程序(TRAP)，经常用于程序错误处理、外部信号响应等实时响应要求高的场合。

✧ 事件程序(Event Routine)由一条或多条指令组成。在事件程序中不能有运动指令，也不能有复杂的逻辑判断，以免程序陷入死循环，影响系统的正常运行。

✧ 区域监控(World Zones)的主要功能为设定一个虚拟空间，使机器人本体进入该空间时，机械臂会停下或是机械臂自动设置输出。

✧ 当工业机器人关节的第 5 轴角度为 0°，且第 4 轴和第 6 轴角度相同时，则称机器人的此种姿态为奇异点。在设计夹具或布局工作站时，应尽量避免机器人的运动轨迹或执行关键动作时的姿态进入奇异点。

本 章 练 习

1. 简述中断与事件程序的作用。
2. 简述区域监控的功能及典型应用场景。
3. 简述奇异点的概念以及避免奇异点的方法。

第 7 章　仿真软件高级应用

本章目标

- 掌握仿真软件离线编程方法
- 掌握虚拟工业机器人工具的创建与设置方法
- 熟悉事件管理器的使用方法
- 熟悉 Smart 组件的使用方法
- 掌握导轨和变位机的应用及编程方法
- 掌握工业机器人在线控制与编程的知识

本章介绍仿真软件 RobotStudio 的高级应用，主要包括工业机器人离线编程基础知识、虚拟工作站搭建与编程、特殊工作站搭建与编程，以及工业机器人的在线编程和控制等。

7.1 离线轨迹编程

离线编程是指通过仿真软件在电脑里重建整个工作场景的三维虚拟环境，根据要加工零件的大小、形状、材料，结合操作者的一些操作自动生成机器人的运动轨迹(即控制指令)，并在软件中对运动轨迹进行仿真与调整，最后生成机器人程序，并传输给实际机器人的过程。

离线编程克服了在线示教编程的很多缺点，充分利用了计算机的性能，缩短了编写机器人程序所需的时间，也减少了在线示教编程的不便。目前，离线编程广泛应用于打磨、去毛刺、焊接、激光切割、数控加工等新兴的工业机器人应用领域，逐渐成为一种主流的机器人编程方式。

7.1.1 离线编程简介

工业机器人在进行切割、涂胶、焊接等工作的过程中，需要根据切割或焊接的工件曲线生成一些不规则的轨迹。对此，在线示教编程的做法是根据工艺精度的要求示教大量的目标点，从而生成机器人的运行轨迹，显然这种方式的效率低且精度相对不高；而离线轨迹编程则是根据模型的曲线特征，通过软件自动生成机器人的运行轨迹，在保证精度的情况下，大大提高了编程效率。

1. 离线编程的优点

与示教编程相比，离线编程具有以下优点：

(1) 能够根据虚拟场景中的几何特征，自动生成复杂的加工轨迹。

离线编程有多种生成轨迹的方式，特别适用于轨迹复杂的工作场合。如在编写打磨、喷涂机器人程序时，不同于搬运程序只需示教几个点，而是需要示教几十甚至几百个点，此时离线编程的优势就会凸现出来。例如：可以沿着一个面的一条直线或者曲线来生成轨迹，比手动逐一点位示教形成运动轨迹显然更为方便。

(2) 能够进行轨迹仿真和路径优化，并生成可执行代码。

离线编程区别于示教编程的一个显著优点就是轨迹生成后可在软件中检测机器人行走路径是否正确或安全，并可以对生成的轨迹进行优化，将优化后的可执行代码下载到实际机器人中运行，大大提高了机器人的安全性。

(3) 能够进行碰撞检测。

在机器人的编程调试过程中，发生错误是不可避免的，而离线编程在调试过程中能通过碰撞检测功能检测到程序中的问题，避免在实际生产过程中出现错误：程序仿真时，打开碰撞监控功能，会对轨迹中的错误进行初步检测；在生成可执行代码时，系统还会对其中的机器人数据进行最后的检测过滤，如果发现有不符合程序正常运行要求的数据，会拒

绝生成可执行代码。这样可以最大程度的减少来自程序设计本身的失误。

(4) 生产线不停止的编程。

离线编程的另一个优点是程序编辑与机器人工作可以同时进行。对于示教编程来说，若要修改路径或程序，就需要停止生产线来编程，导致资源浪费；而离线编程可以在当前生产线工作的同时重新编程，不占用生产线上的机器人，不影响生产效率。

2. 离线编程的缺点

当前，离线编程主要存在以下缺点：

(1) 对于简单轨迹的生成，离线编程没有示教编程的效率高。例如，在编写搬运、码垛以及点焊程序时，涉及的示教点较少，采用示教编程能够快速完成轨迹编程；而对于离线编程来说，还需要搭建模型环境，如果不是出于方案需要，显然这部分工作的投入与产出不成比例。

(2) 模型误差、工件装配误差、机器人绝对定位误差等都会对离线编程的精度有一定的影响，需要采用各种办法来尽量消除这些误差。

总体来看，由于机器人的应用越来越复杂，目前大多数情况下会采用离线编程结合示教校准的编程思路，保证编程效率。

3. 常用离线编程软件

如同示教编程离不开示教器一样，说到离线编程就不得不说离线编程软件，如 RobotGuide、RobotArt、RobotMaster、RobotWorks、RobotStudio 等，这些都是在离线编程行业中首屈一指的软件，在工业生产及教学研究等领域得到了广泛的应用，部分软件界面如图 7-1 所示。

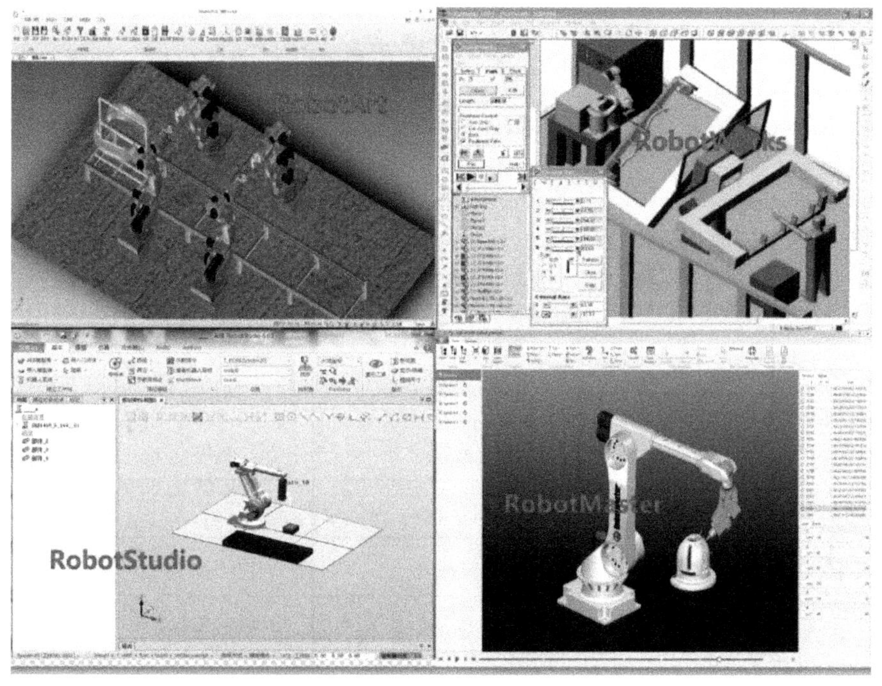

图 7-1　常用仿真软件

下面以 ABB 机器人仿真软件 RobotStudio 为例，讲解机器人离线编程的相关知识(可以扫描右侧二维码，观看离线轨迹编程的演示视频)。

离线轨迹编程

7.1.2 搭建虚拟工作站

创建机器人离线轨迹程序，首先要在仿真软件中搭建一个与真实工作站相同的虚拟工作站，然后根据工件的 3D 曲面模型，自动生成机器人的运行轨迹。

下面以编写一个切割工件边缘的工业机器人程序为例，学习如何进行离线轨迹编程。首先要在仿真软件中搭建一个虚拟切割工作站，如图 7-2 所示。

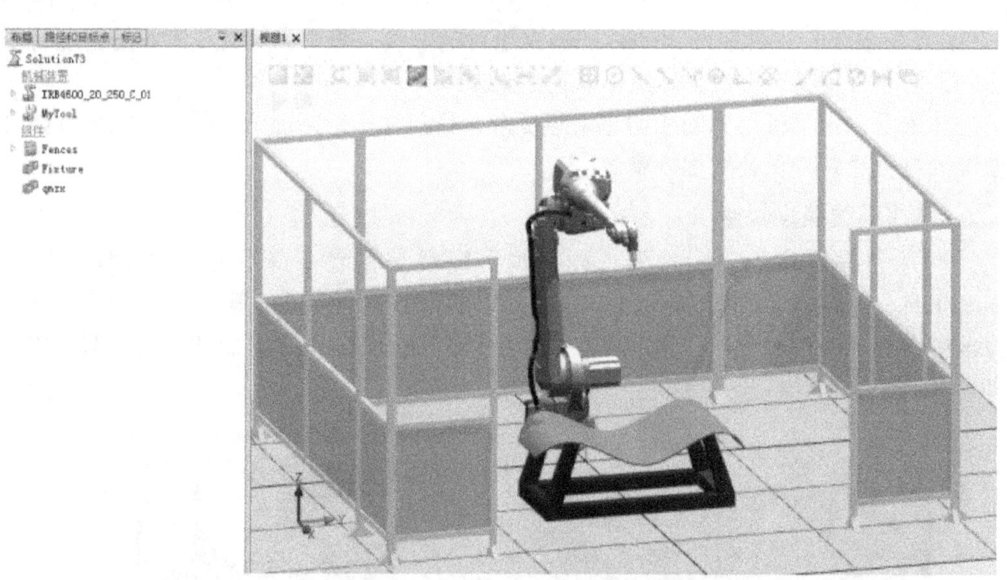

图 7-2　切割工作站示意

该工作站的主要组成部分如表 7-1 所示，所需的项目均可在配套教学资源中找到。

表 7-1　虚拟切割工作站的主要组成

项目	名称	来源
机器人	IRB 4600	系统
工具	MyTool	系统
围栏	Fences	系统
工装夹具	Fixture	教师提供
工件	Qmzx	教师提供

7.1.3　生成运行轨迹

选择【建模】选项卡中的【创建】/【表面边界】命令，然后单击工件上表面，就可以创建工件的表面边界(即切割轨迹曲线)，如图 7-3 所示，窗口左侧【建模】导航栏中出现的【部件_1】即为生成的曲线。

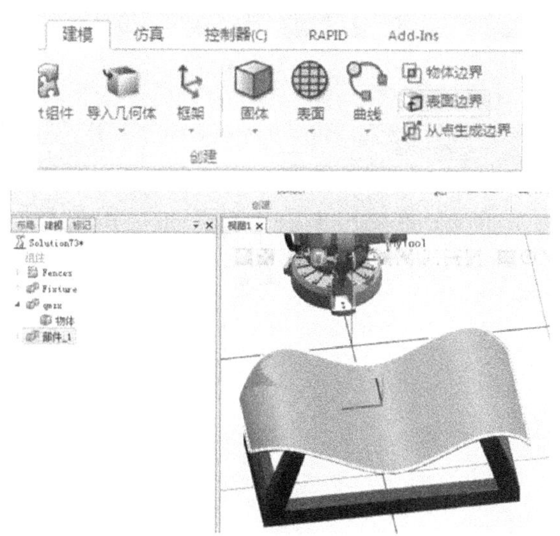

图 7-3　生成曲线

根据生成的 3D 曲线，可以自动生成机器人的切割轨迹。但在生成切割轨迹前，必须要创建工件坐标系，方便后续工程师将生成的离线程序导入真机时进行编辑或修改。创建工件坐标系时，通常选择工件的加固工装或者平台的某个特征点，因为这样容易建立工件坐标系，而且会使后续更容易修改坐标系位置。

例如，在实际工作站中，固定装置上面一般会设有一些定位装置等机构，以此来保证工件与固定工装的夹具之间位置的精度，从而保证产品加工的一致性及产品的精度，工件坐标系就可以创建在这类装置的位置上，如图 7-4 所示。

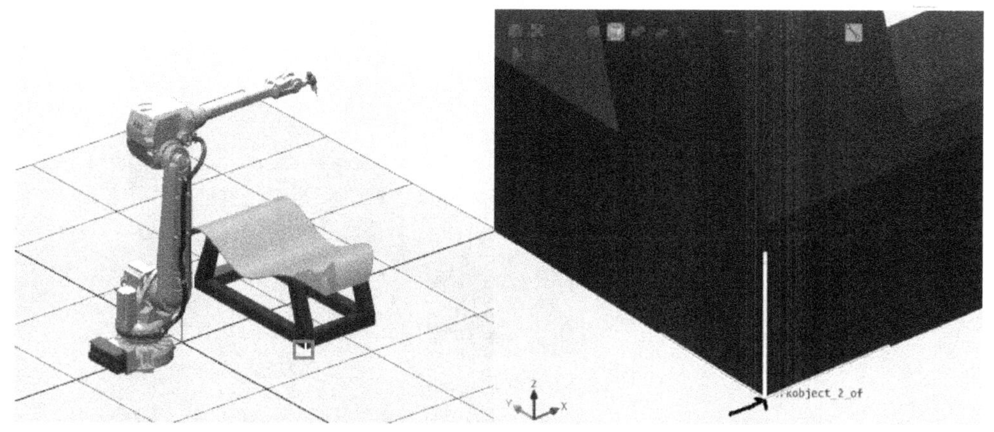

图 7-4　建立工件坐标系

参考第 5 章内容建立工件坐标系，然后在【基本】/【设置】选项卡中，将【工件坐标】设置为新建的工件坐标系；将【工具】设置为所用的机器人工具；同时在软件界面的最下方设定好运动语句的参数，如图 7-5 所示。

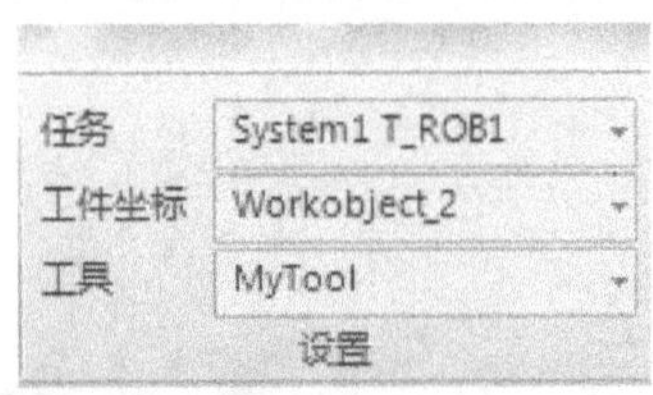

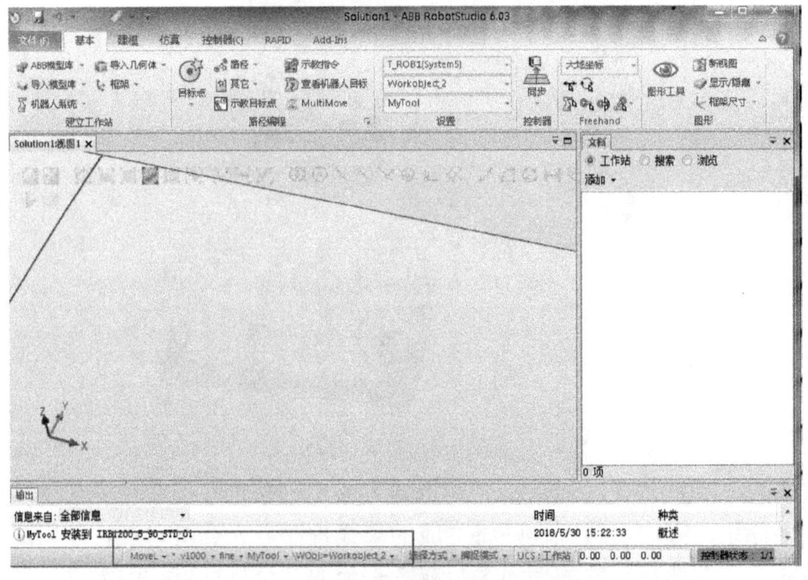

MoveL ▾ * v100 ▾ fine ▾ MyTool ▾ \WObj:=Workobject_2 ▾

图 7-5　创建工件坐标系

做好准备工作后，就可以自动生成路径了。首先，在【基本】/【路径编程】选项卡中选择【路径】/【自动路径】命令，如图 7-6 所示。

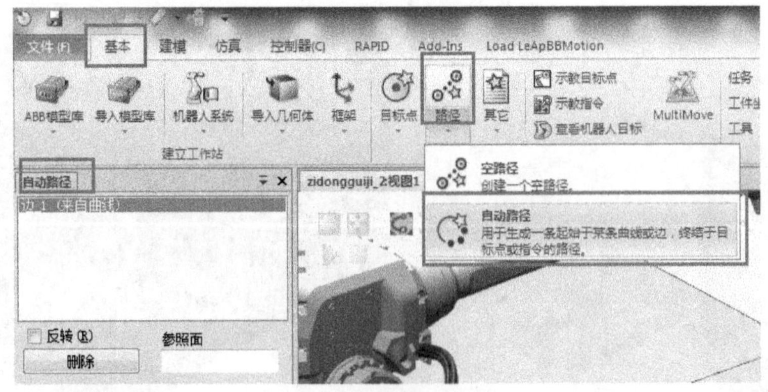

图 7-6　创建自动路径

在工作站视图上方的工具栏中，选择捕捉工具 (曲线)，单击【参照面】下方输入框，然后依次单击选择工件上表面边缘，如图 7-7 所示。

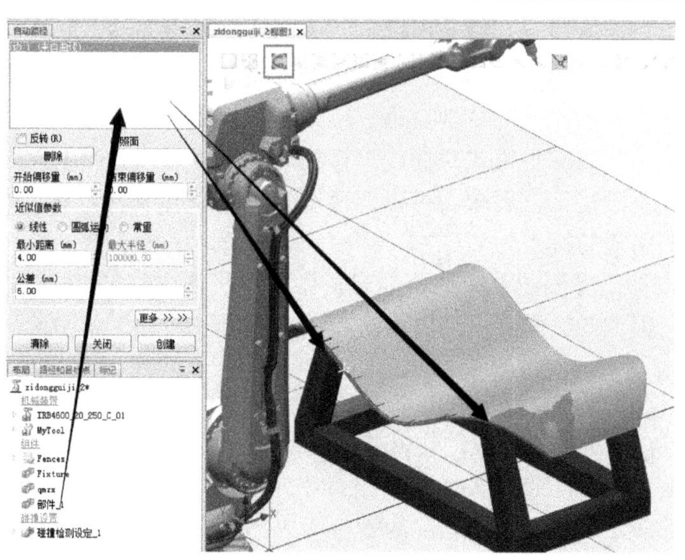

图 7-7　捕捉工件边缘

最后将所有边缘全部选定，形成一条完整的边缘链，如图 7-8 所示。

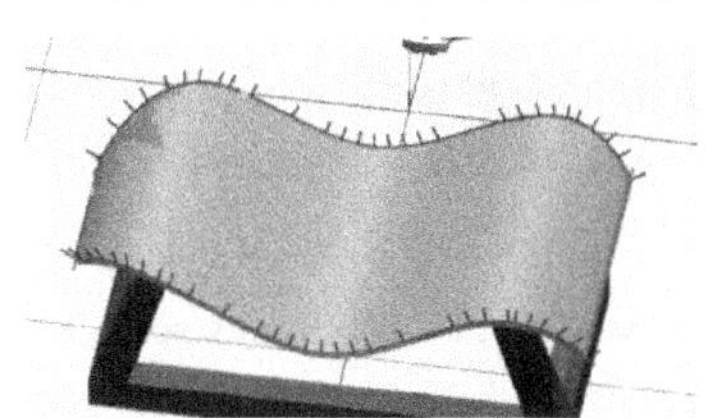

图 7-8　生成自动路径

对【自动路径】设置界面中各选项的详细说明如表 7-2 所示。

表 7-2　自动路径选项说明

选项	用 途 说 明
反转	反转轨迹运行方向，默认为顺时针运行，反转后则为逆时针运行
参照面	使生成的目标点 Z 轴方向与选定表面处于垂直状态
开始偏移量	轨迹开始点的偏移尺寸
结束偏移量	轨迹结束点的偏移尺寸
线性	为每个目标生成线性指令，圆弧作为分段线性处理
圆弧运动	在圆弧特征处生成圆弧指令，在线性特征处生成线性指令
常量	生成具有恒定间隔距离的点
属性值	用途说明
最小距离/mm	设置两生成点之间的最小距离，小于该最小距离的点将被过滤掉
最大半径/mm	将圆弧视为直线前确定圆的半径大小，直线视为半径无限大的圆
公差/mm	设置生成点所允许的几何轮廓的最大偏差

注意：在设定自动路径时，需要根据不同的曲线特征来选择不同的近似值参数类型。通常情况下选择【圆弧运动】，这样在处理曲线时，线性部分则执行线性运动，圆弧部分则执行圆弧运动，不规则曲线部分则执行分段式的线性运动；而【线性】和【常量】都是固定的模式，即全部按照一种模式对曲线进行处理，使用不当会产生大量的多余点位，或者导致路径的精度不满足工艺要求。可以切换不同的近似值参数类型，观察在各种近似值参数类型下生成的路径的特点。

设置完毕后，单击【创建】按钮，即自动生成了机器人路径 Path_10。路径 Path_10 的部分代码如下，但这些代码并不准确，需要进一步调整：

```
PROC Path_10()
MoveL Target_510,v100,fine,MyTool\WObj:=Workobject_2;
MoveC Target_520,Target_530,v100,fine,MyTool\WObj:=Workobject_2;
MoveC Target_540,Target_550,v100,fine,MyTool\WObj:=Workobject_2;
MoveC Target_560,Target_570,v100,fine,MyTool\WObj:=Workobject_2;
MoveC Target_580,Target_590,v100,fine,MyTool\WObj:=Workobject_2;
MoveC Target_600,Target_610,v100,fine,MyTool\WObj:=Workobject_2;
MoveL Target_620,v100,fine,MyTool\WObj:=Workobject_2;
MoveL Target_630,v100,fine,MyTool\WObj:=Workobject_2;
MoveC Target_640,Target_650,v100,fine,MyTool\WObj:=Workobject_2;
MoveC Target_660,Target_670,v100,fine,MyTool\WObj:=Workobject_2;
MoveC Target_680,Target_690,v100,fine,MyTool\WObj:=Workobject_2;
MoveC Target_700,Target_710,v100,fine,MyTool\WObj:=Workobject_2;
MoveC Target_720,Target_730,v100,fine,MyTool\WObj:=Workobject_2;
MoveL Target_740,v100,fine,MyTool\WObj:=Workobject_2;
MoveL Target_750,v100,fine,MyTool\WObj:=Workobject_2;
ENDPROC
```

在后面的任务中，会继续对路径 Path_10 进行处理，并将其转换成机器人程序代码，完成机器人轨迹程序的编写。

7.1.4 调整轨迹参数

使用仿真软件的自动路径功能生成的路径并不能直接运行，因为部分目标点是机器人在当前的参数配置下难以到达的。需要修改目标点配置并调整机器人工具姿态，对路径进行优化，以使程序更加完善。

1．调整目标点工具姿态

在调整工具姿态之前，首先要查看生成的目标点，单击【基本】选项卡，在窗口左侧的【路径和目标点】标签中，依次展开目录【T_ROB1】/【工件坐标&目标点】/【Workobject_2】/【Workobject_2_of】，在其中可以看到自动生成的各个目标点，如图 7-9 所示。

路径和目标点 | 标记
zidongguiji_1*
工作站元素
System1
T_ROB1
工具数据
MyTool
tool0
工件坐标 & 目标点
wobj0
Workobject_2
Workobject_2_of
Target_510
Target_520
Target_530
Target_540
Target_550
Target_560
Target_570
Target_580
Target_590
Target_600
Target_610

图 7-9 查看自动生成的目标点

在调整目标点过程中，为了便于查看工具在此姿态下的效果，可以在某个目标点位置处显示对应的工具姿态：鼠标右键单击目标点【Target_510】，在弹出的菜单中选择【查看目标处工具】/【MyTool】命令，就可以查看工件上的 Target_510 目标点对应的工具姿态，如图 7-10 所示。

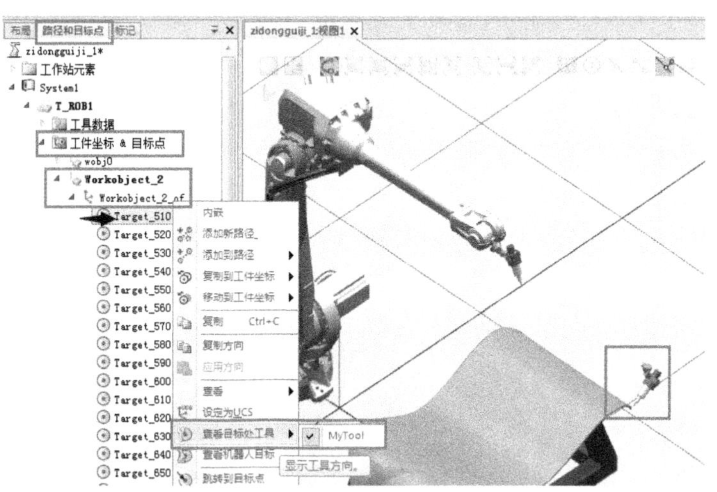

图 7-10 显示目标点对应的工具姿态

若机器人工具由于姿态原因难以到达该目标点，可以改变该目标点对应的工具姿态，使机器人工具能够到达该目标点：鼠标右键单击目标点【Target_510】，在弹出的菜单中选择【修改目标】/【旋转】命令，在上方出现的旋转设置界面中选择对应的坐标轴，即可在前面的【旋转】输入框中设置目标点处的机器人工具围绕该坐标轴旋转的角度。本例中，只需让该目标点 Target_510 处的工具绕着其本身的 Z 轴旋转−90° 即可，图 7-11 所示。

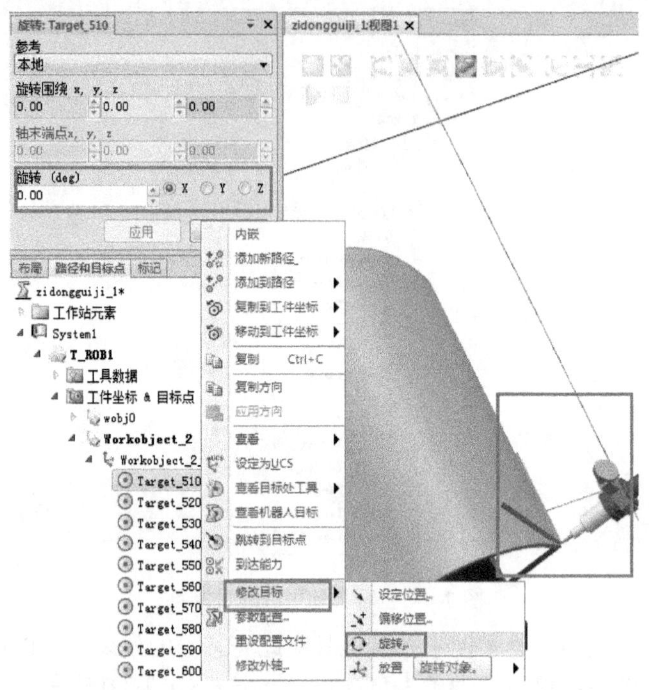

图 7-11　设置目标点工具旋转角度

在旋转设置界面的【参考】下拉菜单中选择【本地】，即使用该工具的 X、Y、Z 坐标系，然后选择【Z】，并在左侧的【旋转】输入框中输入“-90”，单击【应用】按钮，即可按照要求调整目标点的工具姿态，如图 7-12 所示。

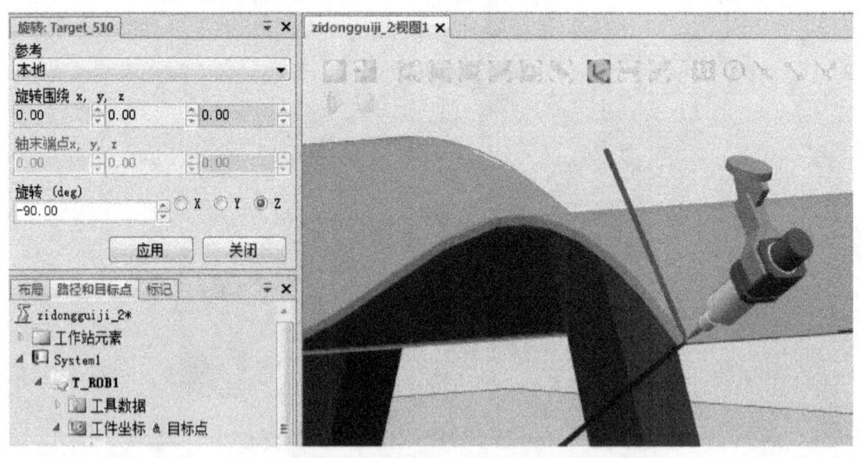

图 7-12　调整目标点工具姿态

自动生成的目标点的工具坐标系 Z 轴方向均为工件上表面的法线方向，通过对目标点 Target_510 的调整可知：目标点处的工具姿态还需要绕 X 轴方向旋转调整。

在调整大量目标点的工具姿态时，可以进行批量处理：按住键盘【Shift】键，然后按住鼠标左键并拖动，选择【路径和目标点】导航栏中的所有目标点。右键单击其中一个目标点，在弹出的菜单中选择【修改目标】/【对准目标点方向】，如图 7-13 所示。

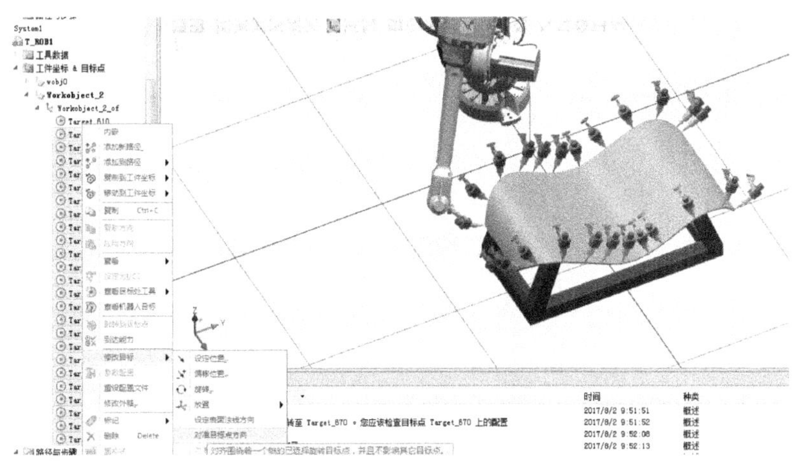

图 7-13　批量调整目标点工具姿态

在出现的【对准目标点:(多种选择)】设置界面中，在【参考】下拉菜单中选择姿态已经调整完毕的目标点 Target_510，将【对准轴】设置为【X】,【锁定轴】设置为【Z】，然后单击【应用】按钮，将剩余所有目标点的 X 轴方向对准目标点 Target_510 的 X 轴方向，如图 7-14 所示。

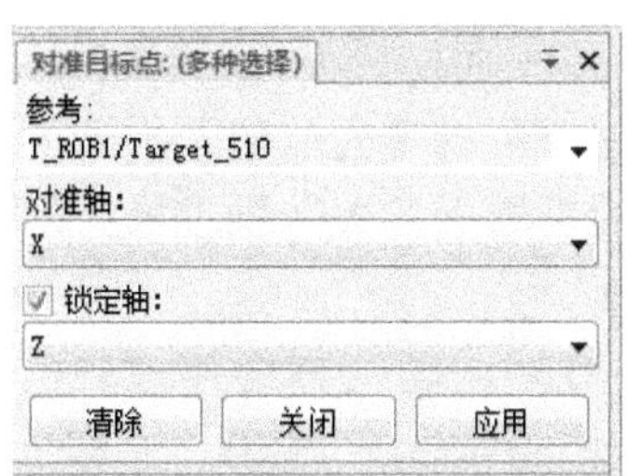

图 7-14　调整目标点工具方向

选择导航栏中的所有目标点，可以看到所有目标点的工具方向已经调整完毕，如图 7-15 所示。

图 7-15　目标点工具姿态批量调整完毕

2. 配置轴配置参数

常见的六轴工业机器人大都是多轴串联型机器人，当机器人的 TCP 运动到目标点时，同一机器人姿态可能会存在多种关节轴组合情况，即多种轴配置参数。因此，需要通过配置轴配置参数，调整自动生成的目标点机器人姿态。

在【路径和目标点】导航栏中，右键单击【Workobject_2_of】下的目标点【Target_610】，在弹出的菜单中选择【参数配置】命令，若机器人能够达到当前目标点，则可在出现的目标点设置界面的【配置参数】列表中为该目标点处的机器人姿态选择合适的轴配置参数。本例中，选择默认的第一种轴配置参数【Cfg1】，然后单击【应用】按钮，就可修改该目标点处机器人姿态的轴配置参数，如图 7-16 所示。

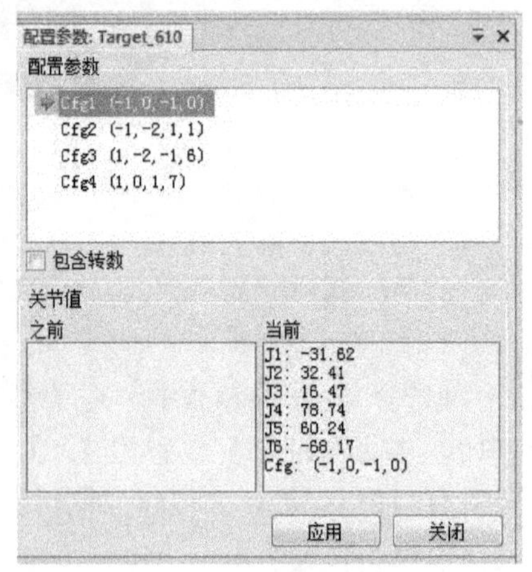

图 7-16　选择轴配置参数

注意：在选择轴配置参数时，可将【关节值】栏下的数值作为参考：【之前】中的参数为目标点原先的轴配置对应的机器人各关节轴度数；【当前】中的参数为当前所选的轴配置对应的机器人各关节轴度数。

有时候，机器人的部分关节轴运动范围会超过 360°。例如，本任务中的机器人 IRB 4600 的关节轴 6 的运动范围为−400°～+400°，即范围为 800°，也就是说，对于同一个目标点位置，关节轴 6 为 30° 时可以到达，关节轴 6 为−330° 时也可以到达。若要详细设置机器人到达该目标点时各关节轴的角度，可在目标点设置界面中勾选【包含转数】项。

此外，也可在【路径和目标点】导航栏中右键单击路径【Path 10】，在弹出的菜单中选择【配置参数】/【自动配置】命令，对轴配置参数进行自动配置，如图 7-17 所示。

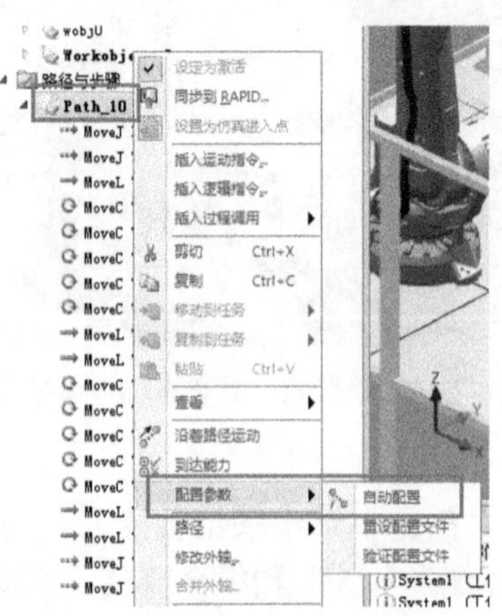

图 7-17　自动配置轴配置参数

相对而言，自动配置轴配置参数更加快捷、方便。如果自动配置不能满足对机器人目标姿态的要求，则可辅以手动配置。

3．轨迹优化及仿真设置

轨迹参数配置完成后，需要进一步完善程序，为轨迹添加起始处的“接近点”、结束处的“离开点”(逃离点)以及“程序起始安全点(home)”。机器人工具向切割起始位置移动时，最好先移至“接近点”——起始切割点沿法线方向的正上方位置，这么做的目的是让机器人工具能够垂直地进入起始切割点，确保工具的运动路径不因姿态变换而受到干扰。为轨迹添加“离开点”的作用相同。

本例中，在沿起始点 Target_510 的 Z 轴方向往上偏移一定距离的位置添加接近点 Targeth1，添加过程如下：

(1) 在【路径和目标点】导航栏中的【工件坐标&目标点】目录下，右键单击第一个目标点【Target_510】，在弹出的菜单中选择【复制】命令，如图 7-18 所示。

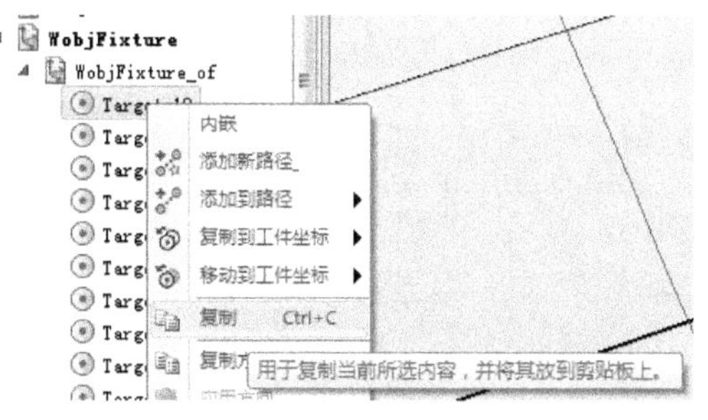

图 7-18　复制目标点

在目录【Workobject_2_of】上单击鼠标右键，在弹出的菜单中选择【粘贴】命令，并将粘贴进去的目标点重命名为“Targeth1”，如图 7-19 所示。

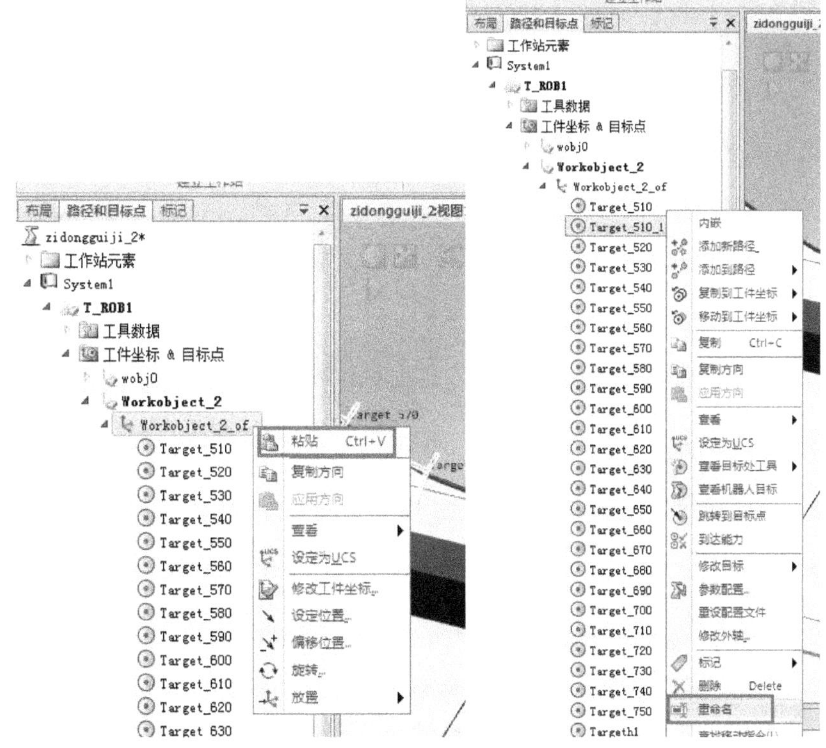

图 7-19　粘贴并重命名目标点

然后在目标点【Targeth1】上单击鼠标右键，在弹出的菜单中选择【修改目标】/【偏移位置】命令，在出现的【偏移位置：Targeth1】界面中，将【Translation】设置为沿 Z 轴向上 200 mm，操作步骤与调整目标点工具姿态类似，如图 7-20 所示。

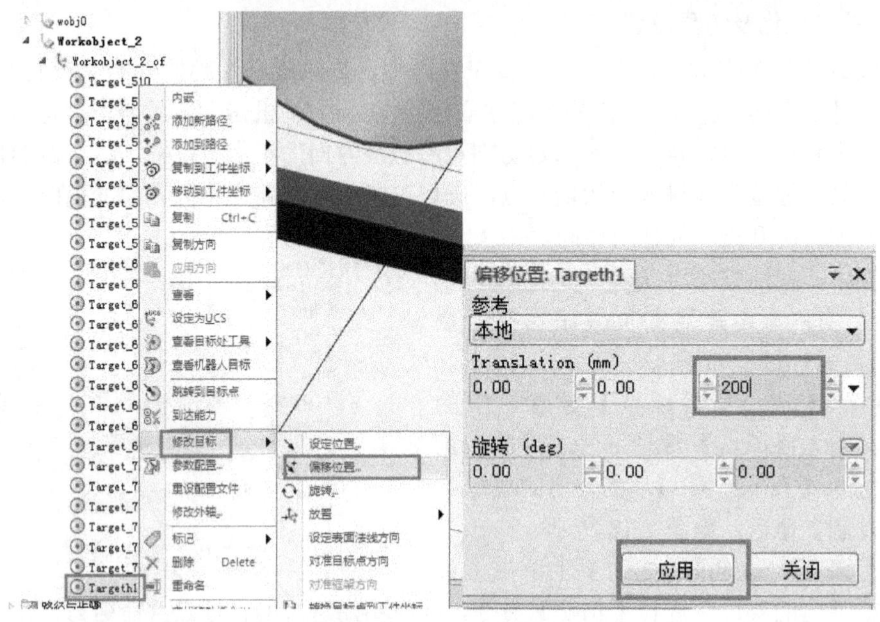

图 7-20　配置目标点偏移位置

(2) 在配置完毕的目标点【Targeth1】上单击鼠标右键，选择【添加到路径】/【Path_10】/【第一】命令，使运行至该点的运动语句位于路径 Path_10 的首行，如图 7-21 所示。

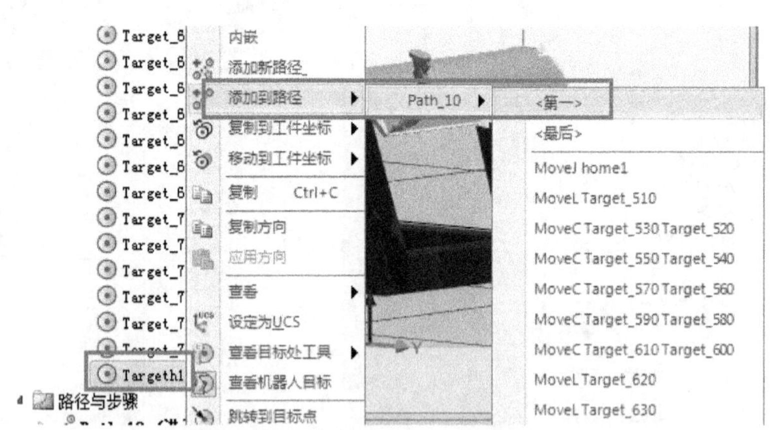

图 7-21　将目标点添加到路径

同理，机器人运行结束后也要先回到逃离点，所以要用同样的方法将运行至逃离点的轨迹添加至路径 Path_10 的最后。

(3) 要为机器人轨迹添加一个程序安全点(起始点)。右键单击【布局】导航栏中的机器人名称，在弹出的菜单中选择【回到机械原点】命令，然后选择【基本】/【路径编程】选项卡下的【示教目标点】命令，参考前面的方法设置起始点，并在导航栏相应目录下将新生成的目标点命名为“home1”，如图 7-22 所示。配置完毕，将运行至该点的轨迹

添加到路径 Path_10 最后一行，保证机器人执行完所有动作后会回到此安全位置，且必须从安全位置开始执行运动指令。

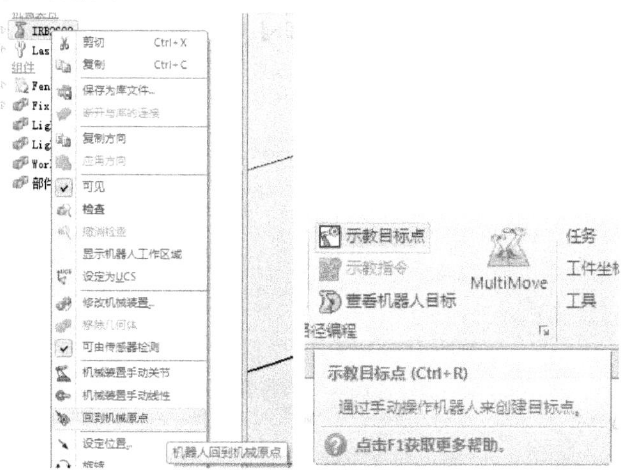

图 7-22　添加新的示教点

(4) 接下来，配置安全点、轨迹起始点、轨迹结束点的运动类型、速度、转弯半径等参数，目的是在保证安全高效的情况下实现对机器人的运动控制。

根据生产工艺特点，可以将非切割作业的运动模式改成关节运动，以提高机器人动作的顺滑性，加快运行速度；开始点和目标点的速度可以在有效范围内适当提高，以节省时间。另外，为了使运动轨迹进一步顺滑，可以将非切割作业的运动语句中的转弯半径参数“fine”改为其他的值，因为没有必要在进行非作业运动时让机器人的 TCP 点与示教点的位置重合。

右键单击【路径和目标点】导航栏中的【Path_10】，在弹出的菜单中选择【编辑指令】命令，在出现的修改指令界面中对想要修改的运动指令进行编辑，如图 7-23 所示。

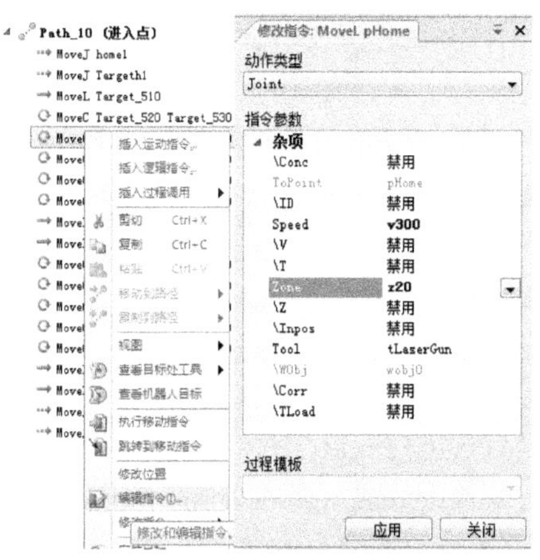

图 7-23　编辑运动指令

本例中，将所有非圆弧运动的切割轨迹运动都设置为直线运动，速度为 v100，转弯半径参数为 fine；将与安全点有关的运动设置为关节运动，速度为 v300，起始点的转弯半径参数为 z20，程序结束回归安全点的转弯半径参数为 fine；机器人进入切割点时用关节

运动，转弯半径为 z5，速度为 v100；离开切割点时用直线运动，转弯半径为 z20，速度为 v100。

(5) 指令编辑完毕后，再次右键单击【Path_10】，重新自动配置一次轴配置参数，如果没有观察到机器人与设备碰撞的情形，就可以将路径代码同步到 RAPID 中，如图 7-24 所示。

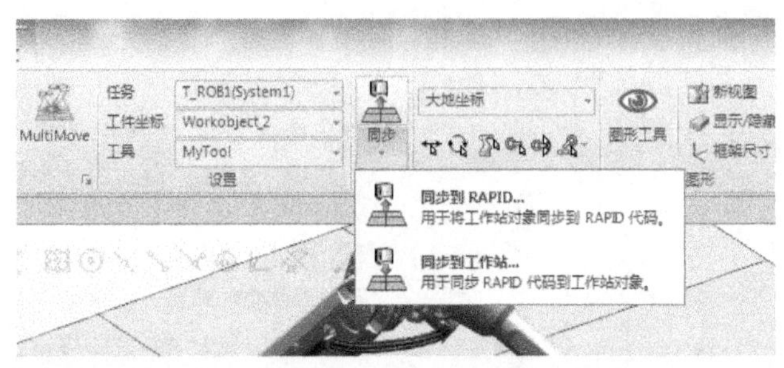

图 7-24　将路径同步到 RAPID

(6) 单击【控制器】标签，在出现的导航栏中依次单击【RAPID】/【T_ROB1】/【Module1】/【Path_10】，如图 7-25 所示。

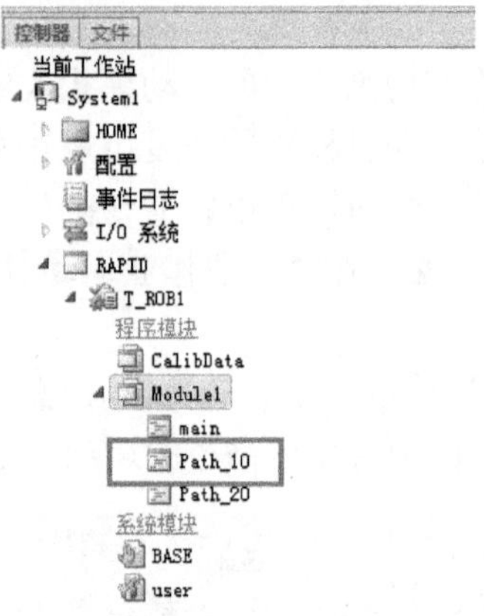

图 7-25　查看同步的路径代码

可以在程序编辑器视图中看到如下代码：

```
PROC Path_10()
    MoveJ home1,v300,z20,MyTool\WObj:= Workobject_2;
    MoveJ Targeth1,v100,z5,MyTool\WObj:=Workobject_2;
    MoveL Target_510,v100,fine,MyTool\WObj:=Workobject_2;
    MoveC Target_520,Target_530,v100,fine,MyTool\WObj:=Workobject_2;
    MoveC Target_540,Target_550,v100,fine,MyTool\WObj:=Workobject_2;
    MoveC Target_560,Target_570,v100,fine,MyTool\WObj:=Workobject_2;
    MoveC Target_580,Target_590,v100,fine,MyTool\WObj:=Workobject_2;
    MoveC Target_600,Target_610,v100,fine,MyTool\WObj:=Workobject_2;
    MoveL Target_620,v100,fine,MyTool\WObj:=Workobject_2;
    MoveL Target_630,v100,fine,MyTool\WObj:=Workobject_2;
```

```
	MoveC Target_640,Target_650,v100,fine,MyTool\WObj:=Workobject_2;
	MoveC Target_660,Target_670,v100,fine,MyTool\WObj:=Workobject_2;
	MoveC Target_680,Target_690,v100,fine,MyTool\WObj:=Workobject_2;
	MoveC Target_700,Target_710,v100,fine,MyTool\WObj:=Workobject_2;
	MoveC Target_720,Target_730,v100,fine,MyTool\WObj:=Workobject_2;
	MoveL Target_740,v100,fine,MyTool\WObj:=Workobject_2;
	MoveL Target_750,v100,fine,MyTool\WObj:=Workobject_2;
	MoveL Targeth1,v100,z20,MyTool\WObj:=Workobject_2;
	MoveJ home1,v300,fine,MyTool\WObj:= Workobject_2;
ENDPROC
```

(7) 路径优化完成后，可以进行虚拟机器人工作站的仿真设置：在【仿真】/【配置】选项卡中选择【仿真设定】命令，在视图中出现的【仿真对象】导航栏中依次单击【System1】/【T_ROB1】，在右侧的【进入点】下拉菜单中选择刚同步出来的路径【Path_10】，然后单击【关闭】按钮，如图 7-26 所示。

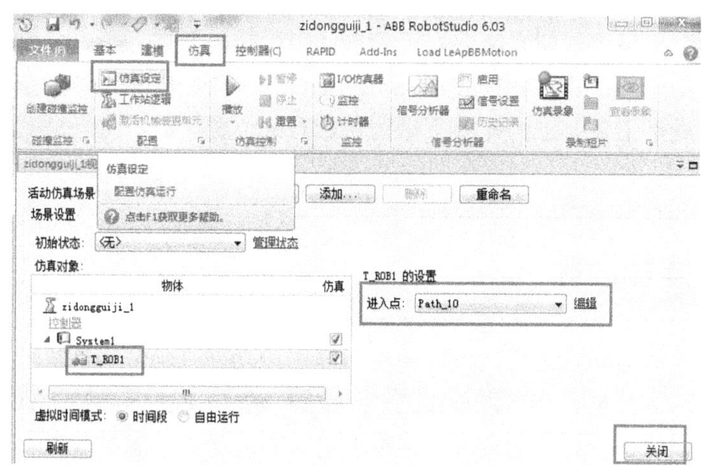

图 7-26　配置仿真选项

(8) 单击【仿真】/【仿真配置】选项卡中的【播放】按钮，就可以在视图中查看机器人运行的仿真动画，如图 7-27 所示。

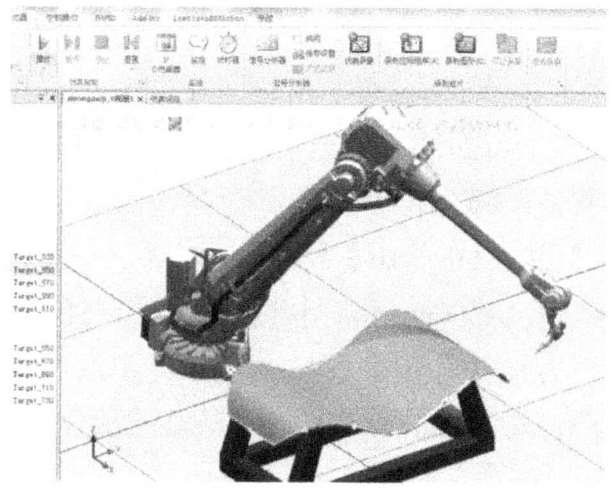

图 7-27　播放机器人工作站仿真动画

7.1.5 离线编程总结

离线轨迹编程需要生成曲线路径、调整路径点位、调整轴配置参数等步骤。

生成路径时，若工件表面太复杂，导致无法捕捉实体边缘，可在构建工件模型时使用三维软件进行前期处理，以便于提取相关的路径曲线。

目标点工具姿态调整是编程的关键。在一些对工具姿态要求较高、或者工具姿态的改变对工艺影响较大的工况中，选择正确的工具姿态更是重中之重。因此，实际应用时通常要综合运用多种方法，对目标点工具姿态进行多次调整。在这个过程中，可以先调整第一个目标点，其他目标点以调整完毕的第一个目标点为模板进行统一调整。

在配置目标点的轴配置参数时，若轨迹较长，可能会遇到相邻两个目标点之间的轴配置参数变化过大的情况，导致机器人无法从当前位置跳转到目标点位置而发生错误报警，或者在到达某些位置时出现奇异点错误。后者可以通过以下方式解决：在轨迹的起始点尝试使用不同的轴配置参数，如有需要，可勾选【包含转数】之后再选择轴配置参数；尝试更改轨迹起始点的位置；在编程中使用 SingArea、ConfL、ConfJ 等指令来避免奇异点；更改工艺或是在满足工艺要求的前提下微调目标点的位置。以上处理方式可以根据实际情况酌情选用。

7.1.6 离线编程辅助

规划好机器人的运动轨迹后，可以使用碰撞监控功能来验证当前机器人轨迹是否会与周边设备发生干涉。此外，还可以使用 TCP 跟踪功能记录机器人的运行轨迹，以便在机器人动作执行完毕后分析其运动轨迹，判断机器人的运动是否满足要求。

1. 碰撞监控

仿真的一个重要任务是验证轨迹的可行性，即验证机器人是否会在运行过程中与周边设备发生碰撞。此外，在焊接、切割等实际应用中，机器人工具实体的尖端与工件表面的距离需保持在合理范围之内，既不能与工件发生碰撞，也不能距离过大，才能满足制作工艺的要求。

ABB 机器人仿真软件 RobotStudio 中已经内置了碰撞检测功能：在【仿真】/【碰撞监控】选项卡中选择了【创建碰撞监控】命令，会在【布局】导航栏中生成一个碰撞检测树，里面包含了【ObjectA】和【ObjectB】两个对象组。进行碰撞检测时，将需要检测的对象分别拖放到两个对象组中，当 ObjectA 中的任意一个对象与 ObjectB 中的任意一个对象发生碰撞，就会在软件下方的【输出】窗口中显示并记录，如图 7-28 所示。注意：若机器人的工作对象不止一个，可在工作站内设置多个碰撞集，但每个碰撞集仅能包含两组对象。

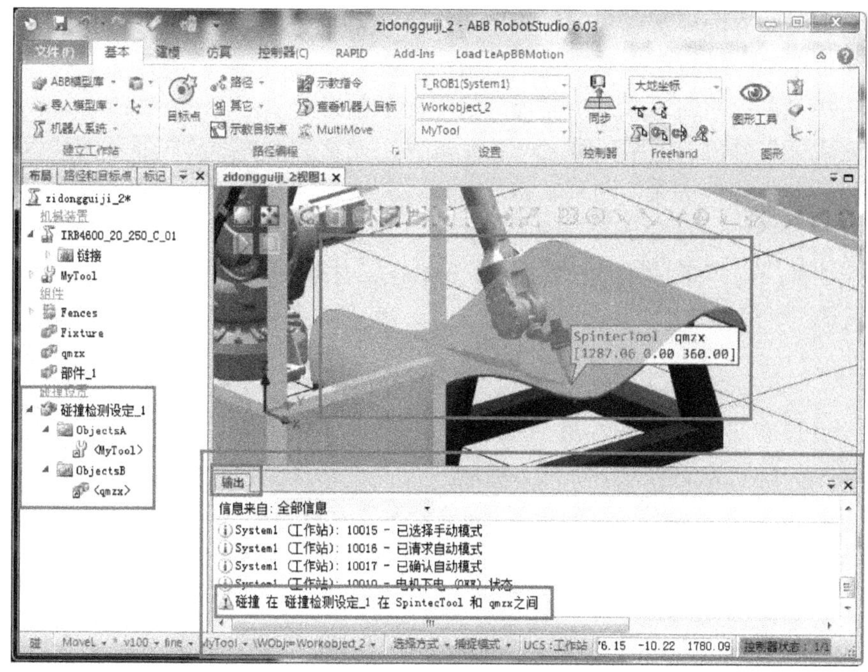

图 7-28　查看碰撞检测结果

本例中，将工具【MyTool】拖放到【ObjectA】中，将工件【qmzx】拖放到【ObjectB】中，然后右键单击【碰撞检测设定_1】，在出现的【修改碰撞设置:碰撞检测设定_1】界面中，设置碰撞检测的参数，如图 7-29 所示。

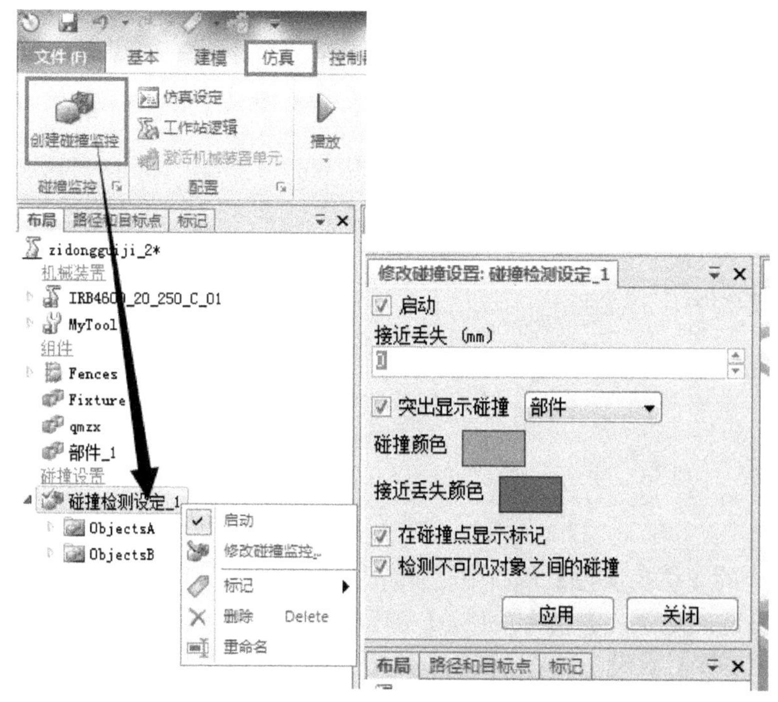

图 7-29　设置碰撞检测参数

碰撞检测设置界面中各选项的说明如下：

✧ 接近丢失：设置两组对象之间的最小距离。

✧ 碰撞颜色：两组对象发生碰撞时显示的颜色提示。

✧ 接近丢失颜色：两组对象之间的距离大于设置的最小距离时显示的颜色提示。

“碰撞”与“接近丢失”两种状态均可以设置对应的颜色提示，可在执行仿真时拖动工具与工件接触来验证设置是否有效。本例中，在工具初始接近的过程中，工具和工件都是初始颜色，而当工具和工件发生碰撞，开始在工件表面执行操作时，工件就会显示绿色，如图 7-30 所示。

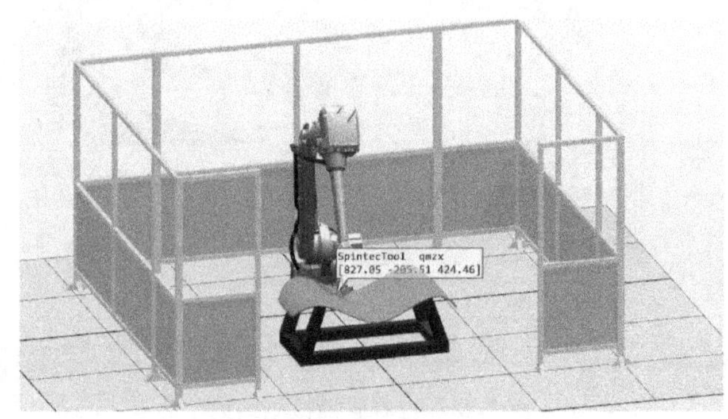

图 7-30　验证碰撞检测设置

2. 仿真监控

可以在仿真运行过程中监控机器人的 TCP 运动轨迹及运动速度，收集相关数据，为程序分析提供依据，其步骤如下：

(1) 关闭碰撞监控功能，开启跟踪功能：右键单击【布局】导航栏中的【碰撞检测设定】，在弹出的菜单中取消【启动】命令的勾选，然后选择【仿真】/【监控】选项卡中的【监控】命令，如图 7-31 所示。

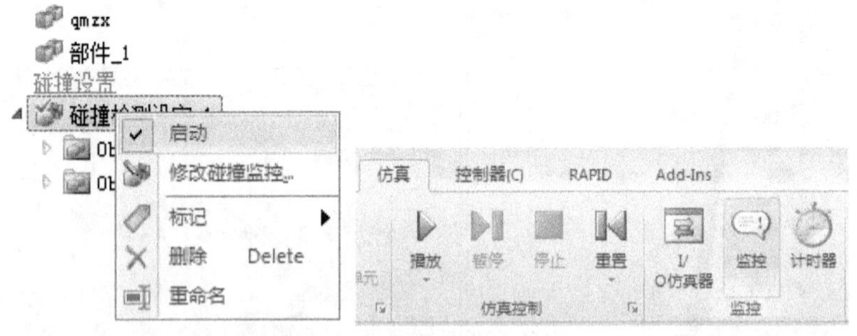

图 7-31　开启仿真监控功能

(2) 在弹出的【仿真监控】窗口中，选择【使用 TCP 跟踪】，将【跟踪长度】设为“10000”，【追踪轨迹颜色】设为黄色，【提示颜色】设为红色；然后选择【使用仿真提醒】，将【TCP 速度】设为“350”，最后单击【确定】按钮，如图 7-32 所示。

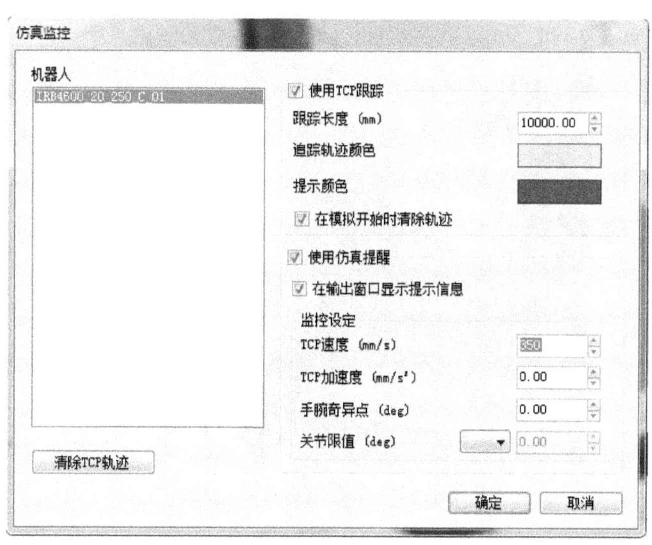

图 7-32　设置仿真监控参数

【仿真监控】窗口中各参数的说明如表 7-3 所示。

表 7-3　仿真监控参数说明

参数		说　明
启用 TCP 跟踪	跟踪长度	指定最大轨迹长度(以 mm 为单位)
	追踪轨迹颜色	未启用任何仿真提醒时 TCP 运动轨迹显示的颜色，单击彩色框，可以更改提示颜色
	提示颜色	当仿真提醒中所设置的任何参数超过临界值时，TCP 运动轨迹显示的颜色。单击彩色框，可以更改提示颜色
	清除轨迹	单击此按钮，可以从图形窗口中删除当前跟踪
使用仿真提醒	在输出窗口显示提示信息	勾选后，当机器人运动超过以下参数的临界值时，软件下方的【输出】窗口会出现相应的警告信息
	TCP 速度	指定 TCP 速度警报的临界值
	TCP 加速度	指定 TCP 加速度警报的临界值
	手腕奇异点	指定机器人第五轴接近零度前的临界提醒角度
	关节限值	指定在发出警报之前每个关节与其限值的最大接近值

(3) 为便于观察所记录的 TCP 轨迹，需要将工作站中的路径和目标点隐藏：在【基本】选项卡中单击【显示/隐藏】命令，在出现的扩展菜单中取消选择【全部目标点/框架】和【全部路径】项，如图 7-33 所示。

(4) 单击【仿真】/【仿真控制】选项卡中的【播放】按钮，播放仿真动画。可以看到，此时机器人工具的运动轨迹以黄色线条显示并保留在了画面中，如图 7-34 所示。

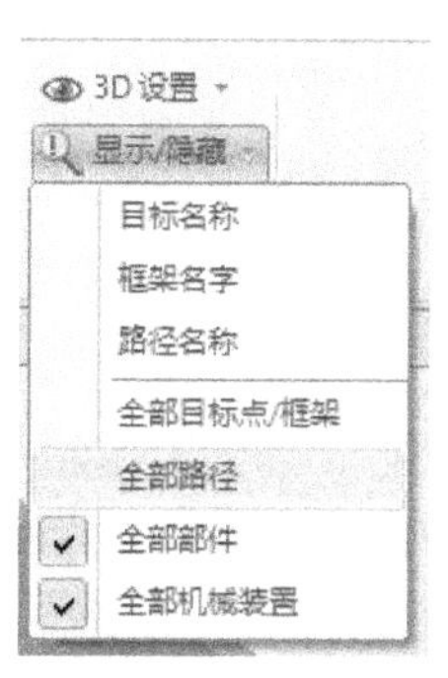

图 7-33　隐藏工作站中的路径和目标点

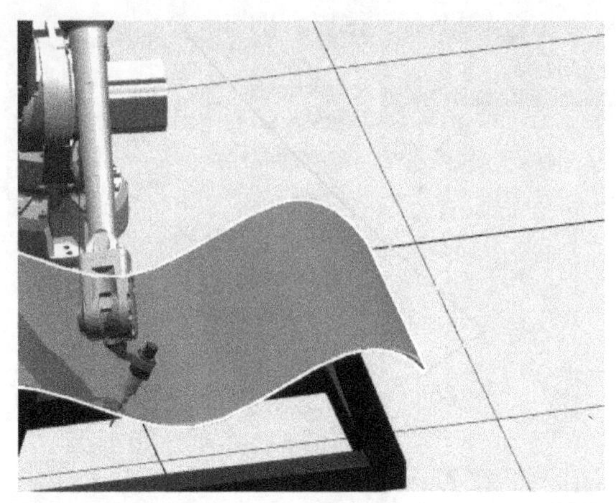

图 7-34　查看仿真运动轨迹

7.2　自定义机器人工具

在仿真软件中构建虚拟机器人工作站时，需要在机器人法兰盘末端安装工具。不同机器人应用方案所需的工具并不相同，而仿真软件设备库中自带的工具往往不能满足需求。此时，就需要设计自定义的工具，将其导入仿真软件，然后在软件中对其进行配置，使其能与软件自带的工具一样，在被添加到工作站时可以自动安装到机器人法兰盘末端，并在工具的末端自动生成工具坐标系。

自定义工具的安装原理为：将其本地坐标系设定为与机器人法兰盘的默认坐标系重合，同时将工具末端的工具坐标系作为机器人的工具坐标系。因此，需要对自定义工具进行两步处理：

(1) 在工具法兰盘末端创建本地坐标系。

(2) 在工具末端创建工具坐标系。

这样，自定义工具才会与软件预置的工具拥有相同的属性(可以扫描右侧二维码，观看自定义机器人工具的配置视频)。

虚拟工业机器人

工具设定

7.2.1　设定工具原点

自定义工具通常由三维绘图软件设计而成，并导入 RobotStudio 仿真软件中。需要注意的是，用户可使用任意三维绘图软件设计自定义工具的 3D 模型，但需要将生成的模型转换为.step 文件后再导入 RobotStudio 中。同时，为保证工具能够正确地安装在机器人末端法兰盘上，还需要对工具的坐标原点进行设定，步骤如下：

(1) 建立一个空工作站，如图 7-35 所示。选择【基本】/【建立工作站】选项卡下的【导入几何体】/【浏览几何体】命令，在弹出的【浏览几何体…】窗口中找到配套教学资源中的工具模型文件 tjtool.step(如图 7-36 所示)，将其导入到工作站中。

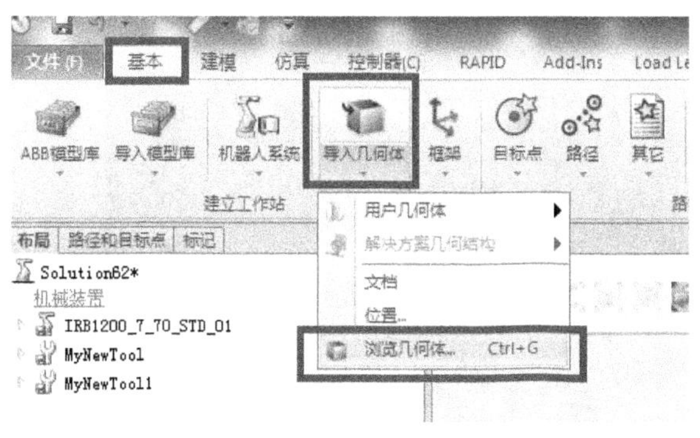

图 7-35　导入自定义工具模型

图 7-36　工具模型 tjtool

(2) 将工具模型放置到合适位置，使其法兰盘所在面与大地坐标系正交，以便于处理坐标系的方向：在【布局】导航栏中右键单击新添加的工具【tjtool】，在弹出的菜单中选择【位置】/【放置】/【一个点】命令，如图 7-37 所示。

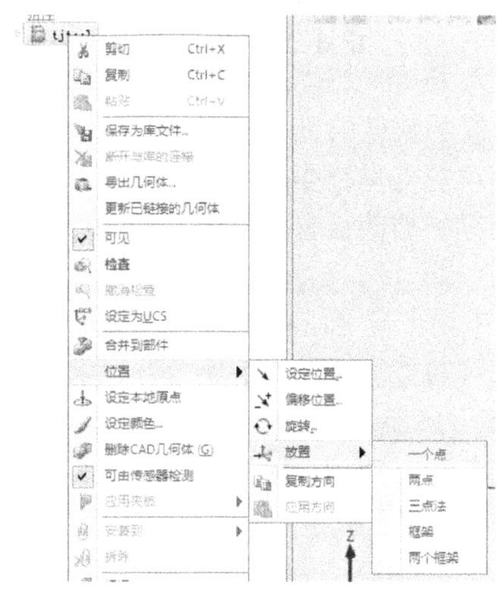

图 7-37　放置工具模型

(3) 在视图顶端的捕捉工具栏中，选择◎(捕捉中心)工具，如图 7-38 所示。

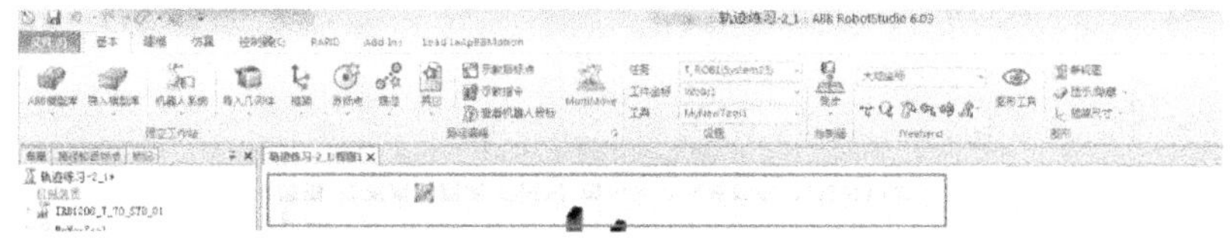

图 7-38　选择捕捉中心点工具

(4) 在导航栏上方的【放置对象：tjtool】界面中，单击【主点-从】下方的输入框，然后在视图中单击工具模型上如图 7-39 所示的圆孔中心点，将其作为工具模型的捕捉点 A；将【主点-到】下方的坐标数据都设置为“0”，然后单击【应用】按钮，使工具模型的捕捉点 A 与大地坐标系的原点位置重合。

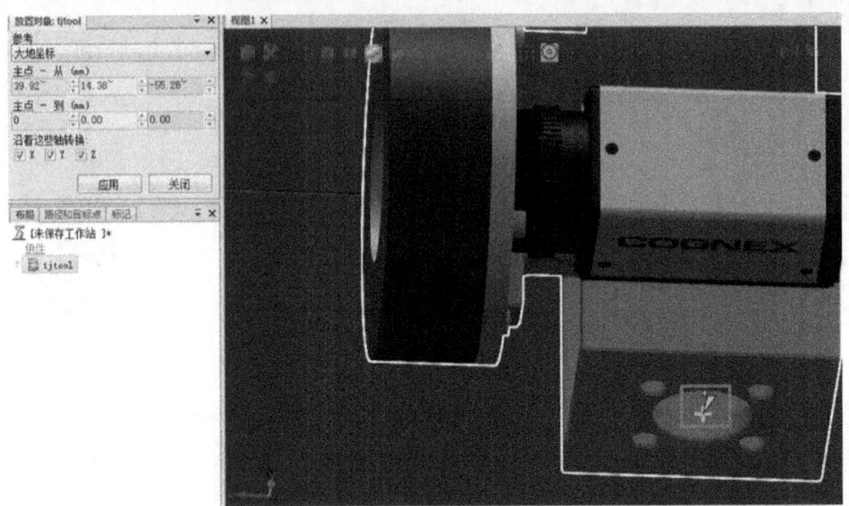

图 7-39　选择捕捉点

(5) 将法兰盘中心点作为工具安装位置，工具法兰盘中心点(安装位置中心)需要位于软件的世界坐标系原点。查看视图，确定工具的安装位置与世界坐标系重合并保持方向一致；如方向不一致，则需要改变方向，方法参考上一步骤，如图 7-40 所示。

图 7-40　放置好的工具

(6) 在【布局】导航栏中的工具【tjtool】上单击鼠标右键，在弹出的菜单中选择【设定本地原点】命令，在出现的如图 7-41 所示的【设置本地原点：tGlueGun】界面中将【位置】和【方向】下面的所有数据全部改为“0”，即保持现有的方向，然后单击【应用】按钮。

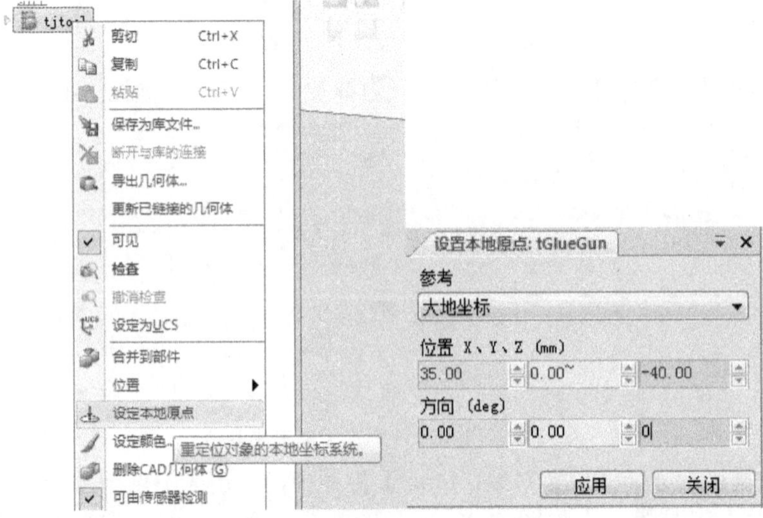

图 7-41　设置工具模型坐标原点

此时，工具模型本地坐标系(安装法兰盘)的原点已经与大地坐标系的原点重合，且方向为向正方向延展，如图 7-42 所示。

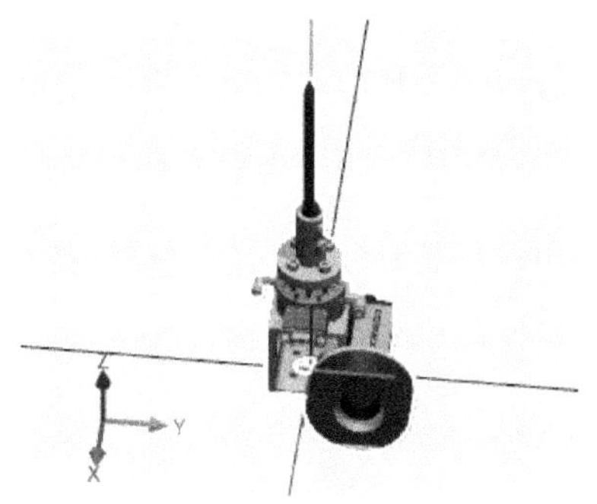

图 7-42　完成设置的工具模型

至此，自定义工具模型的本地坐标系原点就设置完成了，保证了自定义工具能以正确的姿态安装到机器人法兰盘末端。

7.2.2　创建工具坐标系

创建工具的工具坐标系就是建立工具的 TCP 点及以 TCP 为原点的坐标系。本例中，需要在工具作用点的位置创建一个坐标系，并在随后的操作中将此坐标系作为工具坐标系，步骤如下：

(1) 在【建模】/【创建】选项卡中选择【框架】/【创建框架】命令，如图 7-43 所示。

(2) 在【创建框架】界面中，单击【框架位置】下的输入框，在视图顶端的捕捉工具栏中选择(端点捕捉)工具，捕捉如图 7-44 所示的工具模型末端顶点，将其作为工具坐标系的原点，也就是 TCP 点，然后单击【创建】按钮，生成工具坐标系。

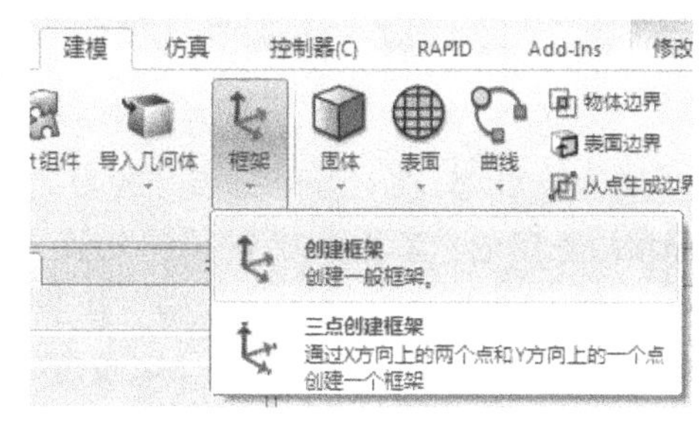

图 7-43　创建工具坐标系框架

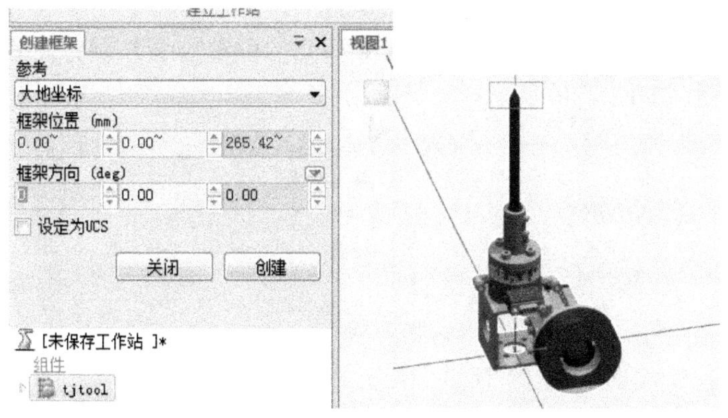

图 7-44　选择和设置自定义工具的 TCP 点

(3) 接下来需要设定工具坐标系的方向。一般而言，工具坐标系的 Z 轴要与工具末端的表面垂直，或者沿着工具延伸方向，否则就要按照以下操作更改方向：

在【布局】导航栏窗口中，右键单击刚才生成的坐标系【框架_1】，在弹出的菜单中选择【设定为表面的法线方向】命令，在出现的【设定表面法线方向:框架_1】界面中，将【接近方向】设置为【Z】，在视图中捕捉一个与工具坐标系 Z 轴垂直的面，然后单击【应用】按钮，就完成了对工具坐标系 Z 轴方向的设定，如图 7-45 所示。

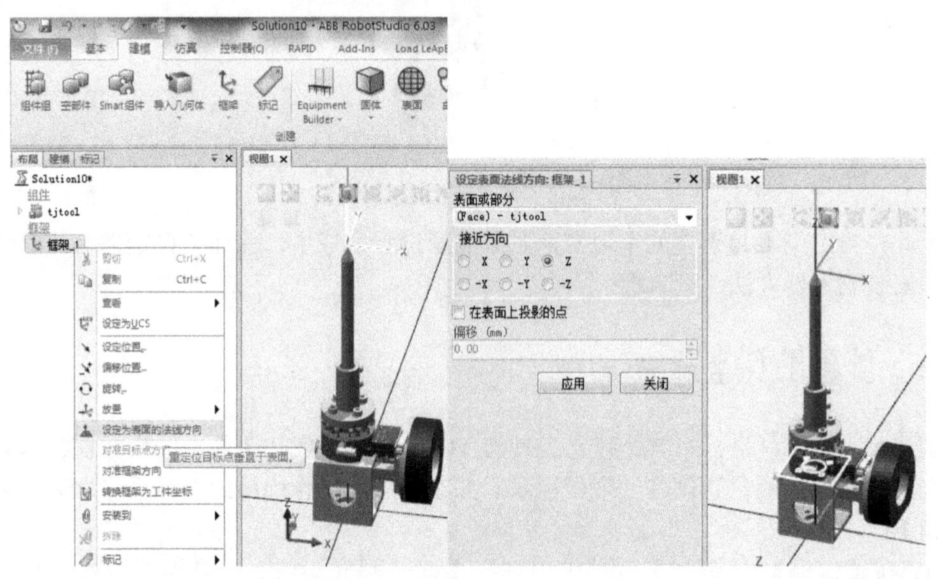

图 7-45　设定工具坐标系方向

X 轴和 Y 轴一般可按照经验设定朝向。但通常情况下，只要保证之前设定的本地坐标系是正确的，X 轴和 Y 轴采用默认的方向即可。

(4) 在机器人应用的过程中，工具坐标系的原点通常与实际的工具末端有一段距离，例如焊枪夹持的焊丝会伸出一定长度，激光切割枪、涂胶枪亦需与加工表面保持一定距离。此时，只需将工具坐标系沿其本身的 Z 轴正方向移动一定距离，就能满足上述需求：

在【布局】导航栏窗口中，右键单击【坐标系_1】，在弹出的菜单中选择【设定位置】命令。在出现的【设定位置:框架_1】界面中，将【参考】设置为【本地】，将【位置】的 Z 坐标值设定为“5”，即将工具坐标系原点的位置沿 Z 轴正方向偏移 5 mm，然后单击【应用】按钮，如图 7-46 所示。

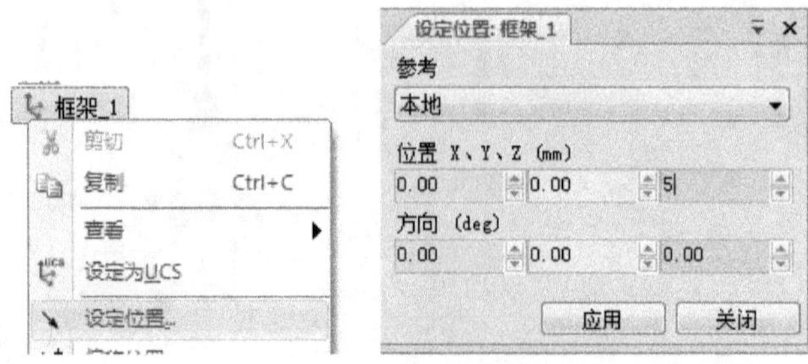

图 7-46　调整工具坐标系偏移距离

至此，自定义工具模型的工具坐标系就创建完成了，如图 7-47 所示。

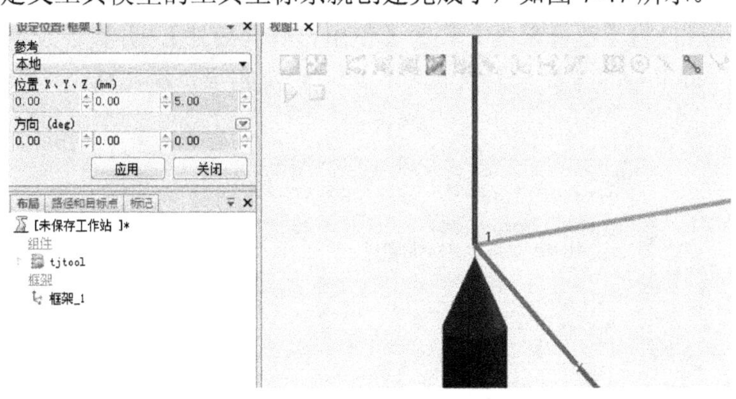

图 7-47　创建完成的工具坐标系

7.2.3　创建工具

完成工具原点和工具坐标系的创建之后，还需要将自定义工具模型编辑成软件中可以直接调用的机器人工具，主要步骤如下：

(1) 在【布局】导航栏中的【tjtool】工具模型上单击鼠标右键，在弹出的菜单中选择【合并到部件】命令，将工具模型合并为一个新的整体部件，以便于后续操作，如图 7-48 所示。

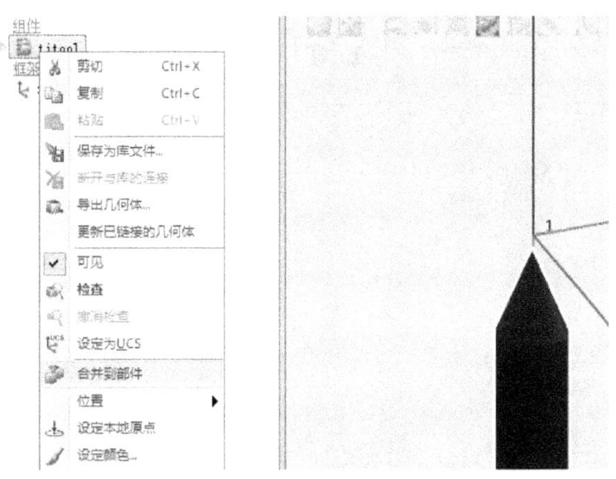

图 7-48　将工具模型合并为部件

(2) 在【建模】/【机械】选项卡中，选择【创建工具】命令，如图 7-49 所示。

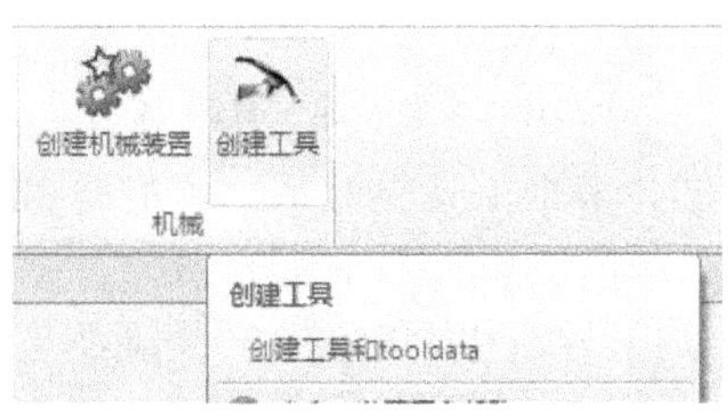

图 7-49　选择创建工具

(3) 在弹出的【创建工具】窗口中，设置新建工具的基本信息：将【Tool 名称】设置为“MyNewTool1”；将【选择部件】设为【使用已有的部件】，并在下拉菜单中选择部件【tjtool_合并】；将工具的【重量】设置为“1”。设置完毕，单击【下一个】按钮，如图7-50所示。

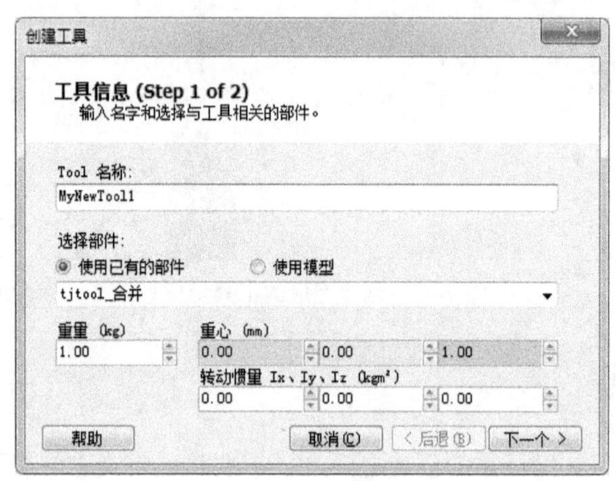

图 7-50　设置新建工具基本信息

(4) 在接着出现的窗口中，设置新建工具的TCP信息：将【TCP 名称】设置为默认的“MyNewTool1”；在【数值来自目标点/框架】的下拉列表中选择已经创建的【框架_1】，然后单击图中的 > 按钮，将所选的坐标系添加到窗口左侧的 TCP 列表中，最后单击【完成】按钮，完成工具坐标系的创建，如图7-51所示。

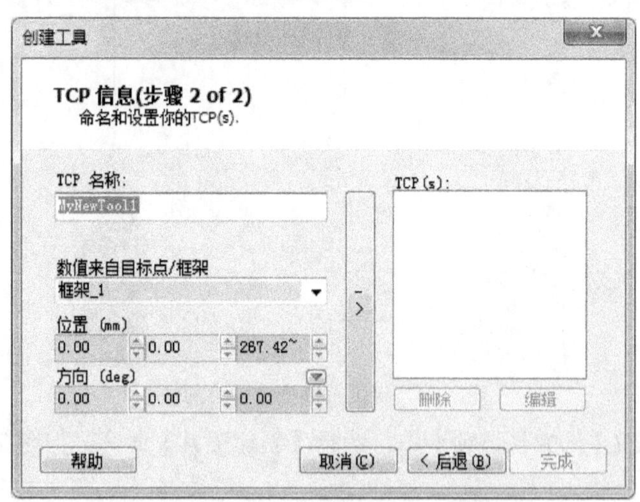

图 7-51　设置新建工具的 TCP

注意：若一个工具需要创建多个工具坐标系，可根据实际情况创建对应的坐标系，然后在图7-51中依次将其加入新建工具的 TCP 列表中。

(5) 此时，可以看到【布局】导航栏中出现了一个新的工具图标【MyNewTool1】，表明已经成功创建了工具 MyNewTool1，如图 7-52 所示。将多余的组件【tjtool】和坐标系【框架_1】删除即可。

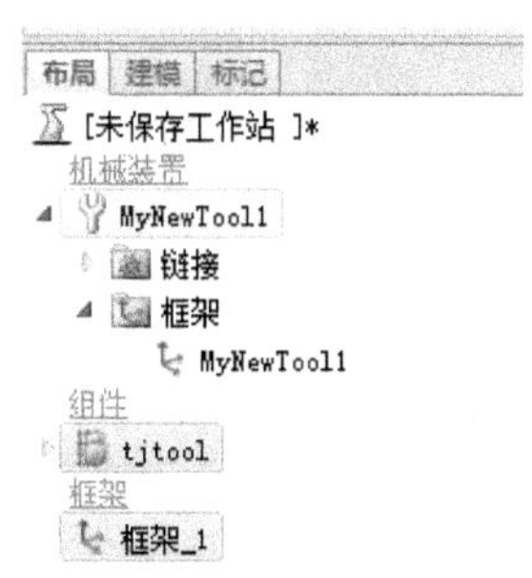

图 7-52 删除多余辅助图形

(6) 右键单击【布局】导航栏中的【MyNewTool1】工具图标，在弹出的菜单中选择【保存为库文件】命令，在弹出的【另存为】对话框中选择保存的位置，然后单击【保存】按钮，将新建的工具保存到设备库中，如图 7-53 所示。

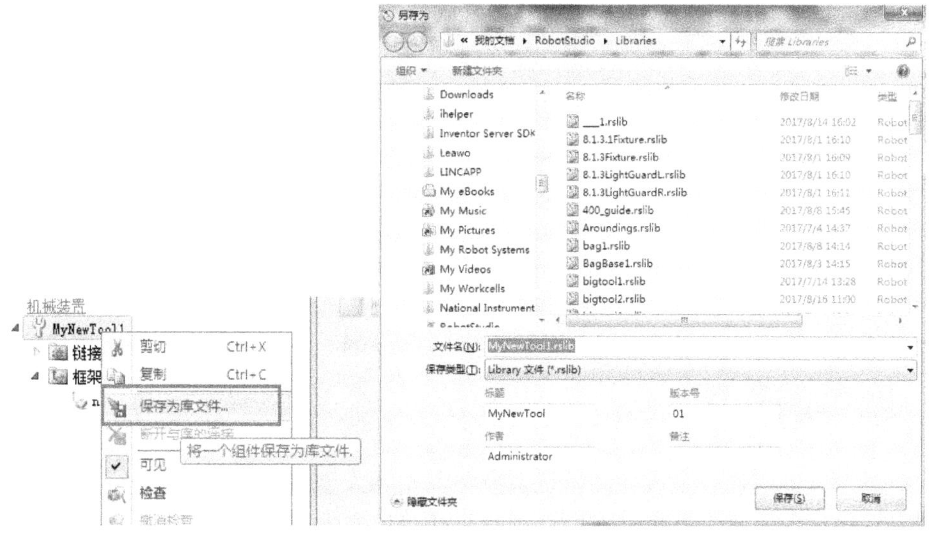

图 7-53　将新建工具存入设备库中

7.2.4　安装工具

通过以上步骤，自定义工具已经具备了系统工具的属性。接下来，可以将创建好的工具安装到机器人六轴法兰盘上，验证其参数是否设置正确，步骤如下：

(1) 新建工作站，添加任意一种型号的机器人，然后选择【基本】选项卡中的【导入模型库】/【浏览库文件】命令，导入已创建的工具 MyNewTool1，如图 7-54 所示。

(2) 在【布局】导航栏中，将【MyNewTool1】工具图标拖放到导航栏中的机器人图标上，并在弹出的【更新位置】对话框中单击【是】按钮，如图 7-55 所示。

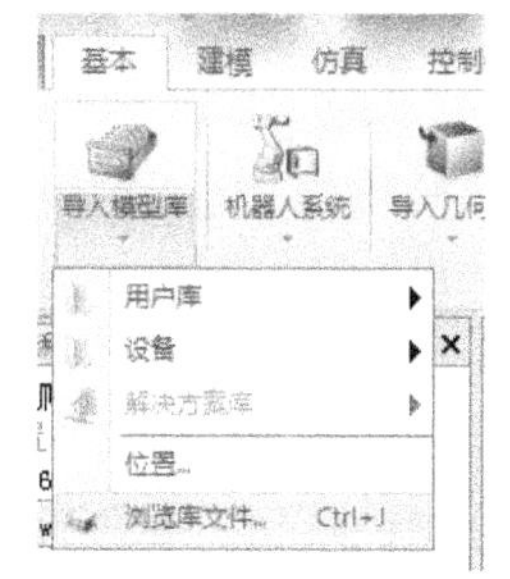

图 7-54　导入自定义工具

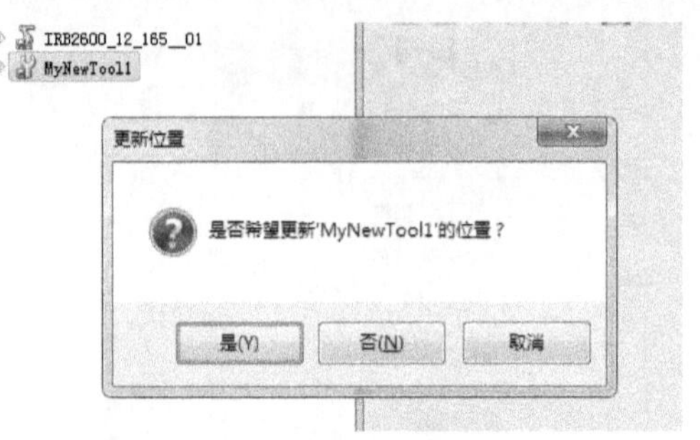

图 7-55　安装自定义工具

在视图中可以看到，之前创建的工具 MyNewTool1 已安装到机器人的末端法兰盘处，且安装位置及姿态符合要求，证明该工具已具备了系统默认工具的属性，如图 7-56 所示。

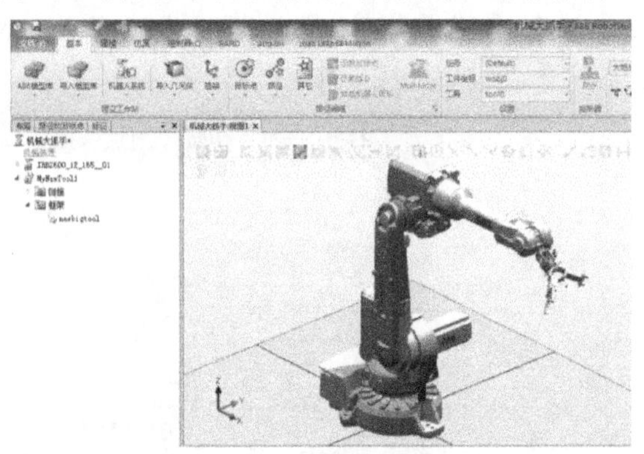

图 7-56　验证自定义工具创建完成

7.3　事件管理器

工业机器人的前期方案设计和验证需要借助机器人仿真动画进行效果模拟，而虚拟工作站中自动化设备的简单逻辑动作可以通过事件管理器来实现。

事件管理器能够在离线仿真时通过 I/O 信号的变换来控制设备姿态的变换，从而呈现仿真的动画效果。

7.3.1　工作站编程

下面以建立一个搬运工作站为例，学习事件管理器的使用方法。

该工作站需要实现以下功能：由输送机将工件从轨道的一端输送到另一端，然后由机器人抓取输送过来的工件，并将工件搬运到指定位置，具体流程如下：

(1) 将工件从起始点移动到终点，来模拟工件输送的过程。

(2) 工件输送完成后，机器人执行运动指令到达安全点，然后运动到工件抓取点上方，接着直线运动下降到工件抓取点，抓取工件。

(3) 抓取工件之后，机器人直线运动到工件抓取点上方，然后关节运动到工件放置点上方，最后直线向下运动到工件放置点，放置工件。

(4) 机器人运动到工件放置点上方，结束。

上述流程中机器人的详细动作如图 7-57 所示。

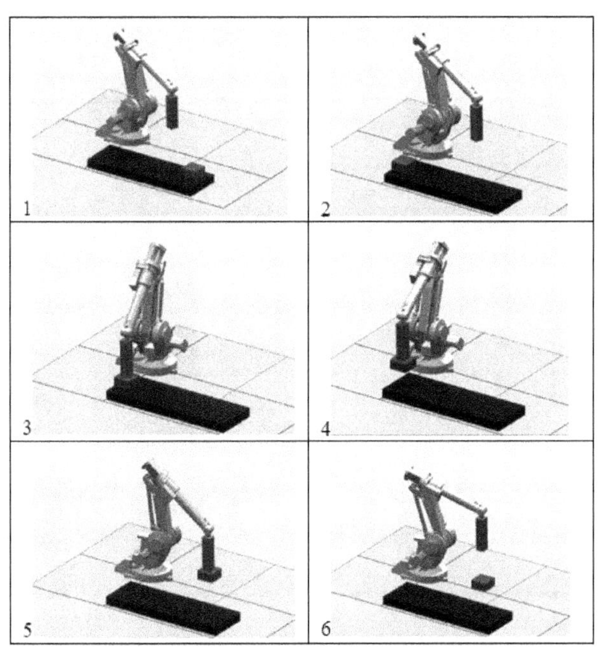

图 7-57　搬运工作站动作流程

1. 创建机器人工作站

(1) 首先建立一个空的工作站，在其中添加一台 IRB 1410 型机器人及其控制系统，如图 7-58 所示。建立方法前文已经介绍过，此处不再赘述。

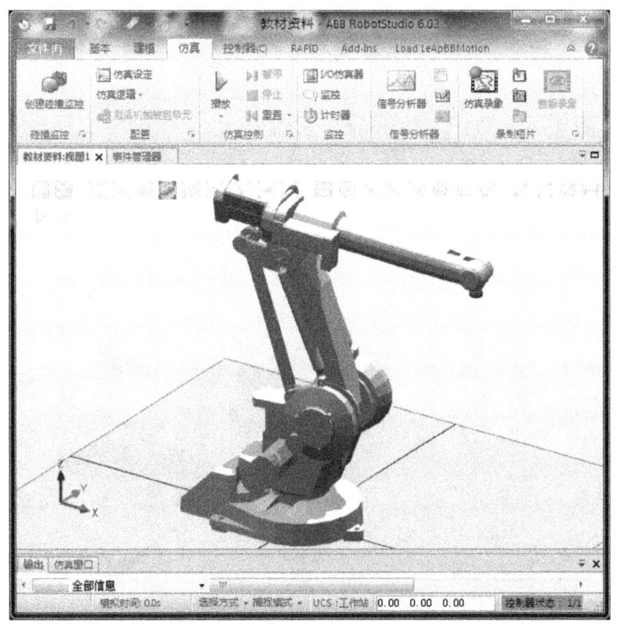

图 7-58　建立工业机器人工作站

(2) 选择【建模】/【创建】选项卡中的【固体】/【矩形体】命令，绘制三个矩形体A、B、C，分别对应【布局】导航栏中的部件 2、部件 3、部件 4。三个矩形体的长、宽、高尺寸分别为：100×100×400、500×100×1500 与 200×200×100，具体绘制方法参考第 2 章。注意三个实体的颜色应尽量不同，如图 7-59 所示。

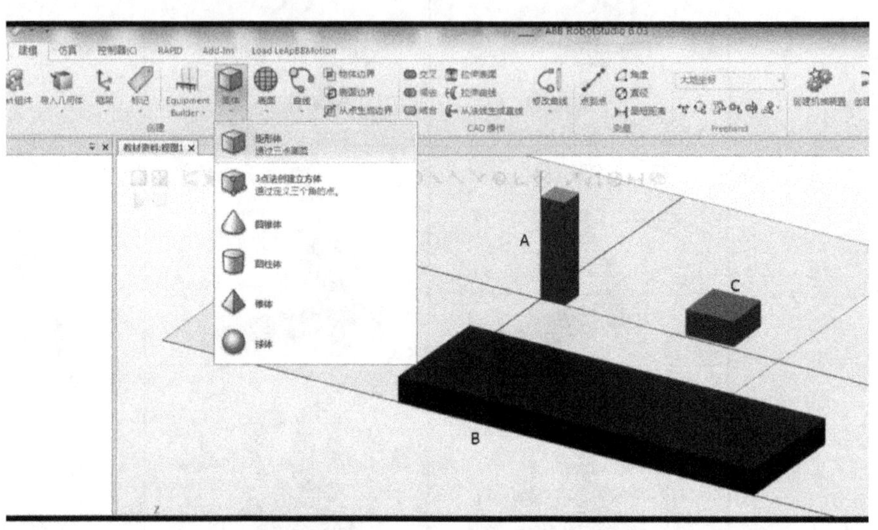

图 7-59 绘制矩形体

(3) 将矩形体 A 拖动安装到工业机器人的末端法兰盘上，用来模拟机器人的工具，将工具 TCP 设置在矩形体 A 下表面的中心处，同时参考第 5 章内容创建机器人的工具坐标系，将矩形体 B 与机器人本体放置在同一水平面上，作为运送矩形体 C 的输送装置，并确保矩形体 B 处于机器人工具的运动空间之内，如图 7-60 所示。B 的边角在世界坐标系中的坐标为(0,-448.02,0)。

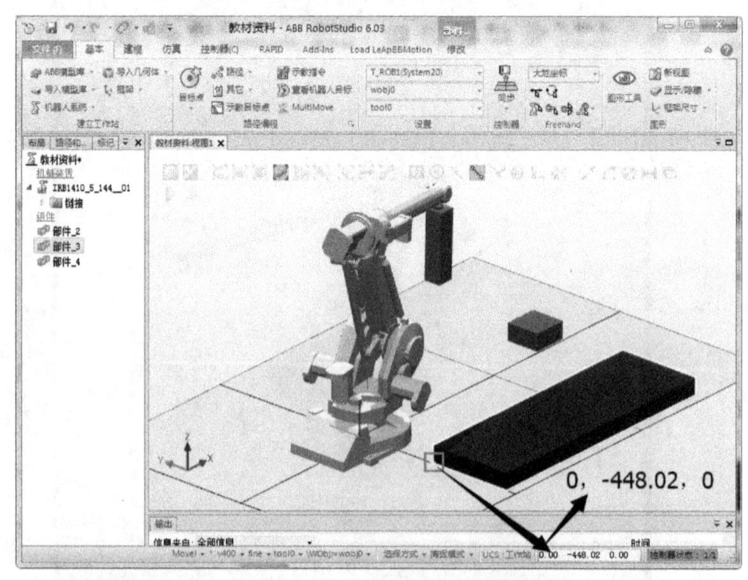

图 7-60 安装工具并摆放辅助装置

(4) 将矩形体 C 置于矩形体 B 上，模拟所搬运的工件，并将矩形体 C 在大地坐标系中的位置坐标设置为(800,200,100)，如图 7-61 所示。注意：此位置为工件的初始位置。

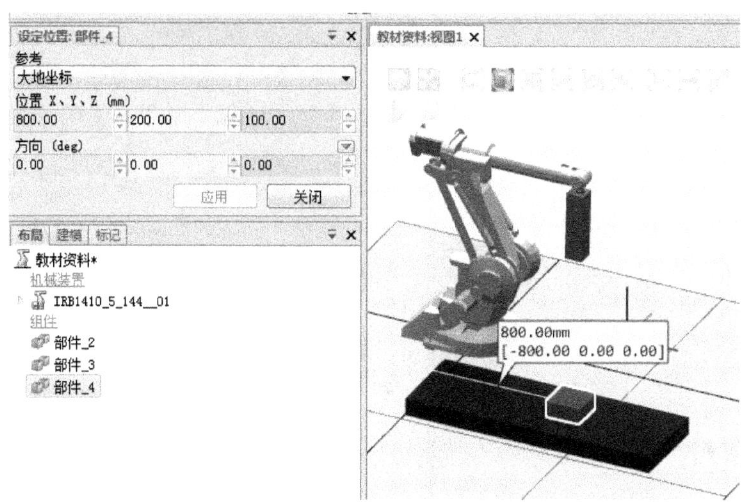

图 7-61　设定工件初始位置

2．建立虚拟信号

(1) 选择【控制器】/【控制器工具】选项卡中的【配置编辑器】/【I/O System】命令。在出现的【配置-I/O System】视图中，选择【类型】一栏中的【Signal】，准备创建虚拟 I/O 信号，如图 7-62 所示。

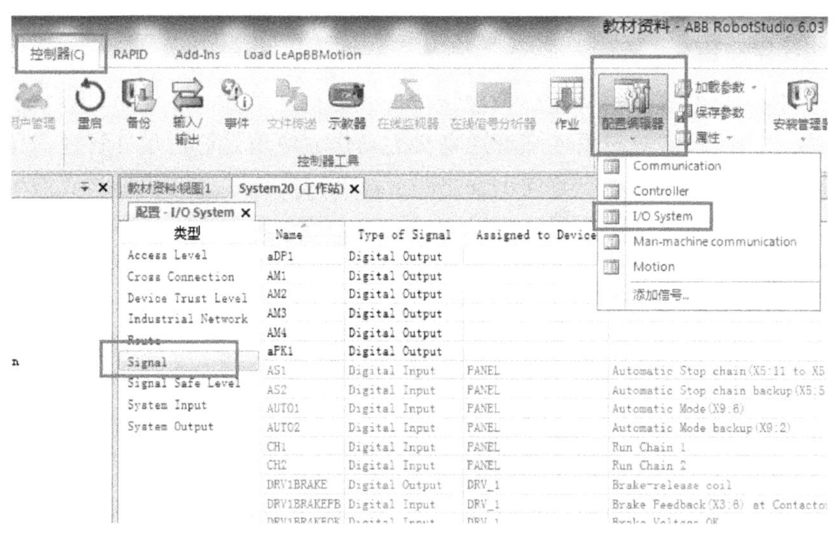

图 7-62　建立虚拟 I/O 信号

(2) 右键单击【Signal】，在弹出的菜单中选择【新建 Signal】命令，在弹出的【实例编辑器】窗口中，配置新建的虚拟 I/O 信号的基本信息。本例中，将【Name】(信号名称)设置为“AM1”，将【Type of Signal】(信号类型)设置为【Digtal Output】(输出信号)，然后单击【确认】按钮，即可完成输出信号 AM1 的创建，如图 7-63 所示。

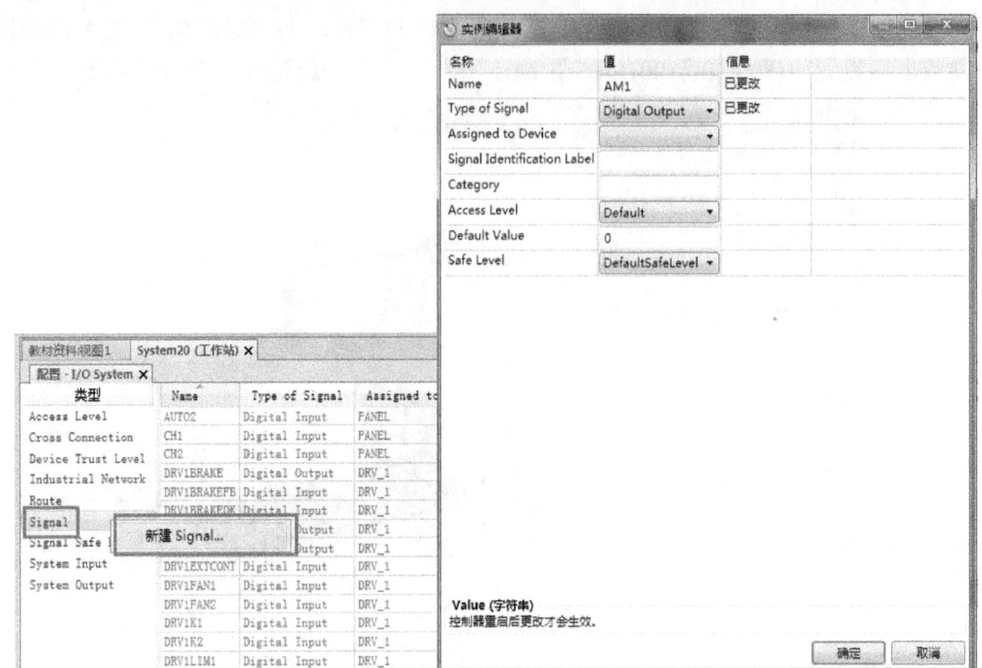

图 7-63　设置虚拟 I/O 信号参数

(3) 使用相同方法，依次创建 4 个输出信号 AM1～AM4、放手输出信号 aDP1 和抓取输出信号 aPK1。信号建立完毕后，单击【控制器】/【控制器工具】选项卡中的/【重启】按钮，使创建的信号生效。

3. 编辑输送机事件

接下来，使用事件管理器构建虚拟输送机，此处构建的输送机通过切换物料位置模拟物料输送效果，不能仿真输送机连续输送物料的动作。原理是通过事件管理器使用 I/O 信号控制被输送工件的位置在单一方向上发生改变，从而实现输送的粗糙仿真效果。

本实例通过四次改变工件位置来实现物料被输送的动画效果，步骤如下：

(1) 在【仿真】/【配置】选项卡中，选择【仿真逻辑】/【事件管理器】命令，开启事件管理器，如图 7-64 所示。

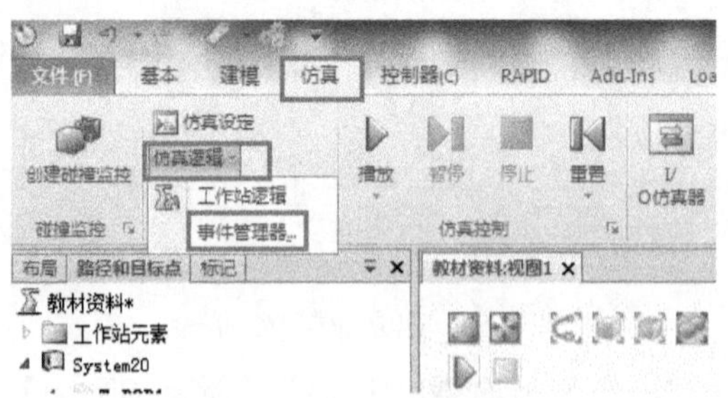

图 7-64　开启事件管理器

(2) 在出现的【事件管理器】窗口中，单击左侧的【添加】按钮，弹出【创建新事件-选择触发类型和启动】窗口，可在此设置新事件的触发类型和启动方式，设置完成后，单击【下一个】按钮，如图 7-65 所示。

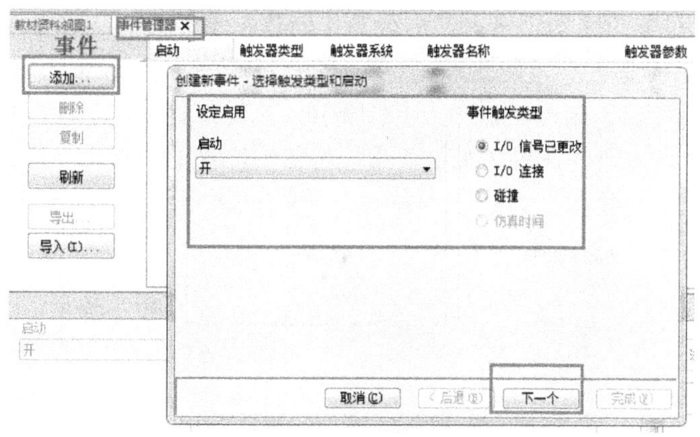

图 7-65　创建新事件

(3) 设置新事件的 I/O 信号触发条件：在出现的【创建新事件-I/O 信号触发器】窗口中，选择新建的虚拟信号【AM1】，将【触发器条件】设置为【信号是 True('1')】，然后单击【下一个】按钮，如图 7-66 所示。

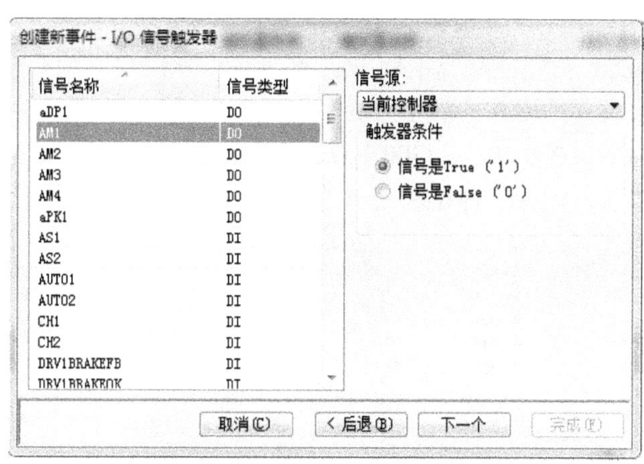

图 7-66　设置新事件的 I/O 触发信号

(4) 设置新事件的动作类型：在出现的【创建新事件-选择操作类型】窗口中，将【设定动作类型】设置为【移动对象】，然后单击【下一个】按钮，如图 7-67 所示。

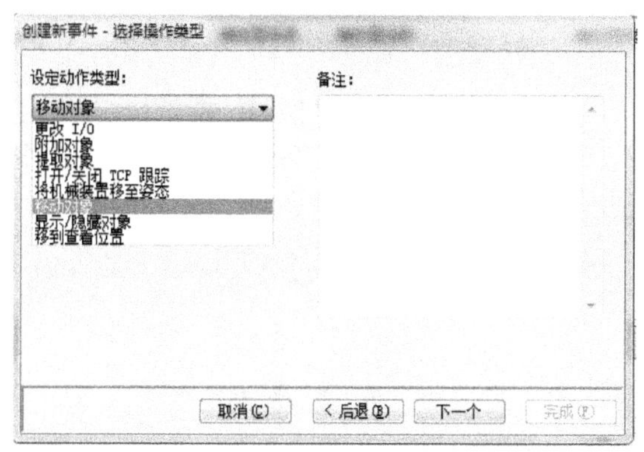

图 7-67　设置新事件的动作类型

(5) 设置移动对象的移动距离：在出现的【创建新事件-移动对象】窗口中，将【要移动的对象】设置为“部件_4”(即矩形 C 的名称)，将位置坐标设置为(800,200,100)，方向不变，然后单击【完成】按钮，如图 7-68 所示。此处设置的位置为工件输送方向上的第二个点，也就是说，该新事件被定义为使工件从初始位置运动到此位置。

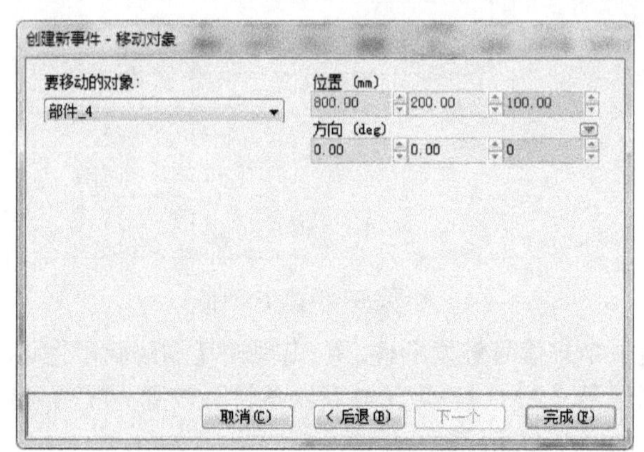

图 7-68　设置移动对象与移动距离

(6) 按照上述步骤，分别针对模拟输出信号 AM2、AM3、AM4 创建事件，这些事件均是移动【部件_4】位置的操作，如图 7-69 所示。相应地，要将工件的 X 轴、Y 轴和 Z 轴的坐标分别设置为(600,200,100)、(300,200,100)和(0,200,100)，可以看到，由于需要模拟工件在输送带上的移动，因此工件是沿着 X 轴的负方向移动的(工件的 X 坐标越来越小)。

启动	触发器类型	触发器系统	触发器名称	触发器参数	操作类型	扌	操作名称	操作参数
开	I/O	System20	AM1	1	移动对象		移动对象	部件_4
开	I/O	System20	AM2	1	移动对象		移动对象	部件_4
开	I/O	System20	AM3	1	移动对象		移动对象	部件_4
开	I/O	System20	AM4	1	移动对象		移动对象	部件_4

图 7-69　创建 4 个信号各自对应的事件

4．编辑输送机控制程序

输送机事件设置完成后，接下来对输送机的控制程序进行编辑，步骤如下：

(1) 新建路径。选择【基本】选项卡中的【路径】/【空路径】命令，创建一个新路径 Path_10，如图 7-70 所示。

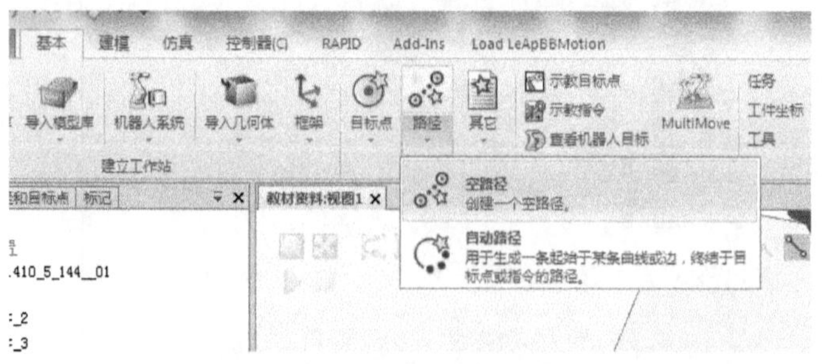

图 7-70　新建空路径

(2) 插入信号控制指令。在窗口左侧的【路径与目标点】导航栏中单击展开【路径与

步骤】目录，右键单击其中的【Path_10】路径图标，在弹出的菜单中选择【插入逻辑指令】命令。在出现的【创建逻辑指令】界面中，将【指令模板】设置为【Set Default】，将【指令参数】下方列表中的【Signal】设置为之前创建的虚拟信号【AM1】，即让工件移动到第一个位置的 I/O 信号，如图 7-71(a)所示。

如果在移动输出 AM1 信号的【Set Default】指令下插入等待时间语句配合工件的移动，就可以在仿真动画中形成视觉偏差，就像工件真的在被连续输送一样：在【指令模板】中选择【Wait Time】，将【指令参数】下方列表中的【Time】设置为“2”，然后单击【创建】按钮，完成指令设置，如图 7-71(b)所示。

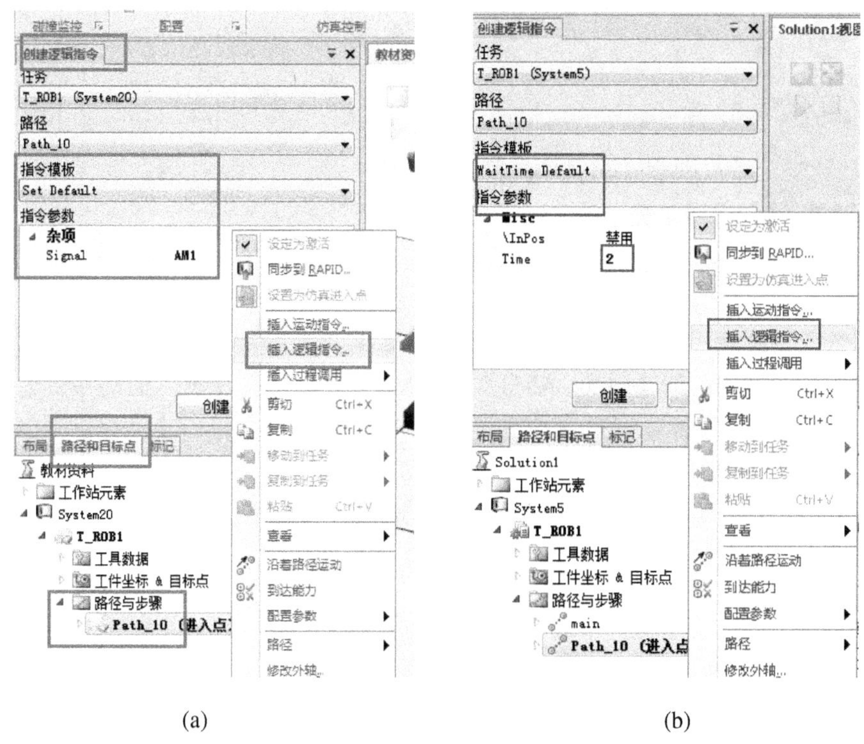

(a)　　　　(b)

图 7-71　插入信号控制指令

(3) 为了不影响信号下次的使用，还需要添加信号复位语句：参考上述步骤，在【创建逻辑指令】选项框中将【指令模板】设置为【Reset Default】，然后将【Signal】设置为【AM1】。

(4) 参考 AM1，对模拟输出信号 AM2、AM3 和 AM4 进行相同的设置，代码如下：

```
PROC Path_10()
    Set AM1;
    ! 置位工件移动到第一个位置信号
    WaitTime 2;
    ! 等待2秒
    Reset AM1;
    ! 复位移动到第一个位置信号，不影响下次信号控制
    Set AM2;
```

```
        ！置位工件移动到第二个位置信号
        WaitTime 2;
        Reset AM2;
        Set AM3;
        ！置位工件移动到第三个位置信号
        WaitTime 2;
        Reset AM3;
        Set AM4;
        ！置位工件移动到第四个位置信号
        WaitTime 2;
        Reset AM4;
    ENDPROC
```

至此，工件输送机动画的仿真设置就完成了。

5. 示教机器人运动轨迹

通过手动控制为虚拟机器人添加运动指令，示教运动轨迹。

示教轨迹前，要先在软件窗口下方设置对应的运动语句，如设置运动指令、速度参数、转弯半径等参数。然后在【路径和目标点】导航栏中，右键单击【路径与步骤】/【Path_10】目录下的语句【Reset AM4】，在弹出菜单中选择【插入运动指令】命令，将机器人姿态手动调试到目标位置(例如机器人机械原点)，然后单击【示教指令】按钮，插入运动语句，此时，窗口下方会出现插入的运动语句，如图 7-72 所示。

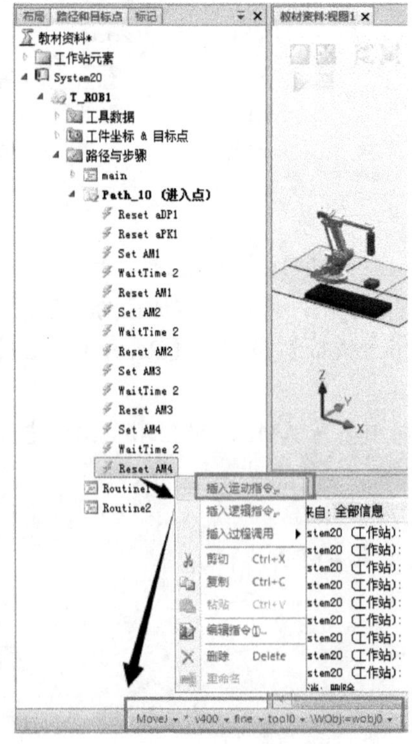

图 7-72　设置运动语句参数

示教运动轨迹的基本流程如下：

(1) 抓取准备。让机器人从安全点运动到抓取等待点，即工件终点位置的正上方，如图 7-73 所示。

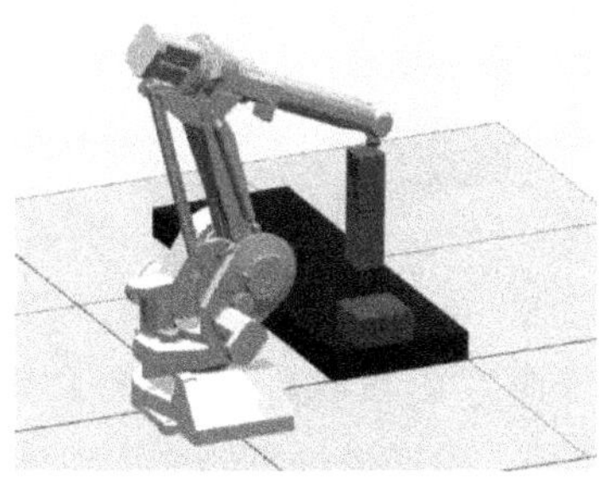

图 7-73　示教机器人抓取等待点

(2) 抓取。手动控制机器人工具垂直向下运动，直至工具下表面平行接触到机器人抓取点位置，也就是工件的上表面，如图 7-74 所示。

图 7-74　示教机器人抓取点

(3) 放置准备。待机器人完成抓取工件的动作之后，令机器人携带工件先直线运动至抓取等待点，再通过关节运动到达放置等待点，即放置点正上方，如图 7-75 所示。

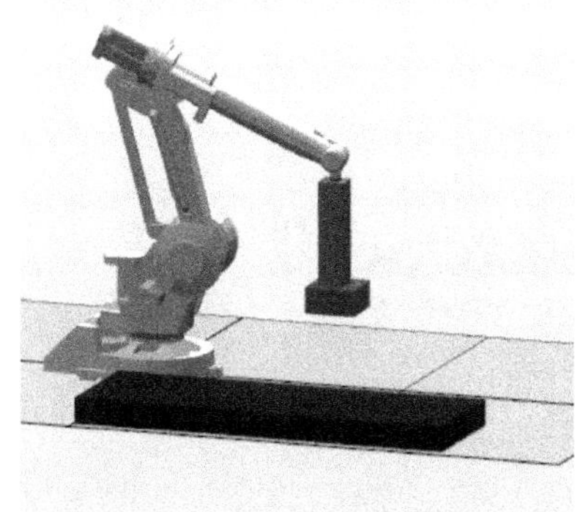

图 7-75　示教机器人放置等待点

(4) 放置。令机器人从放置等待点直线运动到放置点，如图 7-76 所示。待工件与平面接触后，机器人再次回到放置等待点。至此，完成一次动作循环。

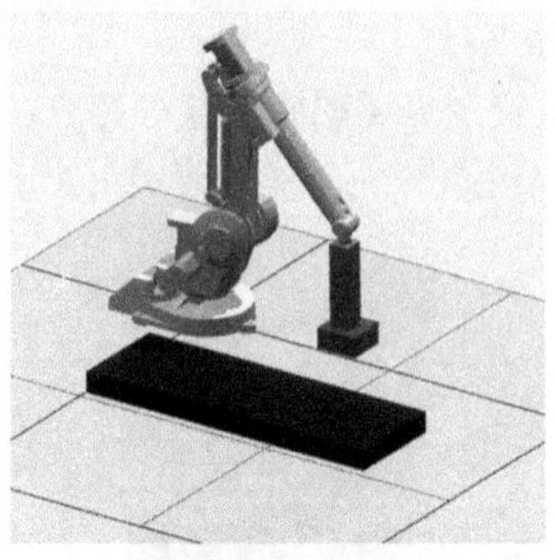

图 7-76　示教机器人放置点

根据上述机器人抓取动作流程，手动操纵机器人运动到每一个位置，逐一示教。

机器人示教后，其运动路径会自动生成虚线，路径中共有 7 个点(目标点)：安全点(Target_40)、抓取等待点(Target_30、Target_50)、抓取点(Target_20)、放置点等待点(Target_60)、放置点(Target_70)、放置逃离点(Target_80)。本例中，机器人的运动路径如图 7-77 所示。

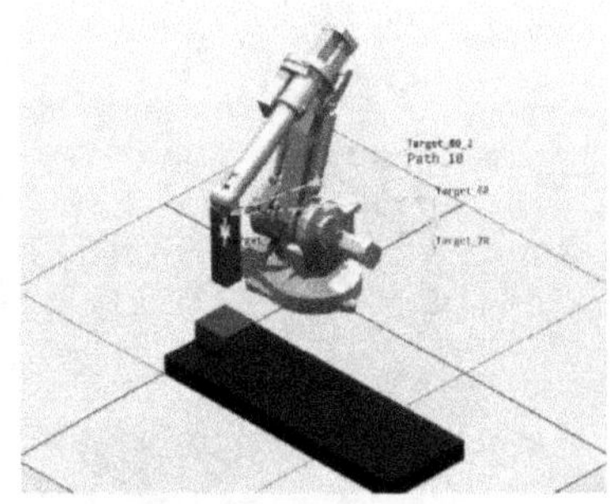

图 7-77　工作站运动轨迹

6．设置机器人工具动作

(1) 使用事件管理器为虚拟信号 aPK1 添加新事件。在【创建新事件-选择操作类型】窗口中，将【设定动作类型】设置为【附加对象】，然后单击【下一个】按钮，如图 7-78 所示。

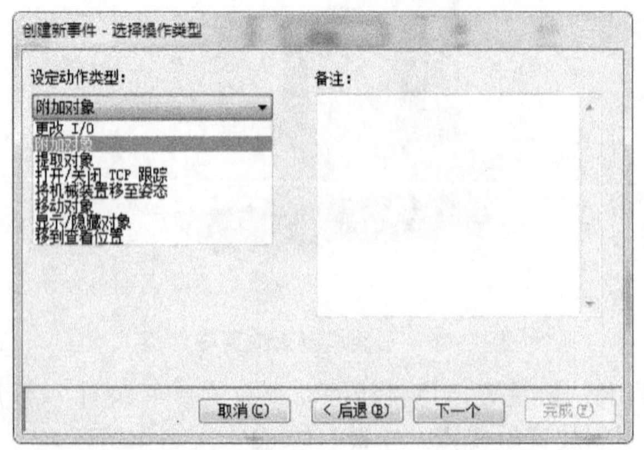

图 7-78　设置动作类型为附加对象

(2) 在出现的【创建新事件-附加对象】窗口中，将【附加对象】设置为【部件_4】，将【安装到】设置为【部件_2】，并选择【保持位置】，然后单击【完成】按钮，如图 7-79 所示。

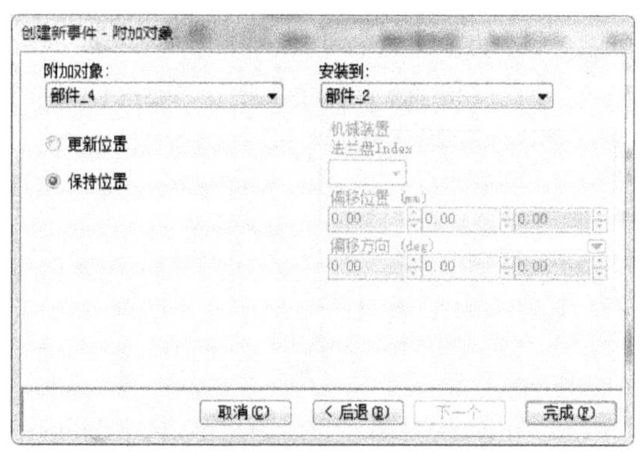

图 7-79　编辑附加对象参数

根据上述设置，当信号 aPK1 激活时，作为工件的部件_4 将会被附加到作为工具的部件_2 上，即模拟机器人工具抓取工件的动作。

(3) 接下来，为虚拟信号 aDP1 添加新事件。在【创建新事件-选择操作类型】窗口中，将其对应的动作类型设置为【提取对象】，如图 7-80 所示。

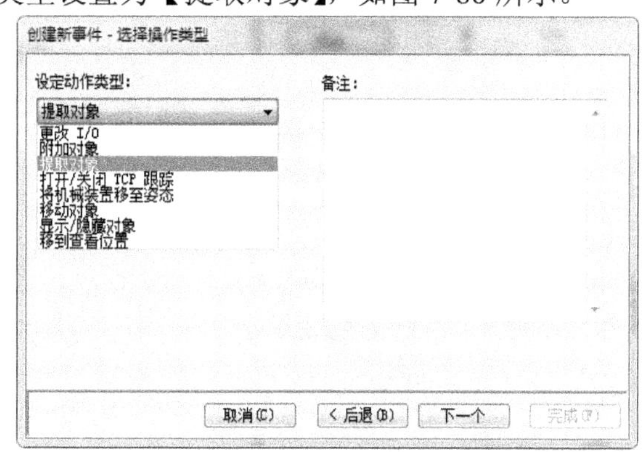

图 7-80　设置动作类型为提取对象

(4) 在【创建新事件-提取对象】窗口中，将【提取对象】设置为【部件_4】，将【提取于】设置为【部件_2】，如图 7-81 所示。

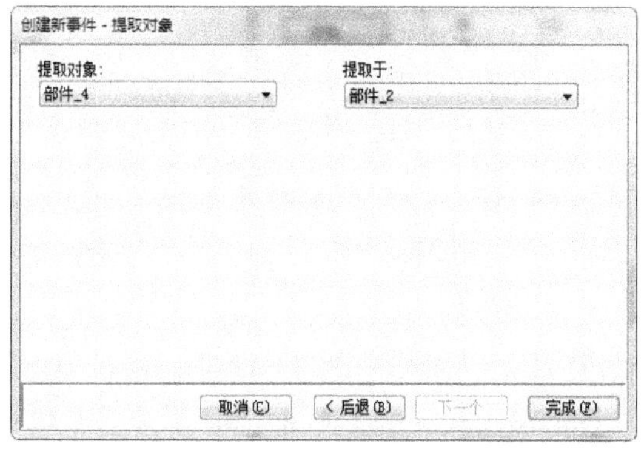

图 7-81　设定提取对象参数

根据上述设置，当信号 aDP1 被激活时，作为工件的部件_4 会从作为工具的部件_2 上分离出来，即模拟机器人工具松开工件的动作。

(5) 上述事件配置完成后，在语句 MoveL Target 20(抓取位置)下面插入指令 Wait Time 1 和指令 Set aPK1，使机器人运动至工件抓取位置，等待 1 秒钟后，执行抓取工件操作；在语句 MOVEL Target 70(放置工件位置)下面插入指令 Wait Time 1 和指令 Set aDP1 指令，使机器人运动至工件放置位置，等待 1 秒后，执行放置工件操作，代码如下：

```
PROC Path_10()
        Reset aDP1;
        Reset aPK1;
        Set AM1;
        WaitTime 2;
        Reset AM1;
        Set AM2;
        WaitTime 2;
        Reset AM2;
        Set AM3;
        WaitTime 2;
        Reset AM3;
        Set AM4;
        WaitTime 2;
        Reset AM4;
           MoveJ Target_40,v400,fine,tool0\WObj:=wobj0;
           MoveJ Target_30,v400,fine,tool0\WObj:=wobj0;
           MoveL Target_20,v300,fine,tool0\WObj:=wobj0;
           WaitTime 1;
           Set aPK1;
           MoveL Target_50,v300,fine,tool0\WObj:=wobj0;
           MoveJ Target_60,v300,z40,tool0\WObj:=wobj0;
           MoveL Target_70,v300,fine,tool0\WObj:=wobj0;
           WaitTime 1;
           Set aDP1;
           MoveL Target_80,v400,z60,tool0\WObj:=wobj0;
      ENDPROC
```

7．工作站仿真

右键单击【路径和目标点】导航栏中的【Path_10】，在弹出的菜单中选择【同步到 RAPID】命令，将编辑完成的路径程序同步到 RAPID 机器人系统中，如图 7-82 所示。

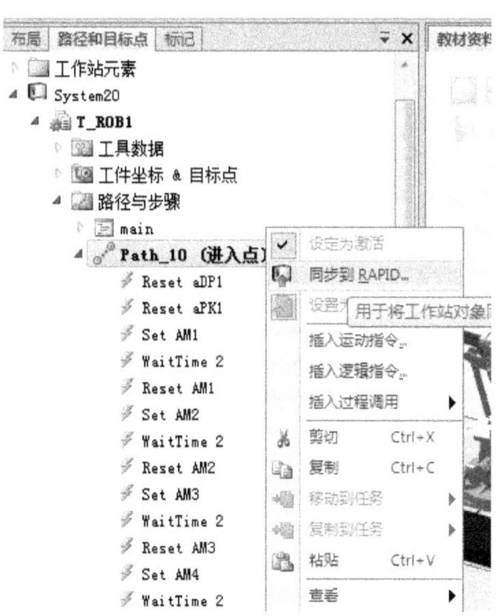

图 7-82　将运动程序同步到 RAPID

然后，在【仿真】/【配置】选项卡中选择【仿真设定】命令，在出现的【仿真设定】视图中将【进入点】设置为路径名称【Path_10】，然后在【仿真】/【仿真控制】选项卡中单击【播放】按钮，就可以观看虚拟工作站的仿真运行动画了，如图 7-83 所示。

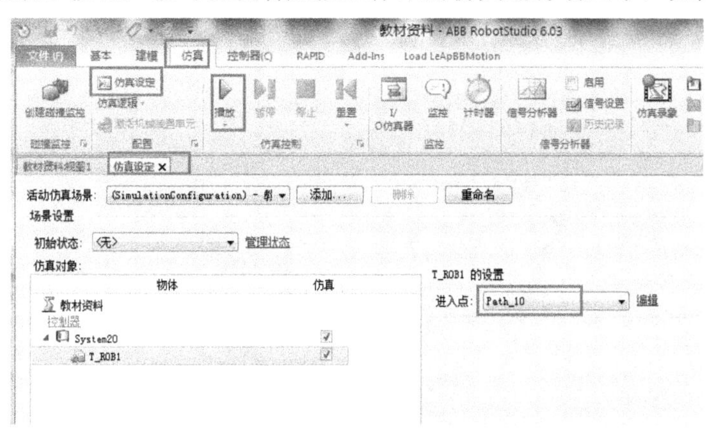

图 7-83　仿真设置

7.3.2　工具姿态仿真

使用事件管理器可以实现对机器人工具动态的仿真。以工业机器人的机械夹持型夹爪为例(这是一种使用气动或者电机驱动的机械装置)，可以通过事件管理器，将夹爪姿态的变化与机器人的数字输出信号相关联，从而实现对夹爪开合动作的仿真模拟。

1. 建立工具夹爪机械装置

1) 导入工具

(1) 新建一个空工作站，在【基本】/【建立工作站】选项卡中选择【导入几何体】/

【浏览几何体】命令，将配套教学资源中的工具组件导入新建的工作站中，如图 7-84 所示。

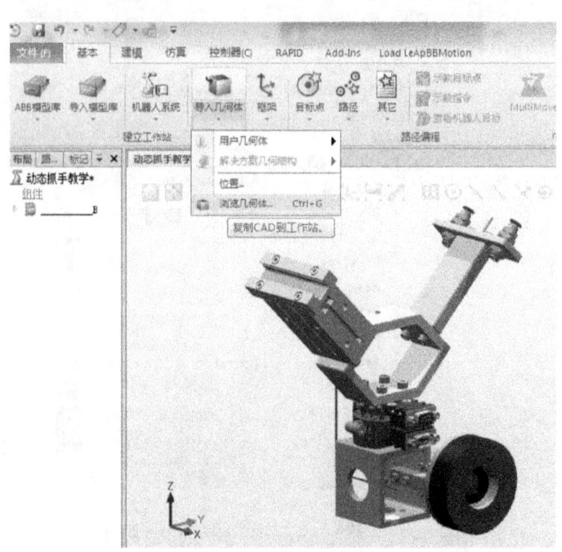

图 7-84　导入工具组件

(2) 右键单击【布局】导航栏中刚才导入的工具组件图标，在弹出的菜单中选择【合并到部件】命令，然后将生成的新部件重命名为“工具基”，并删除导入的工具组件，如图 7-85 所示。

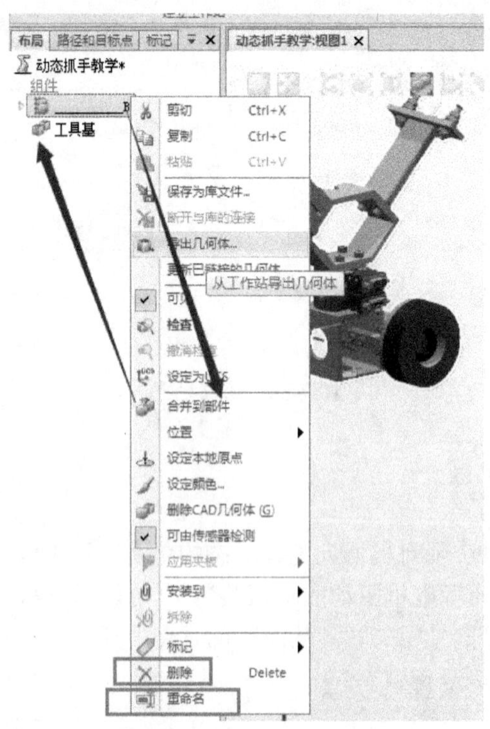

图 7-85　生成新工具部件

(3) 参考 7.2.1 节设定工具基的原点，使工具基的安装法兰盘中心点与大地坐标系原点重合。设置完成后，工具基的状态如图 7-86 所示。

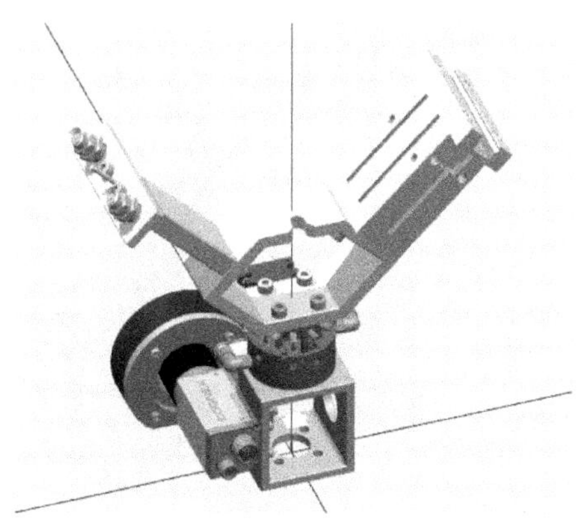

图 7-86　坐标原点设置完毕的工具基

(4) 导入工具的夹指部分。由于工具包含两个夹指，因此首先要将导入的夹指组件分别合并，将两个合并后的部件重命名为“夹指 a”和“夹指 b”，然后删除导入的夹指组件，如图 7-87 所示。

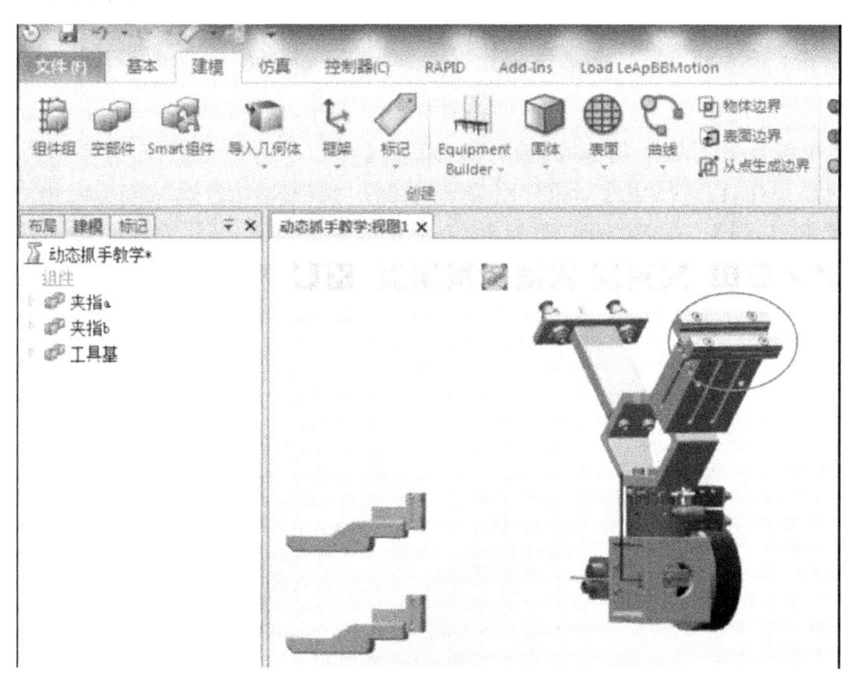

图 7-87　导入工具夹指

(5) 在【建模】导航栏中右键单击【夹指 a】图标，在弹出的菜单中选择【位置】/【设定位置】命令，在出现的【设定位置:夹指 a】界面中，将夹指 a 对应的 X、Y、Z 轴方向设置为(0,90,−180)，然后单击【应用】按钮，完成对夹指方向的设定，如图 7-88 所示。

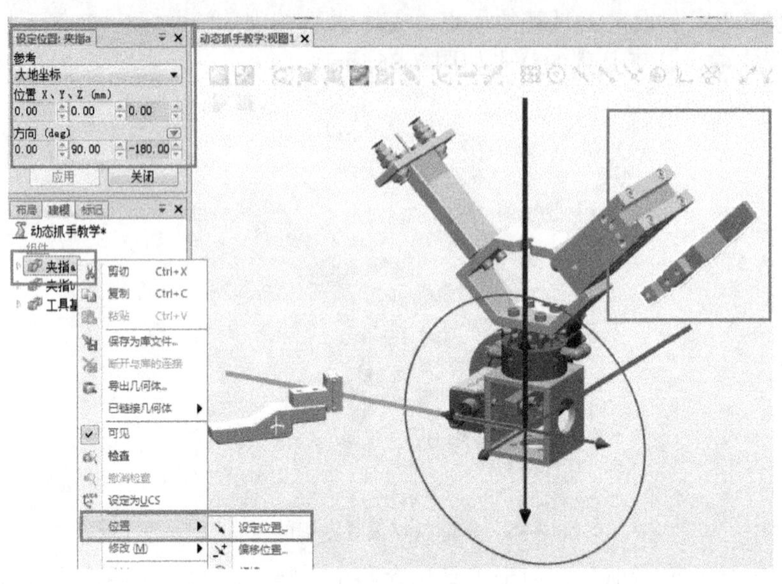

图 7-88　设定夹指 a 位置

(6) 图 7-88 中标示出了工具的夹指滑动槽，夹指可在其中滑动，形成夹合动作。将夹指放置在滑动槽中的步骤如下：首先，在视图上方的捕捉工具栏中选择 (捕捉末端)工具，右键单击【建模】导航栏中的【夹指 a】图标，在弹出菜单中选择【位置】/【放置】/【一个点】命令，在出现的【放置对象:夹指 a】界面中，单击【主点-从】下的 X 值输入框，在视图中选择夹指右下角边缘的顶点，此时【主点-从】下的坐标值即为夹指 a 的当前位置；然后单击【主点-到】下的 X 值输入框，在视图中选择工具基夹指滑动槽的角点，此时【主点-到】下的坐标值即为夹指 a 的目标位置。设置完毕，单击【应用】按钮，即可将夹指放置到工具基的夹指滑动槽角点，如图 7-89 所示。

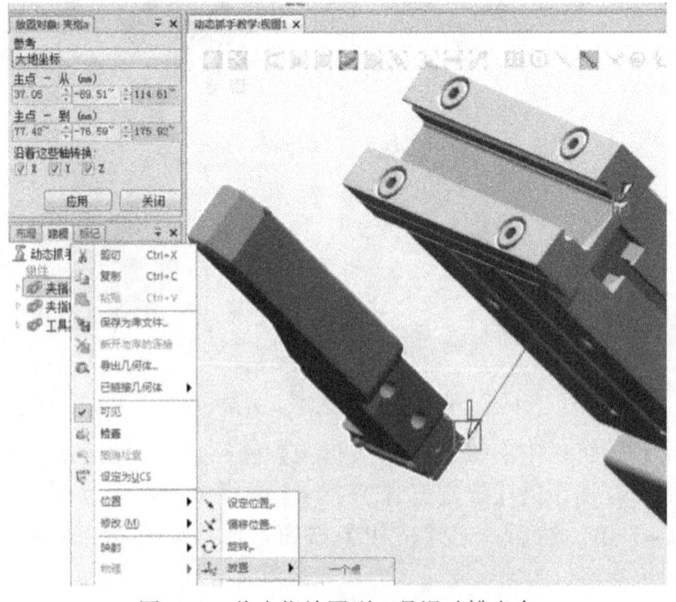

图 7-89　将夹指放置到工具滑动槽当中

(7) 夹指 a 放置完成的工具基如图 7-90 所示。

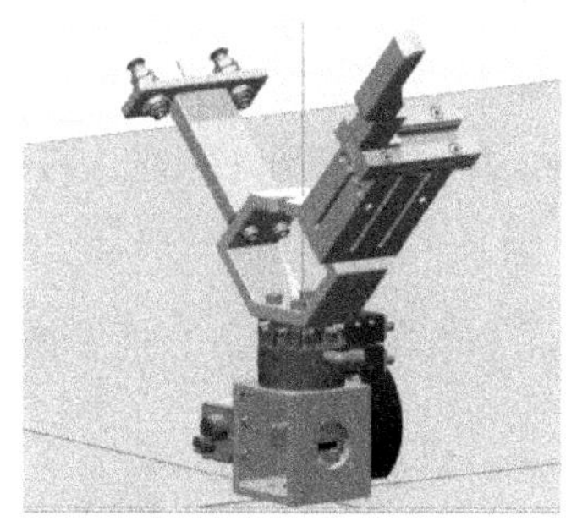

图 7-90　夹指 a 放置完成

(8) 使用同样方法，在工具基的另一侧放置夹指 b，如图 7-91 所示。

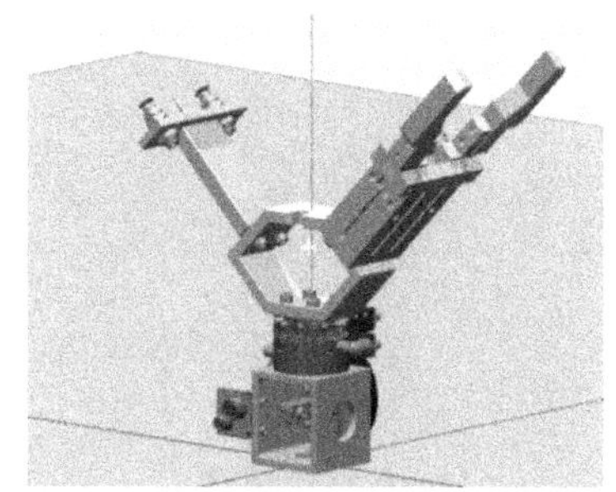

图 7-91　工具夹指放置完成

2) 创建机械装置

在【建模】/【机械】选项卡中，选择【创建机械装置】命令，在窗口右侧出现的【创建 机械装置】界面中将【机械装置模型名称】设置为“大抓手”，将【机械装置类型】设置为【工具】，如图 7-92 所示。

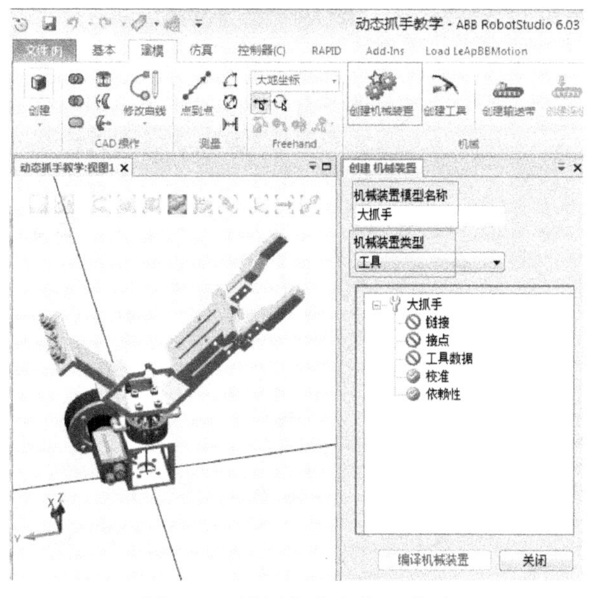

图 7-92　设置名称和装置类型

(1) 创建链接。

双击【创建 机械装置】界面下方导航栏中的【链接】项，创建链接。在弹出的【创建 链接】窗口中，将【链接名称】设置为默认的“L1”，将【所选部件】设置为【工具基】，同时选择【设置为 BaseLink】，然后单击 按钮，将新建的链接添加到窗口右侧的列表中，最后单击【应用】按钮，建立工具基的链接属性，如图 7-93 所示。

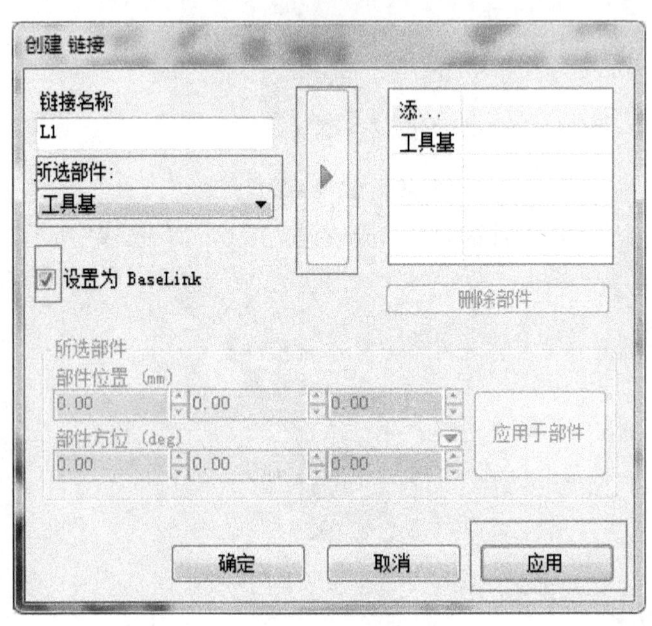

图 7-93 创建工具基的链接 L1

使用同样方法，在两个夹指上分别建立链接 L2 和 L3，如图 7-94 与图 7-95 所示。

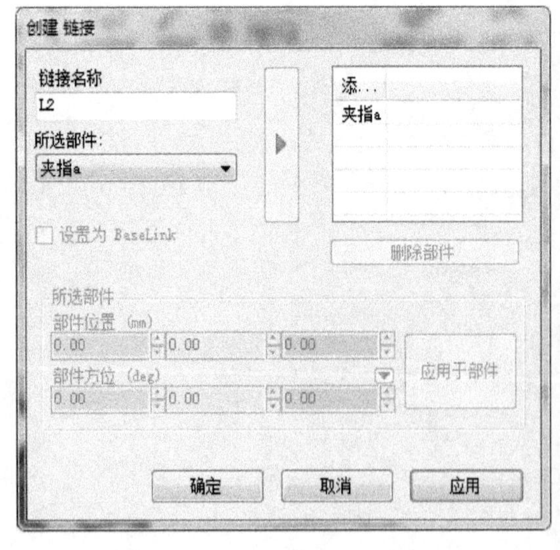

图 7-94 创建夹指 a 的链接 L2

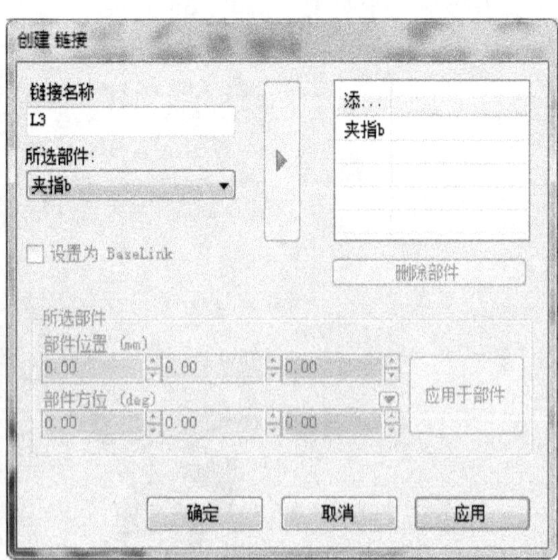

图 7-95 创建夹指 b 的链接 L3

在捕捉工具栏中选择◎(捕捉中心)工具，然后选择【建模】/【测量】选项卡中的【点到点】命令，开始测量夹指间的距离：当鼠标接近某一夹指内侧矩形面的中心点时，中心点会呈球形点状，单击选择此点；然后使用同样方法，选择另一夹指的中心点，可以测量出夹指间的距离为 82.03 mm，如图 7-96 所示。

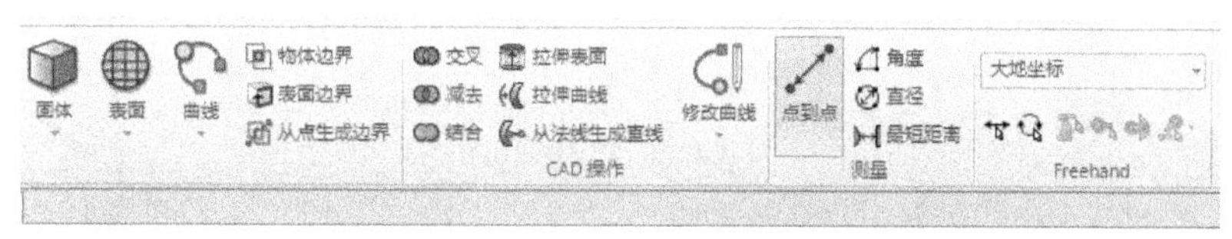

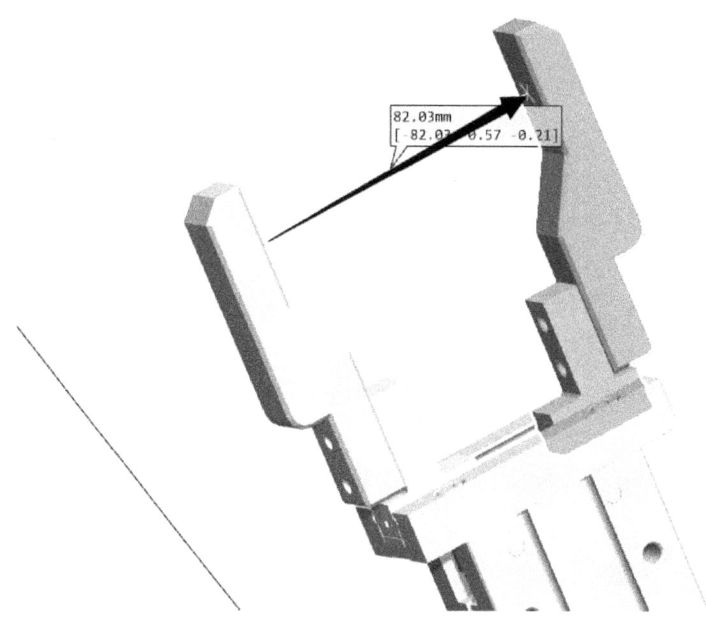

图 7-96　测量夹指距离

本例中，由于默认待抓取的目标工件的尺寸为 60 mm，可知应该将闭合夹指时单侧夹指可以移动的距离设定为 11 mm。但请注意，在实际生产中，夹合型工具夹取工件时需要对工件执行“过度闭合夹取”，以保证夹取的牢固和可靠性。因此，本例中设置的夹合量仅供参考。

(2) 创建关节。

双击【创建 机械装置】界面下方导航栏中的【接点】项，在弹出的【创建 接点】窗口中，将【关节名称】设为“J1”，将【子链接】设为【L2】，【关节类型】设为【往复的】，即令夹指关节沿轴线做平移运动。接着，单击【关节轴】下方【第一个位置】对应的 X 值输入框，并单击视图中对应工具的角点位置，即可定义关节轴第一个位置的坐标值；使用相同方法，可以定义第二个位置的坐标值，如图 7-97 所示。注意：两个角点的连接线方向必须平行于夹指关节运动方向。操作时，可以选择视图上方捕捉工具栏中的【捕捉端点】工具作为辅助。

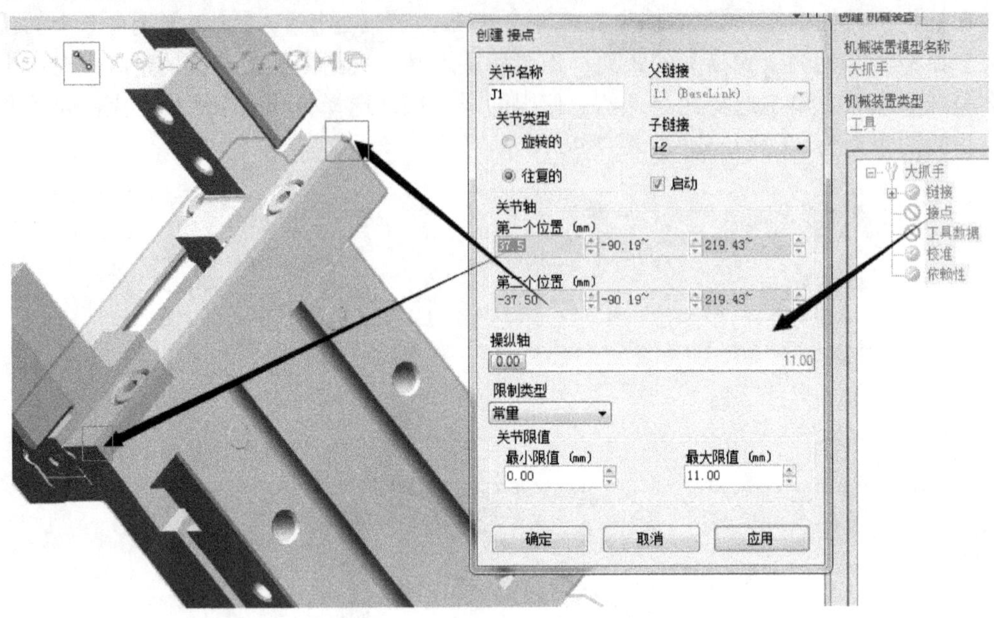

图 7-97 创建第一个夹指关节

接下来滑动【操纵轴】下方的滑块，验证夹指移动方向是否符合设置要求。同时，将【限制类型】设为【常量】，将【关节限值】的【最小限值】设为“0”，【最大限值】设为“11”，单击【应用】完成设置，如图 7-98 所示。

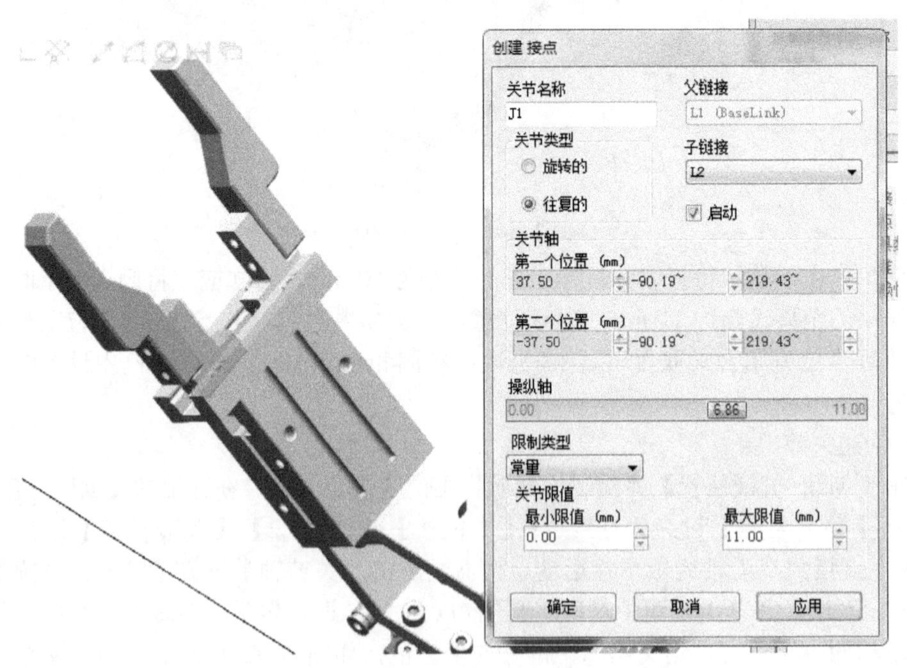

图 7-98 设置夹指关节运动

使用同样方法，创建夹指 b 的对应关节 J2，如图 7-99 所示。

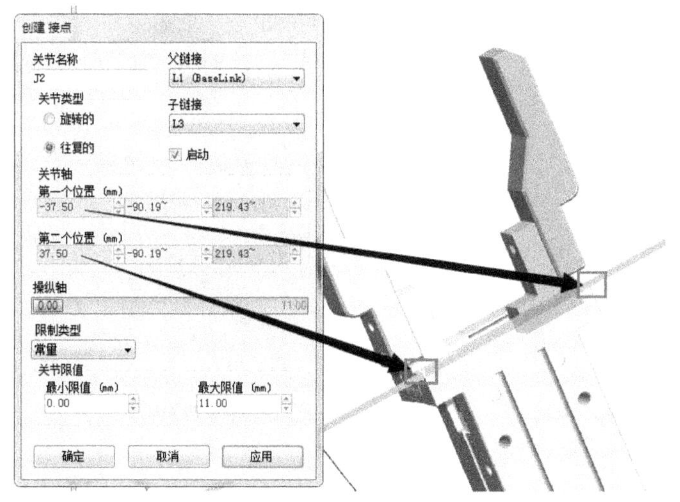

图 7-99　创建第二个夹指关节

(3) 设置工具数据。

双击【创建 机械装置】界面下方导航栏中的【工具数据】项，在弹出的【创建 工具数据】窗口中设置工具数据：将【工具数据名称】设为“bigtool3”；将【属于链接】设为【L1】；然后单击【位置】下方的 X 值输入框，设置工具的 TCP 坐标值。

注意：对于夹持型工具来说，TCP 位于两夹指内侧表面中心点连线的中点位置，因此，首先要分别选择两个夹指的内侧表面中心点，并查看【位置】下方 X 值输入框中显示的坐标值。例如，夹指 1 的中心点坐标值为(41.10,-154.52,259.62)，夹指 2 的中心点坐标值为(−41.10,−154.52,259.62)，由此就可计算出工具的 TCP 坐标应为(0,−154.52,259.62)。根据计算结果，修改【位置】下方的坐标值，设定工具的 TCP 位置，如图 7-100 所示。

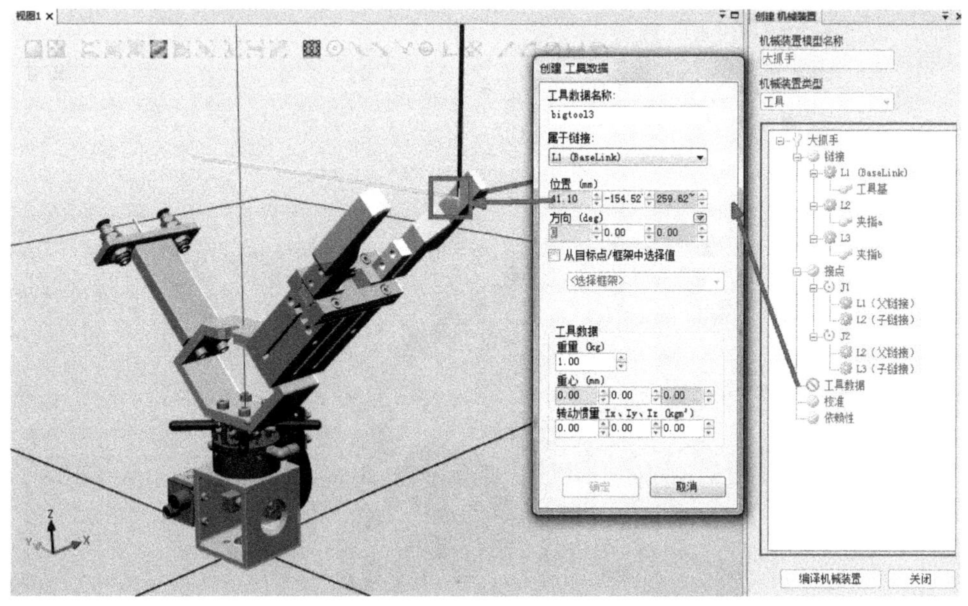

图 7-100　设定夹持型工具的 TCP 位置

下面设置工具 TCP 的方向：本例将工具 TCP 的 Z 轴设定为夹爪抓取的法线方向。也就是说，要将【方向】下方的 X 轴角度设为 45°，此时 Z 轴平行于夹爪法线方向，如图 7-101 所示。

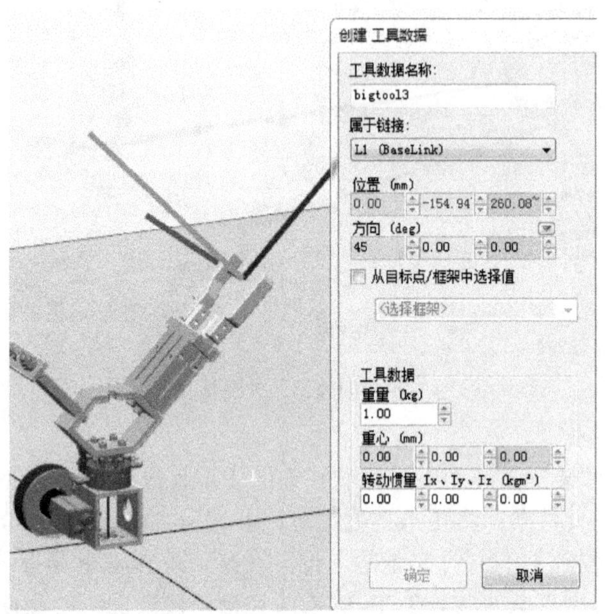

图 7-101　设置工具 TCP 的方向

在实际应用时，通常使用机器人自动测算系统测算工具重心。本例中，我们选择图 7-102 中的位置作为重心：在【创建 工具数据】窗口中，将【重量】设为“2”，将【转动惯量】暂时设为“0”，然后单击【确定】按钮。

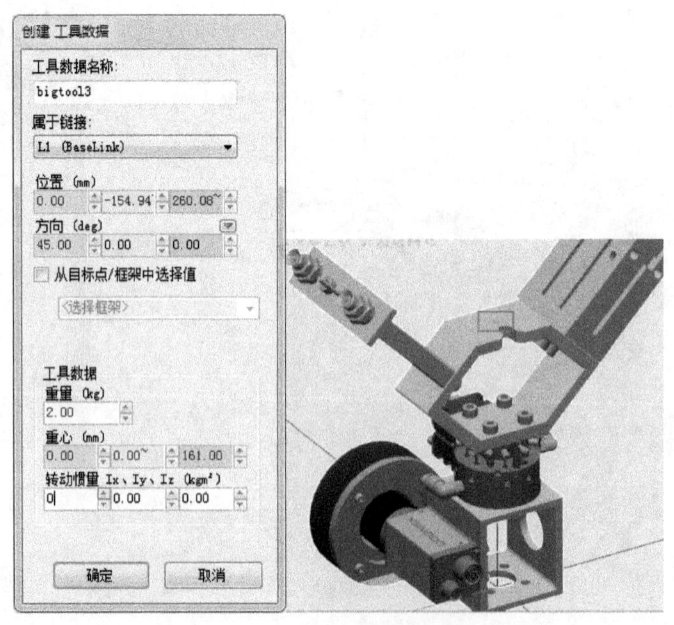

图 7-102　设置工具重量及重心

在【创建 机械装置】界面中，单击【编译机械装置】按钮，如图 7-103 所示。

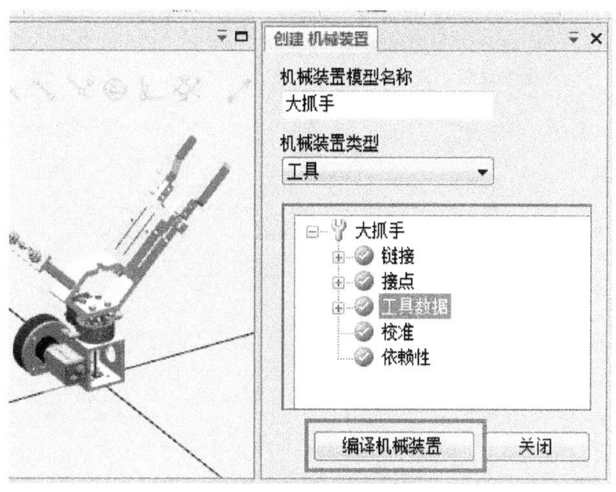

图 7-103　编译机械装置

然后在【创建 机械装置】界面中单击【添加】按钮，如图 7-104 所示。

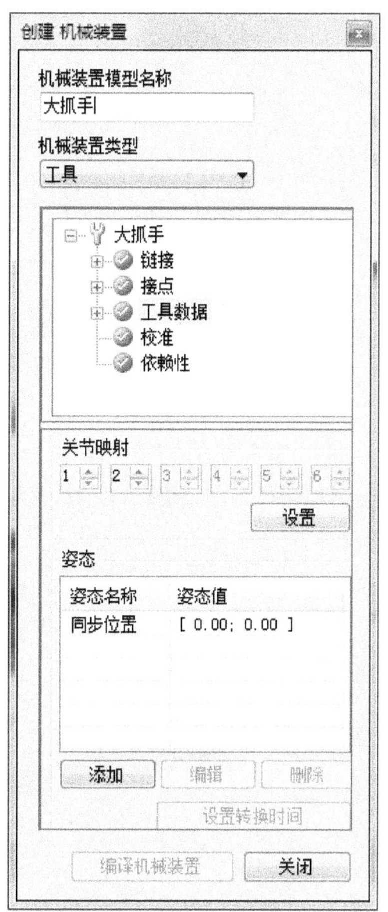

图 7-104　创建工具姿态

在弹出的【创建 姿态】对话框中，选择【原点姿态】，将【关节值】下方的两个滑块都调为最小值“0.00”，然后单击【应用】按钮，如图 7-105 所示。

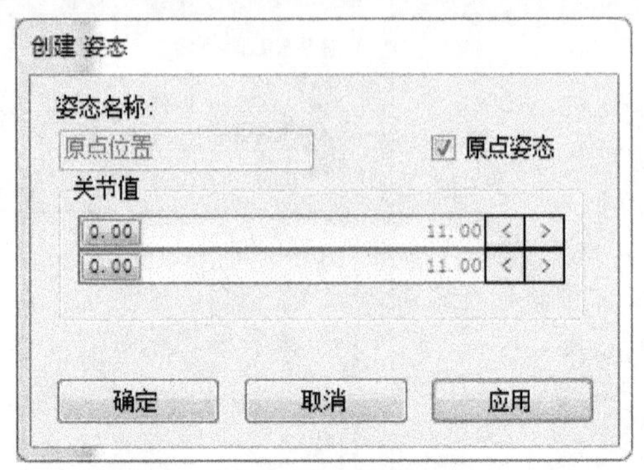

图 7-105 设置工具打开姿态

再次单击【添加】按钮，在弹出的【创建 姿态】对话框中，将【姿态名称】设为“姿态 1”，将【关节值】下方滑块调节至最大值，然后单击【应用】按钮，如图 7-106 所示。

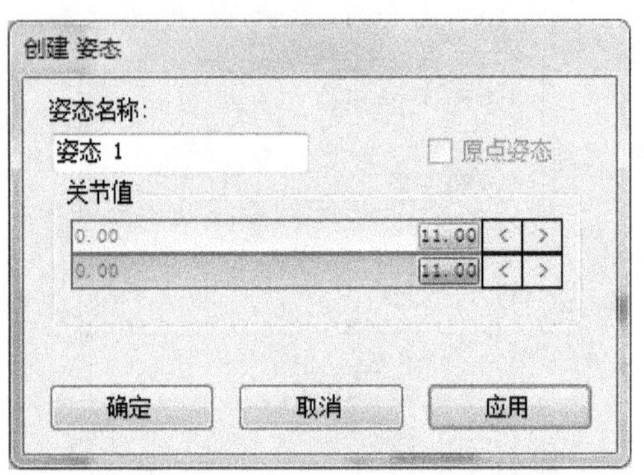

图 7-106 设置工具闭合姿态

回到【创建 机械装置】界面，单击其中的【设置转换时间】按钮，在弹出的【设置转换时间】对话框中，设置姿态切换的时间间隔。本例中将姿态切换的时间间隔设为 0.5 秒，如图 7-107 所示。

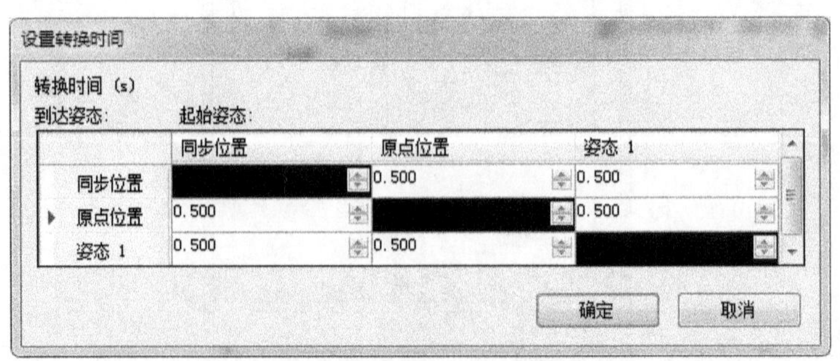

图 7-107 设置姿态切换时间间隔

最后，单击【创建 机械装置】界面中的【关闭】按钮，完成工具创建。可以在【布局】导航栏中查看已经创建好的工具的链接、坐标系等信息。单击【Freehand】栏中的手动关节，可以拖动夹指做平移运动，如图 7-108 所示。

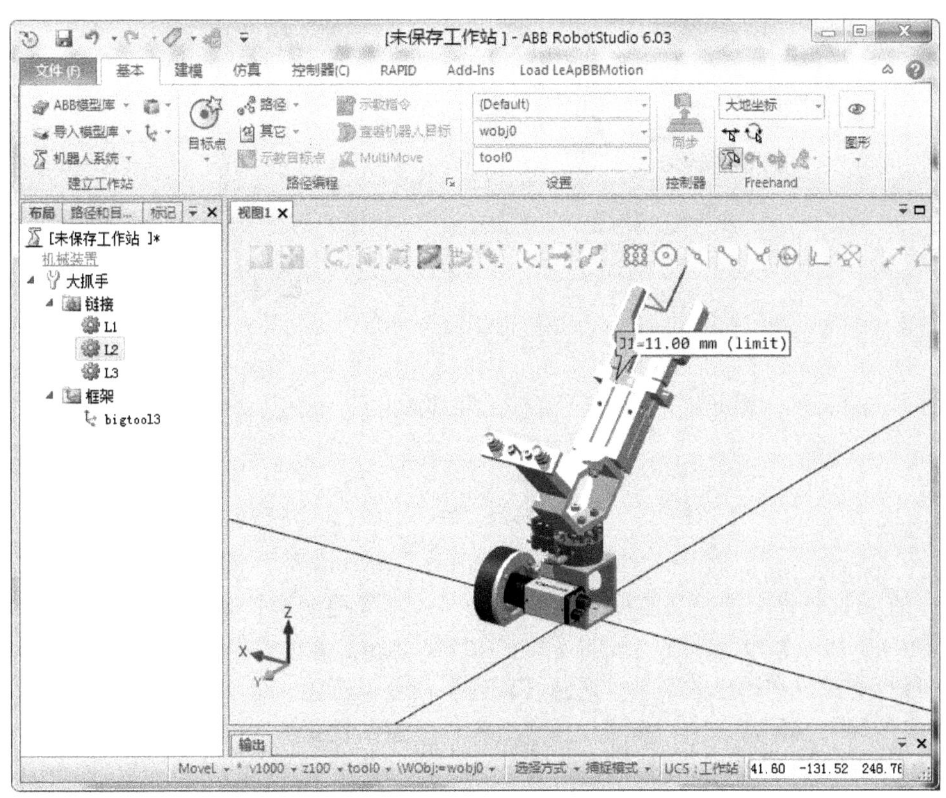

图 7-108　抓手工具创建完成

2. 建立工具姿态事件

(1) 在工作站中添加 IRB 1200 型机器人本体，并将创建好的工具“大抓手”安装到机器人上，如图 7-109 所示。

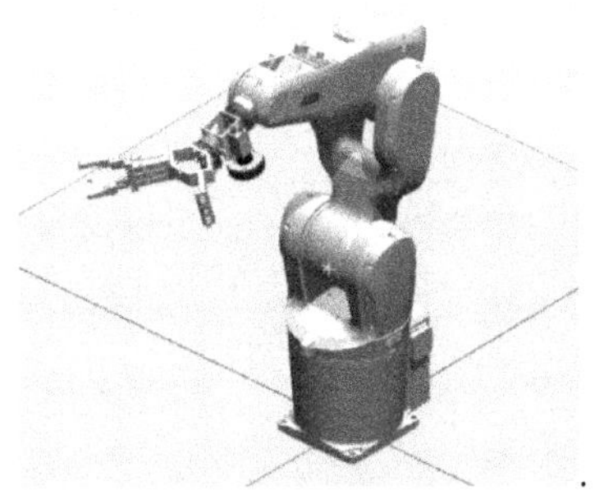

图 7-109　将工具安装到机器人上

(2) 参考第 2 章内容为工作站创建机器人系统。注意在创建时需要勾选【709-1 DeviceNet Master/Slave】项，如图 7-110 所示。

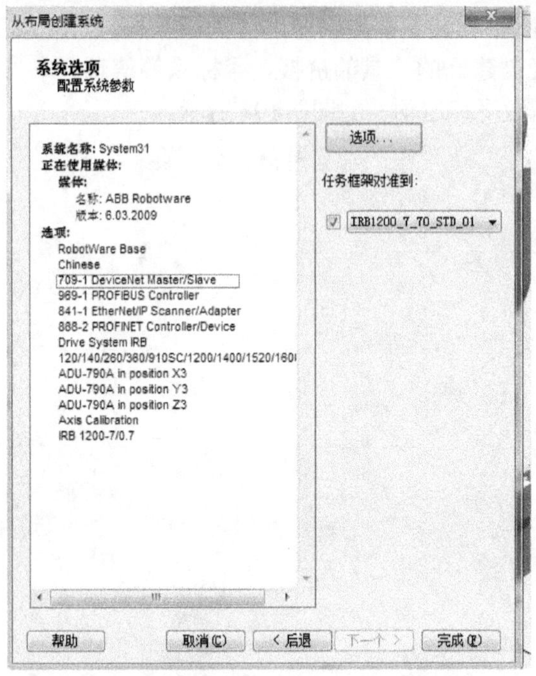

图 7-110　添加 709-1 DeviceNet 选项

(3) 在仿真软件中配置通信板卡和 I/O 信号：在【控制器】选项卡中选择【配置编辑器】/【I/O System】命令，在出现的【配置-I/O System】菜单栏中的【DeviceNet Device】上单击鼠标右键，在弹出的菜单中选择【新建】命令，新建一个 I/O 通信板卡。然后在弹出的【实例编辑器】窗口中，将【使用来自模板的值】设置为对应的板卡型号，如 DSQC 652；将新建板卡的【Name】(名称)设置为“board10”；将【Address】(地址)设置为“10”，如图 7-111 所示。

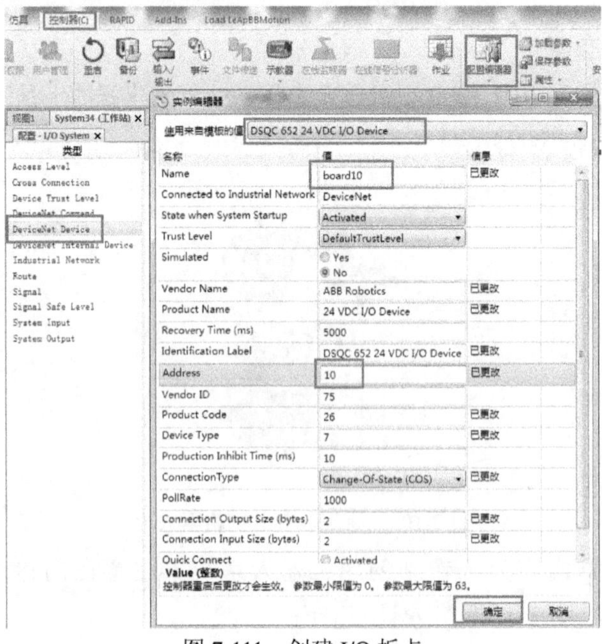

图 7-111　创建 I/O 板卡

(4) 在【配置-I/O System】菜单栏中的【Signal】上单击鼠标右键，在弹出菜单中选择【新建】命令，然后在弹出的【实例编辑器】窗口中配置两个数字量输出信号 do1 和 do2，两个信号的设置相同，如图 7-112 所示。设置完成后，单击【重启】按钮，热重启控制器。

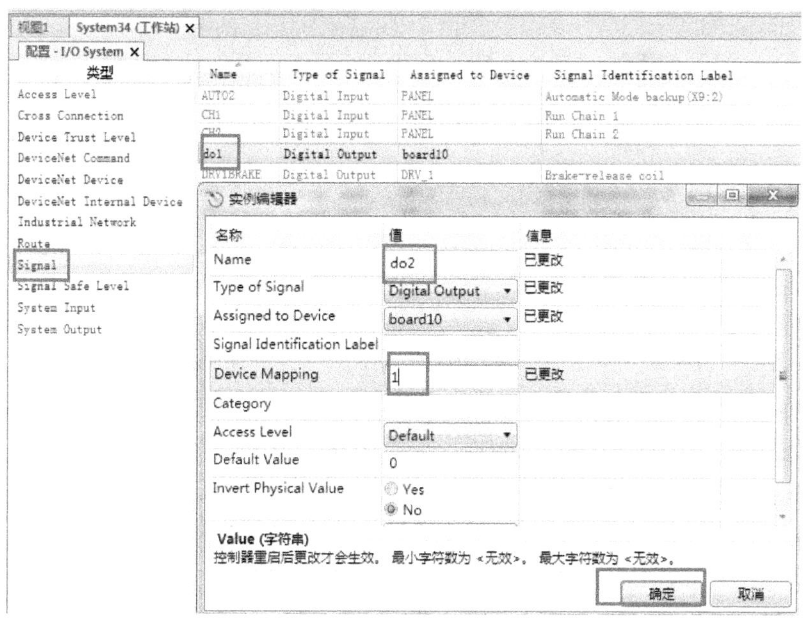

图 7-112　创建 I/O 信号

(5) 然后使用事件管理器将工具夹爪的开合与数字量输出信号相关联：在事件管理器中选择添加新事件，新建输出信号 do1 和 do2 对应的事件，并在【创建新事件-选择操作类型】窗口中将输出信号 do1 对应事件的动作类型设为【将机械装置移至姿态】，如图 7-113 所示。

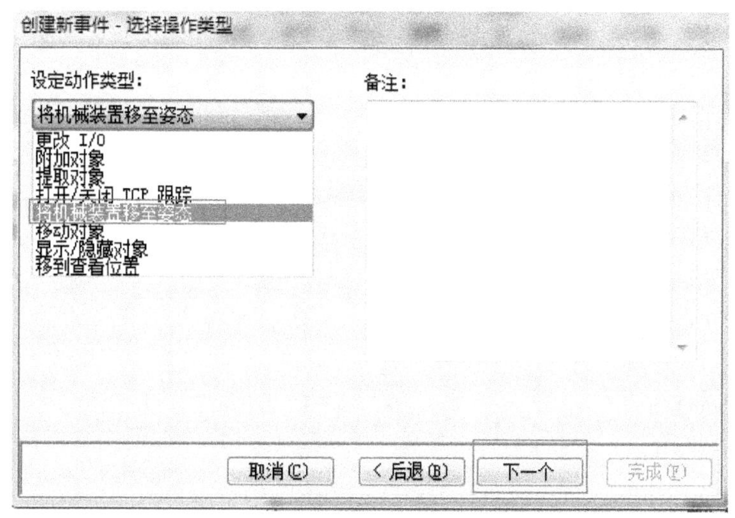

图 7-113　设置 do1 信号关联的动作类型

(6) 在随后出现的【创建新事件-将机械装置移至姿态】窗口中，将输出信号 do1 对应事件的【机械装置】设为【大抓手】，将【姿态】设为【原点位置】，如图 7-114 所示。这样，当信号 do1 被触发时，大抓手工具就会呈原点位置，也就是抓手打开位置。

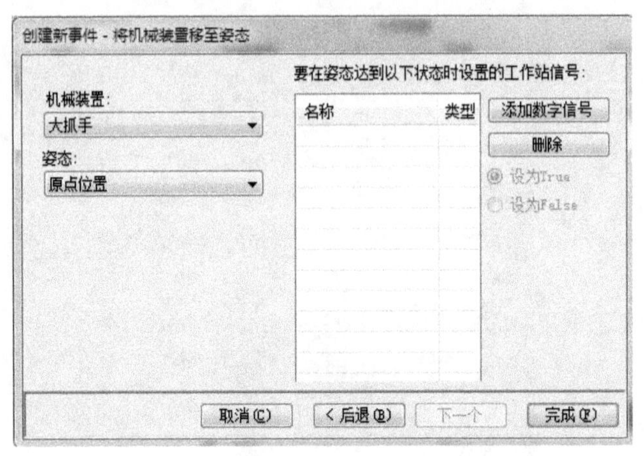

图 7-114　将 do1 信号与工具姿态回归原点相关联

(7) 对输出信号 do2 对应事件的设置与 do1 对应事件类似，不同之处在于：要在【创建新事件-将机械装置移至姿态】窗口中将【姿态】设为【姿态 1】，即当信号 do2 被触发时，大抓手工具应呈前面设置的姿态 1，如图 7-115 所示。

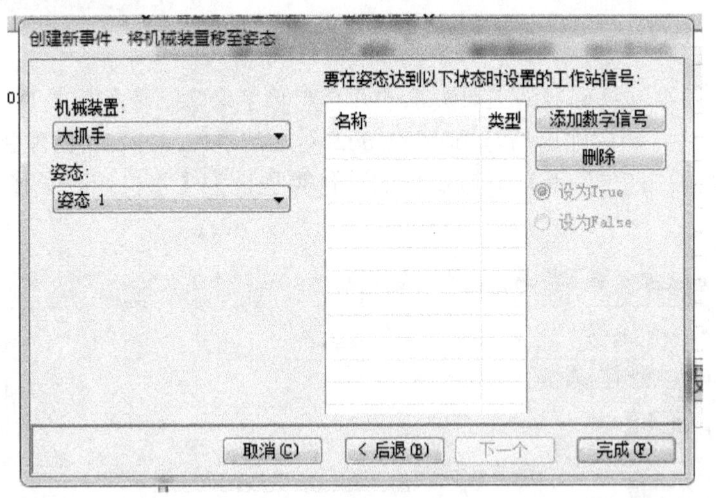

图 7-115　将 do2 信号与工具姿态 1 相关联

(8) 新建一个程序，作用为改变信号状态，以测试机器人工具夹爪的开合动作，代码如下：

```
MODULE MainModule
    PROC main()
        q:
        Set do1;
        WaitTime 0.2;
```

```
        Reset do1;
        Set do2;
        WaitTime 0.2;
        Reset do2;
        GOTO q;
    ENDPROC
ENDMODULE
```

将以上代码写入机器人系统中，播放机器人仿真动画，观察工具的运动过程。

7.4　Smart 组件

使用事件管理器制作设备的仿真动画比较容易，但可以设置的动画相对单一，逻辑也相对简单。而 Smart 组件比事件管理器具备更强大的动画仿真功能，除了能够仿真机械运动的效果外，还可以关联复杂的工作站逻辑、添加传感器以及编辑物料属性。

Smart 组件与事件管理器的对比如表 7-4 所示。

表 7-4　事件管理器与 Smart 组件对比

	事件管理器	Smart 组件
使用难度	简单，易掌握	需要系统学习
适用范围	简单动作改变的动画	复杂，需要逻辑控制的动画
特点	适合制作简单的动画	适合制作复杂的动画

7.4.1　创建物料输送设备

在前文创建的仿真工作站中，输送设备(如输送机或者皮带输送机)的动画效果在整个工作站的仿真中扮演了关键的角色。这些输送设备可以使用 RobotStudio 软件的 Smart 组件进行搭建。

下面介绍使用 Smart 组件创建模拟物料输送设备的详细步骤，要求实现以下动态效果：输送机前端自动生成产品—产品随着输送机向前运动—产品到达输送机末端后停止运动—产品被移走后输送机前端再次生成产品(可以扫描右侧二维码，观看创建物料输送设备的操作视频)。

创建物料输送设备

选择【文件】菜单中的【共享】/【解包】命令，查找并解压对应的教学资源包，解包后的工作站如图 7-116 所示，其中与本章内容相关的组件如下：

- ✧ GKZS01：机器人工具。
- ✧ 大工件：被输送的物料。
- ✧ 平台：实训平台、输送机(包含定位机构)。
- ✧ 工业机器人 IRB 1200。

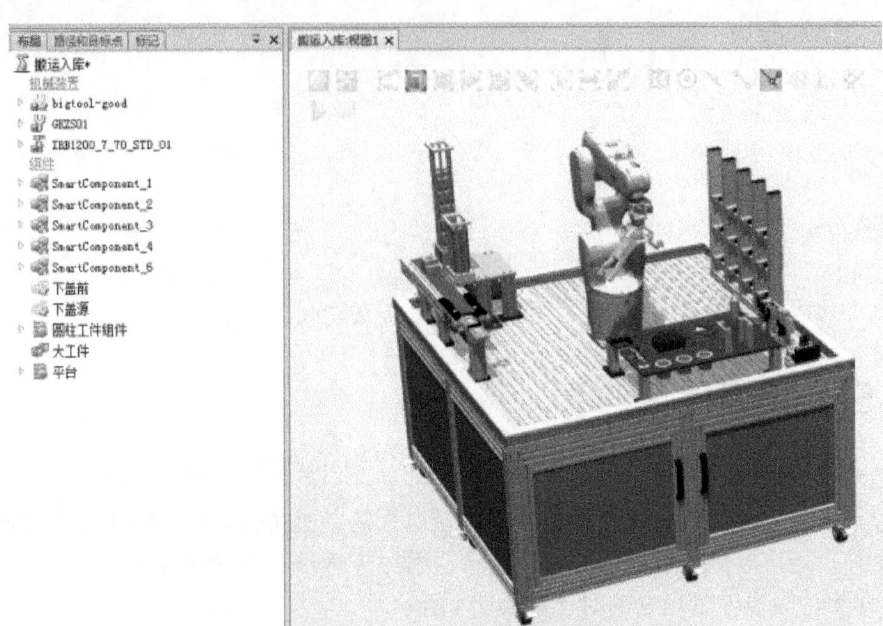

图 7-116　解包后的工作站

1. 创建设备的 Smart 组件

选择【建模】/【创建】选项卡中的【Smart 组件】命令，创建一个 Smart 组件，在窗口左侧的【建模】导航栏中可以看到新建组件的默认名称为“SmartComponent_1”，同时窗口右侧出现【SmartComponent_1】设置视图，如图 7-117 所示。

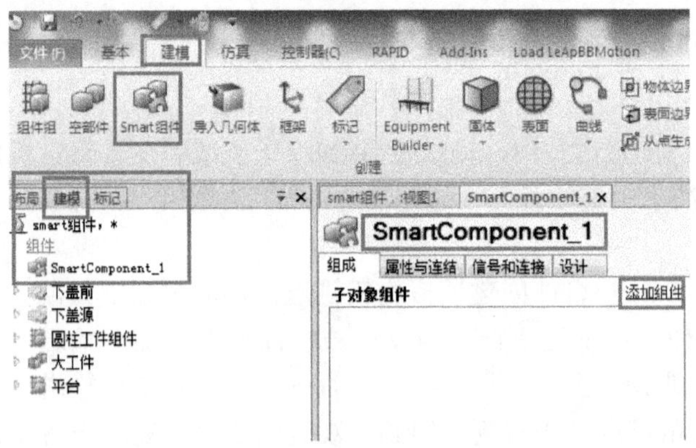

图 7-117　创建 Smart 组件

2. 设置输送产品源

Smart 组件中的子对象组件 Source 用于设定产品源，每当触发一次 Source 的执行，都会自动生成一个产品源的复制品。本例中将输送物料“大工件”设为产品源，则每次触发后都会产生一个“大工件”的复制品，设置步骤如下：

(1) 在【SmartComponent_1】视图的【组成】选项卡中，单击【添加组件】超链接，在弹出的菜单中选择【动作】/【Source】命令，创建一个 Source 子对象组件“Source1”，如图 7-118 所示。

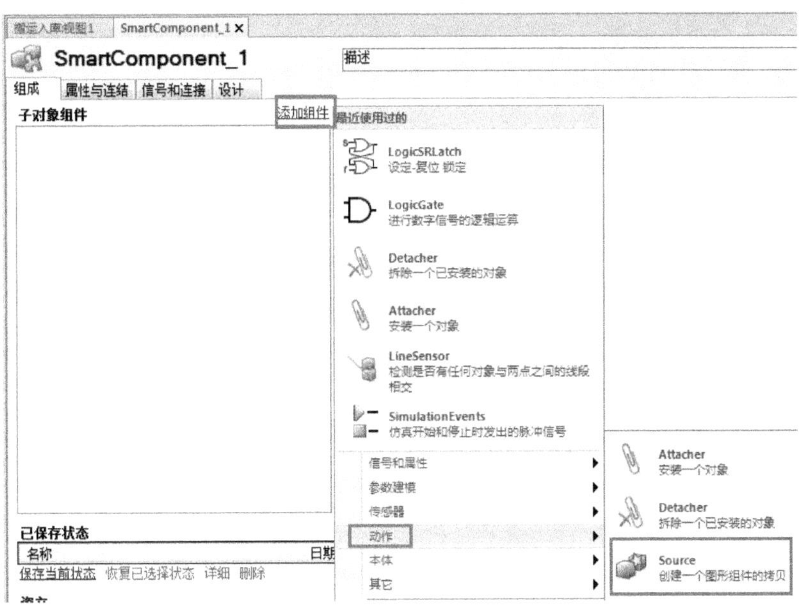

图 7-118　创建 Source 组件

(2) 在【子对象组件】下方浏览栏中出现的【Source】组件图标上单击鼠标右键，在弹出菜单中选择【属性】命令，在窗口左侧出现的【属性: Source】界面中将【Source】设为【大工件】，然后单击【应用】按钮，如图 7-119 所示。

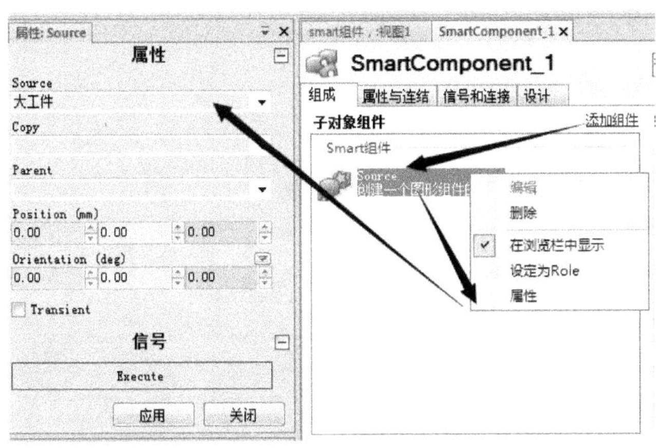

图 7-119　设置 Source 组件属性

3. 设置运动属性

设置输送机的运动属性需要添加对象队列 Queue，并将其运动属性设置为 LinearMover，即进行直线运动，步骤如下：

(1) 在【SmartComponent_1】视图的【组成】选项卡中单击【添加组件】超链接，在弹出的菜单中选择【其它】/【Queue】命令，新建一个 Queue 队列“Queue”，如图 7-120 所示。

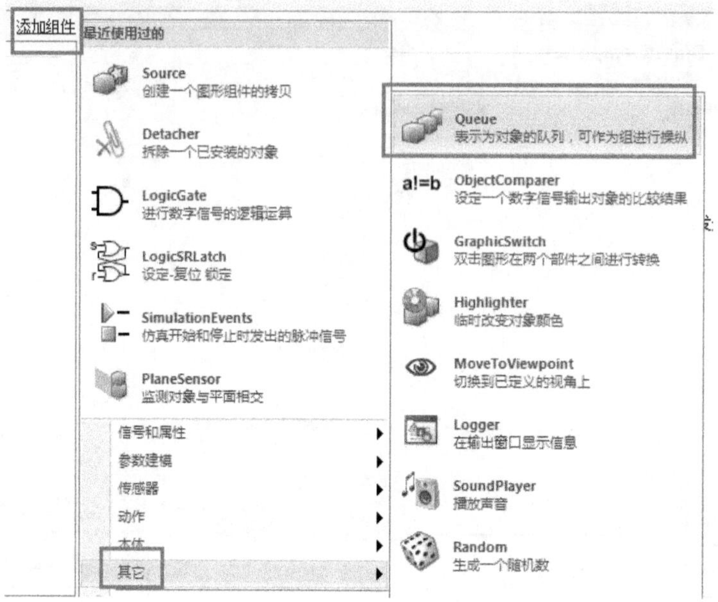

图 7-120　创建 Queue 队列

(2) 暂时不设置队列 Queue 的属性，继续在弹出的菜单中选择【本体】/【LinearMover】命令，创建子组件 LinearMover，如图 7-121 所示。子组件 LinearMover 用于设置运动属性，可以设置运动物体、运动方向、运动速度及运动的参考坐标系等。

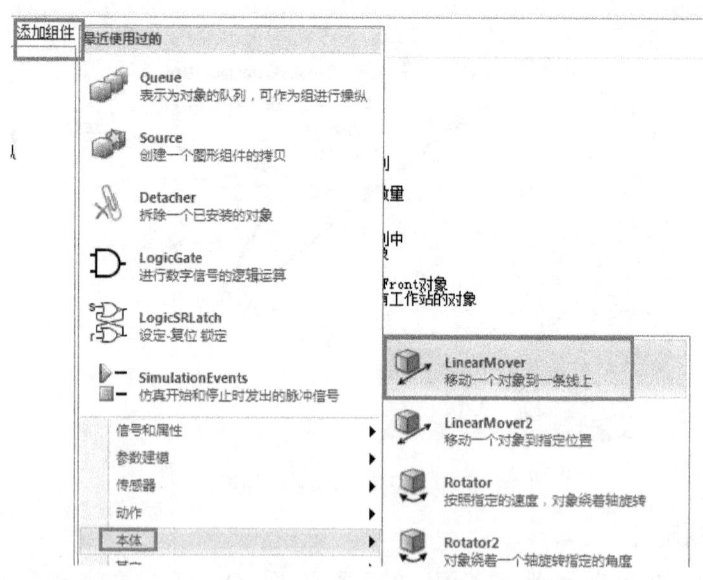

图 7-121　创建子组件 LinearMover

(3) 右键单击【建模】导航栏中的【大工件】图标，在弹出的菜单中选择【位置】/【设定位置】命令，在出现的【设定位置:大工件】界面中查看大工件的当前位置信息。本例中，大工件在工作站世界坐标系中的位置为(0,0,0)，输送机需要将大工件移动到图中右侧方框处，距离为 470.84 mm，如图 7-122 所示。

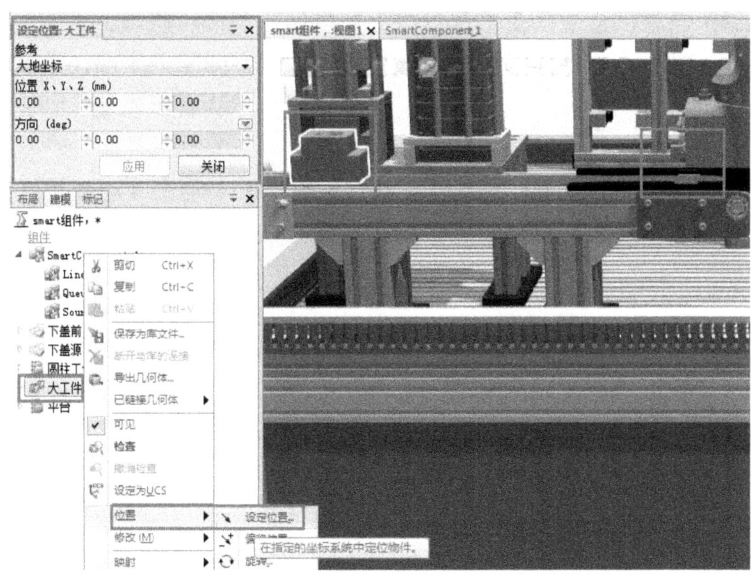

图 7-122　查看工件位置信息

(4) 可以通过设置 LinearMover 的属性设置工件的运动，步骤如下：右键单击【子对象组件】浏览栏中的【LinearMover】组件图标，在弹出的菜单中选择【属性】命令，在出现的【属性: LinearMover】界面中，将【Object】(移动对象)设为【SmartComponent_1/Queue】；由于本例中工件要沿着世界坐标系 Y 轴的正方向移动 470.84 mm，因此要将【Direction】(世界坐标系)下方的 Y 坐标设为“470.84”；将【Speed】(速度)设为“150”；将【Reference】(参考坐标系)设为世界坐标系【Global】；将【Execute】的信号指定为【1】，即被点亮为高电平时开始移动对象(注意：当速度大于 0 mm/s 时，若将 Execute 设置为 1，则该运动会处于一直执行的状态)。设置完毕，单击【应用】按钮，如图 7-123 所示。

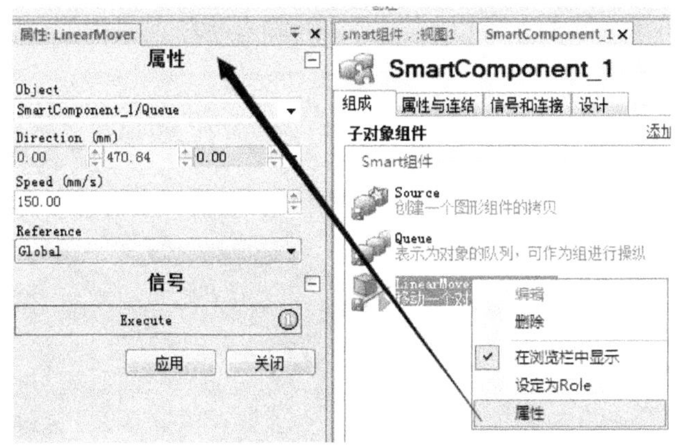

图 7-123　设置 LinearMover 属性

4. 设置传感器

在实际生产中，输送机将物料输送到定位装置末端后会触发到位传感器，使系统得到物料到位的反馈信息，停止物料输送；而当物料被取走时，传感器信号会被重置，系统就会控制输送机再次开启物料输送。

在使用 Smart 组件创建的仿真输送设备上可以创建到位传感器。本例中，在仿真输送机末端设置到位传感器，并将传感器设置为垂直于输送方向的一个面，当物料输送到此处时就会接触到该面，使传感器产生并自动输出传感信号，从而形成工件到位触发传感器的机制，步骤如下：

(1) 在【SmartComponent_1】视图的【组成】选项卡中单击【添加组件】超链接，在弹出的菜单中选择【传感器】/【PlaneSensor】命令，如图 7-124 所示。

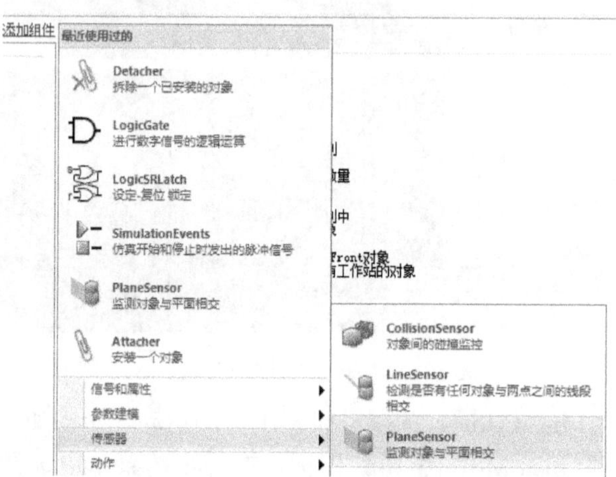

图 7-124　创建 PlaneSensor 组件

(2) 在【子对象组件】下方浏览栏中的【PlaneSensor】组件图标上单击鼠标右键，在弹出的菜单中选择【属性】命令。在出现的【属性: PlaneSensor】窗口中，单击【Origin】(起点)下方的坐标值输入框，随后切换到【smart 组件，:视图 1】视图中，在视图上方的捕捉工具栏中选择【捕捉端点】工具，单击输送机物料定位机构的一个平面角点(方框所示)，然后在【Axis1】(轴 1)和【Axis1】(轴 2)下方的坐标值输入框中分别输入如图 7-125 所示的数据，最后单击【关闭】按钮。

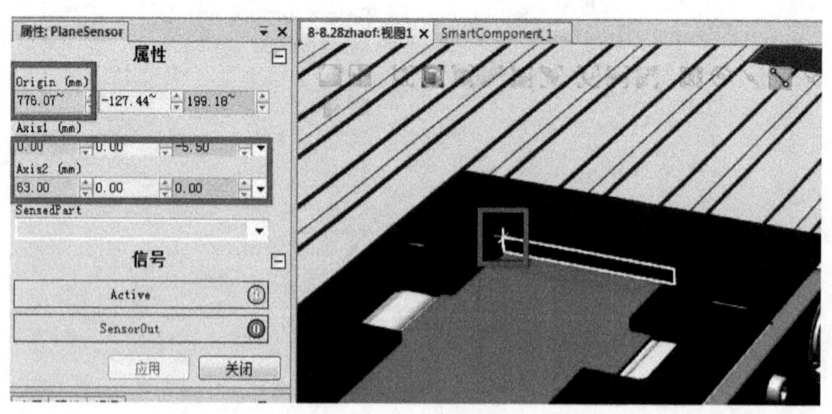

图 7-125　设置传感器属性

(3) 虚拟传感器一次只能检测一个物体，因此需保证所创建的传感器不能与周边设备接触，否则会无法检测运动到输送机末端的产品。除了在创建时尽量避开周边设备以外，通常的做法是将可能与该传感器接触的周边设备的属性设为不可由传感器检测。本例中，

在【布局】导航栏中的【圆柱工件组件】图标上单击鼠标右键，在弹出菜单中将【可由传感器检测】命令前面的“√”去掉即可，如图 7-126 所示。然后使用相同方法，将工件【大工件】设置为【可由传感器检测】，如图 7-127 所示。

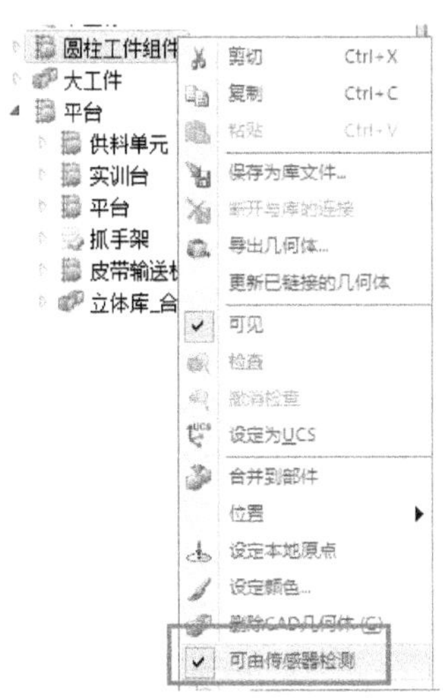

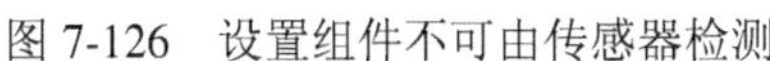
图 7-126　设置组件不可由传感器检测

图 7-127　设置组件可由传感器检测

注意：在 Smart 组件应用中，只有信号发生 0→1 的变化时，才可以触发事件。例如，有一个信号 A，当信号 A 由 0 变 1 时触发事件 B1，信号 A 由 1 变 0 时触发事件 B2。前者直接连接信号 A 即可触发，但后者就要引入一个非门与信号 A 相连接，当信号 A 由 1 变 0 时，要先经非门运算后转换为由 0 变 1，然后再与事件 B2 连接，才能在信号 A 由 1 变 0 时触发事件 B2。非门组件的添加步骤如下：

(1) 在【SmartComponent_1】视图的【组成】选项卡中单击【添加组件】超链接，在弹出的菜单中选择【信号和属性】命令，然后在下一级菜单中依次选择【LogicGate】和【LogicSRLatch】命令，创建逻辑子组件 LogicGate 和 LogicSRLatch，前者用于进行两个信号的关联逻辑运算，后者用于锁定信号，如图 7-128 所示。

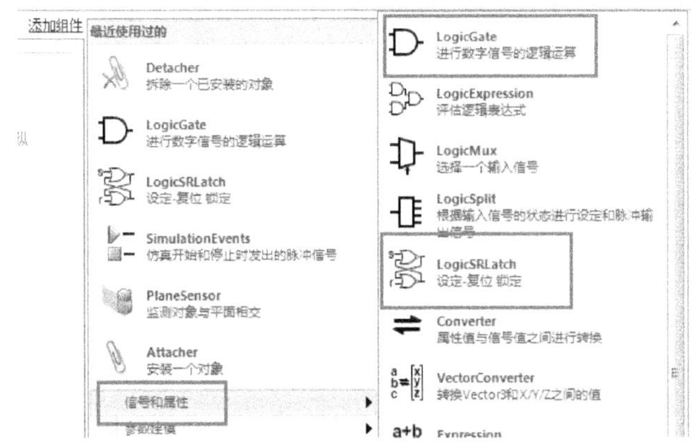

图 7-128　创建逻辑子组件

(2) 再次单击【添加组件】超链接，在弹出的菜单中选择【其它】/【SimulationEvents】命令，创建反馈信号组件 SimulationEvents，将仿真选项卡下的【播

放】操作的信号作为激活信号使用，如图 7-129 所示。

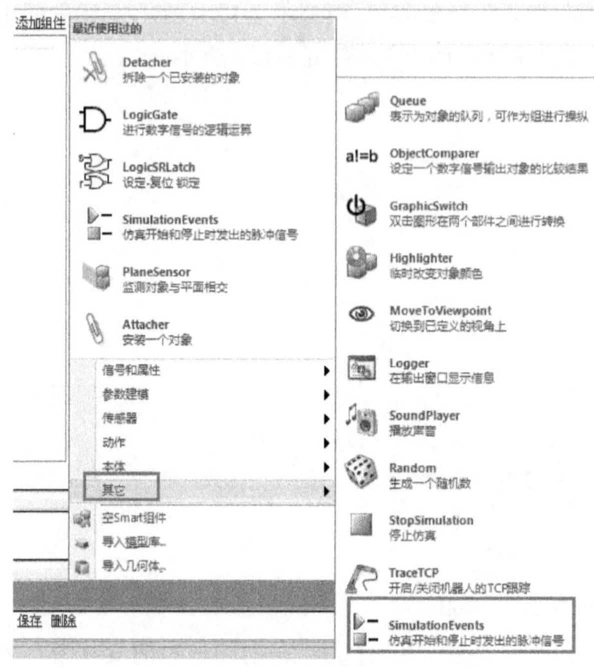

图 7-129　创建反馈信号组件

(3) 在【子对象组件】下方浏览栏中的【LogicGate】组件图标上单击鼠标右键，在弹出菜单中选择【属性】命令，在出现的【属性: LogicGate】界面中，将【Operator】设为【NOT】(非门)，然后单击【关闭】按钮，如图 7-130 所示。

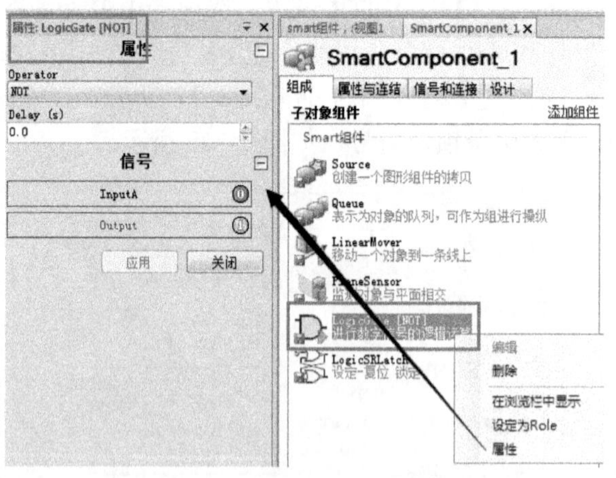

图 7-130　设置逻辑组件属性

5．设置属性连结

属性连结指各 Smart 子组件的某项属性之间的连结。例如，组件 A 中的某项属性 a1 与组件 B 中的某项属性 b1 建立了属性连结，则当 a1 发生变化时，b1 也会随着一起变化。属性连结在 Smart 组件视图中的【属性与连结】选项卡中设置，主要步骤如下：

(1) 在【属性与连结】选项卡下单击【添加连结】超链接，如图 7-131 所示。

图 7-131　添加属性连结

(2) 在弹出的【添加连结】对话框中，将【源对象】设为【Source】,【源属性】设为【Copy】,【目标对象】设为之前创建的【Queue】,【目标属性】设为【Back】，然后单击【确定】按钮，如图 7-132 所示。

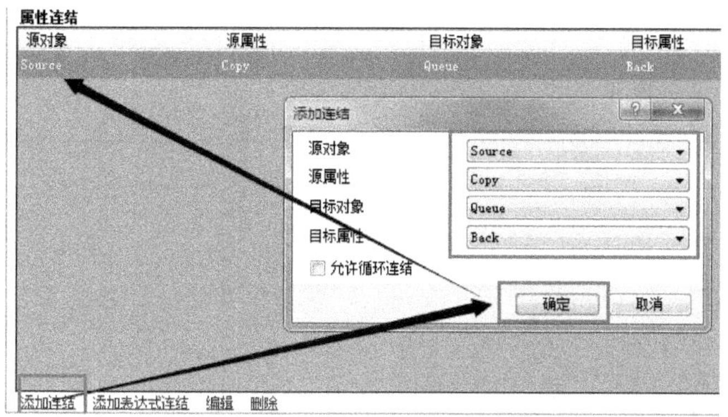

图 7-132　编辑新建的属性连结

上述属性连结中，源对象 Source 的属性 Copy 指的是源的复制品，目标对象 Queue 的属性 Back 指的是下一个将要加入队列的物体。通过该属性连结，当产品源产生一个复制品执行加入队列动作后，该复制品就会自动加入到队列 Queue 中，由于 Queue 队列一直执行线性运动，因此该复制品也会随着队列进行线性运动，而当执行退出队列操作时，复制品退出队列后亦会停止线性运动。

6．设置信号与连接

信号与连接包含 I/O 信号和 I/O 连接两部分。I/O 信号指的是本工作站中自行创建的数字信号，用于和各个 Smart 子组件进行信号交互；I/O 连接指的是创建的 I/O 信号与 Smart 子组件信号的连接关系，以及各 Smart 子组件之间的信号连接关系。

信号与连接在 Smart 组件视图中的【信号和连接】选项卡中进行设置，如图 7-133 所示。

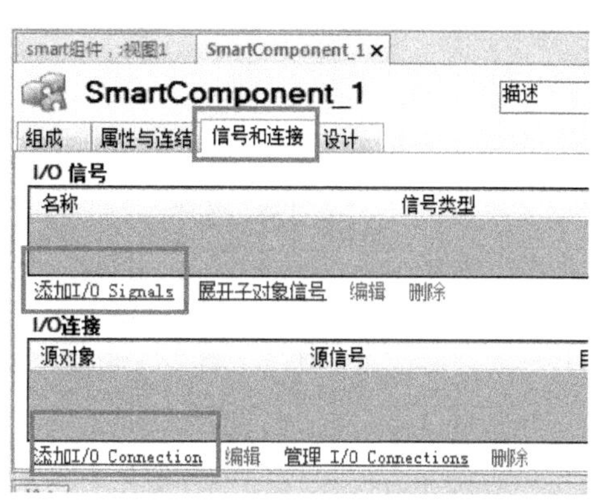

图 7-133　设置信号和连接

本例中，物料输送设备的 Smart 组件需要两个 I/O 信号：start 信号与 arrive 信号。单击超链接【添加 I/O Signals】，在弹出的【添加 I/O Signals】对话框中，依照图 7-134 与图 7-135 所示的参数，分别创建 start 信号与 arrive 信号。

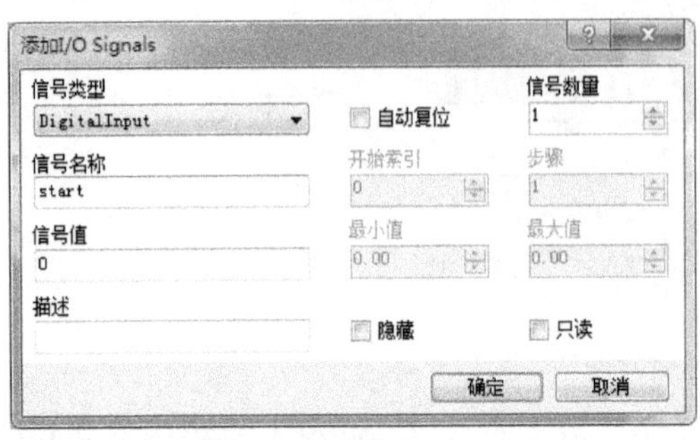

图 7-134　创建 start 信号

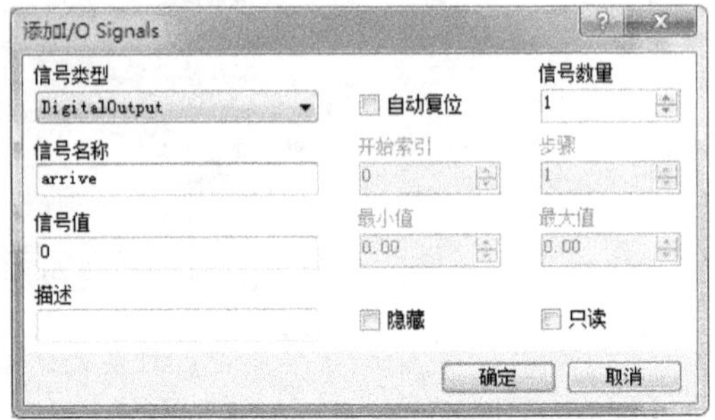

图 7-135　创建 arrive 信号

信号创建完成后，回到【信号和连接】选项卡中，单击超链接【添加 I/O Connection】，在弹出的【添加 I/O Connection】对话框中依次创建所需的 I/O 连接，如表 7-5 所示。

表 7-5　需创建 I/O 连接一览

序号	参数设置	说明
1	添加I/O Connection 源对象：SmartComponent_1 源信号：start 目标对象：Source 目标对象：Execute 允许循环连接 确定　取消	信号 start 触发 Source 组件(产品源)执行动作，使 Source 组件自动产生一个复制品
2	添加I/O Connection 源对象：Source 源信号：Executed 目标对象：Queue 目标对象：Enqueue 允许循环连接 确定　取消	Source 组件的复制品完成信号触发 Queue 的加入队列动作，使产生的复制品自动加入队列 Queue 中
3	添加I/O Connection 源对象：PlaneSensor 源信号：SensorOut 目标对象：SmartComponent_1 目标对象：arrive 允许循环连接 确定　取消	当复制品与输送机末端的传感器发生接触时，将信号 arrive 置为 1，表示复制品已经到位

续表

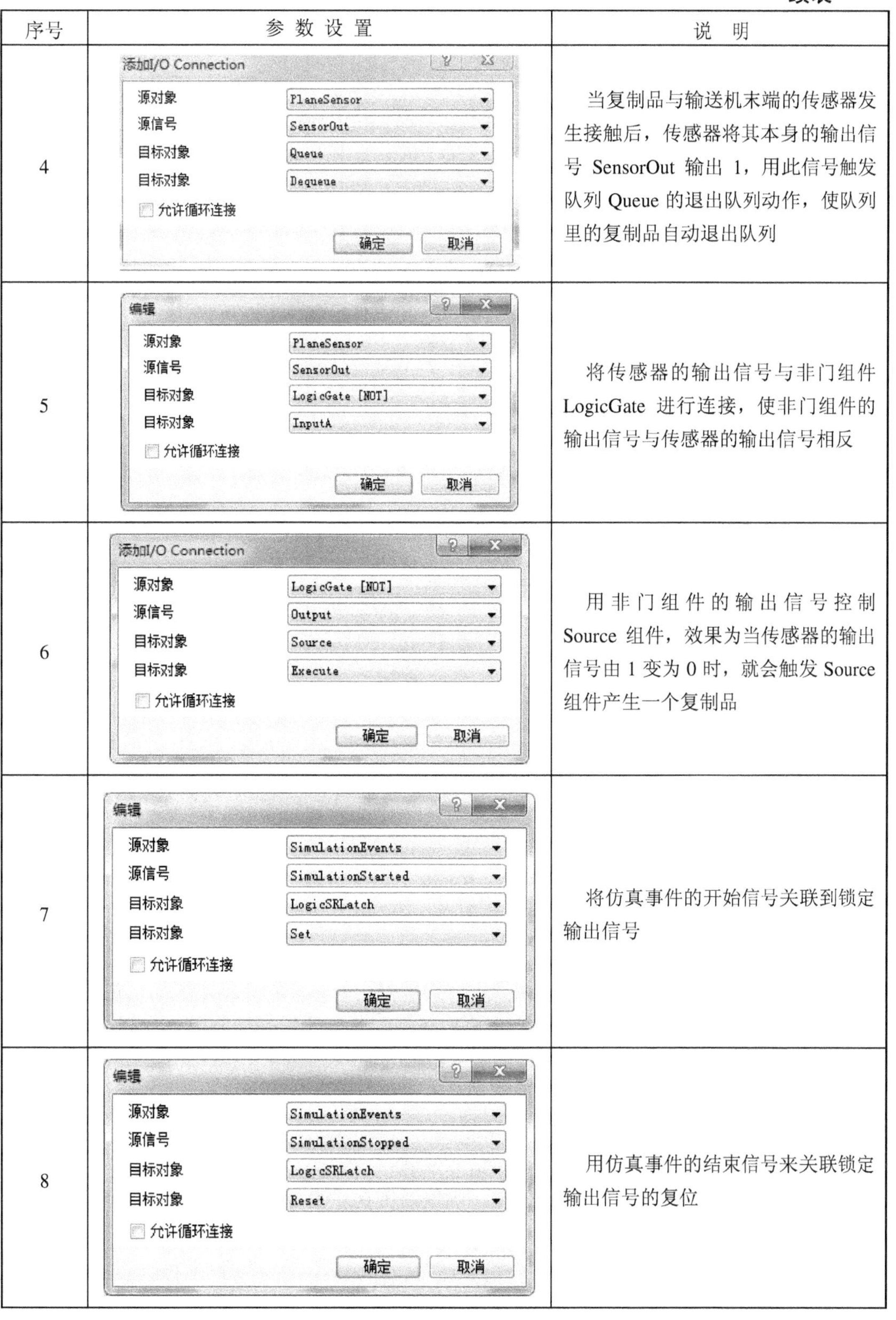

序号	参 数 设 置	说　明
4	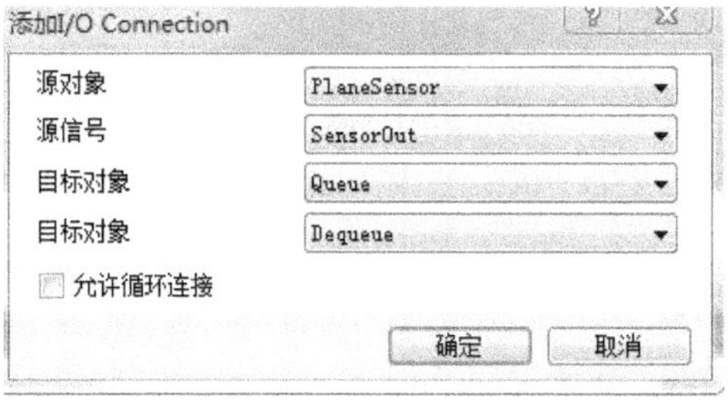 添加I/O Connection 源对象　PlaneSensor 源信号　SensorOut 目标对象　Queue 目标对象　Dequeue 允许循环连接 确定　取消	当复制品与输送机末端的传感器发生接触后，传感器将其本身的输出信号 SensorOut 输出 1，用此信号触发队列 Queue 的退出队列动作，使队列里的复制品自动退出队列
5	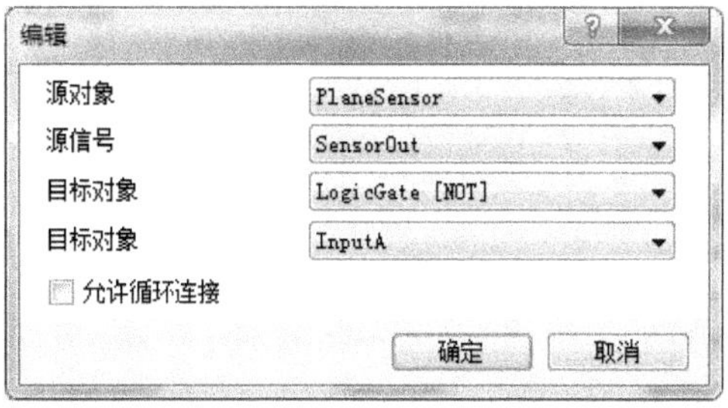 编辑 源对象　PlaneSensor 源信号　SensorOut 目标对象　LogicGate [NOT] 目标对象　InputA 允许循环连接 确定　取消	将传感器的输出信号与非门组件 LogicGate 进行连接，使非门组件的输出信号与传感器的输出信号相反
6	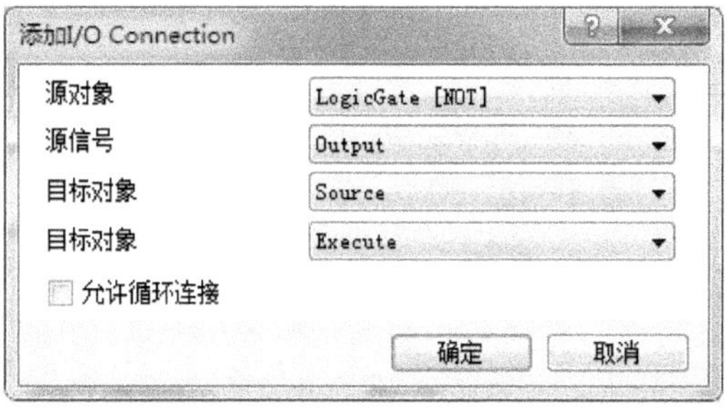 添加I/O Connection 源对象　LogicGate [NOT] 源信号　Output 目标对象　Source 目标对象　Execute 允许循环连接 确定　取消	用非门组件的输出信号控制 Source 组件，效果为当传感器的输出信号由 1 变为 0 时，就会触发 Source 组件产生一个复制品
7	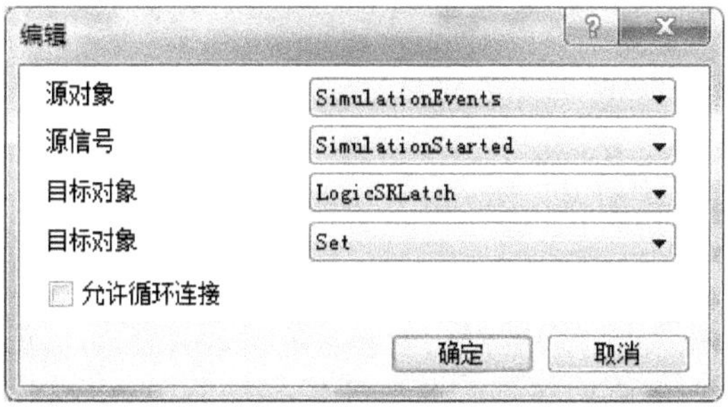 编辑 源对象　SimulationEvents 源信号　SimulationStarted 目标对象　LogicSRLatch 目标对象　Set 允许循环连接 确定　取消	将仿真事件的开始信号关联到锁定输出信号
8	 编辑 源对象　SimulationEvents 源信号　SimulationStopped 目标对象　LogicSRLatch 目标对象　Reset 允许循环连接 确定　取消	用仿真事件的结束信号来关联锁定输出信号的复位

续表

序号	参 数 设 置	说 明
9	编辑 源对象 LogicSRLatch 源信号 Output 目标对象 PlaneSensor 目标对象 Active 允许循环连接 确定 取消	把锁定信号的输出关联到传感器激活信号

全部所需的信号和连接都创建完成后的 Smart 组件如图 7-136 所示。

图 7-136　查看创建的信号和连接

本例中，在 Smart 组件中一共创建了 9 个 I/O 连接，这些连接的逻辑关系为：

(1) 使用启动信号 start 触发一次 Source 组件的动作，使其产生一个自身的复制品。

(2) 复制品产生之后会自动加入到设定好的队列 Queue 中，并沿着输送机运动。

(3) 当复制品运动到输送机末端，与该处设置的面传感器接触后，该复制品会退出队列 Queue，并将产品到位的信号 arrive 置为 1。

(4) 通过非门的中间连接，实现当复制品不再接触面传感器时，会自动触发 Source 组件再产生一个复制品。此后进行下一个循环。

(5) 将仿真信号的开始和停止与锁定信号关联。

(6) 将锁定信号与传感器状态相关联，确保当仿真开始时传感器才处于工作状态。

7. 验证仿真效果

输送机 Smart 组件创建完成后，可以对该 Smart 组件的仿真效果进行验证，操作步骤如下：

(1) 在【仿真】/【配置】选项卡中选择【仿真设定】命令，在出现的【仿真设定】视图的【仿真对象】导航栏中，去掉【控制器】下方组件的勾选，同时勾选【Smart 组件】下方的组件【SmartComponent_1】，如图 7-137 所示。

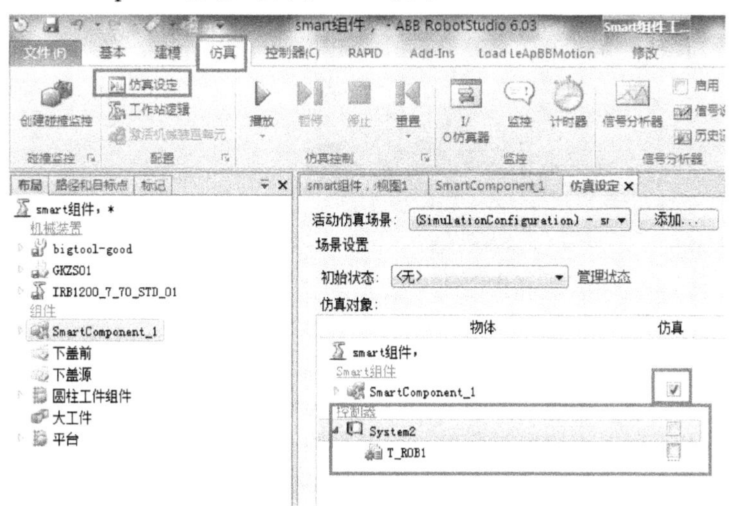

图 7-137　选择所用的 Smart 组件

(2) 在【仿真】/【监控】选项卡中选择【I/O 仿真器】命令，在弹出的【SmartComponent_1 个信号】对话框中将【选择系统】设置为【SmartComponent_1】，如图 7-138 所示。

图 7-138　设置 Smart 组件仿真信号

(3) 单击【仿真】/【仿真控制】选项卡中的【播放】按钮，单击【I/O 仿真器】中的信号【start】，开启 start 信号。注意：start 信号只能开启一次，否则会出现逻辑混乱状况。

开启 start 信号后，复制品会运动到输送机末端，如图 7-139 所示。当复制品触发末端传感器时，arrive 信号会置为 1，如图 7-140 所示。然后输送机前端会再产生一个复制品，进入下一循环。

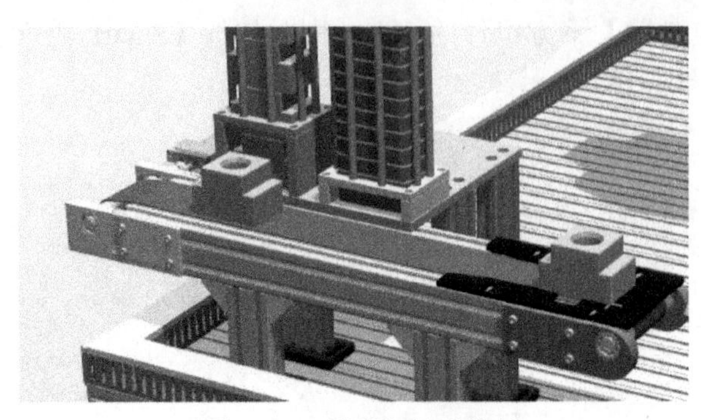

图 7-139　输送机输送物料

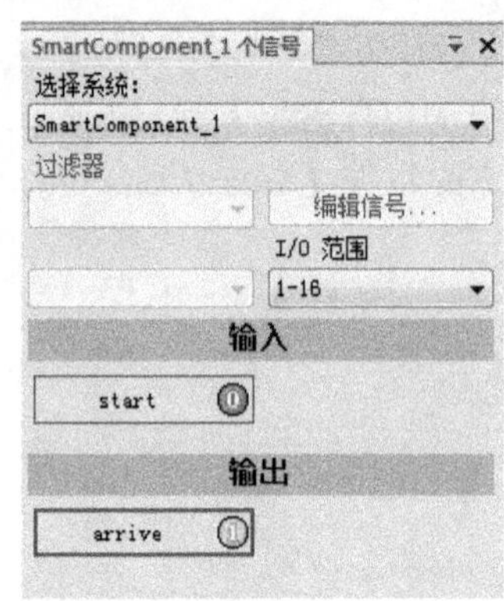

图 7-140　物料到位触发传感器

7.4.2　创建动态工具

在 RobotStudio 中创建仿真工作站，工具拾取与释放产品的动态效果最为重要。除使用事件管理器设置以外，也可以使用 Smart 组件来创建动态工具。

本例基于 7.4.1 节中搭建的物料输送工作站中的机器人工具 bigtool-good 创建动态工具，要求实现的动态效果包括：① 在输送机末端拾取产品；② 在放置位置释放产品。读者可以将本节介绍的操作与使用事件管理器创建动态工具的操作相对比，体会二者的不同(可以扫描右侧二维码，观看创建动态工具的视频)。

创建动态工具

1. 创建工具的 Smart 组件

(1) 为方便编辑，首先要将夹爪工具 bigtool-good 暂时从机器人上拆除，编辑完成后再安装回去：在【布局】导航栏中右键单击【bigtool-good】工具图标，在弹出的菜单中选择【拆除】命令，在弹出的【更新位置】对话框中单击【否】按钮，如图 7-141 所示。

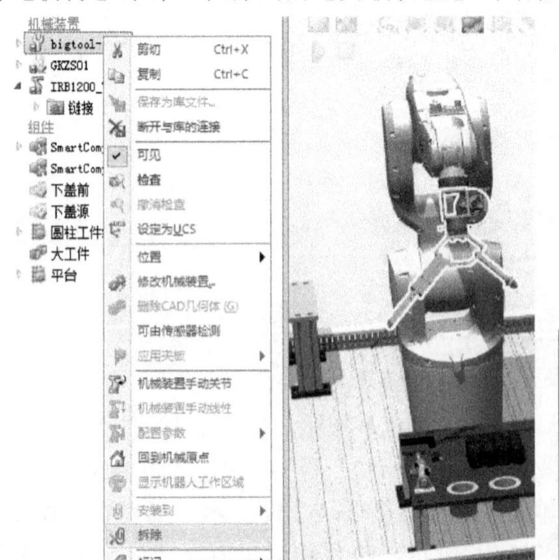

图 7-141　拆除待创建动态的工具

(2) 在【建模】/【创建】选项卡中选择【Smart 组件】命令，创建一个作为机器人工具的新 Smart 组件，默认命名为“SmartComponent_2”，如图 7-142 所示。

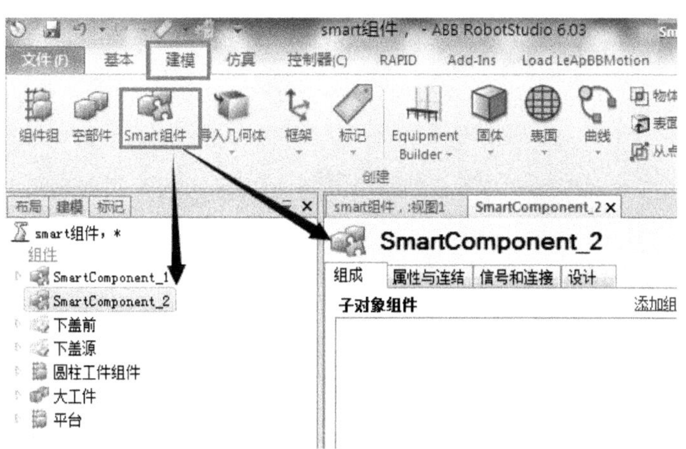

图 7-142　创建工具的 Smart 组件

(3) 在【布局】导航栏中，将【bigtool-good】工具图标拖放到【SmartComponent_2】图标上，即将工具 bigtool-good 添加到了新建的 Smart 组件 SmartComponent_2 中，然后右键单击组件【SmartComponent_2】，在弹出菜单中选择【编辑组件】命令，如图 7-143 所示。

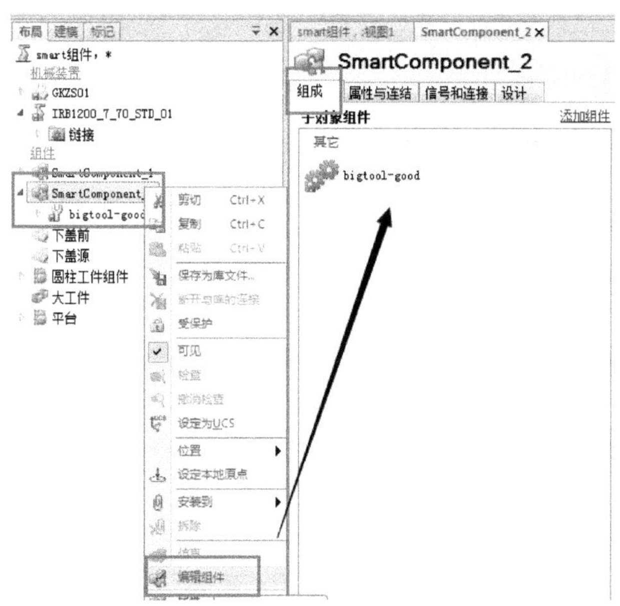

图 7-143　编辑工具的 Smart 组件

(4) 在 Smart 组件视图的【组成】选项卡中，右键单击【子对象组件】下方浏览栏中的【bigtool-good】工具图标，在弹出的菜单中选择【设定为 Role】命令，让 Smart 组件获得 Role 属性，从而继承机器人工具的坐标系等属性，如图 7-144 所示。

图 7-144　将工具设定为 Role

本例中，工具 bigtool-good 已经包含了一个工具坐标系，如果将组件 SmartComponent_2 设为 Role，则该 Smart 组件会继承这个工具坐标系的属性，从而可以将 SmartComponent_2 完全作为一个机器人工具来处理。

2. 设置工具传感器

下面在工具的夹指中心处添加传感器，作为工具的检测传感器，步骤如下：

(1) 在 Smart 组件视图的【组成】选项卡中单击【添加组件】，在出现的菜单中单击选择【传感器】/【LineSensor】，创建一个 LineSensor 类型的传感器子组件，如图 7-145 所示。

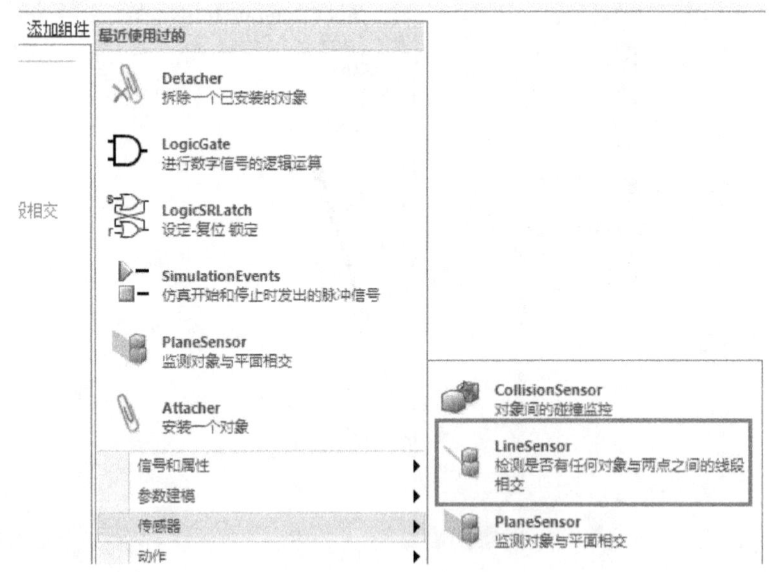

图 7-145　创建 LineSensor 子对象组件

(2) 在【子对象组件】浏览栏中的【LineSensor】组件图标上单击鼠标右键，在弹出的菜单中选择【属性】命令，在出现的【属性: LineSensor】界面中设置该传感器的属性，如图 7-146 所示。

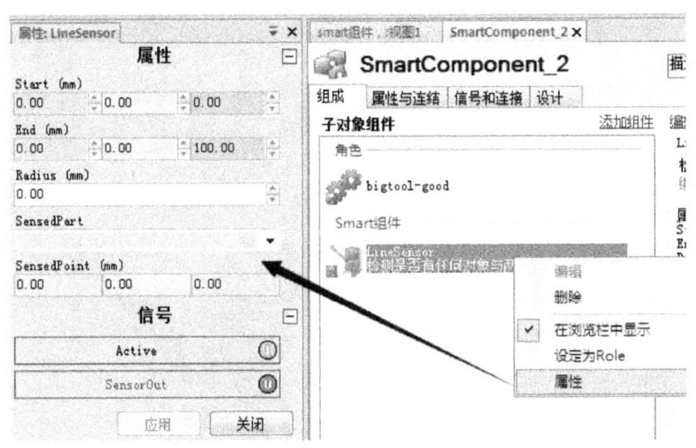

图 7-146　设置 LineSensor 传感器属性

(3) 下面指定传感器的起点 Start 和终点 End 的位置：单击【Start】下方的坐标输入框，然后切换到【smart 组件，:视图 1】视图，在视图上方的捕捉工具栏中选择【捕捉中心】工具，单击视图中工具夹指底部的中心点，即设定了 Start 点的位置；该传感器的作用是检测工具是否抓到物料，因此 End 点的位置应设定在两夹指连线的中点处，如图 7-147 所示。

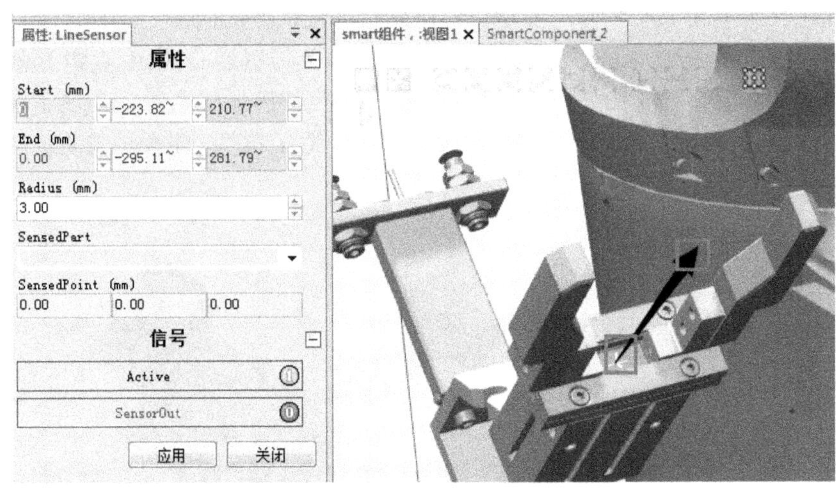

图 7-147　LineSensor 传感器起止位置参考点

重新安装机器人工具时，工具坐标会发生偏移。虽然偏移不会影响工具的安装，但传感器的 Start 点与 End 点的位置可能会产生偏差，又或者工具形状不规则，无法通过鼠标捕捉确定 End 点。此时，可以通过两种方法指定 End 点的坐标：

✧　分别捕捉两夹指几何表面的中间位置，通过坐标变换得出一个或两个坐标值，结合 Start 点的坐标，即可计算出 End 点的坐标。

✧　若难以通过上述方式计算出 End 点的坐标，可以先选择一个精确度不高的位置，在此基础上创建出传感器，然后选择【基本】/【FreeHand】选项卡中的【移动】或【旋转】工具，调整所创建 LineSensor 传感器的位置，如图 7-148 所示。

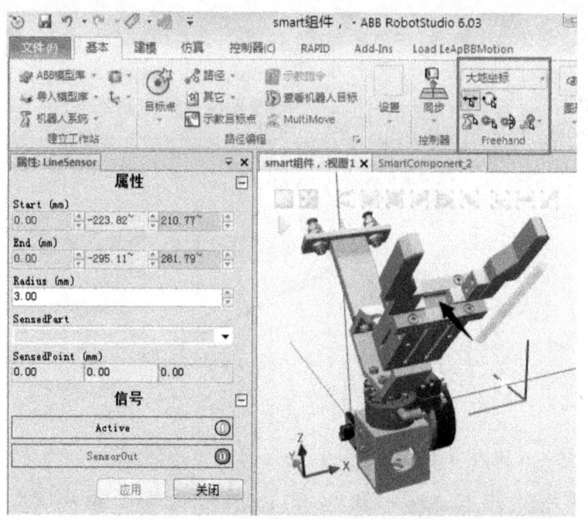

图 7-148　调整传感器位置

(4) LineSensor 传感器的使用还有一项限制，即当物体与传感器接触时，如果接触部分完全覆盖了整个传感器，则传感器不能检测到与之接触的物体。换言之，若要传感器准确检测到物体，则必须保证在接触时传感器的一部分在物体内部，一部分在物体外部。

鉴于此，在工具拾取产品时，要避免传感器全部浸入产品内部，这样才能够准确地检测到该产品。可在【属性: LineSensor】界面中通过改变传感器的 Start 点和 End 点的坐标来调整传感器的长度，在【Radius】下方输入框中设定传感器的半径。为便于观察，本例中将传感器的半径设为“3.00”，并将信号【Active】置为“0”，即暂时关闭传感器检测，如图 7-149 所示。

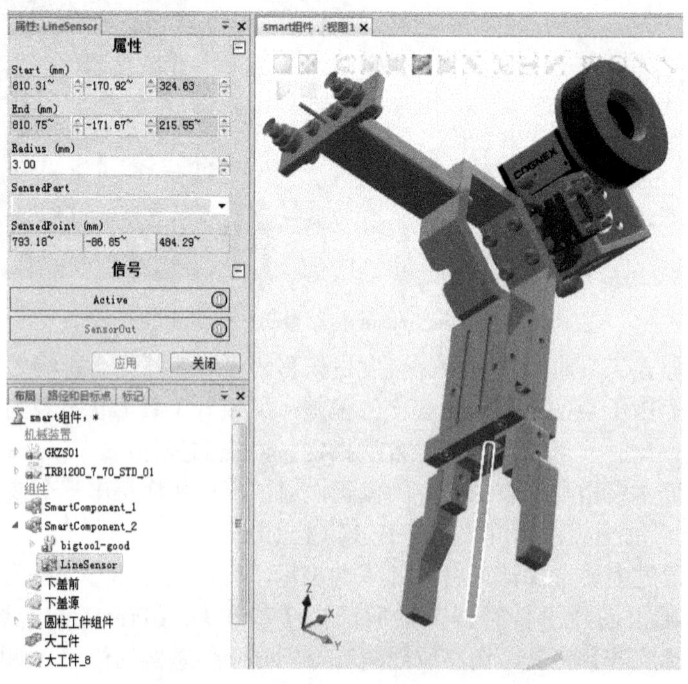

图 7-149　完成设置的 LineSensor 传感器

(5) 传感器设置完成后，需将工具设为不可被传感器检测到，以免传感器与工具发生干涉：在【布局】导航栏中的【bigtool-good】工具图标上单击鼠标右键，在弹出菜单中取消选择【可由传感器检测】命令，如图 7-150 所示。

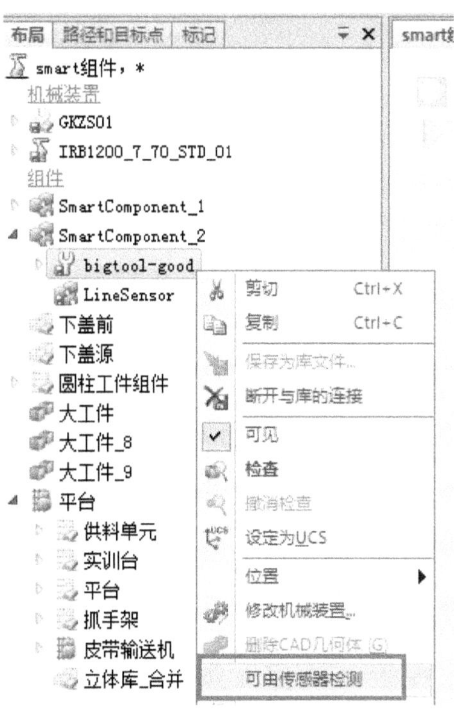

图 7-150　设置工具为不可被传感器检测

3. 安装工具

在【布局】导航栏中，将【SmartComponent_2】组件拖放到 IRB 1200 型机器人的图标上，将已设置了 Smart 组件的工具夹爪安装到机器人末端，如图 7-151 所示。

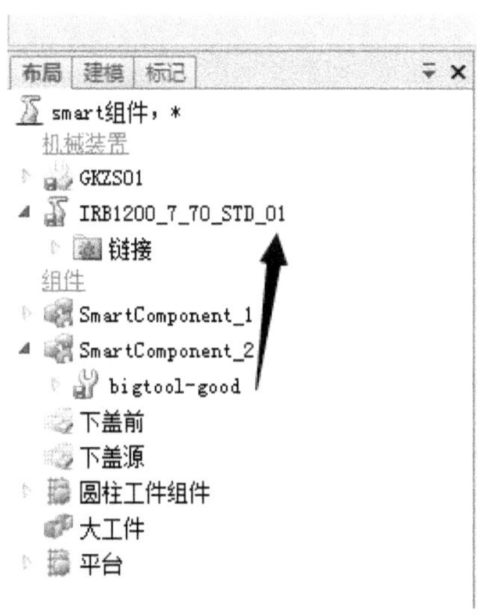

图 7-151　重新安装机器人工具

在弹出的第一个对话框中单击【否】按钮，不更新组件位置；在第二个对话框中单击【是】按钮，替换掉原先存在的工具数据，如图 7-152 所示。

图 7-152　更新 Smart 组件位置并替换工具数据

4. 创建工具动作

使用 Smart 组件创建工具拾取动作的步骤如下：

(1) 在 Smart 视图的【组成】选项卡中单击【添加组件】超链接，在弹出菜单中选择【动作】/【Attacher】命令添加子组件 Attacher，以创建拾取动作效果；然后选择【动作】/【Detacher】命令添加子组件 Detacher，以创建拆除动作效果，如图 7-153 所示。

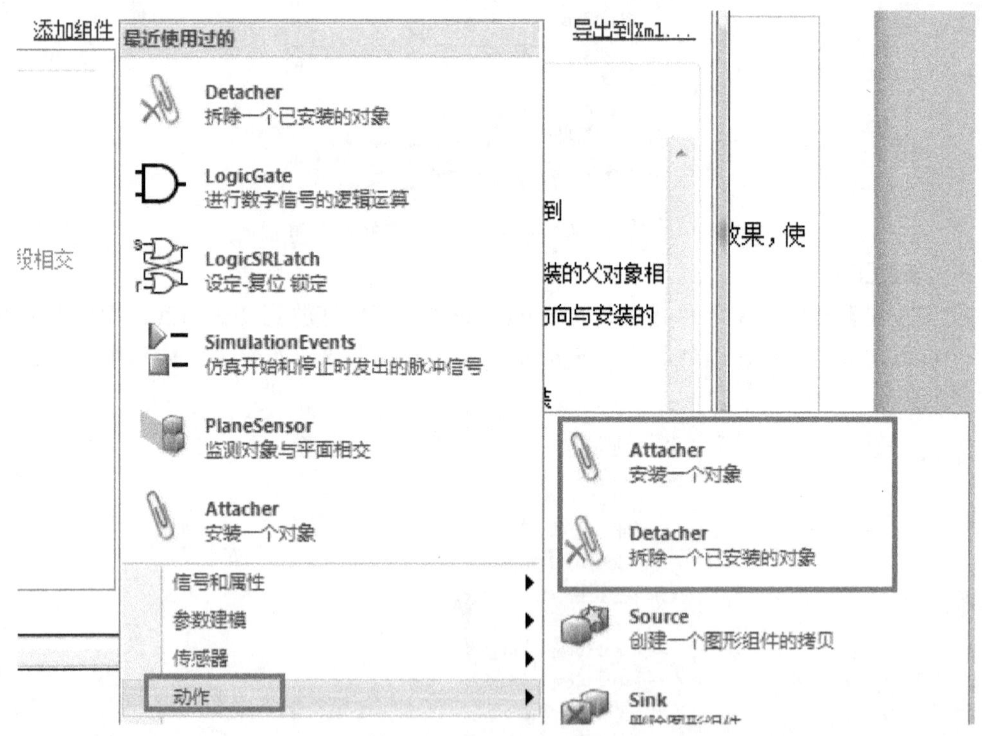

图 7-153　添加动作组件 Attacher 与 Detacher

(2) 参考前面的 Smart 组件设置方法，设置子组件 Attacher 的属性：在【属性:Attacher】选项框中，将【Parent】(安装父对象)设为【SmartComponent_2/bigtool-good】；将【Flange】(机械装置)设置为工具 bigtool-good 的坐标系【bigtooljia】；如果安装对象不是特定物体，则【Child】暂时不作设置，如图 7-154 所示。

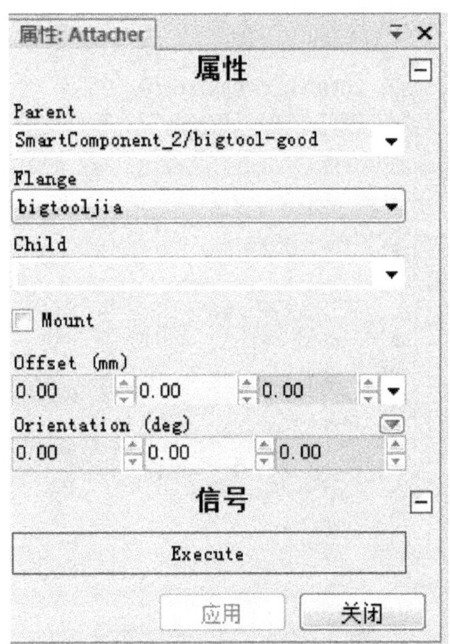

图 7-154　设置 Attacher 的属性

(3) 使用同样方法编辑子组件 Detacher 的属性：在【属性:Detacher】选项框中，将【Child】设定为拆除的子对象；然后选择【KeepPosition】，使拆除的子对象保持在当前的空间位置，如图 7-155 所示。

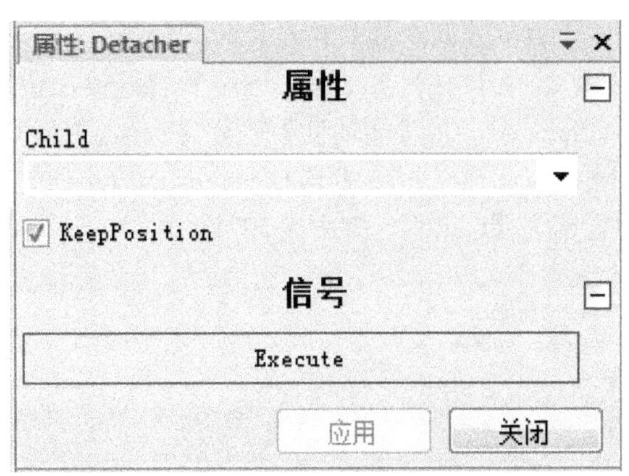

图 7-155　设置 Detacher 的属性

在上述设置过程中，拾取动作组件 Attacher 和释放动作组件 Detacher 中的【Child】暂时都未作设定，因为本例中工具处理的工件并非一个特定的物体，而是工件源“大工件”生成的各个复制品，因此无法指定子对象。

(4) 添加与信号相关的子组件。创建非门信号组件 LogicGate 和信号置位/复位组件 LogicSRLatch，如图 7-156 所示。具体创建方法参考前文，此处不再赘述。

(5) 子组件 LogicSRLatch 用于置位、复位信号，并且自带锁定功能，本例中用于保持“抓取成功”的反馈信号，创建时执行默认设置即可；子组件 LogicGate 用于将信号取反，需要在【属性: LogicGate】选项框中将【Operator】设置为【Not】。

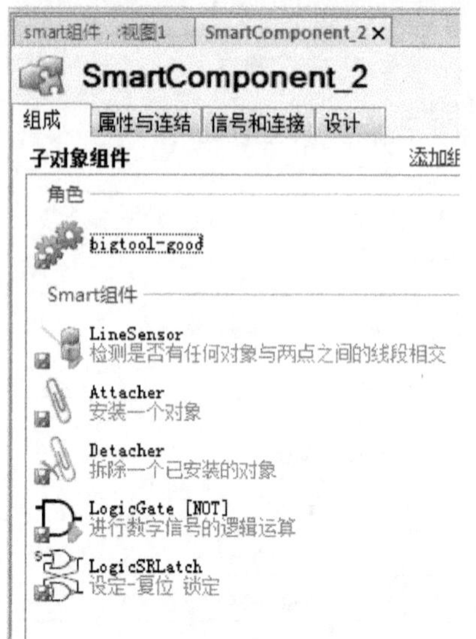

图 7-156　创建信号子组件

5．设置属性连结

工具抓取工件的逻辑流程为：工具的线传感器 LineSensor 检测到了产品，则产品作为要拾取的对象被工具拾取；工具拾取产品之后运动到放置位置，执行工具释放动作，则产品作为释放的对象被工具卸下。

根据上述逻辑流程，需要创建两个属性连结，步骤如下：

(1) 在【属性与连结】选项卡中单击【添加连结】超链接，在弹出的【编辑】窗口中将【源对象】设为【LineSensor】，将【源属性】设为【SensedPart】，指的是线传感器所检测到的与其发生接触的物体。此连结将传感器 LineSensor 检测到的物体作为拾取的目标对象(Attacher)，目标属性设置为【Child】，如图 7-157 所示。

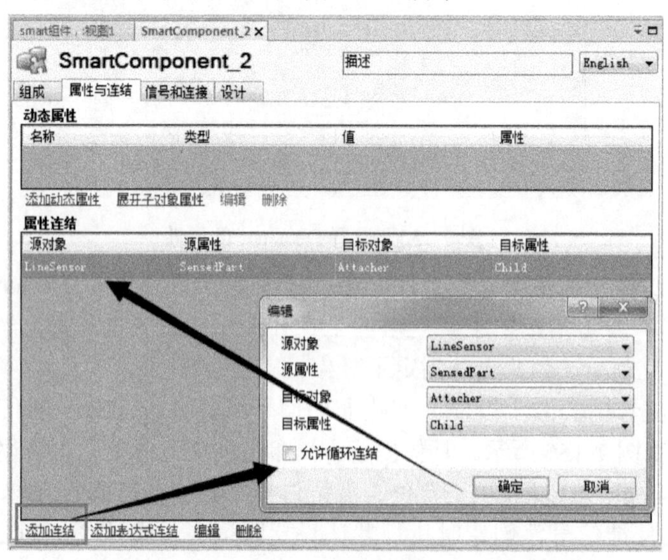

图 7-157　添加 LineSensor 与 Attacher 的属性连结

(2) 使用同样方法，在【添加连结】对话框中将【源对象】设为【Attacher】，源属性设为【Child】；将【目标对象】设为【Detater】，【目标属性】设为【Child】，如图 7-158 所示。

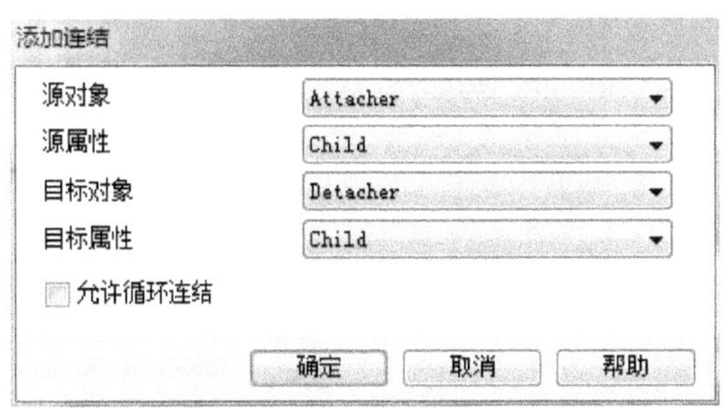

图 7-158　添加 Attacher 与 Deteater 的属性连结

6. 设置信号与连接

参考 SmartComponent1 的设置方法，创建 SmartComponent2 所需的信号与连接，如图 7-159 所示。

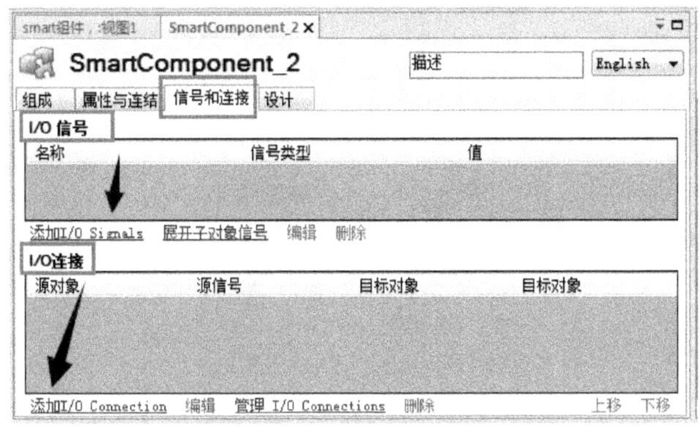

图 7-159　创建信号和连接

要实现本例中的动态工具，需要创建两个 I/O 信号：数字输入信号 DIG1 用于控制夹具的拾取、释放动作，【信号值】置 1 时为拾取工件，置 0 时为释放工件；数字输出信号 DOG1 用于产生反馈信号，【信号值】置 1 时为拾取成功，置 0 时为释放成功、拾取失败或未拾取状态，信号参数如图 7-160 所示。

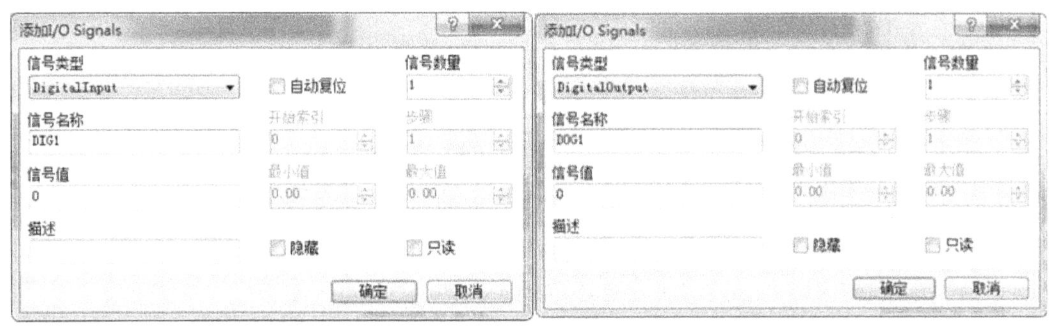

图 7-160　创建输入信号 DIG1 和输出信号 DOG1

建立所需的I/O连接具体如表7-6所示。

表7-6　需创建I/O连接一览

序号	参数设置	说　明
1	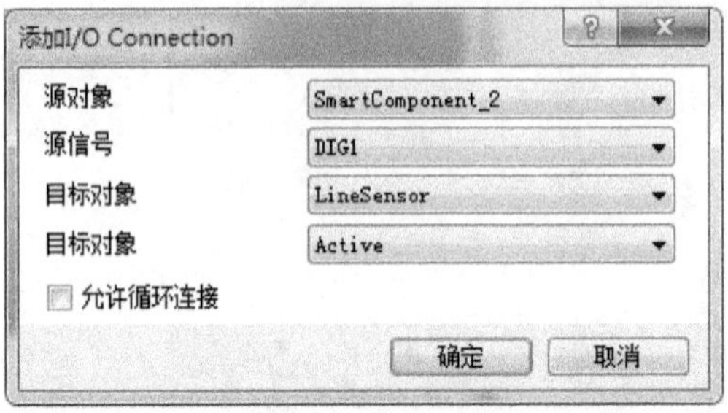 添加I/O Connection 源对象　SmartComponent_2 源信号　DIG1 目标对象　LineSensor 目标对象　Active 允许循环连接 确定　取消	触发DIG1信号(抓取信号)，以激活传感器开始检测物料
2	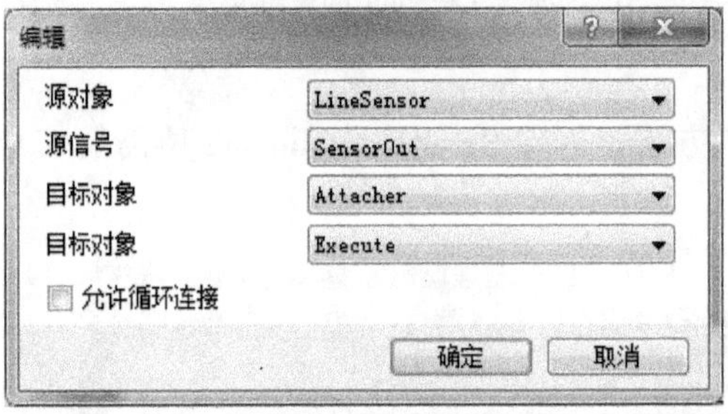 编辑 源对象　LineSensor 源信号　SensorOut 目标对象　Attacher 目标对象　Execute 允许循环连接 确定　取消	传感器监测到物体之后，触发工具拾取动作
3	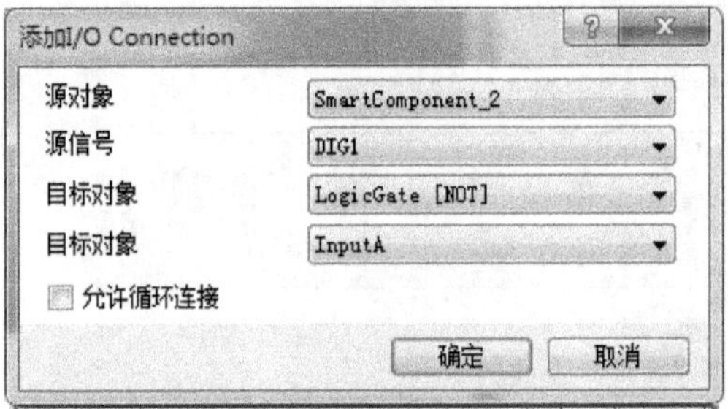 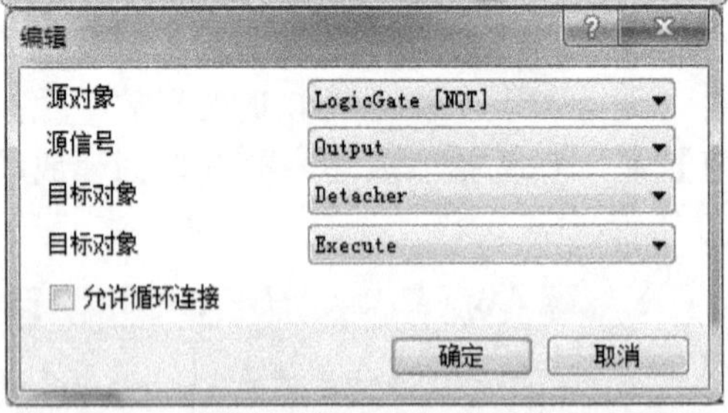 添加I/O Connection 源对象　SmartComponent_2 源信号　DIG1 目标对象　LogicGate [NOT] 目标对象　InputA 允许循环连接 确定　取消 编辑 源对象　LogicGate [NOT] 源信号　Output 目标对象　Detacher 目标对象　Execute 允许循环连接 确定　取消	利用非门组件的中间连接特性，在关闭抓取信号后触发工具释放动作
4	 编辑 源对象　Attacher 源信号　Executed 目标对象　LogicSRLatch 目标对象　Set 允许循环连接 确定　取消	拾取动作完成后，触发置位/复位组件执行“置位”动作

续表

序号	参数设置	说　明
5	添加I/O Connection 源对象　Detacher 源信号　Executed 目标对象　LogicSRLatch 目标对象　Reset 允许循环连接 确定　取消　帮助	释放动作完成后，触发置位/复位组件执行“复位”动作
6	添加I/O Connection 源对象　LogicSRLatch 源信号　Output 目标对象　SmartComponent_2 目标对象　DOG1 允许循环连接 确定　取消	锁定抓取信号，在拾取动作完成后将信号 DOG1 置为 1，在释放动作完成后将信号 DOG1 置为 0

本例中，各信号连接的逻辑关系如下：DIG1 信号被置为 1 后，激活传感器开始检测，如果检测到产品，则夹具执行拾取动作，并在抓取完成后将反馈信号 DOG1 置为 1(机器人运动到放置位置)；关闭抓取信号后，即 DIG1 被置为 0 后，执行释放动作，产品被夹具释放，同时将抓取完成反馈信号 DOG1 置为 0，机器人工具再次运动到拾取位置拾取下一个产品，循环运行。

创建完毕的全部信号和连接如图 7-161 所示。

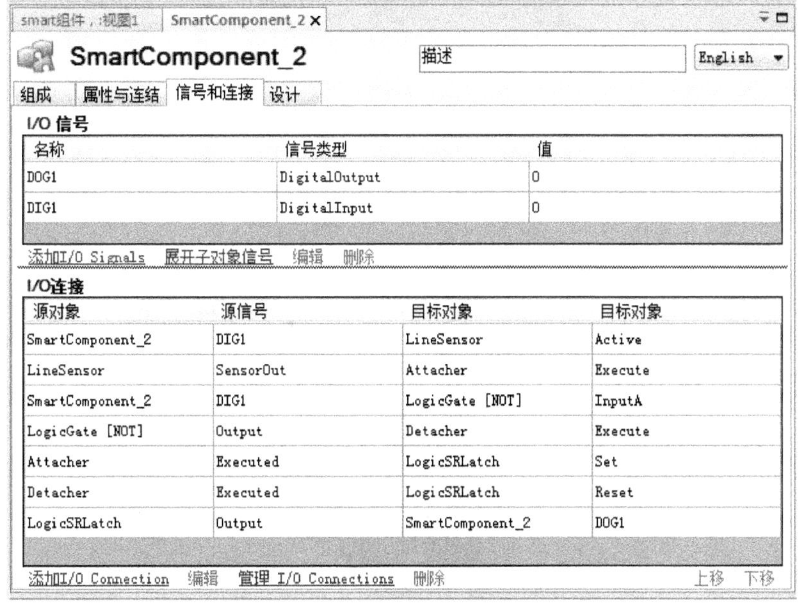

图 7-161　创建完成的信号与连接

7. 验证仿真效果

通过上述的输送机的搭建及对动态工具的搭建，可以将两部分内容整合，实现用工具将输送机输送的工件拾取放置到另外一处的仿真效果，设置步骤如下：

(1) 将输送机输送的工件源“大工件”设置为【可由传感器检测】。

(2) 执行 7.4.1 节的仿真操作，输送机输送物料到位后，单击【仿真】/【仿真控制】选项卡中的【停止】按钮。

(3) 首先验证拾取动作：选择工具，手动将机器人工具移动至工件拾取位置，如图 7-162 所示。

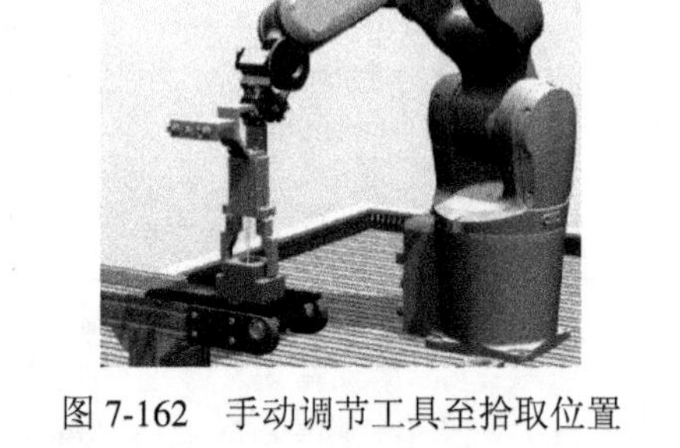

图 7-162 手动调节工具至拾取位置

(4) 在【仿真】/【监控】选项卡中选择【I/O 仿真器】命令，在出现的【SmartComponent_2 个信号】界面中将【选择系统】设为【SmartComponent_2】，将输入信号 DIG1 置为【1】，如图 7-163 所示。

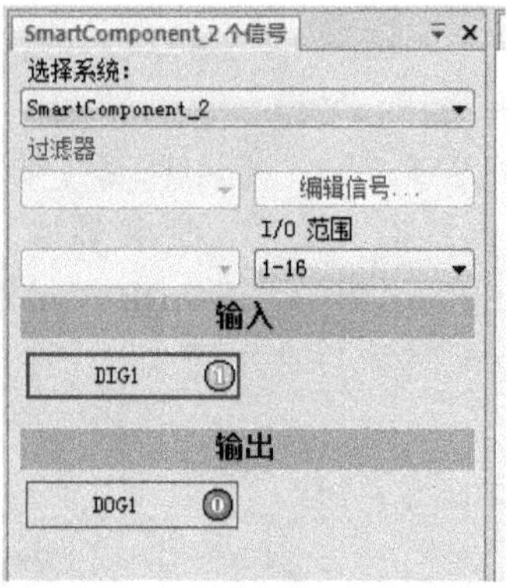

SmartComponent_2 个信号
选择系统:
SmartComponent_2
过滤器
编辑信号...
I/O 范围
1-16
输入
DIG1
输出
DOG1

图 7-163 配置仿真选项

(5) 在视图中拖动工具进行线性运动，可以看到工具已经拾取工件，同时工具反馈信号 DOG1 自动置为【1】，如图 7-164 所示。

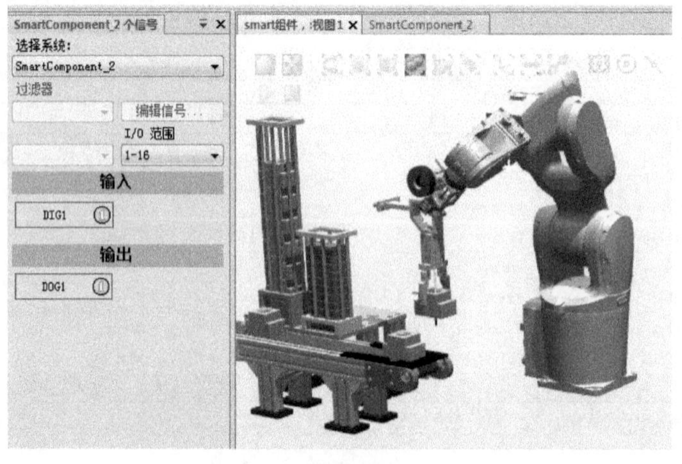

图 7-164 执行工具拾取动作

(6) 接下来验证释放动作：在【SmartComponent_2 个信号】界面中将输入信号 DIG1 置为【0】，然后手动控制机器人进行任意线性运动，可以看到抓取的工件被释放，同时反馈信号 DOG1 自动置为【0】，如图 7-165 所示。

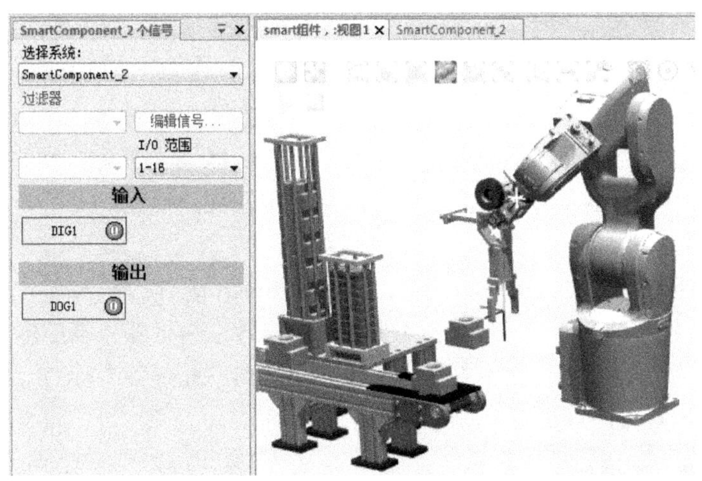

图 7-165　执行工具释放动作

(7) 验证完成后，删除【布局】导航栏中所有自动生成的复制品工件，只保留工件源头【大工件】即可，如图 7-166 所示。

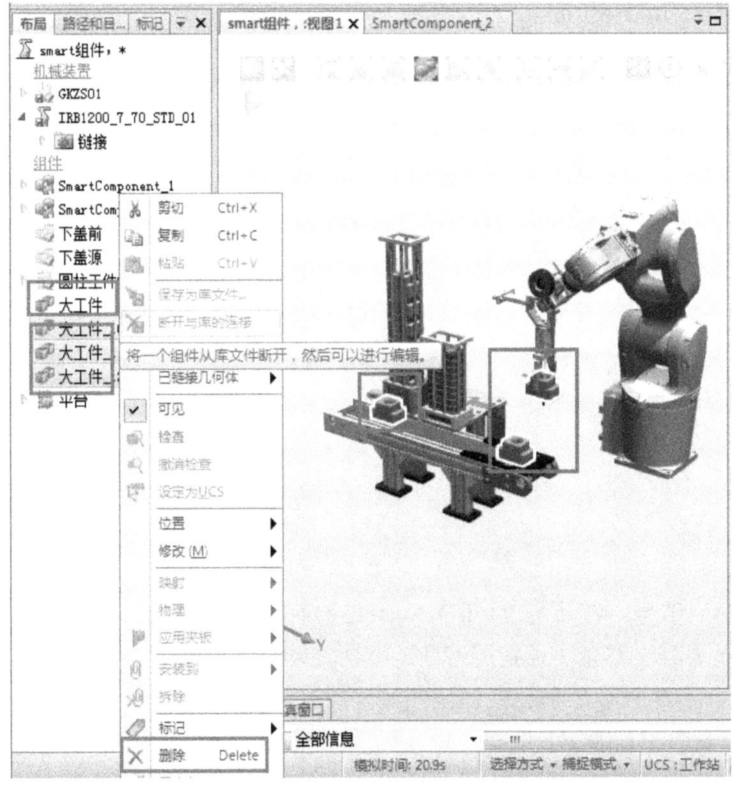

图 7-166　删除演示中生成的多余工件

7.4.3 设置 Smart 组件与机器人的连接

前面已完成两种 Smart 组件的搭建，接下来需要设置 Smart 组件与机器人端信号的逻辑连接，从而实现对整个工作站的仿真模拟。

通过设置 Smart 组件与机器人的信号连接，可以在程序中对 Smart 组件进行控制，也是对实际生产场景中控制器与机器人通信过程的模拟。区别在于仿真软件是通过事件管理器或者 Smart 组件与机器人进行通信，而实际生产中往往是通过 PLC、传感器、标准设备信号等与机器人进行连接。

设置 Smart 组件与机器人的逻辑连接，就是将 Smart 组件的输入/输出信号与机器人端的输入/输出信号进行关联，将 Smart 组件的输出信号作为机器人端的输入信号，机器人端的输出信号作为 Smart 组件的输入信号。这里可以将 Smart 组件当作一个与机器人进行 I/O 通信的 PLC 来看待。

1．配置机器人端信号

配置机器人 I/O 信号的步骤如下：

(1) 按照 7.3.2 节所述步骤为机器人系统添加两块地址分别为 10 和 11 的 DSQC652 通信板卡，名字分别为“board10”和“board11”，如图 7-167 所示。多配置的通讯板卡及 I/O 信号为后面章节做准备。

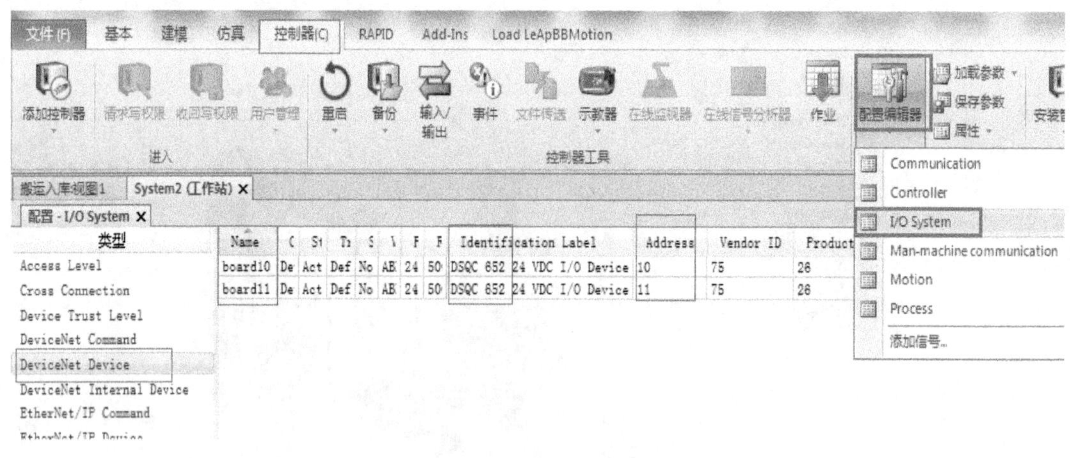

图 7-167　添加 I/O 通信板卡

(2) 配置 I/O 信号：在【配置- I/O System】列表中的【Signal】上单击鼠标右键，在弹出菜单中选择【新建】命令，按照 7.3.2 节所述步骤分别添加输入和输出的 I/O 信号，如图 7-168、图 7-169 所示，信号名称按照顺序排列。

配置 - I/O System ×

类型

- Access Level
- Cross Connection
- Device Trust Level
- DeviceNet Command
- DeviceNet Device
- DeviceNet Internal Device
- EtherNet/IP Command
- EtherNet/IP Device
- EtherNet/IP Internal Device
- Industrial Network
- PROFIBUS Device
- PROFINET Device
- PROFINET Internal Device
- Route
- SC Feedback Device
- SC Feedback Network
- Signal
- Signal Safe Level
- System Input
- System Output

Name	Type of Sign	Assigne	S	Device Mapping
di23	Digital Input	board11		10
di24	Digital Input	board11		11
di25	Digital Input	board11		12
di26	Digital Input	board11		13
di27	Digital Input	board11		14
di28	Digital Input	board11		15
di101	Digital Input	board10		0
di102	Digital Input	board10		1
di103	Digital Input	board10		2
di104	Digital Input	board10		3
di105	Digital Input	board10		4
di106	Digital Input	board10		5
di107	Digital Input	board10		6
di108	Digital Input	board10		7
di109	Digital Input	board10		8
di110	Digital Input	board10		9
di111	Digital Input	board10		10
di112	Digital Input	board10		11
di113	Digital Input	board10		12
di114	Digital Input	board10		13
di115	Digital Input	board10		14
di116	Digital Input	board10		15

图 7-168　配置输入 I/O 信号

配置 - I/O System ×

类型

- Access Level
- Cross Connection
- Device Trust Level
- DeviceNet Command
- DeviceNet Device
- DeviceNet Internal Device
- EtherNet/IP Command
- EtherNet/IP Device
- EtherNet/IP Internal Device
- Industrial Network
- PROFIBUS Device
- PROFINET Device
- PROFINET Internal Device
- Route
- SC Feedback Device
- SC Feedback Network
- Signal
- Signal Safe Level
- System Input
- System Output

Name	Type of Sign	Assigne	S	Device Mapping
do19	Digital Output	board11		2
do20	Digital Output	board11		3
do21	Digital Output	board11		4
do22	Digital Output	board11		5
do23	Digital Output	board11		6
do24	Digital Output	board11		7
do101	Digital Output	board10		0
do102	Digital Output	board10		1
do103	Digital Output	board10		2
do104	Digital Output	board10		3
do105	Digital Output	board10		4
do106	Digital Output	board10		5
do107	Digital Output	board10		6
do108	Digital Output	board10		7
do109	Digital Output	board10		8
do110	Digital Output	board10		9
do111	Digital Output	board10		10
do112	Digital Output	board10		11
do113	Digital Output	board10		12
do114	Digital Output	board10		13
do115	Digital Output	board10		14
do116	Digital Output	board10		15

图 7-169　配置输出 I/O 信号

2. 配置信号逻辑关联

配置工作站信号逻辑关联的过程如下：

(1) 在【仿真】/【配置】选项卡中选择【工作站逻辑】命令，在出现的【工作站逻辑】配置视图中，单击【信号和连接】选项卡下的【添加 I/O Connection】超链接，创建机器人系统与 Smart 组件的 I/O 信号连接，如图 7-170 所示。

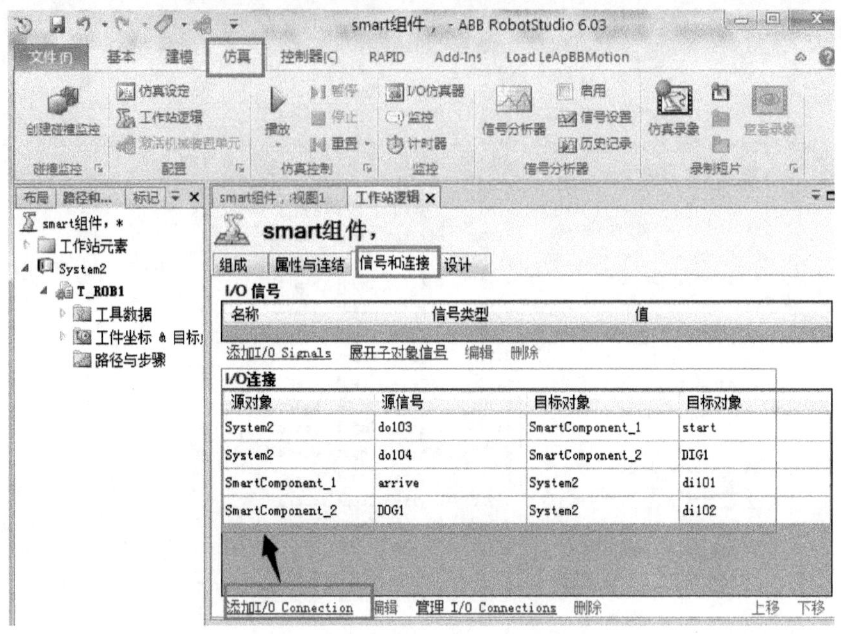

图 7-170　添加 I/O 信号链接

(2) 配置信号连接：单击【添加 I/O Connection】超链接，注意在配置机器人端的 I/O 信号时，要将【源对象】设置为【System2】，如图 7-171 所示。

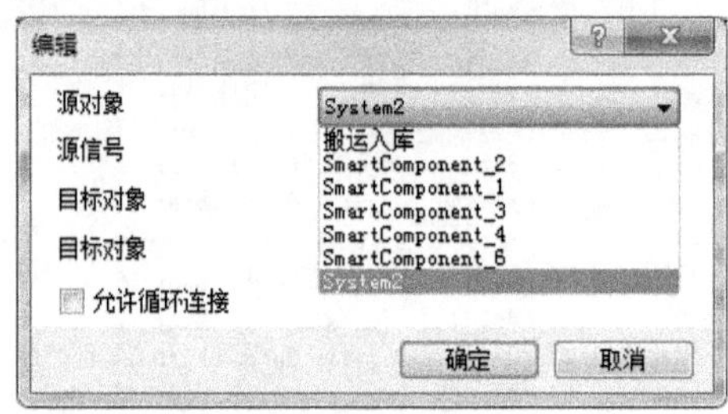

图 7-171　设置机器人端的 I/O 信号源对象

(3) 使用相同方法创建如表 7-7 所示的 I/O 信号连接，实现机器人系统对输送机与抓手工具的 Smart 组件的控制。

表 7-7　需配置 I/O 信号连接一览

序号	信号	动作说明	目标对象	对象信号名
1	do101	夹爪开合动作	事件管理器	
2	do102			
3	do103	输送物料	SmartComponent_1	start
4	do104	工具抓取物料	SmartComponent_2	DIG1
5	di101	物料输送到位反馈	SmartComponent_1	arrive
6	di102	工具抓取物料反馈	SmartComponent_2	DOG1

3. 编辑机器人程序

编写一个作业程序，通过机器人来控制输送机出料(7.4.1 节)，并使用机器人工具拾取物料、搬运和放置物料。具体逻辑流程为：机器人移动到安全原点，发送输送物料信号给

输送机让其输送物料，输送过程中机器人在输送机末端等待，待物料到位后工具向下运动，将物料拾取、搬运并放置在指定位置，然后停止运行，代码如下：

```
CONST robtarget p40:=[[-128.67,-613.91,292.64],[0.00205375,0.999439,0.0334336,0.000773239],
[-2,0,0,0],[9E9,9E9,9E9,9E9,9E9,9E9]];
CONST robtarget p50:=[[-128.67,-611.1,250.55],[0.00207988,0.999995,-0.00222958,0.000699782],
[-2,0,0,0],[9E9,9E9,9E9,9E9,9E9,9E9]];
CONST robtarget Mp10:=[[124.89,-499.06,57.58],[0.00765168,0.707066,0.707065,0.00765155],[-2,0,
-1,0],[9E+09,9E+09,9E+09,9E+09,9E+09,9E+09]];
CONST robtarget HOME0:=[[338.74,-154.95,431.8],[0.0651592,0.0269898,0.921579,
-0.38173],[0,0,0,0],[9E9,9E9,9E9,9E9,9E9,9E9]];
VAR num nC1:=0;
VAR clock TIMER1;
！计时器数据变量
VAR num NTime:=0;
VAR num NTime01:=0;
!定义计时器时间显示的数字数据
PROC main001()
 ！机器人例行程序
        Initall01;
 ！机器人初始化程序
         G1;
!执行 G1 子程序，工件到位后，机器人执行抓取动作
         M3;
!调用搬运工件程序
          home1;
  !机器人回原点程序
          ClkStop TIMER1;
!停止计时器计时
          NTime := ClkRead(TIMER1);
!将计时器数值赋值给时间显示器数据
          TPErase;
!屏幕显示清屏
          TPWrite" OK!"
!示教器屏幕显示“OK”
          TPWrite "The Last CycleTime is"\Num:=NTime;
!示教器屏幕显示“The Last CycleTime is”和程序运行时间
          Stop;
!程序运行停止
ENDPROC
PROC home1()
```

```
        MoveJ HOME0, v1000, z50, bigtooljia;
  !将机器人运动到原点
ENDPROC
PROC Initall01()
        AccSet 100,100;
      !加速度限制
       VelSet 100,5000;
      !速度限制
      PulseDO\PLength:=0.2, do103;
  !开启输送机输送信号
       home1;
        !调用回原点程序
       ClkStop TIMER1;
        !计时器停止
       ClkReset TIMER1;
        !计时器复位
       ClkStart TIMER1;
        !计时器开始
       Set do101;
      !打开夹爪
       Reset do104;
        !机器人抓取工具复位
ENDPROC
PROC G1()
        PulseDO\PLength:=0.2, do101;
           !打开夹爪
        MoveJ p40, v500, z100, bigtooljia;
           !机器人移动到工件待抓取位置的上方位置
        WaitDI di101, 1;
         !等待物料到位信号
        MoveL p50, v300, fine, bigtooljia;
!机器人移动到抓取位置
        WaitTime 0.2;
         !等待时间 0.2 秒
        PulseDO\PLength:=0.2, do102;
           !关闭夹爪
        WaitTime 0.2;
         !等待时间 0.2 秒
      Set do104;
           !发出夹爪抓取工件信号
```

```
        WaitTime 0.2;
        !等待时间 0.2 秒
        WaitDI di102, 1;
        !等待工件抓取完成信号
        MoveL p40, v300, z0, bigtooljia;
        !机器人携带物料移动到抓取位置的上方位置
ENDPROC
PROC M1()
        MoveJ Offs(Mp10,0,0,300), v400,fine, bigtooljia;
        !运行至搬运准备位置，在机器人释放工件位置点上方 300 mm
        MoveL Mp10, v200,fine, bigtooljia;
            !放置工件
      WaitTime 0.2;
      Reset do104;
        ! 放下物料
      PulseDO\PLength:=0.2, do101;
          !打开夹爪
      WaitTime 1;
        MoveL Offs(Mp10,0,0,300), v400, fine, bigtooljia;
          !搬运完成后，机器人工具垂直向上移动 300 mm 到达逃离点
ENDPROC
ENDMODULE
```

4．仿真运行

在【仿真】/【配置】选项卡中选择【仿真设定】命令，在出现的【仿真设定】设置视图中，将【进入点】设置为程序【main001】；接着选择【仿真】/【监控】选项卡中的【I/O 仿真器】命令，在左侧出现的设置界面中，将【选择系统】设为【SmartComponent_1】，将输入信号【start】置为 1；最后单击【仿真】/【仿真控制】选项卡中的【播放】按钮，播放仿真动画，如图 7-172 所示。

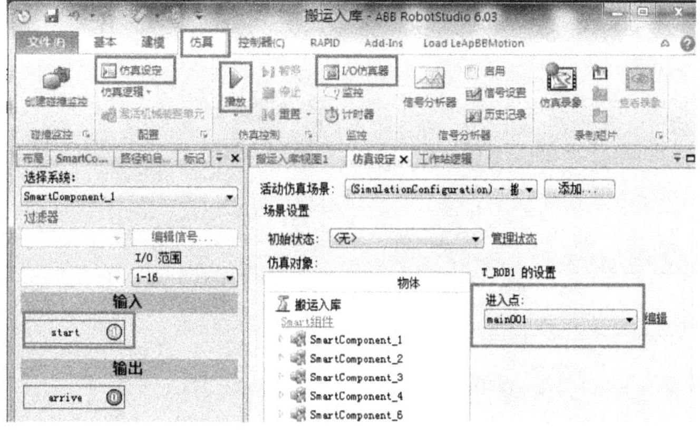

图 7-172　配置仿真选项

机器人工作站的仿真运行过程如下：

(1) 输送机前端产生工件复制品，并沿输送机向前输送，同时机器人运动到输送机末端，等待工件到位，如图 7-173 所示。

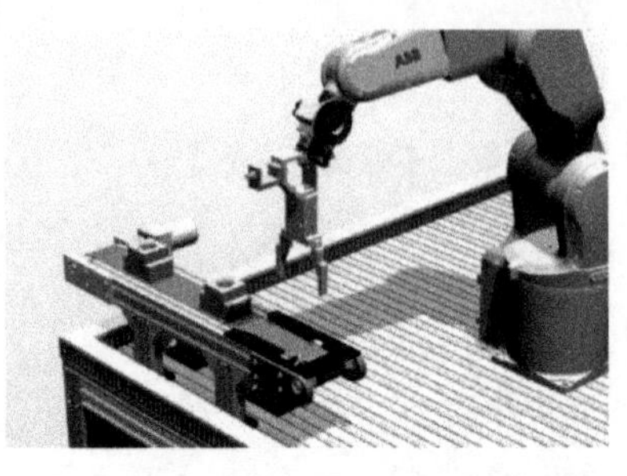

图 7-173 机器人等待工件到位

(2) 工件到达输送机末端后，机器人收到工件到位信号，将其拾取、搬运并放置到指定位置，如图 7-174 所示。

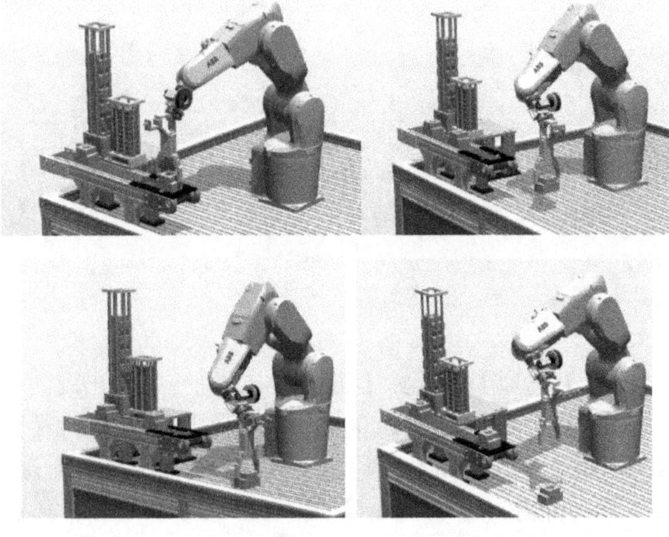

图 7-174 机器人对工件进行拾取、搬运、释放操作

(3) 动作执行完毕后，机器人回到 home 点，仿真结束，如图 7-175 所示。

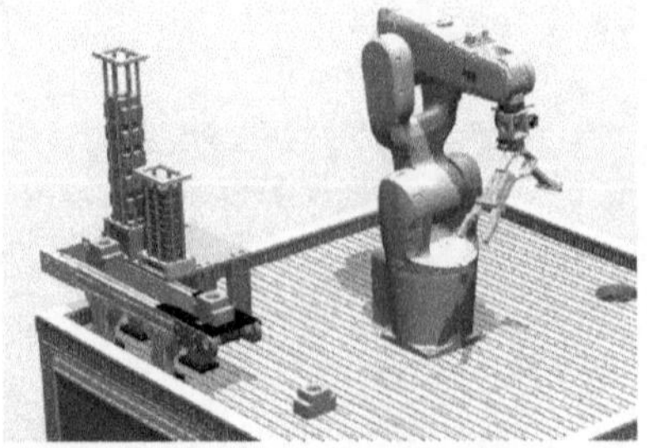

图 7-175 机器人回到 home 点

可以使用 RobotStudio 软件的打包功能将制作完成的仿真工作站打包，以便保存和分

享：单击【文件】菜单中的【共享】命令，在出现的扩展菜单中选择【打包】功能，就可以将工作站全部内容打包保存，如图 7-176 所示。

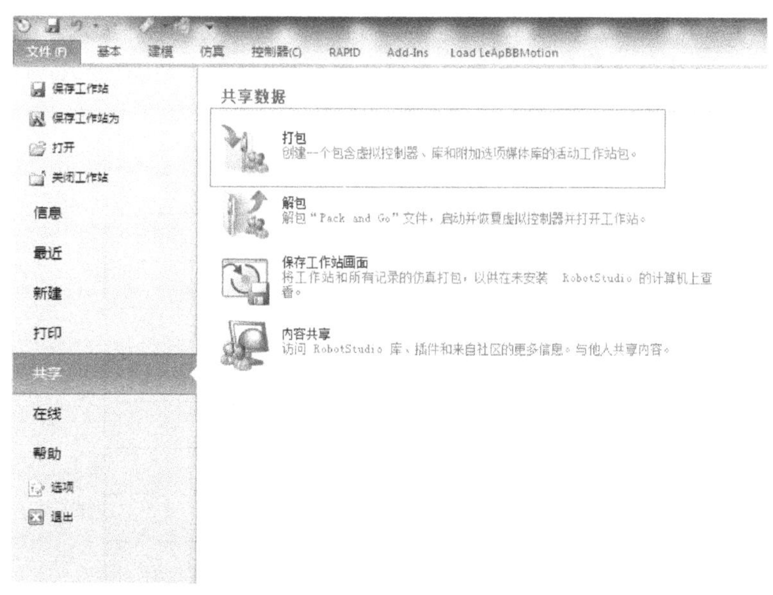

图 7-176　打包保存工作站

至此，我们已经完成了对几种典型 smart 组件的学习。读者可以在此基础上举一反三，使用 Smart 组件搭建更多的仿真设备。例如添加一个吸盘式的抓取工具、搭建两组交替出料的输送装置，也可以引入自己制作的夹具(如夹板、夹爪工具等)、输送机等其他素材。

7.5　导轨和变位机应用

导轨和变位机是典型的机器人工作站设备，在焊接和机械加工行业有着非常广泛的应用。导轨是对机器人工作空间的扩展，变位机是对工作位置的扩展。

许多成熟的工业机器人都具备外轴扩展功能，导轨和变位机可以看做给机器人增加了一个或多个外轴，外轴参数与机器人本体轴的参数一样，可以通过控制系统进行编程操作(可以扫描右侧二维码，观看导轨和变位机的应用视频)。

导轨和变位机的应用

7.5.1　导轨应用

在工业生产过程中，为机器人系统配备导轨可以大大增加机器人的工作范围，在处理多工位及较大工件的工况中得到了广泛应用。下面我们将练习如何在仿真软件中创建带导轨的机器人系统和简单的轨迹，并仿真运行。

在实际工作中，同种品牌的导轨与机器人可以相互匹配，不同品牌的导轨和机器人则通用性不高，编程时需要引入 PLC 控制，比较麻烦。另一种方法是根据项目需求，通过

PLC 控制伺服电机来驱动非标导轨，这种方法需要将导轨设计成非标准的自动化模组来配合机器人，虽然成本比使用品牌导轨要低，但非常考验设计团队的综合水平。

使用机器人导轨需要在软件中安装与导轨相关的附加选项。ABB 机器人有匹配的 ABB 品牌导轨，可在仿真软件设备库中调用并对其进行编程，但需要先确定与工业机器人匹配的导轨型号。ABB 品牌导轨分为 4004、6004 及 7004 三个系列，各自对应的工业机器人机型如表 7-8 所示。

表 7-8　导轨与机器人型号对应表

导轨型号	用于机器人型号
IRBT 4004	IRB 4400
IRBT 4004	IRB 4400
IRBT 6004/7004	IRB 6600/6620/6640/6700/7600
IRBT 2005	IRB 1520
	IRB 1600
	IRB 2600
	IRB 4600

下面以 IRB 6620 型机器人及其对应的 IRBT 6004 导轨为例，对机器人导轨的应用进行讲解。

1．创建工作站

(1) 创建一个空的工作站并导入机器人模型及导轨模型。首先导入 IRB 6600 型机器人，然后打开 ABB 模型库，在模型库的【导轨】视图中选择【IRBT 6004】，如图 7-177 所示。

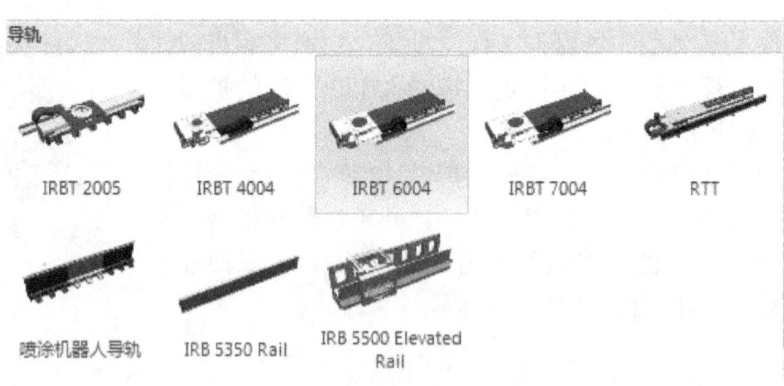

图 7-177　选择导入的导轨

(2) 在弹出的【IRBT 6004】对话框中设置导轨的参数，各参数说明如下：

✧　轨迹长度：导轨的可运行长度。

✧　基座高度：导轨上面加装机器人底座的高度。

✧　机器人角度：加装的机器人底座方向，有 0° 和 90° 可选。

本例中，将【轨迹长度】设为“5”，其余保持默认，然后单击【确定】按钮，导入导轨，如图 7-178 所示。

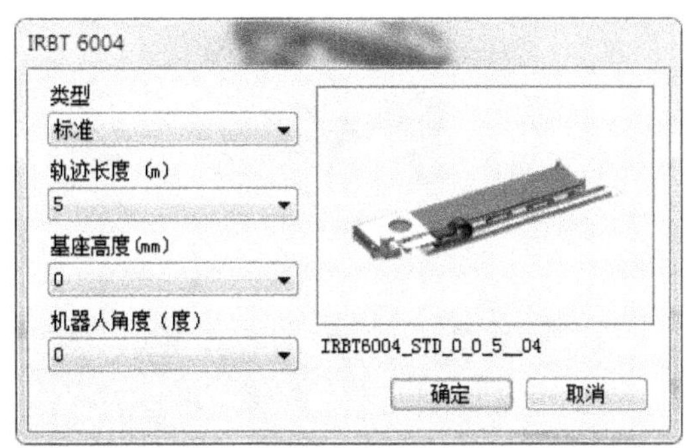

图 7-178　设置导轨参数

(3) 在【布局】导航栏中将机器人 IRB 6620 的图标拖放到导轨 IRBT 6004 的图标上，然后在弹出的【更新位置】对话框中单击【是】按钮，将机器人位置更新到导轨基座上面，即将机器人安装到了导轨上，如图 7-179 所示。

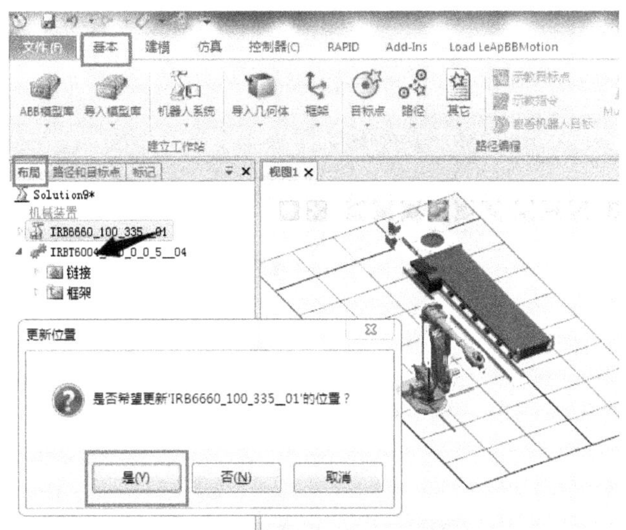

图 7-179　将机器人安装到导轨上

安装到导轨上的机器人如图 7-180 所示。

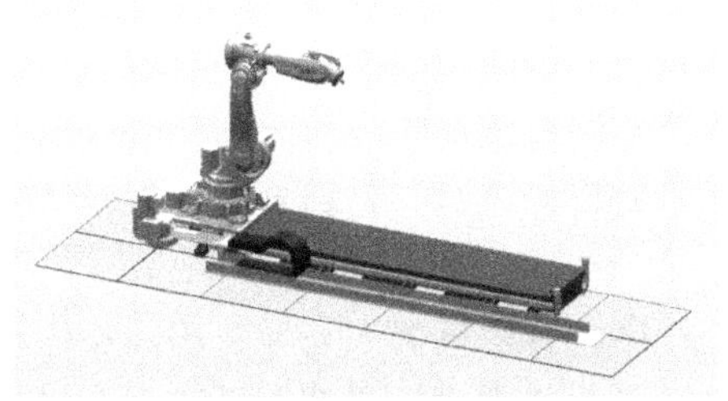

图 7-180　安装到导轨上的机器人

(4) 在弹出的【ABB RobotStudio】对话框中单击【是】按钮，可以让机器人与导轨进行同步运动，即让机器人的基坐标系随着导轨同步运动，如图 7-181 所示。

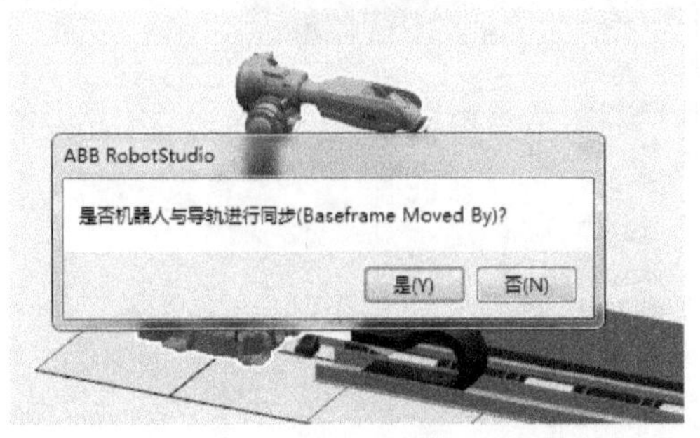

图 7-181　选择机器人与导轨同步

(5) 安装完成后，开始创建机器人系统。注意：在创建带外轴的机器人系统时，建议使用从布局创建系统。在【从布局创建系统】窗口中添加机器人需要的选配功能，这样在创建的过程中，系统会自动添加相应的控制选项及驱动选项，无需自行配置。另外，在选择系统相关设备时，不要忘记勾选导轨对应的设备编号，如图 7-182 所示。

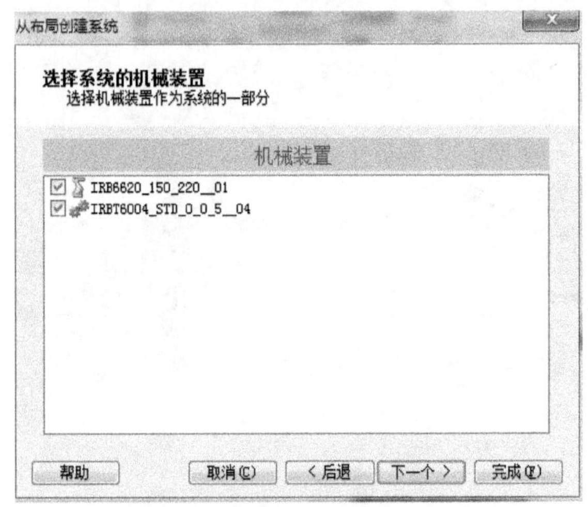

图 7-182　勾选导轨控制系统

2. 编程及仿真

带导轨机器人运动程序的编辑方法与机器人轨迹程序的编辑方法相同。

可以通过软件或示教器示教带导轨机器人的运动目标点，操作方法与示教普通运动程序相同，但此时机器人的运动空间范围由于导轨的帮助会变得更大。而且，由于导轨可以看做机器人的外轴，因此在示教目标点时，目标点不仅保存了机器人本体的位置数据，还保存了导轨的位置数据。

下面编辑一段运动轨迹程序，实现机器人与导轨的同步运动：首先将机器人原位置作为运动的起始位置，示教并记录此位置；然后使用手动关节模式控制机器人运动到原位置以外的一个点，再次示教并记录该位置，将其作为第一个目标点；再次使用手动关节模式，拖动导轨基座移动至另外一点(任意)，然后示教并记录该位置，作为第二个目标点，两个目标点的位置如图 7-183 所示。

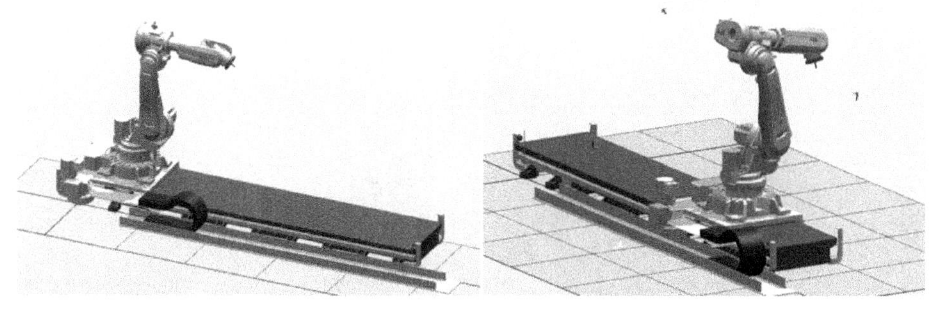

图 7-183　手动示教机器人的运动目标点

完成上述示教编程后，播放机器人仿真动画，观察运动情况。如果观察到机器人与导轨实现了同步运动，就可以进行带导轨机器人工作站的设计和构建了。

7.5.2　变位机应用

变位机可改变工件的姿态。与导轨相比，变位机在另一方向上拓展了机器人工作站的工作范围，在工业机器人焊接、切割、涂胶等领域有着广泛的应用。

本节以带变位机的虚拟机器人焊接系统为例，讲解变位机的应用方法。为保证产品质量及遵循焊接工艺，实际生产中通常采用双面焊接，即当机器人完成工件一面的焊接后，通过变位机的运动对工件进行“换面”，让机器人完成另一面的焊接。本例中焊接工件的动作相对简单，重点在于使读者理解变位机在工业机器人中的应用与编程思路。

同导轨一样，变位机也必须与机器人相兼容。同一品牌的机器人与变位机匹配较好，编程更容易；而若采用非标准或者不同品牌的变位机与机器人组成工作站，就需要考虑编程同步问题。

本节以 ABB 品牌机器人与 ABB 变位机为例，讲解带变位机的虚拟机器人工作站的搭建方法。该工作站的配置如下：

✧　机器人：ABB-IRB 4600。

✧　变位机：ABB-IRBP A250。

✧　工件与治具：加载对应教学资源。

工作站的任务目标为：使用工业机器人的焊接焊枪，对图 7-184 上的两个弧形接触位置进行焊接。

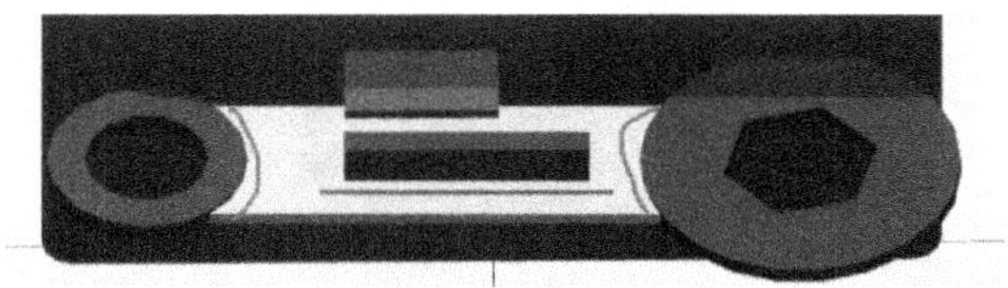

图 7-184　焊接位置示意

1．创建工作站

在仿真软件中创建带变位机的机器人工作站的步骤如下：

(1) 创建机器人工作站，在其中添加机器人 IRB 4600，然后添加变位机，具体步骤与

添加导轨相同：在 ABB 模型库的【变位机】视图类别中选择【IRBP A250】，然后在弹出的【IRBP A】窗口中，设置相应的参数，最后单击【确定】按钮，如图 7-185 所示。

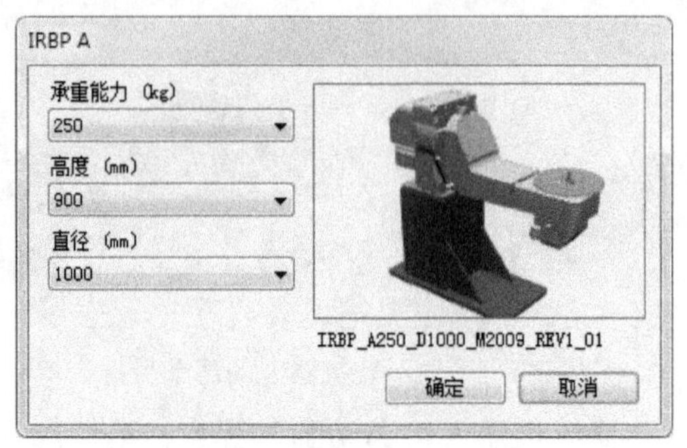

图 7-185　设置变位机参数

(2) 手动调节机器人与变位机的位置关系，确保变位机处于工业机器人的有效工作空间内。注意：调整上述位置前需要先将弧焊焊接工具安装到机器人上，因为添加工具后会改变机器人的有效工作空间，如图 7-186 所示。

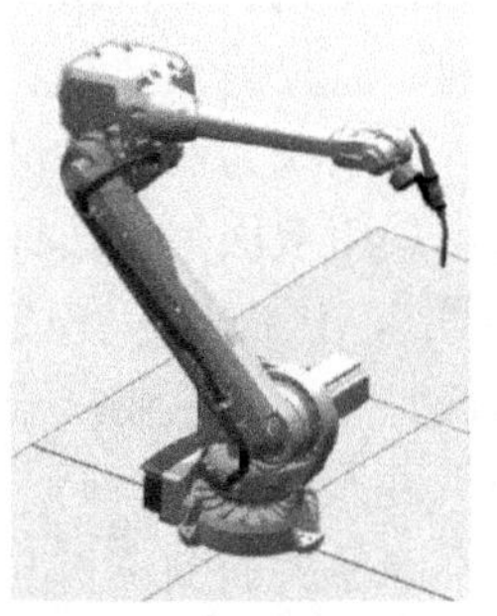

图 7-186　安装了焊接工具的机器人

(3) 参考 7.2.1 小节导入焊接工件与治具的组合文件，该文件是已经打包好的带焊接的工件和工装组件。在【布局】导航栏中将导入的焊接工件的图标拖到变位机图标上，将其安装到变位机上，然后像调节机器人运动那样，移动并调节焊接工件在变位机上的位置，如图 7-187 所示。

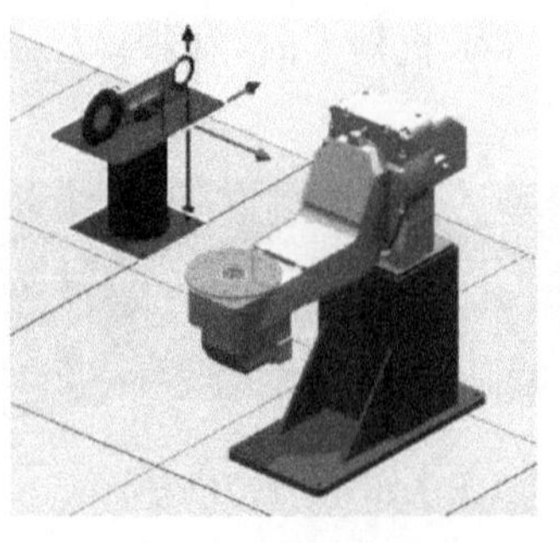

图 7-187　调节焊接工件与治具在变位机上的位置

(4) 参考为带导轨的机器人添加控制系统的方法，为带变位机的工作站添加控制系

统，统一控制机器人本体和变位机。

设置完成后的变位机与机器人的工作范围如图 7-188 所示。

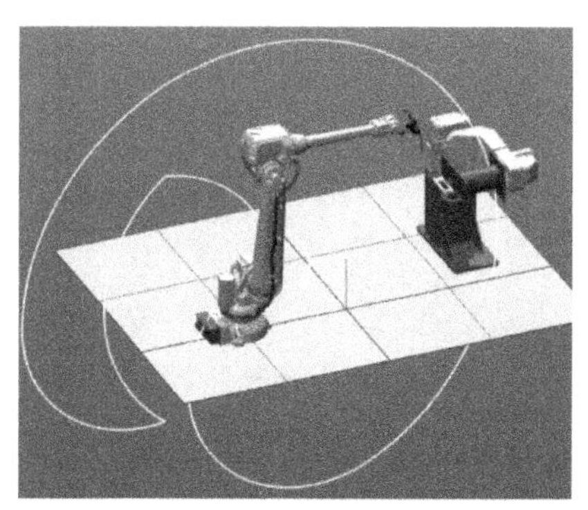

图 7-188　变位机与机器人的工作范围

2. 编程及仿真

使用示教目标点的方法创建一个运动轨迹程序，对图 7-184 工件圆孔部位的焊接轨迹进行控制，把三个工件焊接为一个整体，图 7-184 的弧形线处即为焊接位置。

本例中，工件的一侧有两条焊接轨迹，也就是焊缝，每条焊缝需要示教的目标点位置如下：

- ✧ home 点：机器人安全点。
- ✧ 焊接进入点：焊接起始位置上方点。
- ✧ 焊接轨迹：弧线，通过圆弧运动执行焊接，需要示教起止点和中间点，起始位置如图 7-189 所示。
- ✧ 逃离点：焊接停止位置上方点。

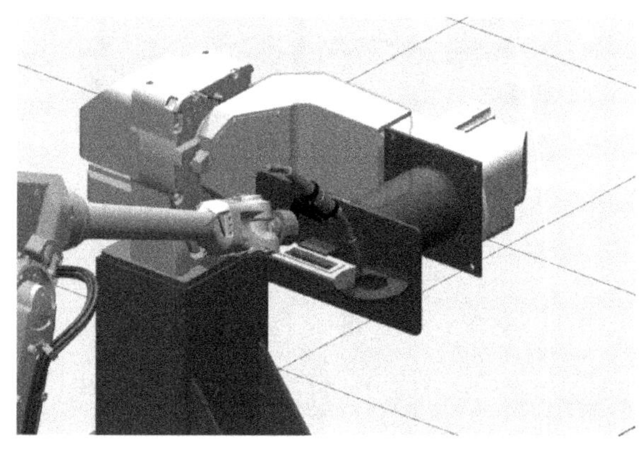

图 7-189　焊接轨迹起始位置

在带变位机的机器人系统中示教目标点时，需要保证变位机是激活状态，才能同步记录变位机的示教数据：在【仿真】/【配置】选项卡中，选择【激活机械装置单元】命令，在出现的【当前机械单元:System26】视图中选择【STN1】，这样就在软件中激活了变位机，可以在示教目标点时记录变位机的关节数据，如图 7-190 所示。

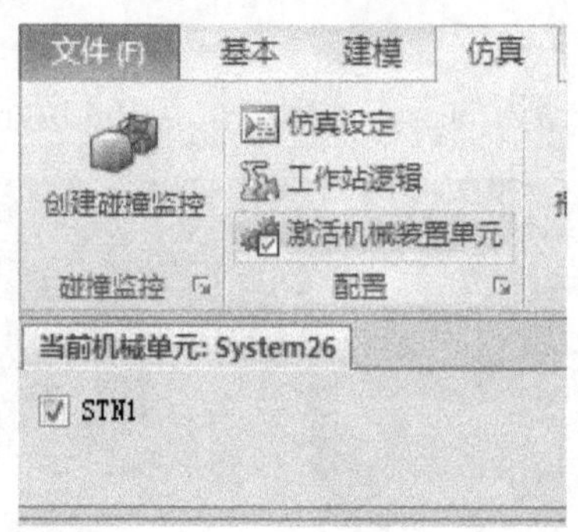

图 7-190　激活变位机

手动调节机器人与变位机的姿态进行示教。当单面所有焊接点位示教完毕后，需要调整变位机，使其与机器人姿态同步变换，实现“换面”操作：在【布局】导航栏的变位机图标上单击鼠标右键，在弹出的菜单中选择【机械装置手动关节】命令，然后可以使用变位机选项框中的滑块精确调整变位机姿态，如图 7-191 所示。同时，机器人应移动至安全位置，防止与变位机及工件发生干涉碰撞。

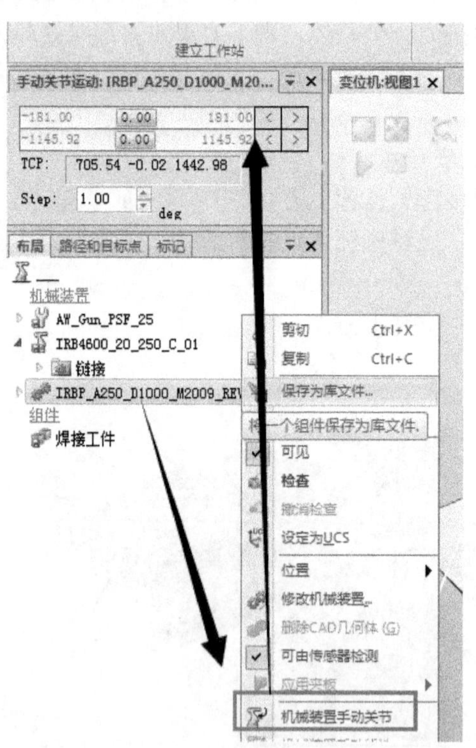

图 7-191　精确调整变位机的姿态

对生成的焊接路径进行完善后，需要编写机器人轨迹运动程序，并在其中添加外轴控制指令 ActUnit 和 DeactUnit，对变位机的激活与失效进行控制。简单来说，就是在程序首行加入控制指令 ActUnit STN1，在程序最后一行插入逻辑指令 DeactUnit STN1，代码如下：

```
MODULE Module1
```

```
CONST robtarget
Target_10:=[[1724.203019994,0,1443.009883619],[0.050594871,0,0.998719259,0],[0,0,0,0],[9E9,0,0,9E9,9E9,9
E9]];
CONST robtarget Target_20:=[[1688.799914131,0,1411.460173879],[0.001743516,0,-0.99999848,0],
[-1,0,-1,0],[9E9,90.000036655,0,9E9,9E9,9E9]];
CONST robtarget
Target_30:=[[2031.550998854,179.562914638,1206.187718329],[0.001742727,0.000000392,-0.999998481,
-0.000000062],[0,-1,0,0],[9E9,90.000036655,0,9E9,9E9,9E9]];
CONST robtarget Target_40:=[[2030.905832358,188.354507926,1021.011678672],[0.001742215,
-0.000000553,-0.999998482,-0.000000967],[0,-1,0,0],[9E9,90.000036655,0,9E9,9E9,9E9]];
CONST robtarget Target_50:=[[1976.205068052,170.969134176,1021.203224449],[0.001741729,
-0.000000054,-0.999998483,-0.000000955],[0,-1,0,0],[9E9,90.000036655,0,9E9,9E9,9E9]];
CONST robtarget Target_60:=[[1921.017628155,195.879031009,1021.394150446],[0.00174185,
-0.000000463,-0.999998483,-0.000001508],[0,-1,0,0],[9E9,90.000036655,0,9E9,9E9,9E9]];
CONST robtarget Target_70:=[[1921.998535588,195.878415104,1303.144738439],[0.001741685,
-0.000000399,-0.999998483,-0.000001573],[0,-1,0,0],[9E9,90.000036655,0,9E9,9E9,9E9]];
CONST robtarget Target_80:=[[2019.687906134,
-98.568482595,1145.924992901],[0.001740884,0.00000001,-0.999998485,-0.000000989],[-1,0,
-1,0],[9E9,90.000036655,0,9E9,9E9,9E9]];
CONST robtarget Target_90:=[[2019.247136333,-98.567679798,1019.18277449],[0.001741159,
-0.000000002,-0.999998484,-0.000001245],[-1,0,-1,0],[9E9,90.000036655,0,9E9,9E9,9E9]];
CONST robtarget Target_100:=[[1964.762376693,-83.017858306,1019.371608067],[0.001741416,
-0.000000549,-0.999998484,-0.000001877],[-1,0,-1,0],[9E9,90.000036655,0,9E9,9E9,9E9]];
CONST robtarget Target_110:=[[1918.321008935,-101.478932374,1019.532381585],[0.001741587,
-0.000000427,-0.999998483,-0.000001825],[-1,0,-1,0],[9E9,90.000036655,0,9E9,9E9,9E9]];
CONST robtarget Target_120:=[[1918.943337977,-101.479868014,1198.185028729],[0.001741448,
-0.000000398,-0.999998484,-0.000001689],[-1,0,-1,0],[9E9,90.000036655,0,9E9,9E9,9E9]];
CONST robtarget Target_130:=[[1078.159312057,-101.479290897,1201.111902265],[0.001741735,
-0.000000567,-0.999998483,-0.000001896],[-1,0,-1,0],[9E9,90.000036655,-180.000018669,9E9,9E9,9E9]];
CONST robtarget Target_140:=[[2020.580934375,95.961638538,1125.670328559],[0.001739347,
-0.000000898,-0.999998487,-0.000002454],[0,-1,0,0],[9E9,90.000036655,-180.000018669,9E9,9E9,9E9]];
CONST robtarget Target_150:=[[2020.147245398,95.962185153,1000.7868362],[0.001738837,
-0.000001089,-0.999998488,-0.000002787],[0,-1,0,0],[9E9,90.000036655,-180.000018669,9E9,9E9,9E9]];
CONST robtarget Target_160:=[[1986.470369902,86.758871869,1000.902471886],[0.001738664,
-0.000000869,-0.999998489,-0.000002485],[0,-1,0,0],[9E9,90.000036655,-180.000018669,9E9,9E9,9E9]];
CONST robtarget Target_170:=[[1914.688153329,108.850207177,1001.150738716],[0.001738671,
-0.000001283,-0.999998489,-0.000002956],[0,-1,0,0],[9E9,90.000036655,-180.000018669,9E9,9E9,9E9]];
CONST robtarget Target_180:=[[1916.015598165,108.848774252,1383.054039529],[0.001738376,
-0.000001207,-0.999998489,-0.000003193],[0,-1,0,0],[9E9,90.000036655,-180.000018669,9E9,9E9,9E9]];
CONST robtarget Target_190:=[[2027.327943801,-193.672217724,1128.237704164],[0.00173867,
```

```
-0.000000247,-0.999998489,-0.000002988],[-1,0,-1,0],[9E9,90.000036655,-180.000018669,9E9,9E9,9E9]];
        CONST robtarget Target_200:=[[2026.896953555,-193.670192132,1004.677064277],[0.001738569,
-0.000000057,-0.999998489,-0.000002911],[-1,0,-1,0],[9E9,90.000036655,-180.000018669,9E9,9E9,9E9]];
        CONST robtarget Target_210:=[[1980.609965841,
-172.719644893,1004.83555031],[0.001739201,0.000000219,-0.999998488,-0.000002479],[-1,0,
-1,0],[9E9,90.000036655,-180.000018669,9E9,9E9,9E9]];
        CONST robtarget Target_220:=[[1920.539271401,
-191.84110548,1005.04460624],[0.00173894,0.000000532,-0.999998488,-0.000002203],[-1,0,
-1,0],[9E9,90.000036655,-180.000018669,9E9,9E9,9E9]];
        CONST robtarget Target_230:=[[1920.89543327,
-191.841389633,1107.397702916],[0.001738803,0.000000621,-0.999998488,-0.000002048],[-1,0,
-1,0],[9E9,90.000036655,-180.000018669,9E9,9E9,9E9]];
        CONST robtarget Target_240:=[[1724.203019994,0,1443.009883619],[0.050594871,0,0.998719259,0],[0,
-1,0,0],[9E9,0,0,9E9,9E9,9E9]];
        CONST robtarget Target_201:=[[1914.022674169,
-140.712865203,1140.311691255],[0.084794656,0.017729355,0.975158909,
-0.203864266],[0,3,0,0],[9E9,90.000384995,-180.000018669,9E9,9E9,9E9]];
        PROC Path_10()
            ActUnit STN1;
            ！开启变位机
            MoveJ Target_10,v1000,z100,AW_Gun\WObj:=wobj0;
            ！机器人和变位机运动到 home 点
            MoveJ Target_20,v1000,z100,AW_Gun\WObj:=wobj0;
            ！变位机改变位置至工件焊接位
            MoveJ Target_30,v300,z20,AW_Gun\WObj:=wobj0;
            ！机器人运行至焊接进入点
            MoveL Target_40,v300,z1,AW_Gun\WObj:=wobj0;
            ！机器人运行至焊接轨迹起始点
            MoveC Target_50,Target_60,v300,z1,AW_Gun\WObj:=wobj0;
            ！机器人做弧形焊接轨迹运动至焊接结束点
            MoveL Target_70,v600,z20,AW_Gun\WObj:=wobj0;
            ！机器人运行至焊接逃离点
            MoveL Target_80,v1000,z20,AW_Gun\WObj:=wobj0;
            ！机器人运动至第二条焊接轨迹的焊接准备位置
            MoveL Target_90,v300,z1,AW_Gun\WObj:=wobj0;
            ！机器人运动至第二条焊接轨迹的焊接起始点
            MoveC Target_100,Target_110,v300,z1,AW_Gun\WObj:=wobj0;
            ！机器人做第二条焊接轨迹运动至焊接结束点
            MoveL Target_120,v600,z20,AW_Gun\WObj:=wobj0;
            ！机器人运行至焊接逃离点
```

```
            MoveJ Target_130,v1000,z100,AW_Gun\WObj:=wobj0;
            ！机器人运行至安全位置，同时变位机变位，执行工件换面
            MoveL Target_140,v600,z20,AW_Gun\WObj:=wobj0;
            ！机器人运动至另一面的焊接进入点，以下代码执行对工件另一侧的两条弧形焊接轨迹的运动
            MoveL Target_150,v300,z1,AW_Gun\WObj:=wobj0;
            MoveC Target_160,Target_170,v300,z1,AW_Gun\WObj:=wobj0;
            MoveL Target_180,v600,z20,AW_Gun\WObj:=wobj0;
            MoveL Target_190,v600,z20,AW_Gun\WObj:=wobj0;
            MoveL Target_200,v300,z1,AW_Gun\WObj:=wobj0;
            MoveC Target_210,Target_220,v300,z1,AW_Gun\WObj:=wobj0;
            MoveL Target_230,v600,z20,AW_Gun\WObj:=wobj0;
            MoveJ Target_240,v1000,z100,AW_Gun\WObj:=wobj0;
            ！机器人与变位机同时回到其 home 点
            DeactUnit STN1;
          ！停止变位机
      ENDPROC
ENDMODULE
```

最后运行仿真工作站，观看仿真动画。

7.6　工业机器人在线编程与控制

工业机器人的在线编程与控制是通过运行仿真软件的计算机与真实工业机器人控制系统的通讯实现的，本节对其实现方法进行简要介绍。

7.6.1　建立连接

使用 RobotStudio 的在线功能对机器人进行监控、设置、编程与管理等操作，首先要将安装 RobotStudio 软件的计算机与机器人相连接，步骤如下：

(1) 将标准网线的一端连接到计算机的网卡网络端口，可以参考表 7-9 为端口指定固定的 IP 地址。

表 7-9　PC 机 I/O 地址表

属性	值
IP 地址	192.168.125.2~255
默认网关	192.168.125.1
子网掩码	255.255.255.0

(2) 将网线的另一端连接到机器人控制器面板上的网线端口，如图 7-192 中的 X2 Service 端口。对机器人控制器面板上各端口的详细介绍见表 7-10。

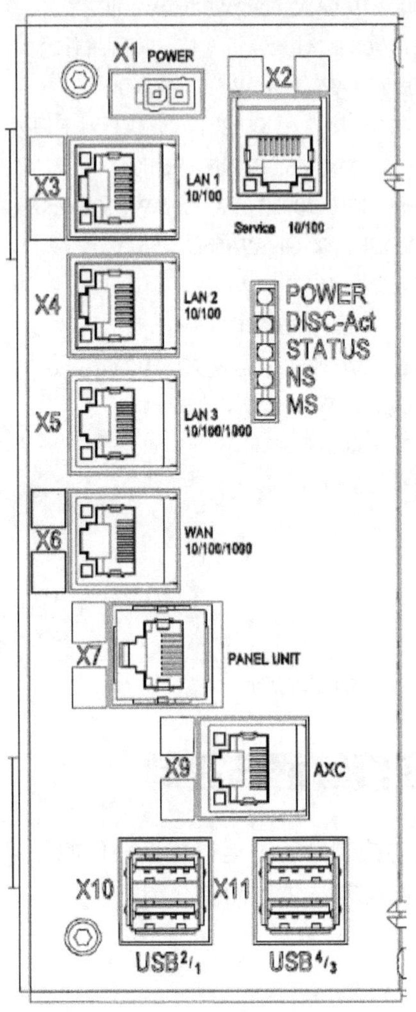

图 7-192 机器人控制器面板端口

表 7-10 机器人控制器面板端口说明

端口	说 明
X1	电源
X2(黄)	Service(PC 连接)
X3(绿)	LAN1(连接 FlexPendant)
X4	LAN2(连接以太网设备)
X5	LAN3(连接以太网设备)
X6	WAN(连接以太网设备)
X7(蓝)	连接控制设备
X9(红)	连接计算机
X10 ，X11	USB 端口(4 端口)

(3) 启动 RobotStudio 软件，在【控制器】选项卡中选择【添加控制器】/【从设备列表添加控制器】命令，如图 7-193 所示。

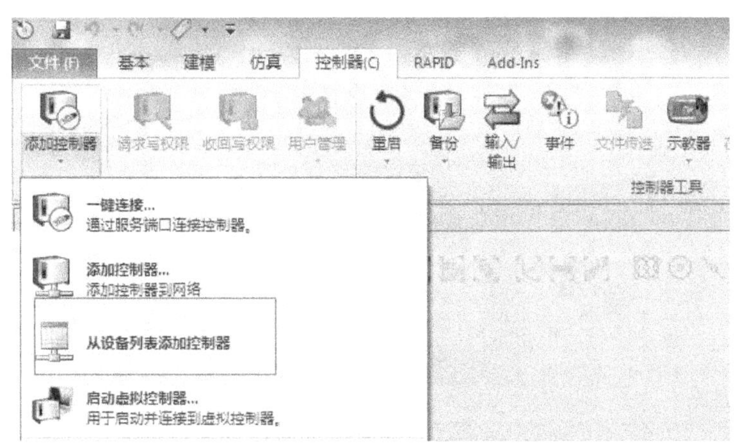

图 7-193　选择从设备列表添加控制器

(4) 在弹出的【连接控制器】窗口的控制器列表中选择想要连接的控制器，然后单击【连接】按钮，如图 7-194 所示。

图 7-194　连接所需的控制器

7.6.2　获取权限

RobotStudio 仿真软件可以在线监控和查看机器人状态，并可以在线对机器人进行编程、参数设定与修改等操作。但在对机器人进行上述操作前，首先要在示教器中获取“请求写权限”，以防止在 RobotStudio 软件中的误操作造成不必要的损失，步骤如下：

(1) 将机器人模式选择钥匙的开关切换到“手动”，然后在 RobotStudio 软件的【控制器】/【进入】选项卡中，选择【请求写权限】命令，如图 7-195 所示。

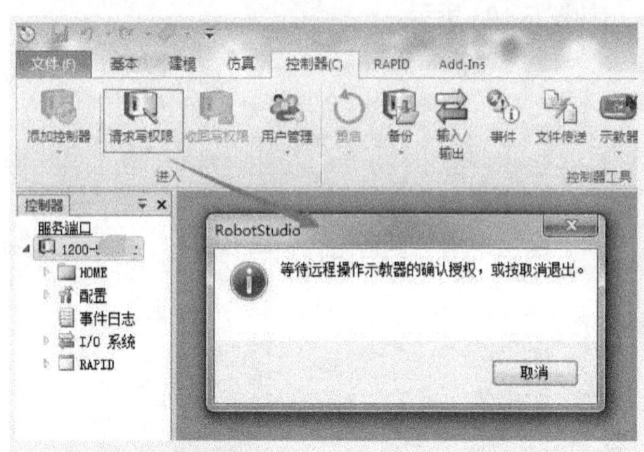

图 7-195　获取请求写权限

(2) 回到示教器界面，可以看到弹出【请求写权限】提示对话框，在其中单击【同意】按钮，通过权限请求，如图 7-196 所示。

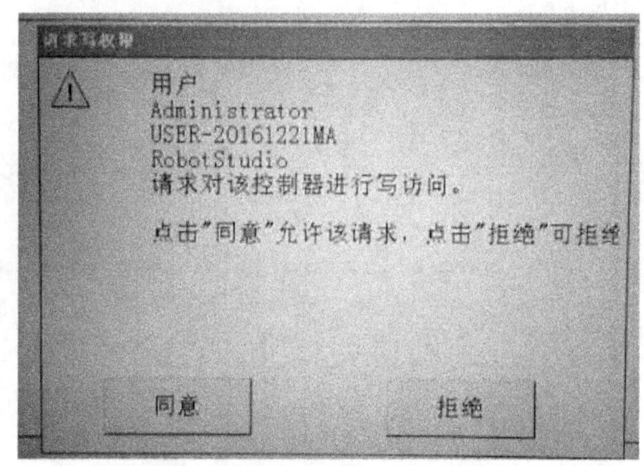

图 7-196　同意获取请求写权限

(3) 完成对机器人的操作后，在示教器中单击【撤回】按钮或者选择仿真软件中的【控制器】/【收回写权限】命令，就可以收回控制器的写权限。

7.6.3　备份与恢复

定期对 ABB 机器人的数据进行备份是一种保证 ABB 机器人正常运行的良好习惯。ABB 机器人数据备份的对象是系统内存中正在运行的所有 RAPID 程序和系统参数。在机器人系统出现错乱或是重新安装新系统后，可以通过备份的数据快速地将机器人恢复到备份时的状态。

在【控制器】选项卡中，选择【备份】/【创建备份…】命令，就可对机器人数据进行备份(注意存放备份的文件夹名称不能有中文)；如需恢复备份，则选择【备份】/【从备份中恢复…】命令，在弹出的窗口中，找到备份文件存放的文件夹，选择其中的可用备

份，单击【确定】按钮，即可使用备份恢复系统，如图 7-197 所示。

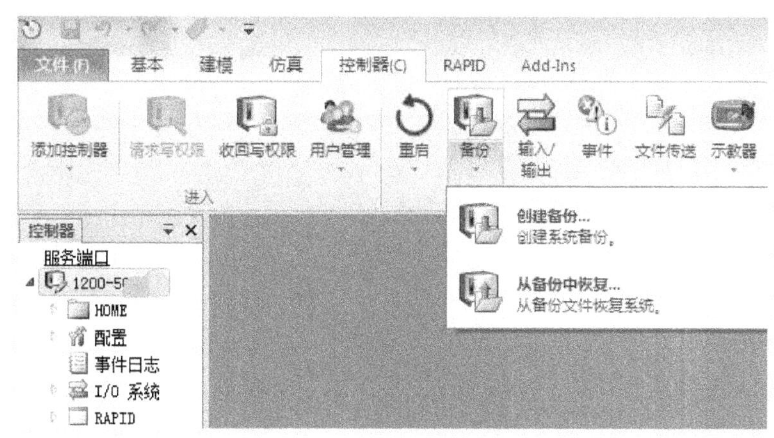

图 7-197　备份与恢复

7.6.4　在线编程

在工业机器人的实际使用过程中，专业工程师经常会使用仿真软件对机器人程序进行在线编辑或修改，编辑完成后，再使用示教器对具体点位的位置进行调节校准即可，这样可以大大提高编程效率。

获取 ABB 机器人的写权限后，在软件窗口左侧【控制器】导航栏中的【RAPID】目录下双击要修改的程序模块，在右侧出现的程序编辑窗口中可以对程序进行修改或编辑。选择【RAPID】选项卡中的【应用】命令，可以将修改或编辑完成的程序写入机器人控制系统中，覆盖原来的程序，如图 7-198 所示。

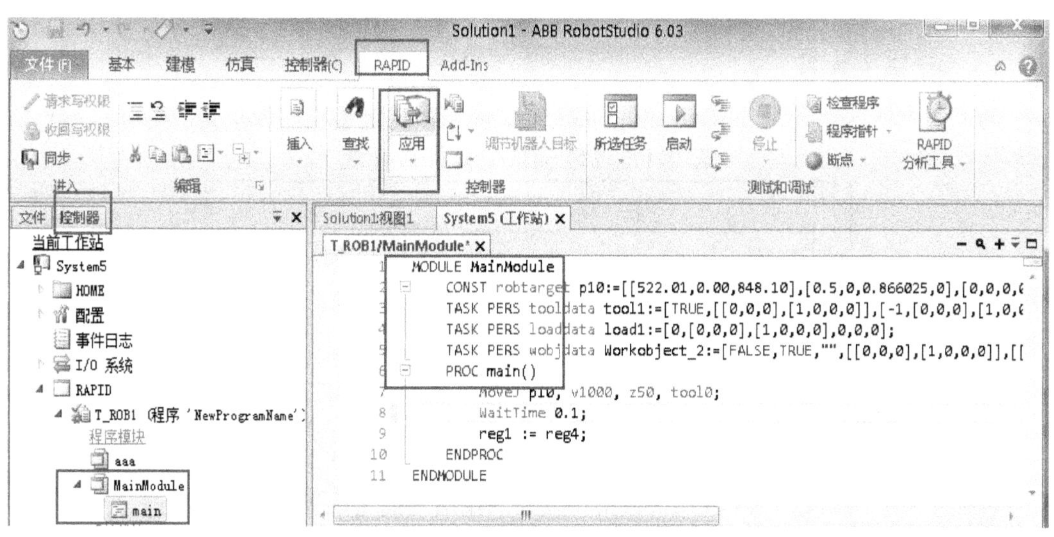

图 7-198　在线编辑机器人程序

注意：程序编辑器里的所有指令和语句都可以使用键盘输入，但也可以像示教器编程

那样，使用【指令】扩展菜单中的工具指令群来输入所需指令，如图 7-199 所示。

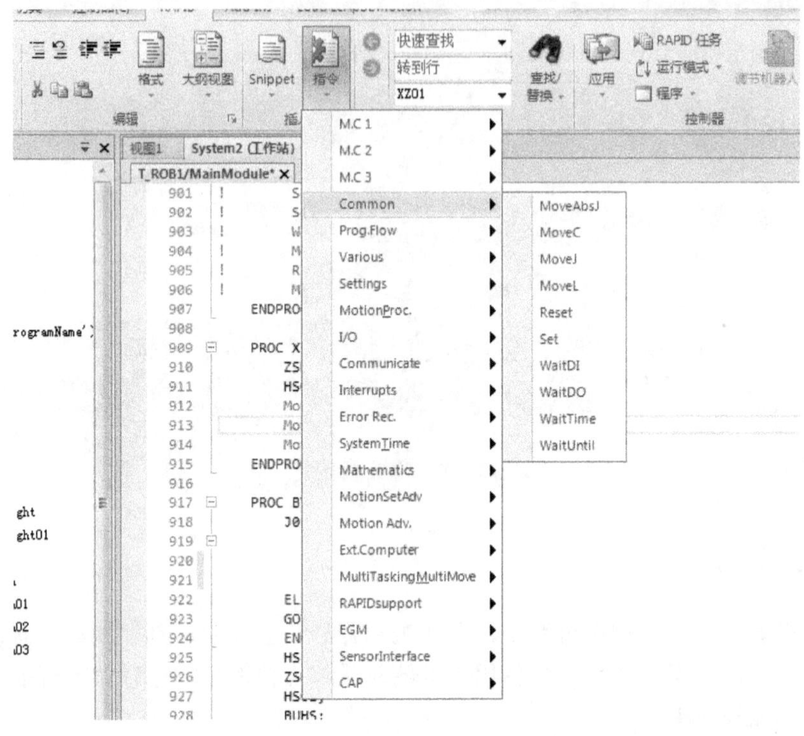

图 7-199　调用工具指令群中的指令

7.6.5　配置信号

可以使用仿真软件，通过在线方式对机器人控制系统的 I/O 信号进行配置。

1．创建通信单元

创建两个板卡型号为 DSQC 652 的 I/O 通信单元，配置要求如表 7-11 所示。

表 7-11　I/O 通信单元配置要求

名　称	参　数
板卡型号	DSQC 652
Name(I/O 单元名称)	Board10
DeviceNet Address(I/O 单元所占用总线地址)	10 和 11

(1) 建立 RobotStudio 与机器人的连接，并获取机器人控制系统写权限。

(2) 在线创建 I/O 通信单元和创建仿真 I/O 通信单元的步骤相同：在【控制器】选项卡中选择【配置编辑器】/【I/O System】命令，在出现的【配置-I/O System】列表框中右键单击【DeviceNet Device】，在弹出菜单中选择【新建 DeviceNet Device】命令，创建 I/O 通信单元，如图 7-200 所示。

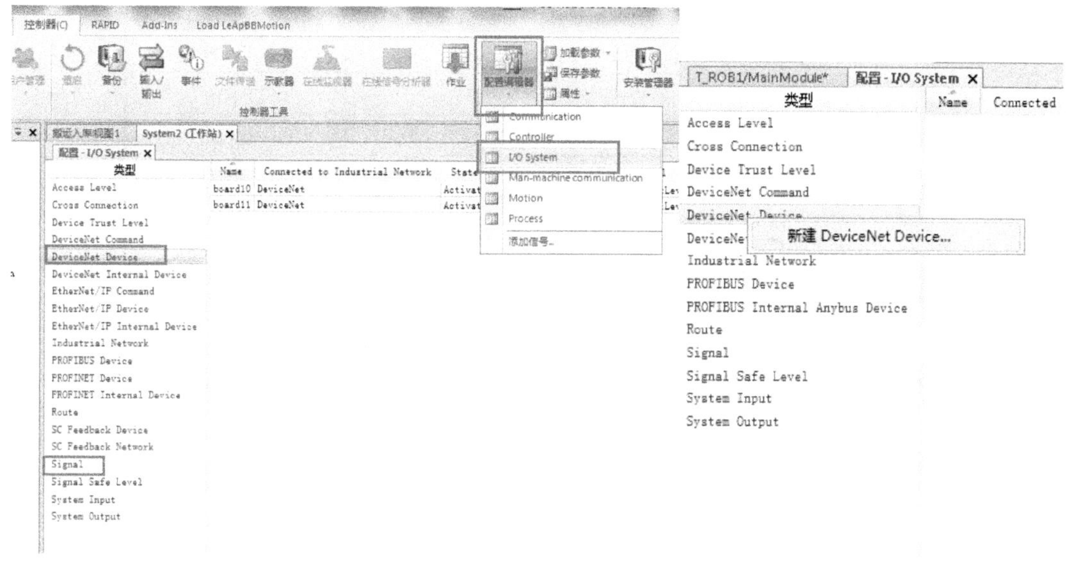

图 7-200　新建 I/O 通信单元

(3) 在弹出的【实例编辑器】窗口中选择对应板卡模板(DSQC 652)，并设置好通信单元的名称(board10)和地址(10)，如图 7-201 所示。

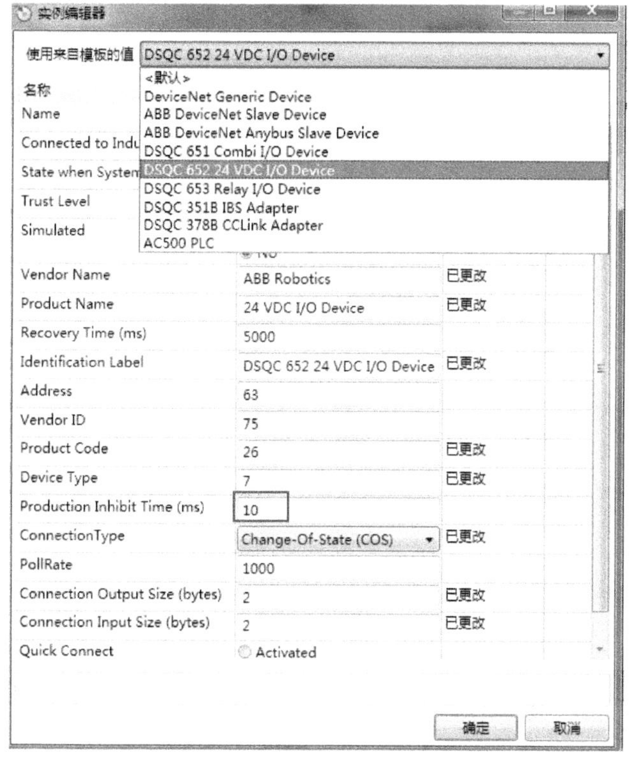

图 7-201　配置新建的 I/O 通信单元

2. 创建信号

以创建一个数字 I/O 输入信号为例，配置要求见表 7-12 所示。

表 7-12 I/O 信号配置要求

名 称	参 数
Name(I/O 信号名称)	Di101
Type of Signal(I/O 信号类型)	Digital Input
Assigned to Unit(I/O 信号所在 I/O 单元)	Board10
Unit Mapping(I/O 信号所占用单元地址)	0

(1) 在【配置-I/O System】列表框中右键单击【Signal】，在弹出菜单中选择【新建 Signal】命令，创建 I/O 信号，如图 7-202 所示。

图 7-202 新建 I/O 信号

(2) 在弹出的【实例编辑器】窗口中对信号的名称、通信板卡、地址等参数进行设置。由于板卡起始地址为 0，所以第一个信号地址设置为“0”，如图 7-203 所示。

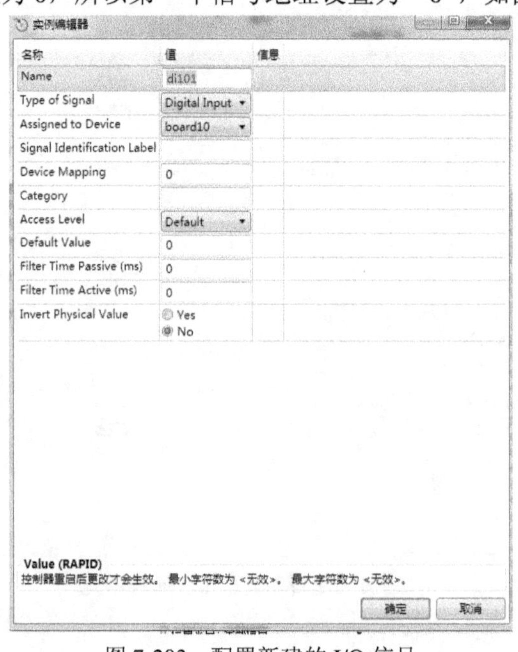

图 7-203 配置新建的 I/O 信号

(3) 配置完成后，重启机器人系统，对信号进行仿真验证，结果如图 7-204 所示。

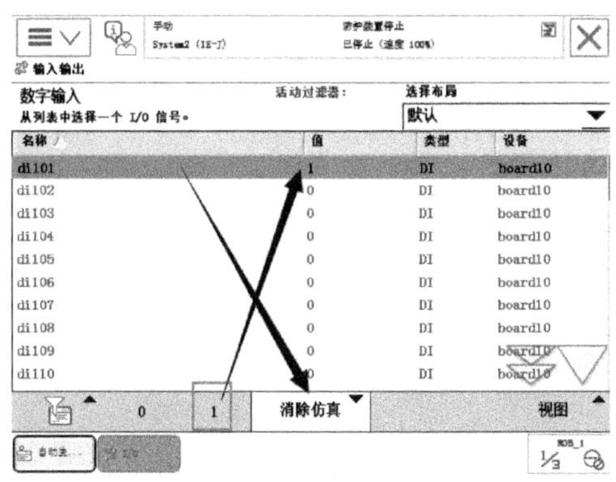

图 7-204　验证新建的 I/O 信号

7.6.6　文件传送

使用仿真软件获取机器人的写权限后，就可以对机器人进行文件传送操作，即将文件从计算机发送到机器人控制器硬盘上。

注意：在对机器人硬盘中的文件进行传送操作前，一定要清楚被传送的文件的作用，否则可能造成机器人系统的崩溃。

在【控制器】/【控制器工具】选项卡中选择【文件传送】命令，在出现的【文件传送】导航栏中，选择计算机中的文件进行传输，如图 7-205 所示。注意：文件传输不支持虚拟示教器。

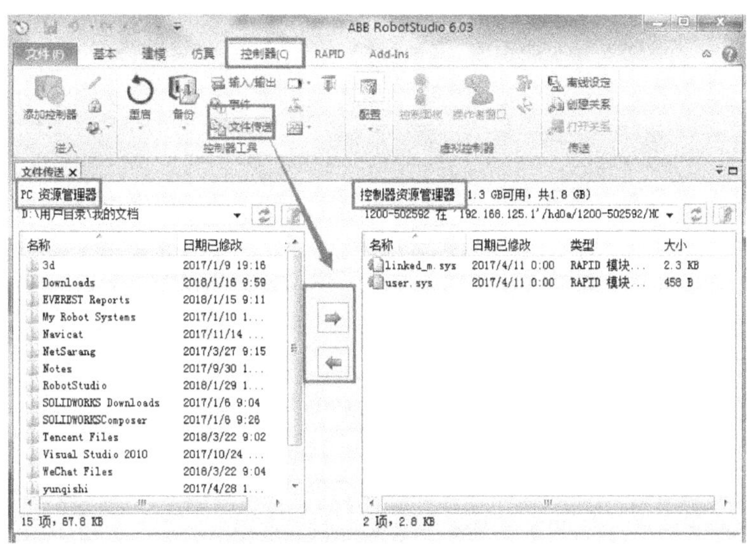

图 7-205　文件传送

7.6.7　在线监控

使用 RobotStudio 软件可以在线监控机器人和示教器的状态。

1．在线监控机器人

在【控制器】/【控制器工具】选项卡中选择【在线监视器】命令，视图中会显示实时的机器人姿态，如图 7-206 所示。

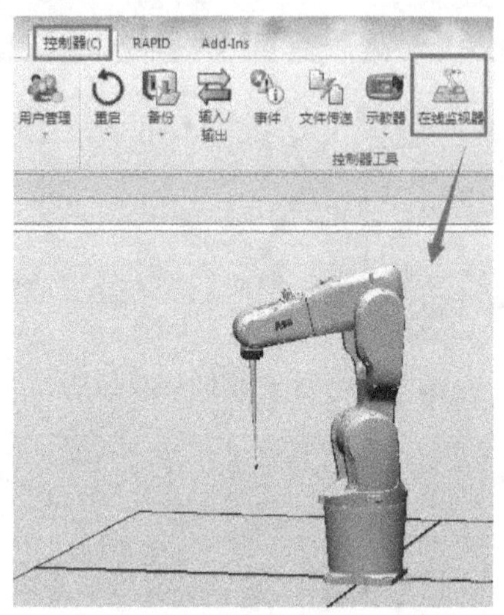

图 7-206　在线监视机器人状态

2．在线监控示教器

取得机器人系统的写权限后，在【控制器】/【控制器工具】选项卡中选择【示教器】/【示教器察看器】命令，界面最下方会显示示教器画面采样刷新的时间，该功能同样不支持虚拟示教器，如图 7-207 所示。

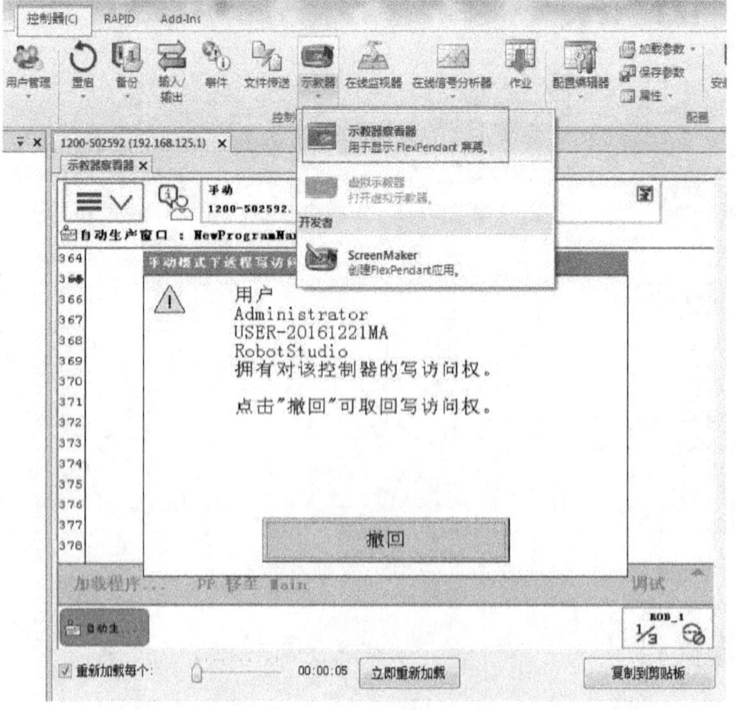

图 7-207　在线监控示教器状态

7.6.8　示教器权限

实际生产中，生产线工人的误操作可能导致机器人系统的错乱，影响机器人的正常运行。因此，有必要为示教器设置不同等级的用户操作权限。

用户使用密码登录后可以控制示教器及机器人，其权限大小由其所属的“组”来决定。可以增加或减少“组”的权限，但必须保证管理员所属的组拥有全部的控制权限。可以创建新的用户，或者编辑、删除用户，但出于安全考虑，要始终保留一个管理员权限用户。

为一台新机器人设置示教器用户操作权限的要点如下：

(1) 为示教器添加一个管理员操作权限。

(2) 设定所需的用户操作权限。

(3) 更改 Default User 的用户组。

下面以设置示教器管理员用户权限为例，介绍设置示教器权限的具体方法。

1. 添加管理员权限

(1) 获取机器人系统的写权限后，在【控制器】/【进入】选项卡中选择【用户管理】/【编辑用户帐户】命令，如图 7-208 所示。

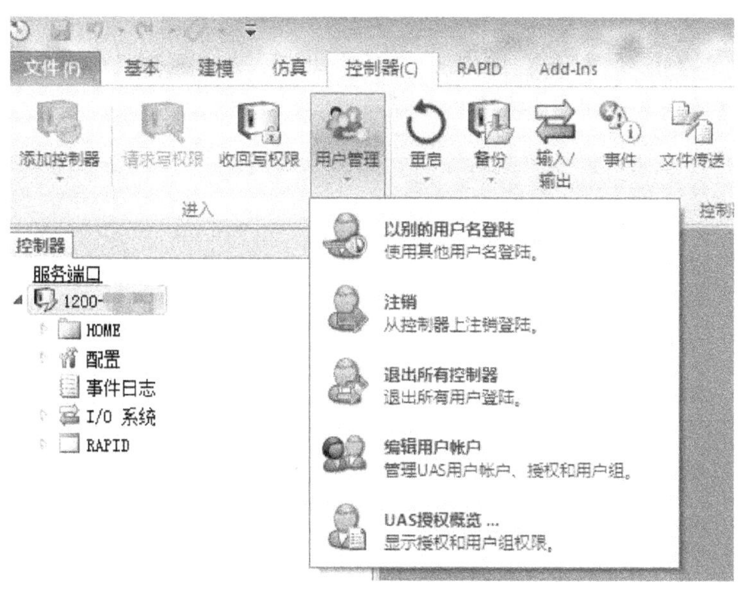

图 7-208　编辑用户权限

(2) 弹出【UAS 管理工具】窗口，其中包括【用户】【组】【授权概况】三个栏目标签。单击【用户】标签中的【添加...】按钮，添加一个管理员，在弹出的【编辑用户】窗口中为其设置用户名和密码，然后单击【确定】按钮，并选择【UAS 管理工具】窗口右侧的所有的用户组，如图 7-209 所示。

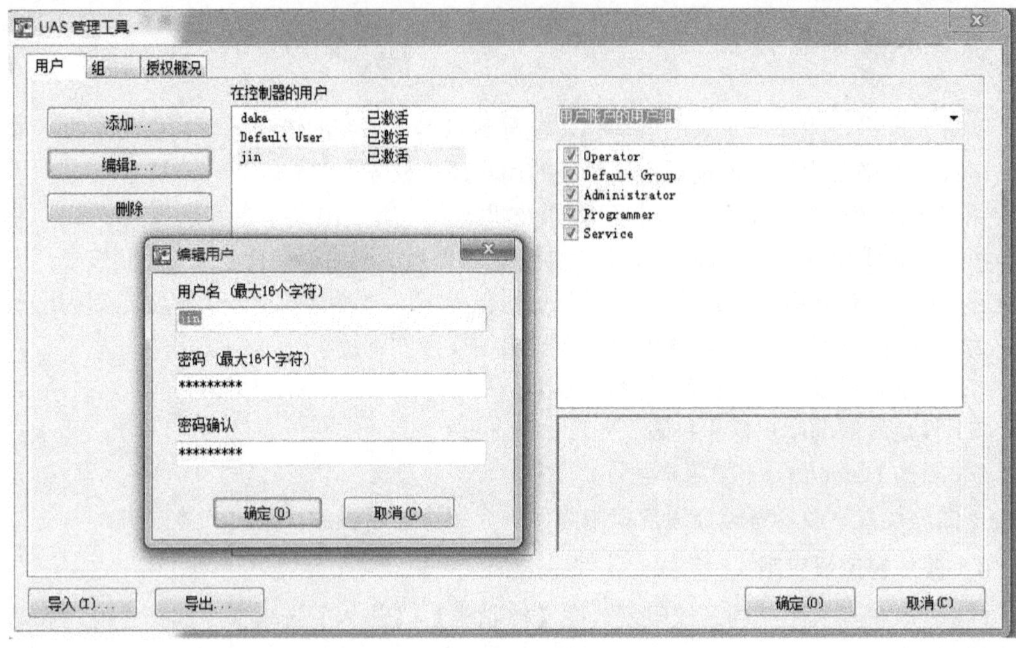

图 7-209　添加管理员用户

(3) 单击【组】标签，勾选窗口右侧相关的功能，为管理员用户授予所有用户组的权限，然后单击【确定】按钮，如图 7-210 所示。

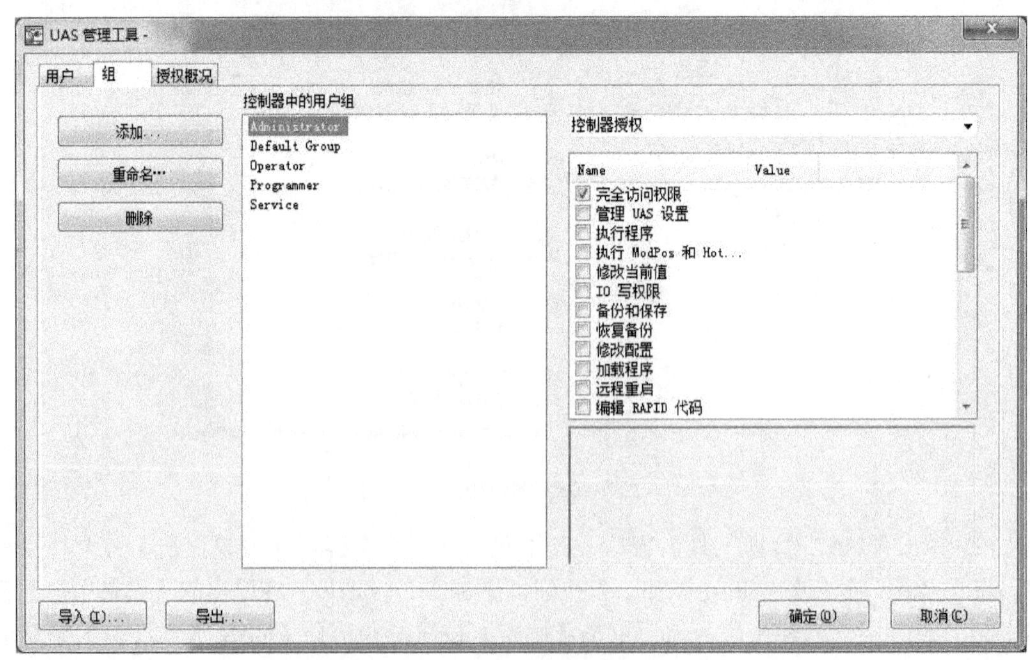

图 7-210　编辑管理员用户组权限

重启机器人系统后，用户权限设置即可生效。

2. 设置非管理员用户权限

可以根据需要设置非管理员用户组和用户，以满足管理的需要，具体步骤如下：

(1) 创建新用户组。

(2) 设置新用户组的权限。

(3) 创建新的用户。

(4) 将新用户归类到用户组。

(5) 重启系统，测试用户权限。

具体设置方法参考管理员用户的设置，此处不再赘述。

本 章 小 结

- ✧ 离线编程是指通过仿真软件在电脑里重建整个工作场景的三维虚拟环境，根据要加工零件的大小、形状、材料，结合操作者的一些操作，自动生成机器人的运动轨迹(即控制指令)，并在软件中对运动轨迹进行仿真与调整，最后生成机器人程序，并传输给实际机器人的过程。
- ✧ 设计自定义的工具，将其导入仿真软件，然后在软件中对其进行配置，使其能与软件自带的工具一样，在被添加到工作站时可以自动安装到机器人法兰盘末端，并在工具的末端自动生成工具坐标系。
- ✧ 事件管理器能够在离线仿真时通过 I/O 变换来控制设备姿态的变换，并对设备姿态变换的事件进行监控，从而呈现出仿真的动画效果。
- ✧ Smart 组件比事件管理器具备更强大的动画仿真功能，除了能够仿真机械运动的效果外，还可以关联复杂的工作站逻辑、添加传感器以及编辑物料属性。
- ✧ 导轨和变位机是典型的机器人工作站设备，在焊接和机械加工行业有着非常广泛地应用。导轨是对机器人工作空间的扩展，变位机是对工作位置的扩展。
- ✧ 工业机器人的在线编程与控制是通过运行仿真软件的计算机与真实工业机器人控制系统的通信实现的。

本 章 练 习

1. 使用教学资源中的组件搭建一个新的工作站，通过离线编程的方式，编辑一个用于切割工件边缘的机器人程序。

2. 创建两个工具，并使用仿真软件的建模功能绘制一个合适尺寸的工件，要求通过事件管理器和 Smart 组件两种方式对工具动态进行编辑，并分别生成机器人用这两种工具抓取工件的演示视频。

3．参考 7.4.1 节创建一条输送设备，输送自定义的模型，要求模型尺寸大小合适，并通过机器人控制模型输送，将其抓取、搬运到平台中。

第 8 章　搬运工作站

本章目标

■ 掌握 RobotStudio 软件共享知识

■ 了解机器人注释行、计时指令、机器人节拍测试的编程方法

■ 了解搬运工作站的编程方式

■ 了解虚拟搬运工作站的构成及搭建知识

■ 掌握机器人搬运工作站的相关知识

本章将以搭建一个机器人仿真搬运工作站为例，将前文的知识点与学习成果串联起来。通过本章的学习，读者可以熟悉工业机器人的搬运应用场景，掌握工业机器人程序的编写技巧，并练习仿真工作站的搭建方法。

8.1 任务介绍

本例以工业机器人实训平台(如图 8-1 所示)为依托搭建机器人搬运工作站，使用 ABB 公司的 IRB 1200 型工业机器人完成对特定工件的抓取搬运任务，即在输送装置输出工件并定位后，由机器人将工件按照一定的排列顺序进行搬运。

本例中需要设置虚拟搬运工作站的动作效果，如设置输送装置的工件输送动作、机器人夹具对工件的夹取和放置动作等。另外，需要将外围设备与机器人的 I/O 信号相匹配，以通过 I/O 信号控制机器人的运行。

图 8-1　工业机器人实训平台

搬运工作站使用的机器人通常是四轴机器人，常用的型号如 IRB 260、IRB 460 等，但根据实际的工况和需求也可以使用六轴机器人。在选择机器人时，应综合考虑负载、运行速度及机器人的有效工作空间等多种因素。

搬运机器人的工具夹爪有多种，如夹板式工具、吸盘式工具、夹爪式工具、托盘工具等，广泛应用于化工、建材、饮料、食品，机械加工、电子等行业。需要根据工况、工件的特性和搬运场景，选择最合适的机器人夹具。本例采用气动驱动的多功能吸盘夹抓式夹具，如图 8-2 所示。

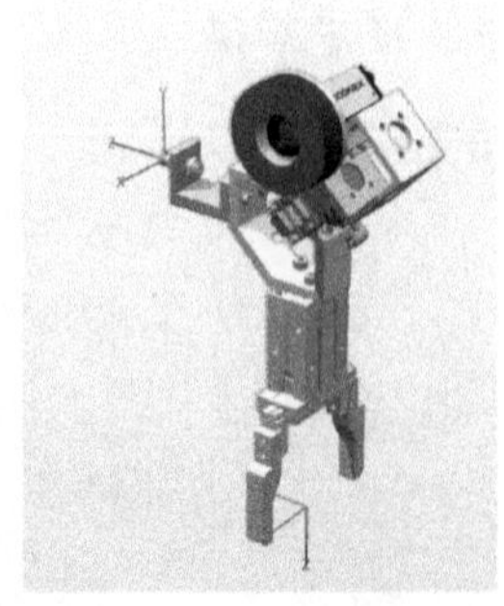

图 8-2　多功能吸盘夹抓夹具

8.2　知识准备

要完成本例中搬运工作站的搭建，除了需要具备前面章节讲解的机器人操作基础、机器人编程基础等知识外，还要掌握 RobotStudio 软件的一些相关操作知识。

8.2.1　RobotStudio 软件相关操作

下面学习如何在仿真软件 RobotStudio 中使用一个机器人工作站。

1. 打开共享工作站

在 RobotStudio 中，一个完整的机器人工作站包含其全部组件和操作的数据文件，还包含一个在后台运行的机器人系统文件。当要共享在 RobotStudio 中创建的工作站时，可以使用软件提供的打包和解包功能。

RobotStudio 中的打包指的是创建一个包含虚拟控制器、库和附加选项媒体库的工作站包；而解包指的是恢复所打包的文件，恢复并启动虚拟控制器，以便打开工作站。

单击 RobotStudio 主窗口菜单栏中的【文件】/【共享】命令，然后在右侧的【共享数据】窗口中选择【打包】命令，即可将所创建的机器人工作站打包成工作包(*.rspag 格式文件)；同理，使用【解包】命令，即可将该工作包在另外的计算机上解包使用，如图 8-3 所示。

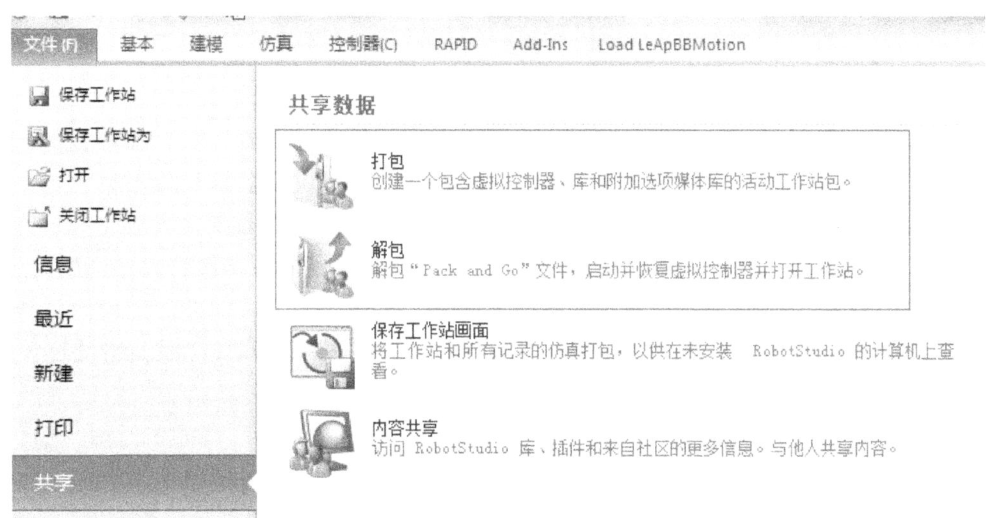

图 8-3　RobotStudio 工作站的打包与解包

2. 加载 RAPID 程序模块

单击 RobotStudio 菜单栏中的【RAPID】选项卡，然后在窗口左侧的【控制器】导航栏中右键单击【RAPID】目录下的【T_ROB1】图标，在弹出菜单中选择【加载模块】命令，加载所需的 RAPID 程序模块文件，如图 8-4 所示。

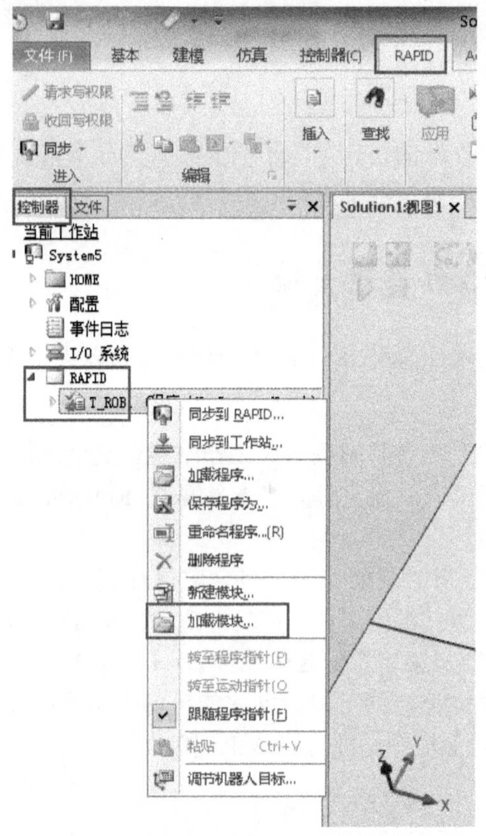

图 8-4　加载 RAPID 程序模块

3. 加载系统参数文件

在为新搭建的机器人工作站编程时，如果已有可用的系统参数文件，则可以直接将该参数文件加载至新工作站的机器人系统中。系统参数文件存放在机器人系统备份文件夹中的 SYSPAR 目录下，其中最常用的是文件 EIO.cfg，即机器人 I/O 配置文件。

例如：已有机器人 1#的 I/O 配置文件，机器人 2#的系统配置与机器人 1#相同，就可以将机器人 1#的 I/O 配置文件直接导入机器人 2#中。

注意：两台硬件配置一致的机器人可共享 I/O 配置文件 EIO.cfg，但不建议共享其他的系统参数文件，因为可能导致系统故障。

使用 RobotStudio 加载系统参数文件的步骤如下：

(1) 在【控制器】/【配置】选项卡中选择【加载参数】命令，如图 8-5 所示。

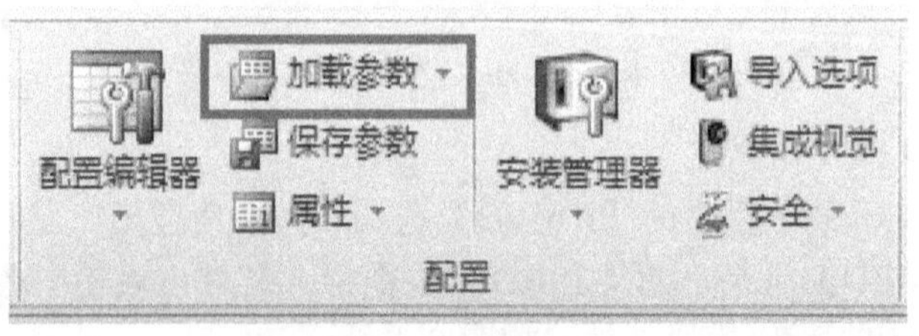

图 8-5　选择加载参数命令

(2) 在弹出的【打开】窗口中选择【载入参数，并替代重复项】，然后选择需要加载的 EIO.cfg 文件，单击【打开】按钮，如图 8-6 所示。

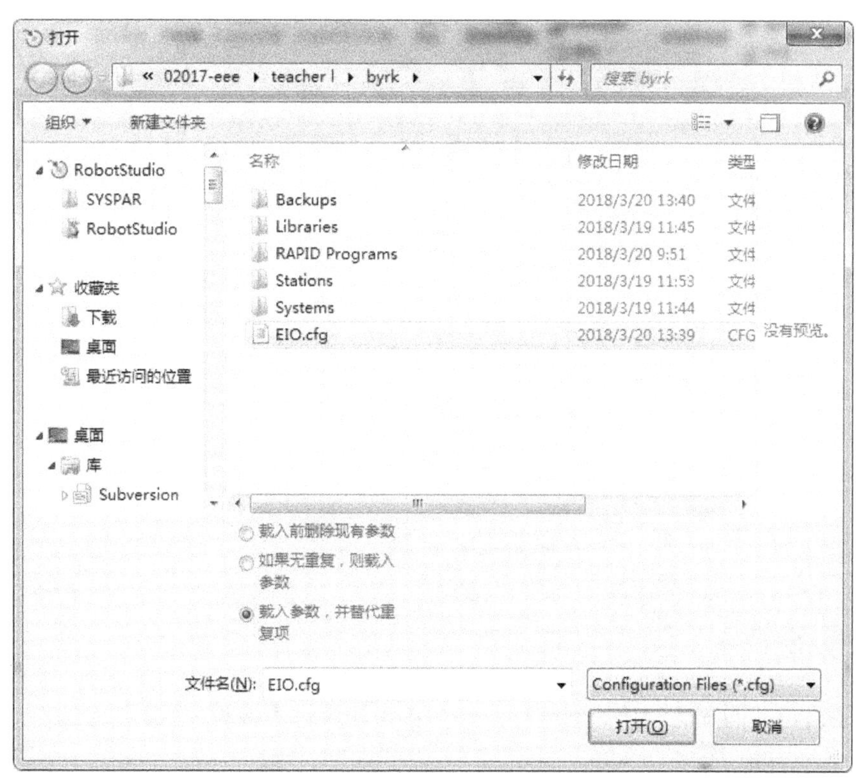

图 8-6　选择待加载系统参数文件

将系统参数文件载入示教器的具体步骤在 5.4 节中已经介绍，此处不再赘述。

4. 仿真 I/O 信号

在工作站仿真过程中，为满足机器人运行条件，往往需要手动仿真一些 I/O 信号。具体步骤如下：

(1) 选择【仿真】/【仿真控制】选项卡中的【I/O 仿真器】按钮，如图 8-7 所示。

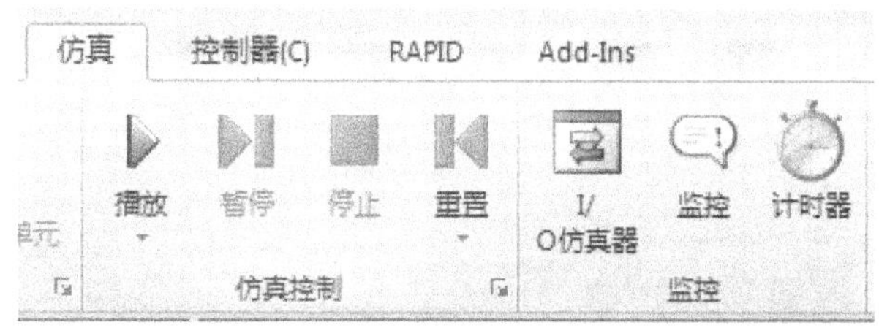

图 8-7　I/O 仿真器

(2) 在弹出的 I/O 仿真器配置界面中，在【选择系统】下拉菜单栏中设置信号系统的类型，如工作站信号、机器人系统信号(System4)、智能组件信号等。然后单击需要仿真的信号，相应指示灯会由 0 置为 1，再次单击即可置为 0，如图 8-8 所示。

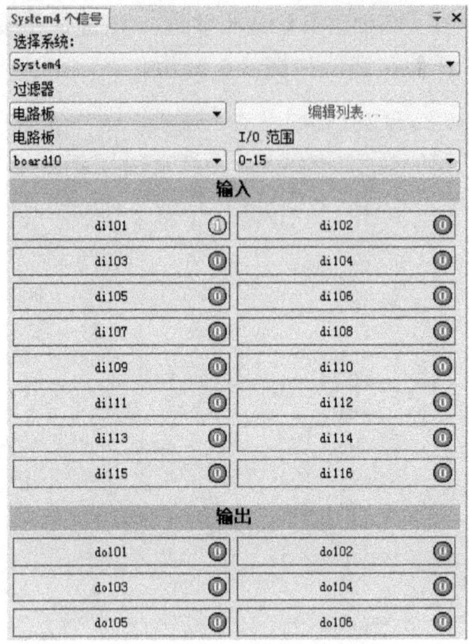

图 8-8　配置 I/O 仿真器

8.2.2　注释行

在程序语句前面加上“!”，则整行语句会作为注释行不被程序执行，例如：

```
MoveL P20, v1000, fine, tool1, \WObj:=wobj1;
!直线移动至点 P20
!MoveL P20, v1000, fine, tool1, \WObj:=wobj1;
```

如果需要对示教器中编写的程序进行注释，则首先在示教器的【程序编辑器】界面中选择需要备注的程序行，然后单击【编辑】按钮，在出现的扩展菜单中单击【备注行】按钮，如图 8-9 所示。

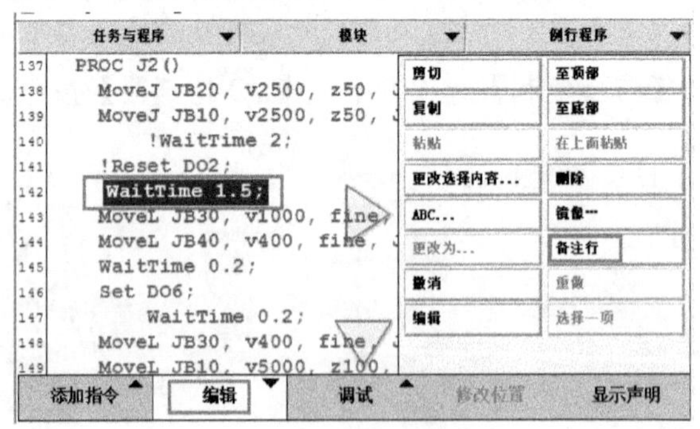

图 8-9　建立注释行

8.2.3　计时指令

在机器人的运动过程中，经常需要使用计时功能来计算当前机器人的运行节拍、单次

循环运行时间或者运行总时长，可以使用示教器写屏指令 TPWrite 将计时信息显示在示教器屏幕上，或者使用赋值指令将其存储在变量中。

下面通过一个完整的案例，学习计时相关指令的综合应用。

首先建立一个数据类型为 clock 的计时器变量，示例如下：

```
VAR clock TIMER1
```

该计时器程序的结构如下：

```
VAR clock TIMER1;
!定义计时器变量数据TIMER1
VAR num NTime;
!定义数字型数据NTime，用于存储时间数值
ClkReset TIMER1;
!复位计时器
ClkStart TIMER1;
!开始计时
.....
ClkStop TIMER1;
!停止计时
NTime:=ClkRead(TIMER1);
!读取计时器当前数值，并赋值给NTime
TPErase;
 !清屏
TPWrite "The Last CycleTime is "\Num:=NTime;
! 将计时结果显示在示教器屏幕上
```

上述程序可在示教器屏幕上显示机器人的运行节拍信息。其中的 TPWrite 指令是一种可以将后面引号中的字符串显示在示教器屏幕上的交互指令，在编程调试时非常有用。有关写屏指令群的详细介绍可以参见教学资源中的相关文件说明。

假设程序变量 NTime 的值为 191.78，则示教器屏幕上最终显示的信息为“The Last CycleTime is 191.78”，如图 8-10 所示。

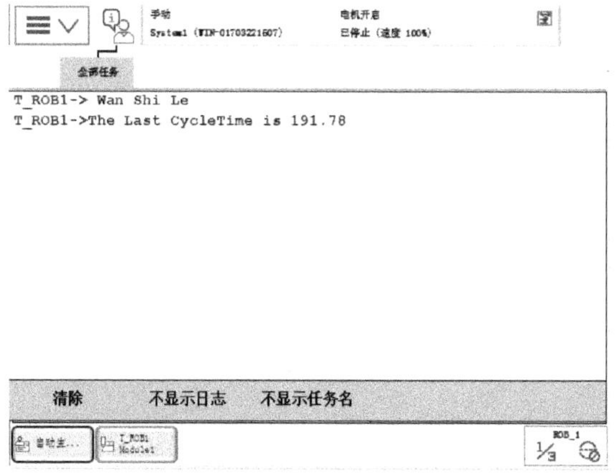

图 8-10　计时程序运行结果

以程序 M1 和程序 M2 为例，程序 M1 是运动控制程序，M2 程序可以计算出 M1 的程序节拍，代码如下：

```
PROC M1()
  MoveJ Offs(Mp10,Xdata1*60,Ydata1*90,300), v400, z1, bigtooljia;
  MoveL Offs(Mp10,Xdata1*60,Ydata1*90,Zdata1*60), v400, fine, bigtooljia;
  WaitTime 0.2;
  Reset do104;
  PulseDO\PLength:=0.2, do101;
  WaitTime 1;
  MoveL Offs(Mp10,Xdata1*60,Ydata1*90,300), v400, z1, bigtooljia;
ENDPROC
PROC M2()
  ClkStop TIMER1;
!结束计时器 TIMER1，以确保 TIMER1 计时器处于关闭状态
  ClkReset TIMER1;
!复位计时器 TIMER1，将计时器数据清零
  ClkStart TIMER1;
!开始计时
  M1;
!调用待测试节拍的程序 M1
   ClkStop TIMER1;
!停止计时
   NTime := ClkRead(TIMER1);
!将计时器的值赋值给数字变量 NTime
  TPErase;
!清屏
  TPWrite "The Last CycleTime is"\Num:=NTime;
!将计时器最后的节拍数显示在屏幕上
ENDPROC
```

M2 程序运行后，示教器屏幕的显示结果如图 8-11 所示。

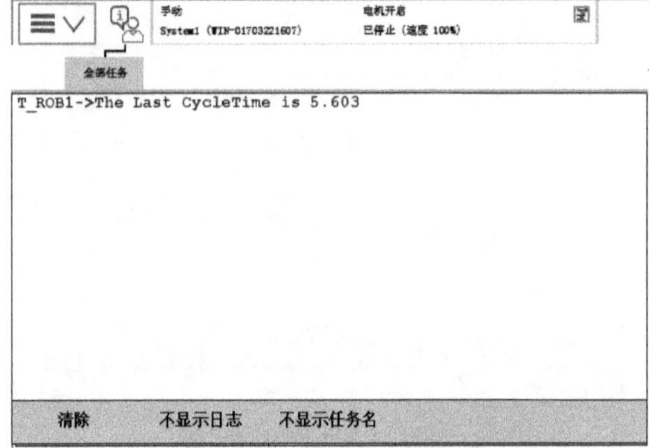

图 8-11　M2 程序运行结果

8.3　任务实施

搬运工作站 1

搬运工作站 2

在实际工作中，需要先由机械设计工程师对工作站的自动化设备进行设计，然后将设备的三维模型导入到工业机器人仿真软件中进行仿真工作站搭建，并对搭建方案进行评审和验证，最后进行工作站离线编程。为突出教学重点，本例中使用已搭建完成的工作站，因此首先需要进行工作站的解包和配置工作(可以扫描右侧二维码，观看搬运工作站的操作视频)。

8.3.1　解包工作站

解包工作站包含解包工作站教学资源和备份并重启两步操作。

1．解包工作站资源

在 RobotStudio 软件中选择菜单栏中的【文件】/【共享】命令，在出现的【共享数据】窗口中选择【解包】命令，在弹出窗口的【选择要解包的打包文件】下单击【浏览】按钮，选择配套教学资源中的工作站文件包，然后在【目标文件夹】下单击【浏览】按钮，指定工作站解包后存放的文件夹，然后单击【下一步】按钮，根据提示完成解包操作，如图 8-12 所示。

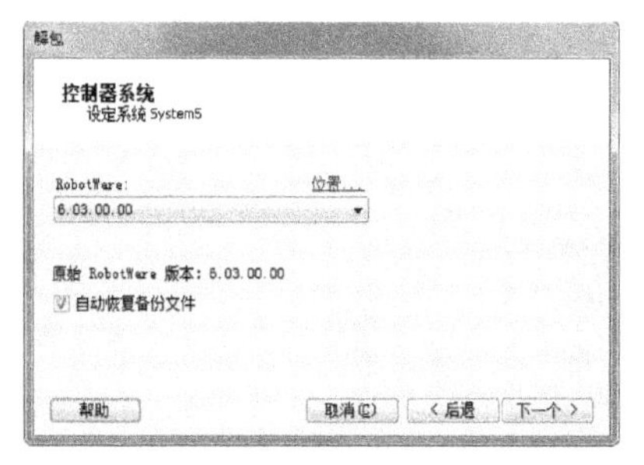

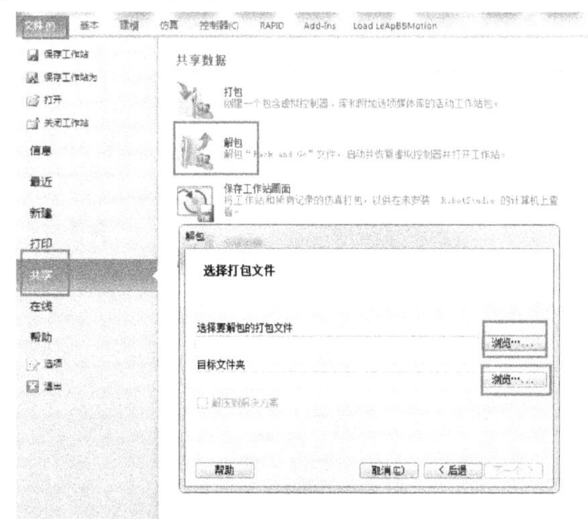

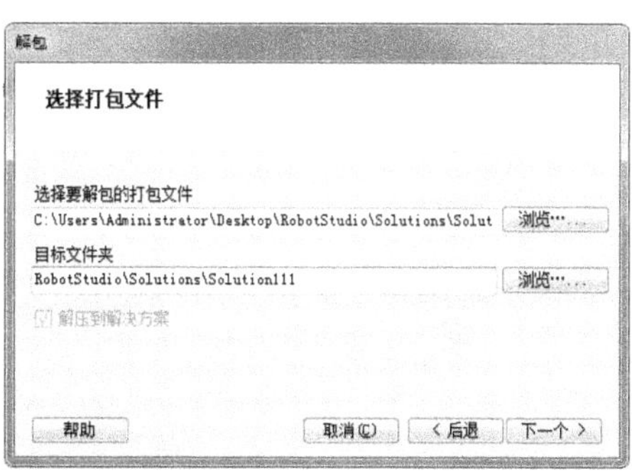

图 8-12　解包工作站

解包完成后，可以在软件视图中看到完整的工作站硬件平台，包括机器人、工具和其他设备等。

2. 创建工作站备份

工作站解包完成后要进行配置，但在此之前需要先创建一个备份，然后执行重置启动(I 启动)，将系统恢复到出厂状态，操作步骤如下：

(1) 单击【控制器】/【控制器工具】选项卡中的【备份】按钮，在出现的扩展菜单中选择【创建备份】命令，如图 8-13 所示。

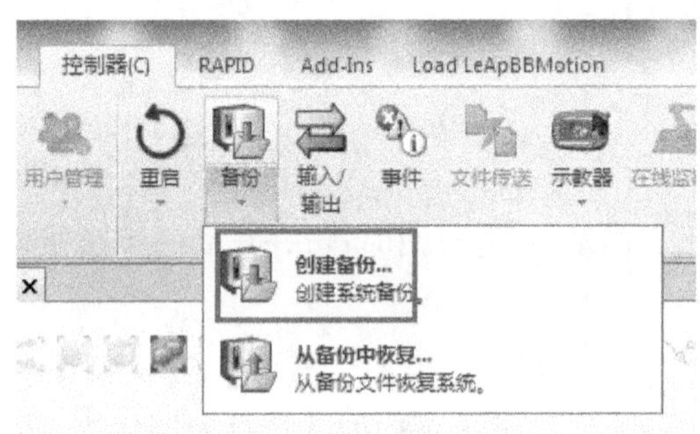

图 8-13　创建工作站系统备份

(2) 备份完毕，单击【控制器】/【控制器工具】选项卡中的【重启】按钮，在出现的扩展菜单中选择【重置系统(I 启动)】命令，然后在弹出的对话框中单击【确定】按钮，如图 8-14 所示。

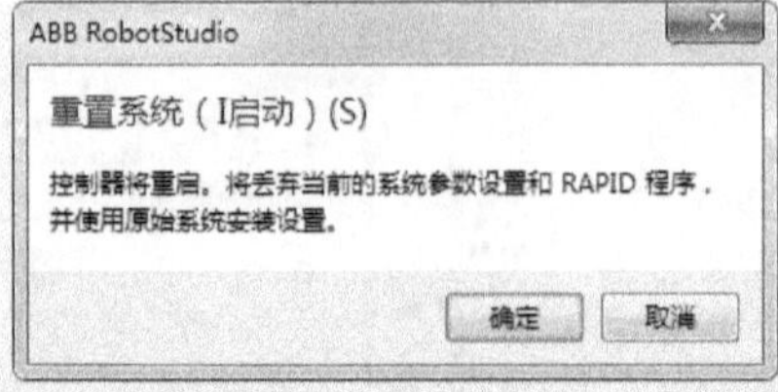

图 8-14　重置工作站系统

(3) 单击【控制器】/【虚拟控制器】选项卡中的【编辑系统】按钮，如图 8-15 所示。

图 8-15　选择配置工作站系统

(4) 在弹出的【系统配置】窗口中单击窗口左侧导航栏中的【ROB_1】图标，然后在窗口右侧选择【使用当前工作站数值】，单击【确定】按钮，如图 8-16 所示。

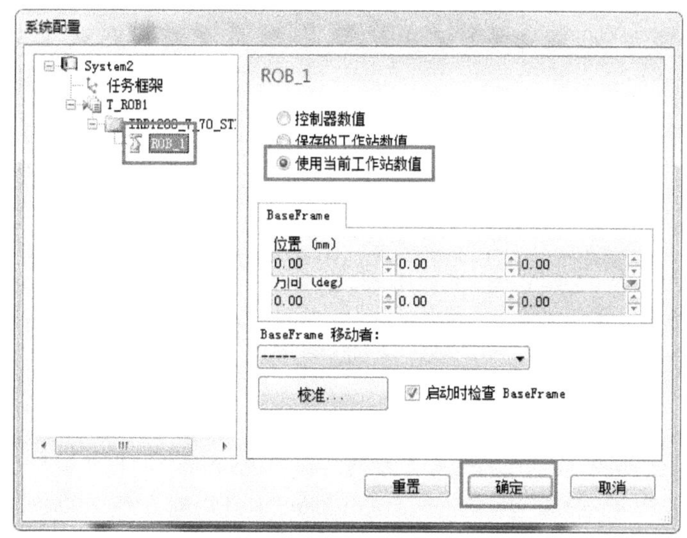

图 8-16　配置工作站系统

(5) 最后热启动工作站系统，完成对工作站的初始化操作。

8.3.2　信号的配置与关联

在实际工作场景中，机器人工作站或者机器人生产线的自动化设备通常由 PLC 控制，同时 PLC 还与机器人进行通信；机器人在运行过程中也会与传感器与驱动装置进行通信，将彼此连接成一个有机的整体，协同完成工作任务。

因此，在仿真工作站中需要在仿真软件中模拟一些虚拟信号，配合工作站程序的仿真执行，帮助工程师对轨迹路径、节拍等进行分析，以评估机器人应用方案的应用可行性，并指导机器人的程序轨迹优化、节拍优化以及验证优化等。

1．配置 I/O 信号

根据表 8-1 中的参数，在虚拟控制器中配置仿真工作站的 I/O 通信单元。

表 8-1　I/O 通信单元参数

Name	Type of Unit	Connected to Bus	DeviceNet address
Board10	D652	DeviceNet1	10

在配置完成的 I/O 通信单元基础上，根据表 8-2 所示的 I/O 信号参数配置 I/O 信号。

表 8-2　I/O 信号参数

Name	Type of Signal	Assigned to Unit	Unit Mapping	I/O 信号注解
di101	Digitial Input	Board10	0	输送线产品到位信号
di102	Digitial Input	Board10	1	抓取成功反馈信号
do101	Digitial Output	Board10	0	工具开启控制信号
do102	Digitial Output	Board10	1	工具关闭控制信号
do103	Digitial Output	Board10	2	输送线供料信号
do104	Digitial Output	Board10	3	工具抓取信号

2. 配置信号关联

需要配置信号与工具姿态的关联，以及信号与输送机和工具的 Smart 组件的关联：

(1) 配置工具姿态与信号的关联。参考第 7 章事件管理器的相关内容将工具建立为动态工具，使工具的姿态可变且能通过信号控制。然后在事件管理器中建立动态工具配置，将工具夹爪的开合姿态关联到 I/O 控制信号 do101 和 do102 上，如图 8-17 所示。

事件管理器

启动	触发器类型	触发器系统	触发器名称	触发器参数	操作类型	操作系统
开	I/O	System2	do101	1	将机械装置移至姿态	
开	I/O	System2	do102	1	将机械装置移至姿态	

图 8-17　配置工具姿态与信号的关联

(2) 配置 Smart 组件与信号的关联。参考 7.4 节 Smart 组件的有关内容，分别建立机器人工具和输送机的 Smart 组件。SmartComponent_1 是机器人工具的 Smart 组件，用于实现工具的“抓取”与“放手”动作。工具动作的 Smart 组件信号如图 8-18 所示，其中，输入信号【DIG01】是抓取动作开始的信号，输出信号【GOK01】是抓取动作完成后的反馈信号。

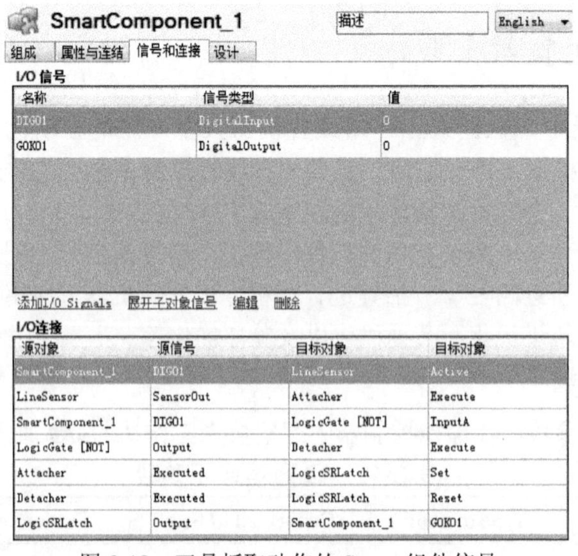

图 8-18　工具抓取动作的 Smart 组件信号

SmartComponent_2 是输送机的 Smart 组件，用于实现输送工件的动作，并在工件到位后输出信号。输送机的 Smart 组件信号如图 8-19 所示，其中，输入信号【start】是输送机开始输送工件的信号，输出信号【arrivel】是工件到位的信号。

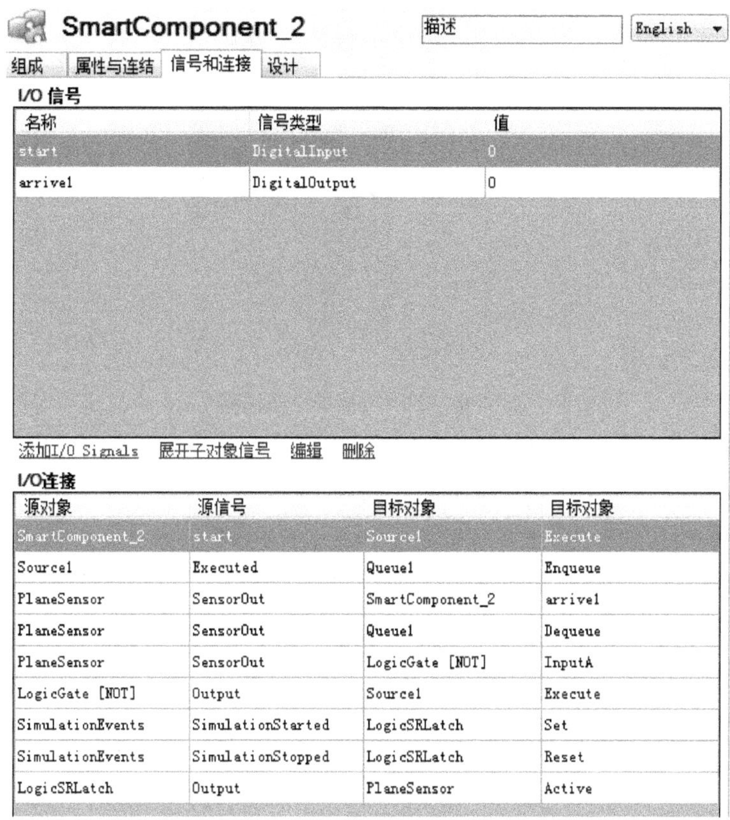

图 8-19　输送机的 Smart 组件信号

使用【仿真】/【配置】选项卡下的【工作站逻辑】命令，将机器人的 Smart 组件与相应的 I/O 控制信号相关联，即可实现仿真动画之间的相互配合，实现机器人程序通过信号控制机器人工具动作的效果。仿真工作站的信号关联参数如表 8-3 所示，具体关联步骤参考本书 7.4 节，此处不再赘述。

表 8-3　仿真工作站 Smart 组件信号关联参数

序号	信号源	输出信号	目标对象	输入信号	备注
1	机器人系统	Do103	输送机组件	Start	输送工件
2	机器人系统	Do104	工具组件	DIG01	抓取工件
3	输送机组件	arrivel	机器人系统	di101	工件到位反馈
4	工具组件	GoK01	机器人系统	di101	抓取完成反馈

8.3.3　配置工业机器人数据

完成对机器人 I/O 信号的配置后，下面进行机器人工具的配置与安装。

1．创建工具数据

从用户库中调用第 7 章建立好的机器人工具模型，如图 8-20 所示。

图 8-20　建立完毕的工具模型

根据表 8-4 所示参数，在虚拟示教器中创建该工具的 bigtooljia(坐标系)数据。

表 8-4　工具数据参数

参数名称	参数数值
robothold	TRUE
Trans	
X	0
Y	–154.953
Z	260.441
Rot	
q1	0.923879
q2	0.3826834
q3	0
q4	0
mass	2
Cog	
X	0
Y	–46
Z	128
其余参数均为默认值	

由于本工作站的平台和默认的世界坐标系平行，因此采用默认的工件坐标系。

2．创建载荷数据

根据表 8-5 所示参数，在虚拟示教器中创建载荷数据。

注意：如果工件重量很轻，也可以不创建载荷数据。

表 8-5　载荷数据参数

参数名称	参数数值
mass	2
cog	
X	0
Y	−46
Z	128
其余参数均为默认值	

8.3.4　编辑程序

本工作站的目标是使用 IRB 1200 型机器人完成搬运任务，使机器人在输送机到料信号的指挥下能够抓取并搬运工件。机器人工作站的部分程序代码如下：

```
CONST robtarget p40:=[[-128.67,-613.91,292.64],[0.00205375,0.999439,0.0334336,0.000773239],
[-2,0,0,0],[9E9,9E9,9E9,9E9,9E9,9E9]];
!定义机器人准备抓取位置
CONST robtarget p50:=[[-128.67,-611.1,250.55],[0.00207988,0.999995,-0.00222958,0.000699782],
[-2,0,0,0],[9E9,9E9,9E9,9E9,9E9,9E9]];
!定义机器人抓取位置
CONST robtarget Mp10:=[[124.89,-499.06,57.58],[0.00765168,0.707066,0.707065,0.00765155],
[-2,0,-1,0],[9E+09,9E+09,9E+09,9E+09,9E+09,9E+09]];
 !定义机器人放置搬运工件的第一个位置
CONST robtarget HOME0:=[[338.74,-154.95,431.80],[0.0651592,0.0269898,0.921579,
-0.38173],[0,0,0,0],[9E+09,9E+09,9E+09,9E+09,9E+09,9E+09]];
!定义机器人程序安全点与程序起点
VAR num nC1:=0;
!定义机器人搬运计数变量 nC1
VAR clock TIMER1;
!定义计时器变量 TIMER1
VAR num Ydata1:=0;
!定义机器人搬运 Y 方向上的偏移变量 Ydata1
VAR num Zdata1:=0;
!定义机器人搬运 Z 方向上的偏移变量 Zdata1
VAR num Xdata1:=0;
!定义机器人搬运 X 方向上的偏移变量 Xdata1
VAR num sdata1:=0;
!定义搬运计数变量的暂存数据变量
```

```
VAR num NTime:=0;
!定义计时器时间显示的数字
主程序：
MODULE Module1
!模块名称
PROC main()
!主程序
        Initall;
!调用初始化程序，包括复位信号、复位程序数据等
        WHILE TRUE DO
!利用 WHILE 循环，将初始化程序隔离开，即只在第一次运行时执行初始化程序，之后只需要循环执行拾取放置动作即可
         IF nC1 < 37 THEN
!利用 IF 条件判断，当机器人搬运计数的数量小于 37 时，机器人执行搬运任务
         G1;
         !调用 G1 子程序，发出令输送机输送工件的信号，工件到位后，机器人执行抓取动作
         operation;
         !调用计算程序，通过搬运数量计算出搬运物料的应放位置，该位置是相对于物料摆放的第一个位置的偏移量计算得出的
         M1;
!调用搬运放置程序，将上一句运算得出的数据赋值给 M1 程序
         nC1:=nC1+1;
!搬运程序执行一个循环后，搬运计数的数量加 1
          ELSEIF nC1 = 37THEN
          !判断当搬运计数等于 37 时
           home1;
!调用机器人回安全点程序
            ClkStop TIMER1;
!停止计时器计时
            NTime := ClkRead(TIMER1);
!将计时器数值赋值给时间显示器数据
           TPErase;
!清屏
            TPWrite" OK!";
!屏幕显示字符串“OK!”
            TPWrite "The Last CycleTime is "\Num:=NTime;
!屏幕显示程序运行时间


            Stop;
```

```
 !程序停止
        ENDIF
!结束判断
        WaitTime 0.3;
!为保证运行顺畅 ，每个循环间隙等待 0.3 秒
     ENDWHILE
     !循环结束
                  ENDPROC
 !程序结束
     PROC M1()
!搬运程序
          !MoveL Mp10, v200, z1, bigtooljia;
     !该运动语句用于定位工件放置的第一个点(也就是 Mp10)，将其作为放置的参考点，实际运行时不需执行，因此作为注释。若要更改工件放置的位置，可通过重新示教修改
          MoveJ Offs(Mp10,Xdata1*60,Ydata1*90,300), v400, z1, bigtooljia;
     !搬运路径的工件放置的前一个位置，也就是放置进入点，相对参考点位置 MP10 偏移
     !注：使用计算程序，根据搬运的序号可以算出工件 MP10 的偏移量
     !放置进入点和放置后机器人离开的第一个位置(也就是逃离点)的 Z 轴坐标偏移量应为 300，高于整个搬运垛型的最大高度，以确保安全性
     MoveL Offs(Mp10,Xdata1*60,Ydata1*90,Zdata1*60), v400, fine, bigtooljia;
     !搬运位置
          WaitTime 0.2;
     !等待 0.2 秒
     Reset do104;
     !放下工件
PulseDO\PLength:=0.2, do101;
!打开夹爪
     WaitTime 1;
     !等待 1 秒
     MoveL Offs(Mp10,Xdata1*60,Ydata1*90,300), v400, z1, bigtooljia;
     !搬运完成后逃离位置
     ENDPROC
   !M1 程序结束
     PROC M2()

     ENDPROC
     PROC G1()
!机器人抓取搬运程序
PulseDO\PLength:=0.2, do101;
```

```
!打开夹爪
        MoveJ p40, v500, z100, bigtooljia;
!机器人移动到工件待抓取位置的上方位置
        WaitDI di101, 1;
!等待工件到位信号
        MoveL p50, v300, fine, bigtooljia;
!机器人移动到工件待抓取位置
        WaitTime 0.2;
!等待 0.2 秒
        PulseDO\PLength:=0.2, do102;
!关闭夹爪
        WaitTime 0.2;
!等待 0.2 秒
         Set do104;
!输出工具抓取工件的信号
WaitDI di102, 1;
!等待工件抓取完成的信号
        MoveL p40, v300, z0, bigtooljia;
!机器人携带工件移动到工件抓取位置的上方位置
        ENDPROC
!程序结束
PROC Initall()
!准备程序
        AccSet 100,100;
VelSet 100,5000;
!限制机器人的速度和加速度
PulseDO\PLength:=0.2, do103;
!开启输送机输送信号
home1;
!调用回原点程序
nC1:=1;
!将计数变量置为 1
ClkStop TIMER1;
!关闭计时器 TIMER1
ClkReset TIMER1;
!复位计时器 TIMER1
ClkStart TIMER1;
!开始计时器 TIMER1
Set do101;
```

```
        !打开夹爪
ENDPROC
!程序结束

        PROC home1()
    !回原点程序
                MoveJ HOME0, v1000, z50, bigtooljia;
         !将机器人运动到原点
        ENDPROC
 !程序结束

        PROC operation()
    !偏移量计算程序
        sdata1:=nC1;
        !将计数变量的值赋值暂存到变量 sdata1
                IF nC1 < 10 THEN
        !判断如果计数变量 nC1 小于 10
                        Zdata1:=0;
            !将数值 0 赋值给高度的偏移变量 Zdata1
                ELSEIF nC1 < 19 THEN
        !判断如果计数变量 nC1 小于 19
                        Zdata1:=1;
            !将数值 1 赋值给高度的偏移变量 Zdata1
                        nC1:=nC1-9;
            !将计数变量的值减去 9
                ELSEIF nC1 < 28 THEN
        !判断如果计数变量 nC1 小于 28
                        Zdata1:=2;
            !将数值 2 赋值给高度的偏移变量 Zdata1
                        nC1:=nC1-18;
            !将计数变量的值减去 18
         ELSE
         !其余的情况
            Zdata1:=3;
            !将数值 3 赋值给高度的偏移变量 Zdata1
                        nC1:=nC1-27;
            !将计数变量的值减去 27
                ENDIF
        !判断结束
```

```
WaitTime 0.2;
!等待 0.2 秒
        IF nC1 < 4 THEN
!判断如果计数变量 nC1 小于 4
                Xdata1:=0;
    !将数值 0 赋值给 X 轴方向的偏移变量
        ELSEIF nC1 < 7 THEN
!判断如果计数变量 nC1 小于 7
                Xdata1:=1;
    !将数值 1 赋值给 X 轴方向的偏移变量
        ELSE
!其余的情况
                Xdata1:=2;
    !将数值 2 赋值给 X 轴方向的偏移变量
        ENDIF
!判断结束
        WaitTime 0.2;
!等待 0.2 秒
        IF nC1 = 1 THEN
!判断如果计数变量 nC1 等于 1
                Ydata1:=0;
    !将数值 0 赋值给 Y 轴方向的偏移变量
        ELSEIF nC1 = 4 THEN
!判断如果计数变量 nC1 等于 4
                Ydata1 := 0;
    !将数值 0 赋值给 Y 轴方向的偏移变量
        ELSEIF nC1 = 7 THEN
!判断如果计数变量 nC1 等于 7
                Ydata1 := 0;
    !将数值 0 赋值给 Y 轴方向的偏移变量
        ELSEIF nC1 = 2 THEN
!判断如果计数变量 nC1 等于 2
                Ydata1 := 1;
    !将数值 1 赋值给 Y 轴方向的偏移变量
ELSEIF nC1 = 5 THEN
!判断如果计数变量 nC1 等于 5
                Ydata1:=1;
    !将数值 1 赋值给 Y 轴方向的偏移变量
ELSEIF nC1=8 THEN
```

```
	!判断如果计数变量 nC1 等于 8
				Ydata1:=1;
		!将数值 1 赋值给 Y 轴方向的偏移变量
			ELSE
	!其余的情况
				Ydata1:=2;
		!将数值 2 赋值给 Y 轴方向的偏移变量
			ENDIF
	!判断结束
	nC1:=sdata1;
	!将变量 sdata1 的值赋值给计数变量 nC1
	ENDPROC
  !程序结束
ENDMODULE
```

8.3.5　示教与调试

完成程序编写后，接下来进行关键点的示教以及程序的调试。

1. 示教目标点

本例中的工作站编程需要示教四个目标点，方法为：将坐标系 bigtooljia 设置为手动模式下使用的工具坐标系，然后将机械臂手动调节到目标位置，为其添加相应的运动指令，对机器人进行示教，步骤如下：

(1) 将机器人调节至预定的安全点位置，该位置应尽可能地保证机器人姿态舒展，并远离干涉和碰撞，如图 8-21 所示。

图 8-21　手动调节机器人至安全点

(2) 在示教器的程序编辑器界面中选择以下代码，即含有安全点名称的运动语句：

```
MoveJ HOME0, v1000, z50, bigtooljia;
```

(3) 单击【修改位置】按钮，在弹出的对话框中单击【修改】按钮，将机器人当前的位置数据存储到安全点 HOME0 中，如图 8-22 所示。

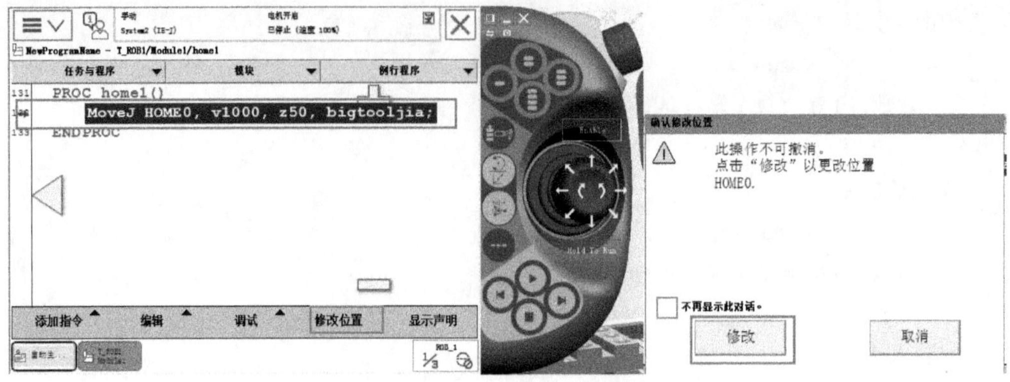

图 8-22 示教安全点位置

(4) 使用同样方法示教抓取等待点 P40，该点位置在工件的上方，如图 8-23 所示。

图 8-23 示教抓取等待点 P40

(5) 使用同样方法示教抓取点位置 P50，该点位置为抓取等待点的正下方，工具应在该位置准确夹取工件，如图 8-24 所示。

图 8-24 示教抓取点 P50

(6) 使用同样方法示教第一个搬运放置点 Mp10，如图 8-25 所示。

图 8-25　示教第一个搬运放置点 Mp10

2. 调试程序

(1) 将程序 M1 和 G1 的运动指令中的位置点逐一示教完毕后，在【仿真】/【监控】选项卡中单击【I/O 仿真器】按钮，如图 8-26 所示。

图 8-26　启动 I/O 仿真器

(2) 在工作站开始工作前，需要确保工作站的相关信号处于初始状态。因此，若有信号处于激活状态，需要单击设置界面中的此信号，修改其状态，如图 8-27 所示。

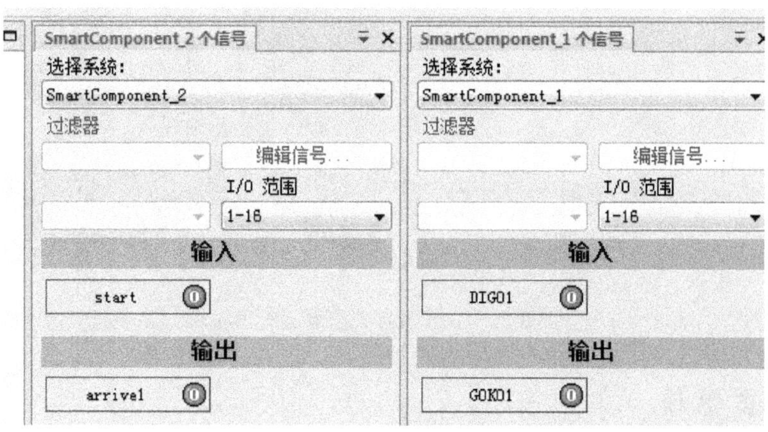

图 8-27　设置工作站初始状态

(3) 在【仿真】/【仿真控制】选项卡中单击【播放】按钮，运行仿真程序，观察视图中机器人的动作和位置，若有错误和逻辑衔接问题，可单击【暂停】或【复位】按钮进行修改，如图 8-28 所示。

图 8-28　机器人仿真运行动画

(4) 若没有问题，程序运行完毕后会自动停止。此时可以在示教器上查看机器人的运行节拍时长，如图 8-29 所示。

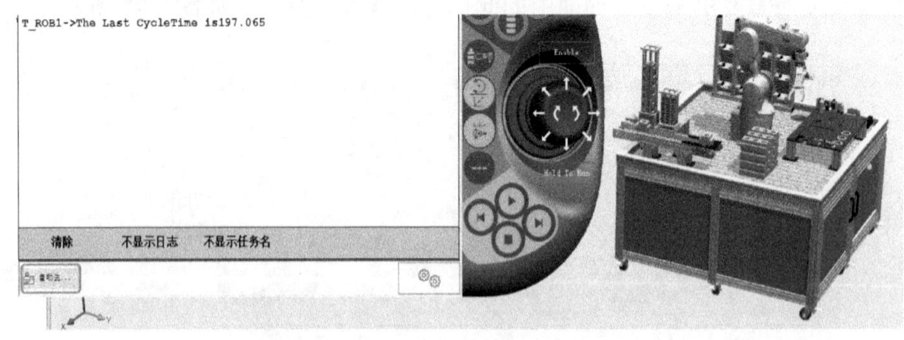

图 8-29　在示教器上查看运行节拍

8.3.6　注意事项

为提高搬运工作的效率，通常最为关注机器人每个运行周期的节拍。在搬运程序中，

可以从以下几个方面进行工作节拍的优化：

(1) 机器人的运行轨迹上会有一些中间过渡点，运行到该位置点时机器人不会触发具体事件。例如拾取正上方位置点、放置正上方位置点，以及为绕开障碍物而设置的一些位置点等。应将机器人运动到这些位置点时的转弯半径设置得大一些，从而减少机器人在转弯时的速度衰减，同时可使机器人的运行轨迹更加圆滑。

(2) 编写程序时应尽量少用 WaitTime(等待时间)指令，如可在夹具上面添加反馈信号，使用 WaitDI 指令，等待一个输入信号，当信号满足条件时立即执行抓取动作。

(3) 在某些轨迹中，机器人的运行速度较高时会触发过载报警。若工件整体未超过机器人的载荷能力，则此种情况多由于未正确设置夹具重量/重心偏移或者产品重量/重心偏移所致。此时需要重新设置该项数据，若夹具或产品形状复杂，可调用例行程序 LoadIdentify，让机器人自动测算重量和重心偏移；也可使用 AccSet 指令修改机器人的加速度，在通过易触发过载报警的轨迹之前降低加速度，通过后再增大加速度。

(4) 如果两个目标点之间距离较近，则机器人还没加速至指令设置的速度就会开始减速，这种情况下指令设置的速度再大，也不会显著提高机器人的实际运行速度。因此，在保证轨迹安全的前提下，应尽量减少中间过渡点的数量，删除没有必要的过渡点，才能提高机器人的运行速度。

(5) 其他事项：机器人搬运系统要在整体上合理布局，使取件点及放件点尽可能地靠近；要优化夹具设计，尽可能减少夹具开合时间，并减轻夹具重量；要尽可能缩短机器人上下运动的距离；对不需保持直线运动的场合，尽量用 MoveJ 指令代替 MoveL 指令(但需事先进行低速测试，以保证机器人运动过程中不会与外部设备发生干涉)。

本 章 小 结

✧ 搬运工作站使用的机器人通常是四轴机器人，常用的型号如 IRB 260、IRB 460 等，但根据实际的工况和需求也可以使用六轴机器人。在选择机器人时，应综合考虑负载、运行速度及机器人的有效工作空间等多种因素。

✧ 在 RobotStudio 中，一个完整的机器人工作站包含其全部组件和操作的数据文件，还包含一个在后台运行的机器人系统文件。当要共享在 RobotStudio 中创建的工作站时，可以使用软件提供的打包和解包功能。

✧ RobotStudio 中的打包指的是创建一个包含虚拟控制器、库和附加选项媒体库的工作站包；而解包指的是恢复所打包的文件，恢复并启动虚拟控制器，以便打开工作站。

本 章 练 习

1. 使用教材配套教学资源中的工具搭建一个搬运工作站，编辑机器人搬运蓝色圆柱形工件的仿真程序，以及将蓝色圆柱形工件与“大工件”进行装配的仿真程序，并在调试运行后生成动画文件，如图 8-30 所示。

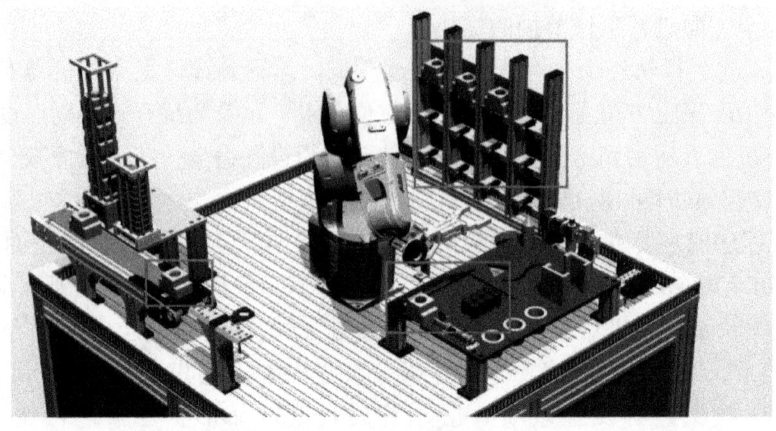

图 8-30　习题图

2．(选做)完成练习 1 后，搭建工具，对图 8-30 框中两种工件进行装配和入库操作。

第 9 章　机床上下料工作站

本章目标

- 了解机床上下料机器人工作站的布局
- 掌握机床上下料机器人常用 I/O 配置
- 掌握运动控制功能指令 RelTool 的用法
- 掌握读取机器人位置数据的方法
- 掌握目标点示教以及程序调试的方法
- 掌握机床上下料程序编辑方法
- 理解安全点检测程序的编程思路

本章以搭建一个工业机器人为多工位机床上下料的工作站为例，希望读者通过本章的学习，掌握工业机器人的搬运应用、机床上下料及移动工业机器人应用的综合知识，并掌握工业机器人机床上下料应用程序的编写技巧。

9.1 任务介绍

本例使用 IRB 2600 型机器人在流水线上拾取机械加工铸造的半成品毛坯料，用抓取的毛坯料作为数控机床加工的原料给数控机床上料，用机床加工完成的半成品给第二工位的数控机床上料，再用第二工位加工完成的半成品给第三工位的机床上料，最后将第三工位加工完成的工件取出，并搬运到下线输送机上，如图 9-1 所示。

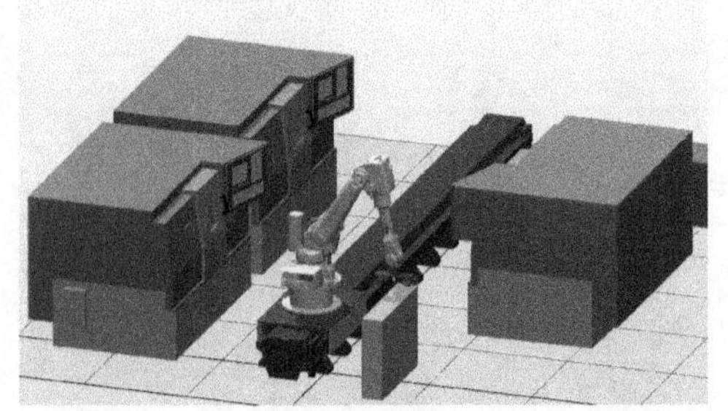

图 9-1 机床上下料工作站仿真模型

任务目标：依次完成机器人工作站的 I/O 配置、程序数据创建、目标点示教、程序编写及调试工作，最终完成整个小型机械加工生产线的搬运上下料任务。

9.2 知识准备

在设计工业机器人机床上下料应用方案前，需要掌握以下相关知识。

9.2.1 运动控制函数 RelTool

RelTool 函数用来对机器人工具进行偏移及旋转，以改变其位置和姿态。

语法：RelTool(Point，Dx，Dy，Dz，[\Rx] [\Ry] [\Rz])。

以下为一个 RelTool 函数的应用示例，每条代码的具体功能参见注释：

```
MoveL RelTool(P10，0，0，150\Rz：=40)，v150，fine，tool1\wobj:=wobj1;
!将机器人工具相对 P10 点沿 Z 方向偏移 150 mm，并绕 Z 轴旋转 40°
MoveL RelTool (p15, 0, 0, 180), v100, fine, tool1;
!将机器人工具沿 Z 方向移动至距 p15 达 180 mm 的位置
```

9.2.2 位置和角度数据读取函数

机器人工作时偶尔会出现意外停机等特殊情况，通常使用中断或事件程序对这些情况

进行处理，但机器人重新启动后需要得知机器人停机的位置和姿态，因此需要在机器人的中断或事件程序中写入获取自身位置数据和角度数据的函数，这就要用到 CRobT 函数和 CJointT 函数。

1．CRobT 函数

CRobT 函数用来读取当前机器人位置数据，示例如下：

```
VAR robtarget p0;
P0 := CalCRobt(\Tool := tool3 \WObj := wobj3);
```

上述代码可以读取当前机器人机械臂和外轴的位置数据，并将数据储存在变量 p0 中。其中，tool3 和 wobj3 分别用于指定工具坐标系和工件坐标系(若不指定工具坐标系和工件坐标系，则默认工具坐标系数据为 tool0，默认工件坐标系数据为 wobj0)。

2．CJointT 函数

CJointT 函数用来读取当前机器人各关节轴的旋转角度，示例如下：

```
VAR jointtarget joint0;
MoveL p1，v100，fine，tool3;
Joint0: = CJointT();
! 将机械臂轴和外轴的当前角度储存在 Joint0 中
```

9.2.3　软浮动功能

软浮动功能(SoftMove)是一种帮助工业机器人适应外力或工件中各种变化的特殊控制功能。使用软浮动功能，可以让机器人只在那些有助于确保高精度和可靠性的方向上呈现软浮动效应，缩短编程调试时间，还可以实现机器人与机床之间的有效互动。该功能不属于机器人的标准配置功能，需要额外购买。

工业机器人的软浮动功能多用在工件抓取、机床上下料、工件打磨去毛刺等应用中。由于待加工工件毛坯面的表面粗糙度、抓取位置与定位孔位置都有差异，因此导致工件的机器人抓取位置在不停变化，且机器人无法补偿此偏差。而软浮动功能开启后，机器人可在外力作用下改变姿态，具体改变的大小可以通过参数来设置。机器人手爪在抓取毛坯件时，可以根据毛坯面改变姿态，达到完全贴合，避免碰撞和摩擦，提高精度，避免出错报警乃至停机等情况。

软浮动的主要参数是软度，由 Stiffness 和 Damping 两个参数控制。

1．特点

软浮动功能具有方向性和遵从性，简介如下：

(1) 方向性。软浮动功能可以设置为以下四种方向：

✧　一个笛卡尔方向(X、Y 或 Z)。

✧　一个笛卡尔平面(X/Y、X/Z 或 Y/Z)。

✧　所有方向(X/Y/Z)。

✧　平面 X/Y 以及围绕 Z 轴的旋转。

(2) 遵从性。可以理解为机器人在某一个方向上的惯性。

例如，当机器人的运动程序中包含一条设置软浮动的语句，如在工具坐标系 X 方向上设置百分之 50%的软浮动，那么在此段运动过程中，如果机器人工具与外界在工具坐标系的 X 方向上发生了接触或者碰撞时，机器人将顺应外力在 X 方向上发生偏移，通俗地讲，就是机器人工具在 X 方向上“变软”了，但若在其他方向上受到外力，机器人就会停止并发出碰撞报警。

2. 相关指令

(1) SoftAct。该指令启用机械臂或外部机械单元任意轴上的软伺服功能，参数说明如表 9-1 所示。

表 9-1 指令 SoftAct 参数说明

SoftAct [\MechUnit] Axis Softness [\Ramp]		
参数	数据类型	说 明
[\MechUnit]	mecunit	启用软浮动功能的机械单元的名称。如果省略该参数，则意味着启用由 Axis 参数指定的机械臂轴的软浮动功能
Axis	num	与软浮动共同起作用的机械臂或外轴的数量
Softness	num	柔性度值，以百分比为单位(0～100%)。0%表示最小柔性度(最大刚度)，100%表示最大柔性度
[\Ramp]	num	斜面系数，以百分比为单位(≥100%)，用于控制软浮动的作用程度，默认正常值为 100%。值越大，则软浮动的效果越不明显

示例代码 1：

```
SoftAct 3, 20;
! 使用20%的柔性度，启用机械臂轴3上的软浮动功能
```

示例代码 2：

```
SoftAct 1, 90 \Ramp:=150;
! 使用 90%的柔性度与 150%的斜面系数，启用机械臂轴 1 上的软浮动功能
```

示例代码 3：

```
SoftAct \MechUnit:=orbit1, 1, 40 \Ramp:=120;
! 使用 40%柔性度值与 120%的斜面系数，启用机械单元 orbit1 的轴 1 上的软浮动功能
```

(2) SoftDeact。停用所有轴上的软浮动功能，具体参数与指令 SoftAct 相同。

示例代码 1：

```
SoftDeact;
! 停用所有轴上的软浮动
```

示例代码 2：

```
SoftDeact \Ramp:=150;
! 停用所有轴上的软浮动，且斜面系数为150%
```

9.2.4 安全点检测程序

在进行机器人应用编程时有两个程序非常重要：一个是安全点例行检测程序，另一个

是当前位置与目标位置的对比程序。实际生产中，往往会配合使用这两个程序来应对突发状况，使机器人自动返回安全点，为程序的重新运行扫除碰撞的安全隐患。

安全点检测程序的示例代码如下：

```
PROC CheckP()
! 安全点检测程序
VAR robtarget pAP;
!定义一个目标点数据 pAP
IF NOT CurP(pHome, tool1) THEN
!调用功能程序 CurP。
!此为一个布尔量型的功能程序，括号里面的参数分别是所要比较的目标点数据和所使用工具的数据
!这里写入的是 pHome，即将当前的机器人位置与 pHome 点进行比较：若在 pHome 点，则此布尔量为True；若不在 pHome 点，则为 False
!若在此功能程序的前面加上一个 NOT，则表示当机器人不在 pHome 点时，才会执行机器人返回 pHome点的动作指令
pAP:=CRobT(\Tool:=tool1\WObj:=wobj1);
!利用 CRobT 功能，读取当前机器人目标位置并赋值给 pAP
pAP.trans.z:=pHome.trans.z;
!将 pHome 点的 z 值赋给 pAP 点的 z 值
MoveL pAP,v100,z10, tool1;
!令机器人运动到 pAP 点。
MoveL pHome,v100,fine, tool1;
!移至 pHome。具体方法为：先将机器人提升至与 pHome 点一样的高度，之后再平移至 pHome 点，从而方便地规划一条安全回到 Home 点的轨迹
ENDIF
ENDPROC

FUNC bool CurP(robtarget CP1,INOUTtooldata TCP)
!检测目标点功能程序，带有两个参数，分别是所要检测的目标点数据和所使用工具的数据
VAR num Counter:=0;
!定义数字型数据 Counter
VAR robtarget ActP;
!定义目标点数据 ActP
ActP:=CRobT(\Tool:= tool1\WObj:=wobj1);
!利用 CRobT 功能，读取当前机器人目标点位置并赋值给 ActP
IF ActP.trans.x>CP1.trans.x-25 AND ActP.trans.x<CP1.trans.x+25 Counter:=Counter+1;
IF ActP.trans.y>CP1.trans.y-25 AND ActP.trans.y<CP1.trans.y+25 Counter:=Counter+1;
IF ActP.trans.z>CP1.trans.z-25 AND ActP.trans.z<CP1.trans.z+25 Counter:=Counter+1;
IF ActP.rot.q1>CP1.rot.q1-0.1 AND ActP.rot.q1<CP1.rot.q1+0.1 Counter:=Counter+1;
IF ActP.rot.q2>CP1.rot.q2-0.1 AND ActP.rot.q2<CP1.rot.q2+0.1 Counter:=Counter+1;
IF ActP.rot.q3>CP1.rot.q3-0.1 AND ActP.rot.q3<CP1.rot.q3+0.1 Counter:=Counter+1;
```

```
IF ActP.rot.q4>CP1.rot.q4-0.1 AND ActP.rot.q4<CP1.rot.q4+0.1 Counter:=Counter+1;
!将当前机器人所在点位置数据与给定的目标点位置数据进行比较，共七项数值，分别是X、Y、Z坐标值以及工具姿态数据q1、q2、q3、q4的偏差值，偏差值可根据实际情况进行调整。有一项比较满足条件，则Counter的值加1；七项全部满足的话，则Counter的值为7
RETURN Counter=7;
!判断比较结果，若Counter为7，则返回TRUE；若不为7，则返回FALSE
ENDFUNC
```

9.3 任务实施

在教材配套教学资源中找到对应的工作站资源包，将其在仿真软件中解压，然后在解包的工作站中，对机床上下料工作站进行编程调试(可以扫描右侧二维码，观看机床上下料工作站视频操作)。

9.3.1 信号的配置与关联

本例中对工作站信号的配置包括两部分内容：对I/O通信单元和具体信号的配置、对信号与工作站组件关联的配置。

1. 配置I/O信号

在工作站中创建机器人的I/O单元和信号：

(1) 根据表9-2所示参数，在虚拟示教器中配置仿真工作站的I/O通信单元。

表9-2 I/O通信单元参数

Name	Type of Unit	Connected to Bus	DeviceNet address
d652	D651	DeviceNet	10

(2) 根据表9-3所示参数，在刚才配置完毕的I/O通信单元中配置I/O信号。

表9-3 I/O信号参数

Name	Type of Signal	Mapping	I/O信号注解
DI1	Digitial Input	0	工具夹爪1抓取反馈信号
DI2	Digitial Input	1	工具夹爪2抓取反馈信号
DI3	Digitial Input	2	上料输送机到料反馈信号
DI4	Digitial Input	3	下料输送机下料反馈信号
DI5	Digitial Input	4	预留
DI6	Digitial Input	5	预留
DI7	Digitial Input	6	预留
DI8	Digitial Input	7	预留
Name	Type of Signal	Mapping	I/O信号注解
DO1	Digitial Output	0	机床1门开合信号
DO2	Digitial Output	1	机床2门开合信号

续表

DO3	Digitial Output	2	机床 3 门开合信号
DO4	Digitial Output	3	工具夹爪 2 开合信号
DO5	Digitial Output	4	工具夹爪 1 开合信号
DO6	Digitial Output	5	工具夹爪 1 执行抓取信号
DO7	Digitial Output	6	工具夹爪 2 执行抓取信号
DO8	Digitial Output	7	上料输送机输送工件信号
DO9	Digitial Output	8	下料输送机开启信号
DO10	Digitial Output	9	下料输送机输送工件信号

2．配置信号关联

使用事件管理器创建动态工具，并依照图 9-2 所示参数，将前面配置的 I/O 信号与动态工具的姿态相关联：使信号 DO1、DO2、DO3 分别控制机床 1、机床 2、机床 3 的门的开闭状态；信号 DO4、DO5、DO6 分别控制工具两组夹爪的开合状态，其中，信号 DO4 是两个夹爪的全开或全闭状态，信号 DO5 是夹爪 1 开夹爪 2 闭的状态，信号 DO6 是与 DO5 相反的状态。

事件管理器

启动	触发器类型	触发器系统	触发器名称	触发器参数	操作类型	操作参数
开	I/O	System33	DO1	1	将机械装置移至姿态	My_Mechanism ：姿态 1
开	I/O	System33	DO1	0	将机械装置移至姿态	My_Mechanism ：HomePosition
开	I/O	System33	DO2	1	将机械装置移至姿态	My_Mechanism _2 ：姿态 1
开	I/O	System33	DO2	0	将机械装置移至姿态	My_Mechanism _2 ：HomePosition
开	I/O	System33	DO3	1	将机械装置移至姿态	My_Mechanism _3 ：姿态 1
开	I/O	System33	DO3	0	将机械装置移至姿态	My_Mechanism _3 ：HomePosition
开	I/O	System33	DO4	1	将机械装置移至姿态	double ：HomePosition
开	I/O	System33	DO4	0	将机械装置移至姿态	double ：姿态 3
开	I/O	System33	DO5	1	将机械装置移至姿态	double ：姿态 1
开	I/O	System33	DO5	0	将机械装置移至姿态	double ：姿态 2
开	I/O	System33	DO6	1	将机械装置移至姿态	double ：姿态 2
开	I/O	System33	DO6	0	将机械装置移至姿态	double ：姿态 1

图 9-2　配置工具姿态与 I/O 信号的关联

建立三个 Smart 组件。其中，组件 SmartComponent_1 为工具夹爪组件；组件 SmartComponent_2 和组件 SmartComponent_3 为简易的上下料输送设备组件。Smart 组件与系统 I/O 信号的连接关系如图 9-3 所示。

机床上下料

组成　属性与连结　信号和连接　设计

I/O 信号

名称	信号类型

添加I/O Signals　展开子对象信号　编辑　删除

I/O连接

源对象	源信号	目标对象	目标对象
System33	DO6	SmartComponent_1	grip1
System33	DO7	SmartComponent_1	grip2
SmartComponent_1	G_OK1	System33	DI1
SmartComponent_1	G_OK2	System33	DI2
System33	DO8	SmartComponent_2	start_case
SmartComponent_2	arrive_case	System33	DI3
System33	DO9	SmartComponent_3	JH
SmartComponent_3	XS	System33	DI4
System33	DO10	SmartComponent_3	move

图 9-3　配置 Smart 组件与系统 I/O 信号的关联

9.3.2 配置工业机器人数据

完成对机器人 I/O 信号的配置后，下面进行机器人工具的配置与安装。

1. 创建工具数据

机器人给机床上料时通常使用双夹爪工具，由于本例中的机床是车床，这里采用三爪卡盘式双夹爪工具，如图 9-4 所示。

图 9-4 三爪卡盘式双夹爪工具

根据表 9-4 所示参数，在虚拟示教器中创建双夹爪工具的数据 JCG_D。

表 9-4 工具数据参数

参数名称	参数数值
robothold	TRUE
trans	
X	0
Y	0
Z	128
rot	
q1	1
q2	0
q3	0
q4	0
mass	4
cog	
X	0
Y	0
Z	70
其余参数均为默认值	

2. 创建工件坐标系数据

在虚拟示教器中创建工件坐标系的数据，具体如图 9-5 所示。本例中，工作站的工件坐标系均为用户默认坐标系，即世界坐标系。

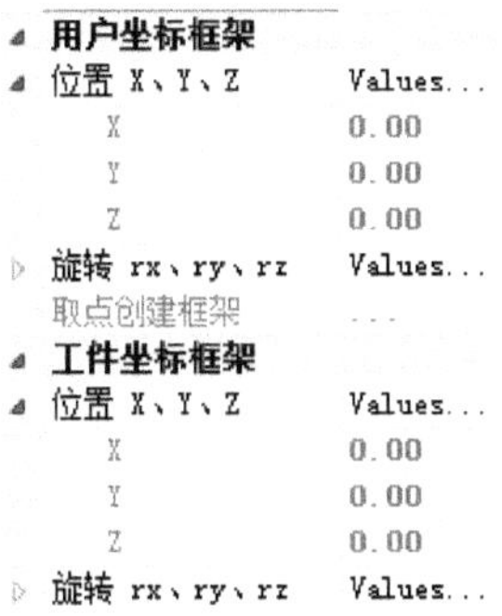

用户坐标框架
位置 X、Y、Z　Values...
X　0.00
Y　0.00
Z　0.00
旋转 rx、ry、rz　Values...
取点创建框架　...
工件坐标框架
位置 X、Y、Z　Values...
X　0.00
Y　0.00
Z　0.00
旋转 rx、ry、rz　Values...

图 9-5　创建工件坐标系数据

3. 创建载荷数据

根据表 9-5 所示参数，在虚拟示教器中创建机器人的载荷数据。

将配置完成的工具安装在机器人上，如图 9-6 所示。

表 9-5　载荷数据参数

参数名称	参数数值
mass	4
cog	
X	0
Y	0
Z	70
其余参数均为默认值	

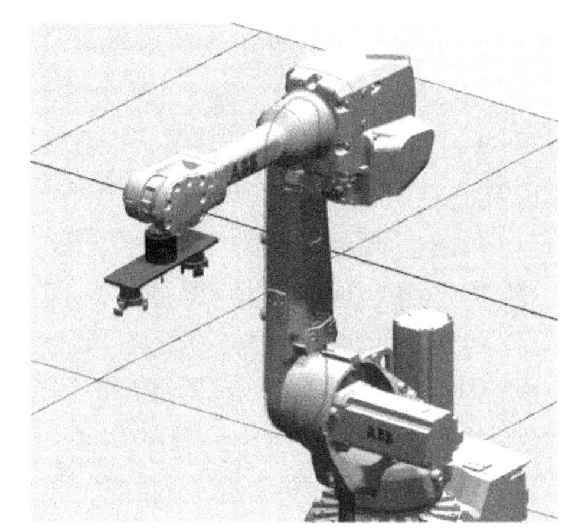

图 9-6　工具安装完毕的机器人

9.3.3　编辑程序

本例中，机器人工作站要实现的任务是使用夹爪在流水线上拾取加工毛坯料，然后依次为三个加工工位的机床上下料，即将加工完成的工件放到输送机上输送到下一工位进行处理。

该工作站程序的数据声明部分如下：

```
CONST robtarget p10:=[[81.79,187.41,29.59],[0.000001411,0.707108,0.707106,-0.000001061],[-2,0,-1,0],
[-385.431,9E9,9E9,9E9,9E9,9E9]];
    CONST robtarget p20:=[[81.79,187.41,29.59],[1.41078E-06,0.707108,0.707106,-1.06087E-06],[-2,0,
-1,0],[-385.431,9E+09,9E+09,9E+09,9E+09,9E+09]];
    CONST robtarget p30:=[[81.79,187.41,105.89],[0.000001284,0.707108,0.707106,-0.000000911],[-2,0,
-1,0],[-385.431,9E9,9E9,9E9,9E9,9E9]];
    CONST robtarget p40:=[[560.58,187.41,155.45],[1.52422E-06,0.707107,0.707106,-1.09535E-06],[-2,0,
```

```
-1,0],[-385.431,9E+09,9E+09,9E+09,9E+09,9E+09]];
    CONST robtarget p50:=[[241.80,187.41,105.89],[8.49226E-06,-0.7071,0.707114,-4.25317E-05],
[-2,0,1,0],[-385.431,9E+09,9E+09,9E+09,9E+09,9E+09]];
    CONST robtarget p60:=[[241.81,187.41,29.59],[1.76331E-07,-0.707107,0.707107,1.27463E-07],
[-2,0,1,0],[-385.431,9E+09,9E+09,9E+09,9E+09,9E+09]];
    CONST robtarget p70:=[[241.80,187.41,105.89],[8.47212E-06,-0.7071,0.707114,-4.25468E-05],
[-2,0,1,0],[-385.431,9E+09,9E+09,9E+09,9E+09,9E+09]];
    CONST robtarget p80:=[[1074.99,2585.90,599.18],[0.547046,-0.439047,
-0.545634,0.458542],[0,0,1,0],[113.029,9E+09,9E+09,9E+09,9E+09,9E+09]];
    CONST robtarget p90:=[[1117.50,2210.57,818.91],[0.547047,-0.439047,
-0.545635,0.458542],[0,0,1,0],[113.029,9E+09,9E+09,9E+09,9E+09,9E+09]];
    CONST robtarget p100:=[[1117.50,2210.57,818.91],[0.449792,0.538247,-0.469255,-0.536449],[0,0,
-1,0],[113.029,9E+09,9E+09,9E+09,9E+09,9E+09]];
    CONST robtarget HOME1:=[[610.80,0.00,893.26],[0.0160692,0,
-0.999871,0],[0,0,0,0],[113.029,9E+09,9E+09,9E+09,9E+09,9E+09]];
    CONST robtarget HOME11:=[[610.80,0.00,893.26],[0.0160692,0,
-0.999871,0],[0,0,0,0],[113.029,9E+09,9E+09,9E+09,9E+09,9E+09]];
    CONST robtarget GP10:=[[-393.10,-797.90,70.94],[3.85507E-07,-0.707106,-0.707107,-2.47352E-07],
[-2,-1,-1,0],[-385.431,9E+09,9E+09,9E+09,9E+09,9E+09]];
    CONST robtarget GP20:=[[-393.10,-797.90,166.59],[3.60141E-07,-0.707106,-0.707107,-2.20051E-07],
[-2,-1,-1,0],[-385.431,9E+09,9E+09,9E+09,9E+09,9E+09]];
    CONST robtarget GP30:=[[-393.10,-797.90,166.59],[3.60141E-07,-0.707106,-0.707107,-2.20051E-07],
[-2,-1,-1,0],[-385.431,9E+09,9E+09,9E+09,9E+09,9E+09]];
    CONST robtarget JA10:=[[-65.54,700.76,195.01],[0.5,0.5,-0.500001,-0.5],[0,0,3,0],
[-210.903,9E+09,9E+09,9E+09,9E+09,9E+09]];
    CONST robtarget JA20:=[[-65.55,1184.43,195.01],[0.5,0.5,-0.500001,-0.5],[0,0,3,0],
[-210.903,9E+09,9E+09,9E+09,9E+09,9E+09]];
    CONST robtarget JA30:=[[-92.47,1184.43,195.01],[0.499999,0.5,-0.500001,-0.5],[0,0,3,0],
[-210.903,9E+09,9E+09,9E+09,9E+09,9E+09]];
    CONST robtarget JA40:=[[-65.54,700.76,195.01],[0.5,-0.5,-0.5,0.5],[0,0,1,0],
[-210.903,9E+09,9E+09,9E+09,9E+09,9E+09]];
    CONST robtarget JA50:=[[-65.54,1185.35,195.01],[0.5,-0.5,-0.5,0.5],[0,0,1,0],
[-210.903,9E+09,9E+09,9E+09,9E+09,9E+09]];
    CONST robtarget JA60:=[[-65.54,1190.32,195.01],[0.5,-0.5,-0.5,0.5],[0,0,1,0],
[-210.903,9E+09,9E+09,9E+09,9E+09,9E+09]];
    CONST robtarget JA70:=[[-94.07,1185.35,195.01],[0.500001,-0.5,-0.5,0.499999],[0,0,1,0],
[-210.903,9E+09,9E+09,9E+09,9E+09,9E+09]];
    CONST robtarget JB10:=[[2424.18,700.76,195.01],[0.5,0.5,-0.500001,
-0.5],[0,0,3,0],[2278.82,9E+09,9E+09,9E+09,9E+09,9E+09]];
```

```
CONST robtarget JA80:=[[1358.08,452.06,729.95],[0.118813,0.98889,-0.043519,0.0780191],
[0,-1,3,0],[1315.17,9E+09,9E+09,9E+09,9E+09,9E+09]];
CONST robtarget JB20:=[[2424.18,518.43,525.67],[0.5,0.499999,-0.500001,
-0.499999],[0,0,3,0],[2278.82,9E+09,9E+09,9E+09,9E+09,9E+09]];
CONST robtarget JB30:=[[2415.38,1198.82,195.01],[0.499999,0.5,-0.500001,
-0.5],[0,0,3,0],[2278.82,9E+09,9E+09,9E+09,9E+09,9E+09]];
CONST robtarget JB40:=[[2301.29,1198.82,195.01],[0.499998,0.499999,-0.500002,
-0.5],[0,0,3,0],[2278.82,9E+09,9E+09,9E+09,9E+09,9E+09]];
CONST robtarget JB50:=[[2424.18,700.76,195.01],[0.5,-0.5,
-0.5,0.5],[0,0,1,0],[2278.82,9E+09,9E+09,9E+09,9E+09,9E+09]];
CONST robtarget JB60:=[[2409.85,1198.82,195.01],[0.5,-0.5,
-0.5,0.5],[0,0,1,0],[2278.82,9E+09,9E+09,9E+09,9E+09,9E+09]];
CONST robtarget JB70:=[[2301.29,1198.82,195.01],[0.5,-0.5,
-0.5,0.5],[0,0,1,0],[2278.82,9E+09,9E+09,9E+09,9E+09,9E+09]];
CONST robtarget JC10:=[[1627.51,-788.59,195.01],[0.493996,-0.493996,0.505933,-0.505933],
[-2,0,1,0],[1789.55,9E+09,9E+09,9E+09,9E+09,9E+09]];
CONST robtarget JC01:=[[1627.51,-697.09,195.01],[0.493996,-0.493996,0.505933,-0.505933],
[-2,0,1,0],[1789.55,9E+09,9E+09,9E+09,9E+09,9E+09]];
CONST robtarget JC20:=[[1631.82,-1276.46,181.78],[0.5,-0.5,0.5,-0.5],
[-2,0,1,0],[1789.55,9E+09,9E+09,9E+09,9E+09,9E+09]];
CONST robtarget JC30:=[[1767.27,-1276.46,181.78],[0.5,-0.5,0.5,-0.5],
[-2,0,1,0],[1789.55,9E+09,9E+09,9E+09,9E+09,9E+09]];
CONST robtarget JC40:=[[1627.51,-788.59,195.01],[0.530697,0.454474,0.5418,0.46719],[-2,0,
-1,0],[1789.55,9E+09,9E+09,9E+09,9E+09,9E+09]];
CONST robtarget JC50:=[[1658.14,-1276.46,181.78],[0.530697,0.454472,0.541801,0.467191],[-2,0,
-1,0],[1789.55,9E+09,9E+09,9E+09,9E+09,9E+09]];
CONST robtarget JC60:=[[1767.27,-1276.46,181.78],[0.5,0.5,0.5,0.5],[-2,0,
-1,0],[1789.55,9E+09,9E+09,9E+09,9E+09,9E+09]];
VAR num nC1:=0;
VAR clock TIMER1;
VAR num NTime:=0;
CONST robtarget F10:=[[1512.85,-578.18,583.03],[0.033061,-0.98971,0.138817,-0.0105072],
[-2,0,0,0],[1789.55,9E+09,9E+09,9E+09,9E+09,9E+09]];
CONST robtarget F20:=[[4174.92,-1106.88,-32.43],[6.16309E-08,-0.707107,0.707107,4.08625E-07],
[-1,-1,2,0],[3706.74,9E+09,9E+09,9E+09,9E+09,9E+09]];
CONST robtarget F30:=[[4174.92,-1106.88,-83.15],[1.26277E-07,0.707107,-0.707106,-3.15986E-07],
[-1,-1,2,0],[3706.74,9E+09,9E+09,9E+09,9E+09,9E+09]];
VAR intnum intno1:=0;
```

该工作站程序的主程序部分如下：

```
MODULE MainModule
PROC main()
!主程序
Initall;
!初始化程序
WHILE TRUE DO
!主程序循环运行逻辑框架
 IF nC1<2 THEN
!当出现这种情况只为机床 1 上料
G;
!毛坯料抓取程序
J1;
!机器人对机床 1 下上料程序
Reset DO7;
!工具 2 夹爪复位张开
ELSEIF nC1<3 THEN
!当出现这种情况只为机床 1、机床 2 上料
G;
J1;
J2;
!机器人对机床 2 下上料程序
Reset DO6;
!工具 1 夹爪复位张开
ELSEIF nC1<4 THEN
!当出现这种情况为所有机床上料
G;
J1;
J2;
J3;
!机器人对机床 1 下上料程序
Reset DO7;
!工具 2 夹爪复位张开
ELSE
!其余情况下执行取料，为所有机床上下料，最后将加工完成的工件搬运到下料输送机
G;
J1;
J2;
J3;
F1;
```

```
!机器人将机床 3 加工完成的工件搬运到下料输送程序
ENDIF
ENDWHILE
ENDPROC

PROC G()
!毛坯料抓取程序
MoveJ GP20, v600, z1, JCG_D;
!机器人工具夹爪 1 运动至输送机的毛坯件上方位置
WaitDI DI3, 1;
!等待上料输送机到料反馈信号置为 1
MoveL GP10, v200, fine, JCG_D;
!机器人工具夹爪 1 垂直向下运动至抓取毛坯件位置
WaitTime 1;
SetDO DO5, 1;
!机器人工具 1 执行闭合动作
Set DO6;
!机器人工具 1 抓取到位毛坯料
WaitTime 1;
WaitDI DI1, 1;
!等待工具 1 抓取毛坯料成功反馈信号
MoveL GP20, v200, fine, JCG_D;
!机器人搬运毛坯料直线向上运动
nC1 := nC1+1;
!将逻辑计数数据加 1
ENDPROC

PROC J1()
!机床 1 下上料程序
MoveJ JA40, v5000, z100, JCG_D;
!机器人运动到机床 1 门处等待
WaitTime 2;
Reset DO1;
!机床开门
WaitTime 1.5;
MoveL JA50, v1000, fine, JCG_D;
!机器人工具进入机床
MoveL JA70, v400, fine, JCG_D;
!机器人工具夹爪 2 运动到工件位置
WaitTime 0.2;
```

```
Set DO7;
!机器人工具夹爪 2 抓取工件
WaitTime 0.2;
MoveL JA50, v400, fine, JCG_D;
!机器人抓取工件离开工件位置
MoveL JA40, v5000, z100, JCG_D;
!机器人抓取工件离开机床
MoveJ JA10, v5000, z100, JCG_D;
!机器人转动 6 轴，工具 1 和工具 2 换位
MoveL JA20, v1000, fine, JCG_D;
!机器人工具运动进入机床(JA20 和 JA50 区别在于六轴角度不同，也就是说夹爪 1 和夹爪 2 换位进入机床)
MoveL JA30, v400, fine, JCG_D;
!机器人工具夹爪 1 运动至工件位置
WaitTime 0.2;
Reset DO6;
!机器人工具夹爪 1 放开工件，为机床上料
MoveL JA20, v400, fine, JCG_D;
!机器人离开工件位置
MoveL JA10, v5000, z100, JCG_D;
!机器人运动出机床
WaitTime 0.2;
Set DO1;
!发送关机床门信号
ENDPROC

PROC J2()
!机床 2 下上料程序
MoveJ JB20, v2500, z50, JCG_D;
MoveJ JB10, v2500, z50, JCG_D;
WaitTime 2;
Reset DO2;
WaitTime 1.5;
MoveL JB30, v1000, fine, JCG_D;
MoveL JB40, v400, fine, JCG_D;
WaitTime 0.2;
Set DO6;
WaitTime 0.2;
MoveL JB30, v400, fine, JCG_D;
MoveL JB10, v5000, z100, JCG_D;
```

```
MoveJ JB50, v5000, z100, JCG_D;
MoveL JB60, v1000, fine, JCG_D;
MoveL JB70, v400, fine, JCG_D;
WaitTime 0.5;
Reset DO7;
MoveL JB60, v400, fine, JCG_D;
MoveL JB50, v5000, z100, JCG_D;
WaitTime 0.2;
Set DO2;
ENDPROC

PROC J3()
!机床 3 下料上料程序
MoveJ JC10, v1000, z50, JCG_D;
WaitTime 2;
Reset DO3;
WaitTime 1.5;
MoveL JC20, v1000, fine, JCG_D;
MoveL JC30, v400, fine, JCG_D;
WaitTime 0.2;
Set DO7;
WaitTime 0.2;
MoveL JC20, v1000, fine, JCG_D;
MoveL JC10, v5000, z50, JCG_D;
MoveL JC40, v5000, z50, JCG_D;
MoveL JC50, v5000, fine, JCG_D;
MoveL JC60, v5000, fine, JCG_D;
WaitTime 0.5;
Reset DO6;
MoveL JC50, v5000, fine, JCG_D;
MoveL JC40, v5000, z50, JCG_D;
WaitTime 0.2;
Set DO3;
ENDPROC

PROC HOME01()
!机器人运动到安全原点程序
MoveJ HOME11, v1000, z100, JCG_D;
ENDPROC
```

```
PROC Initall()
!初始化程序
nC1 := 1;
!逻辑运算数据赋值为 1
Set DO1;
Set DO2;
Set DO3;
!机床门关闭
!实际生产中机床开关门不需机器人控制，鉴于动态仿真的需要，此处使用事件管理器来控制
Set DO9;
!下料输送机检测信号开启
IDelete intno1;
CONNECT intno1 WITH Routine1;
ISignalDI\Single, DI4, 1, intno1;
!设置开启中断语句，当下料输送机检测到信号时触发中断
Set DO8;
!上料输送机输送物料
Reset DO6;
Reset DO7;
!工具夹爪 1、2 保持待抓取工件状态
HOME01;
!机器人回原点
Set DO4;
Reset DO4;
!刷新事件管理器，保证夹爪 1 是开启状态
ENDPROC

PROC F1()
!机器人搬运机床 3 加工完成的工件到下料输送程序
MoveJ F10, v1000, z50, JCG_D;
MoveJ F20, v1000, fine, JCG_D;
MoveL F30, v200, fine, JCG_D;
!机器人通过三组运动语句保证工具垂直向下运动到放料位置
WaitTime 1;
Reset DO7;
!执行放料
WaitTime 1;
MoveL F20, v200, z15, JCG_D;
```

```
!机器人放手后垂直向上运动到安全位置
HOME01;
!机器人执行回原点程序，准备下一个循环
ENDPROC

TRAP Routine1
!中断程序
Set DO10;
!发出放料完成信号，目的是开启下料输送机输送信号(实际生产中这个步骤也不需要机器人来控制，机器人只需给工控端一个完成放料的信号就可以了)
ENDTRAP

ENDMODULE
```

在熟悉了该 RAPID 程序后，可以根据实际需要对此程序进行适用性修改。

9.3.4　示教目标点

下面依次示教各程序的关键目标点，如程序原点、抓取毛坯位置、三个机床的上下料位置等。目标点的数据除了包含机器人工具的位置外，还包括机器人的姿态。

示教的关键是要保证机器人运动过程中无干涉碰撞，且在抓取等待位置到抓取位置的连续运动过程中，不论夹爪中有无工件，都要避免发生干涉碰撞。

1．示教程序原点

示教程序原点即程序起始点 HOME11，此点通常为机器人的安全姿态，如图 9-7 所示。

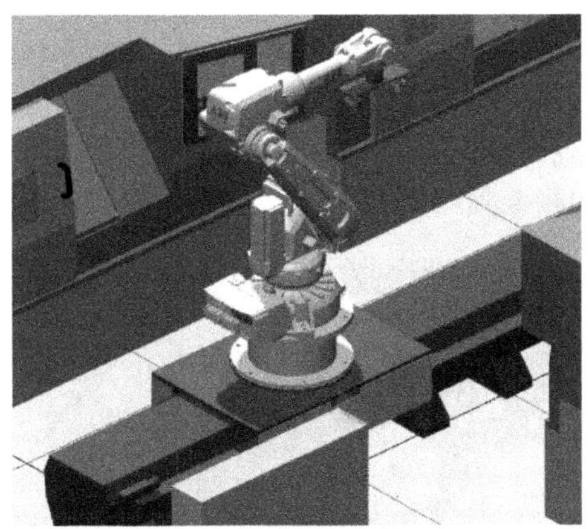

图 9-7　示教程序起始点(HOME11)

2．示教毛坯料抓取程序 G

示教抓取点正上方点位置(如图 9-8 所示)和抓取点位置(如图 9-9 所示)。注意：示教前者时，要保证工具能垂直向下运动到抓取位置；示教后者时，要保证工具抓取时夹爪 1 与毛坯工件要完全契合。

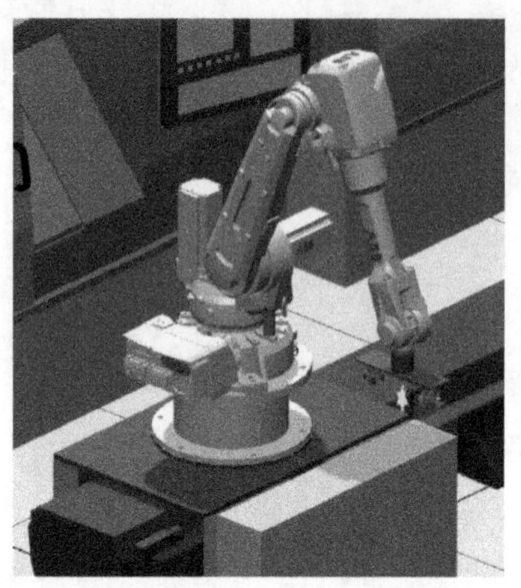

图 9-8　示教抓取点正上方点

图 9-9　示教抓取点位置

3. 示教程序 J1

示教机床 1 上下料程序 J1 分为下料和上料两个部分：用工具夹抓 2 下料，用工具夹抓 1 上料，上料用的毛坯件就是毛坯料抓取程序 G 在上料输送机上抓取的毛坯工件。

注意：在程序首次运行的时候，下料是空抓(即机床里面是空的，没有工件)，所以此程序先让夹爪 2 进入机床空抓，在实际生产中，这部分工作会在调试时完成。

(1) 示教机器人在机床门外的等待点位置，确保该等待点的工具姿态能够使夹爪 2 以最短距离的直线运动到达机床内的等待点位置，如图 9-10 所示。

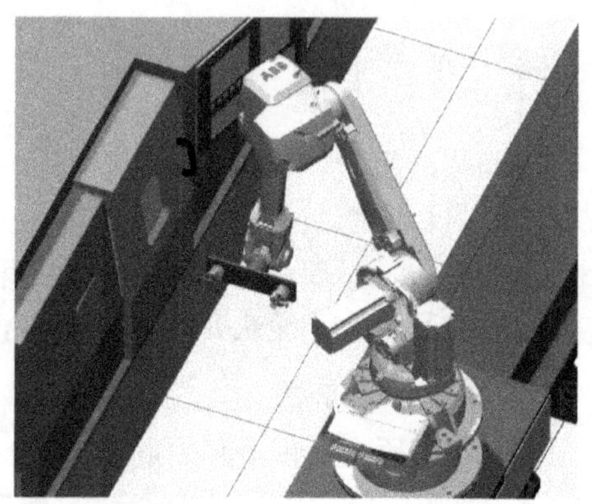

图 9-10　示教机器人等待点

(2) 示教机器人在机床内抓取位置前的过渡点位置，确保该点的工具姿态能够使夹爪 2 沿机床主轴方向直线运动精准到达抓取和放置毛坯件的位置，如图 9-11 所示。

图 9-11　示教抓取过渡点

(3) 示教抓取点位置，如图 9-12 所示。

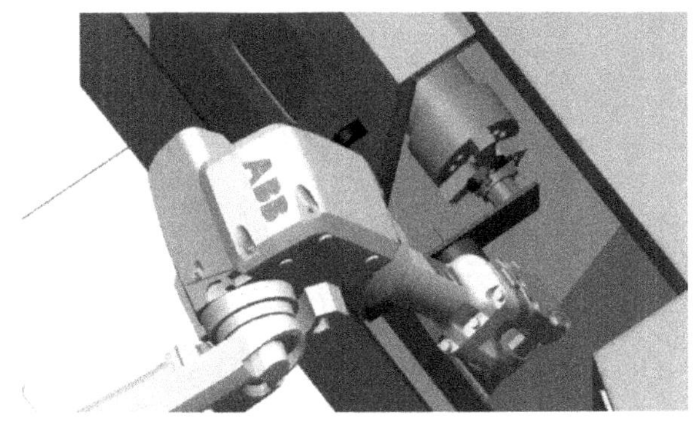

图 9-12　示教抓取点

注意：实际工作中，建议使用反向顺序示教——首先示教抓取点位置，然后示教抓取过渡点位置，最后示教机床门外等待位置，因为抓取位置是固定位置，不允许有任何偏差，可以以抓取位置为参照，通过简单的反向直线运动确定过渡点位置，然后使用同样方法就能确定机床门外等待点位置。

上料程序就是用从前一工位抓取的毛坯料给这一工位的机床上料，让这一工位的机床对其进行深度加工或者精细化加工。上料程序与下料程序的示教思路相同：下料程序结束后，机器人工具位于机床门外等待点的位置，需要示教机器人转动第 6 轴 180°，将夹爪 1 与夹爪 2 的位置互换，然后参考上料程序进行示教。同样建议使用反向顺序示教。

4．示教程序 J1、J2 和 J3

参考机床 1 上下料程序 J1，对机床 2 上下料程序 J2 和机床 3 上下料程序 J3 进行示教，注意夹爪上下料逻辑的连续性，即将从上一工位机床中抓取(执行下料操作)的工件搬运到下一工位机床，并为下一工位的机床进行上料操作。

5．示教程序 F

例行程序 F 的示教思路与毛坯件抓取程序相似：首先示教安全点的位置(如图 9-13 所示)，然后示教放置点的正上方点位置(如图 9-14 所示)，最后示教放置点位置(如图 9-15 所示)。也可使用反向顺序示教，以保证机器人运动的准确性。

图 9-13　示教程序 F 安全点

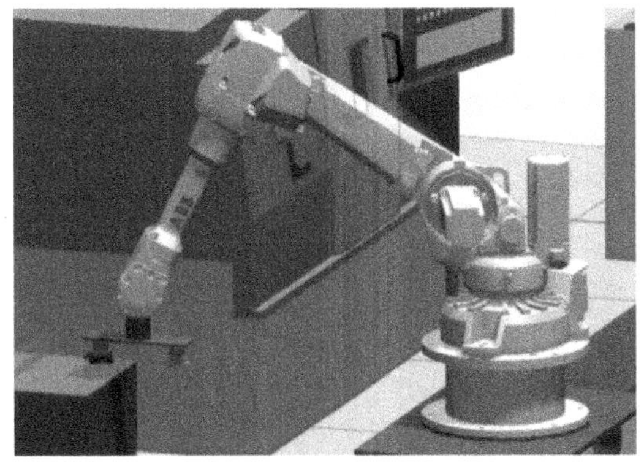

图 9-14　示教放置点正上方点

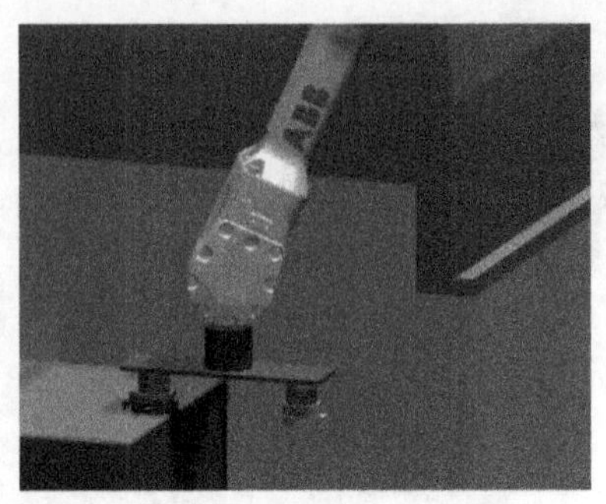

图 9-15　示教放置点

本 章 小 结

- ✧ 机器人工作出现意外停机情况自动处理后，再次重新启动后需要确定停机时机器人停机的位置和姿态。要用到 CRobT 函数和 CJointT 函数获取自身位置数据和角度数据。
- ✧ 软浮动功能(SoftMove)是一种帮助工业机器人适应外力或工件中的各种变化的特殊控制功能。让机器人进行被动趋向运动，缩短编程时间，还可以实现机器人与机床之间的有效互动。
- ✧ 安全点例行检测程序和位置对比程序配合使用能够帮助机器人自动返回安全点，为程序的重新运行扫除碰撞的安全隐患。

本 章 练 习

1．使用本章的配套教学资源，搭建一个给对向排列的两台机床上下料的工业机器人工作站，编辑工作站程序并录制仿真视频。

2．(选做)运用本章所学知识，将软浮动功能和安全点检测程序写入机器人工作站程序中。要求在抓取和放置工件时使用软浮动功能，在程序开始前通过中断执行安全点检测程序。

第 10 章　码垛工作站

本章目标

- 掌握 I/O 信号的别名操作和偏移函数
- 掌握码垛工作站的编程思路
- 掌握码垛工作站的设计与搭建知识
- 掌握机器人码垛应用相关注意事项

本章以在仿真软件中搭建一个机器人码垛工作站为例，讲解机器人码垛工作站的搭建和编程方法。希望读者通过对本章的学习，掌握工业机器人码垛工作站的搭建方法和编程技巧，熟练地将工业机器人应用于码垛工作。

10.1 任务介绍

码垛行业是工业机器人应用最为成熟的行业之一。码垛机器人通常使用四轴机器人，如 ABB 旗下的机器人 IRB 260 或 IRB 460，但依工况需要有时也会选择六轴机器人。要根据码垛工作的需求，如工作空间、有效载荷、运行速度等对工业机器人进行选型。

码垛机器人使用的工具有夹板式工具、吸盘式工具、夹爪式工具、托盘工具等，要根据工件的特性和工况等选用合适的工具。针对最常见的包料，如化肥、粮食、饲料、水泥时，机器人使用的夹爪工具如图 10-1 所示。而本例中采用气动驱动的吸盘工具，如图 10-2 所示。

图 10-1　针对包袋类型包装的夹爪工具

图 10-2　多路吸盘工具

本例中使用工业机器人 IRB 460 型四轴工业机器人完成对特定工件进行码垛的任务。如图 10-3 所示，一条生产线输送工件并将工件定位，然后由机器人将工件按照一定的顺序码垛。实际应用时，可能会需要码垛底托供料自动化系统、电气控制部分等，环境也更为复杂，因此往往需要用护栏将工作站隔离开。

本工作站的任务是使用输送机连续送出三个盒装工件，工件在输送机末端依次到位后输送机停止运转，然后通过工业机器人携带的吸盘工具抓取这三个工件，最后在物料盘上实现码垛效果。完成上述任务后输出仿真动画，以供方案分析。

为完成任务，首先需在虚拟工作站中创建实现码垛动作效果的设备，如输送产品的输送线、夹取和搬运工件的工具等；然后需要将设备的动作和机器人的信号相关联，实现通过虚拟机器人系统控制设备运行的效果；最后需要进行创建程序数据、目标点示教、程序编写及调试工作。

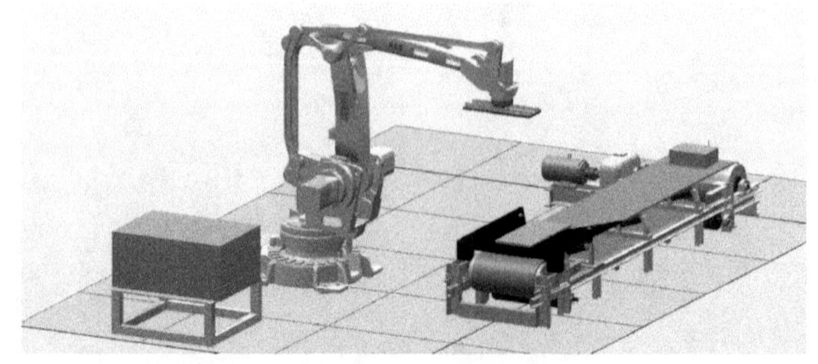

图 10-3　工业机器人典型码垛工作站

10.2 知识准备

在搭建工业机器人码垛工作站之前，需要掌握以下知识：

(1) I/O 信号的别名操作。

(2) 偏移函数 Offs 的应用。

10.2.1 I/O 信号别名操作

I/O 信号别名操作即将 I/O 信号与程序里定义的信号进行关联，从而可以直接在程序中对 I/O 信号进行处理，示例如下：

```
VAR signaldo d1;
!定义一个signaldo数据
    PROC m1()
        AliasIO do101, do1;
        !将真实 I/O 信号 do101 与信号数据 do1 作别名关联
    ENDPROC

    PROC g1()
Set do1;
        !在程序中即可直接对do1进行操作
ENDPROC
```

对 I/O 信号进行别名操作是为了将同一套程序作为模板应用到不同的项目中：由于不同项目的信号名称并不相同，可以先将工作站模板中的 I/O 信号全部调用，然后将不同项目的信号分别与工作站模板的信号通过别名操作进行关联。

10.2.2 偏移函数 Offs

使用 Offs 函数，可让机器人的 TCP 在工件坐标系下进行偏移运动，如图 10-4 所示。

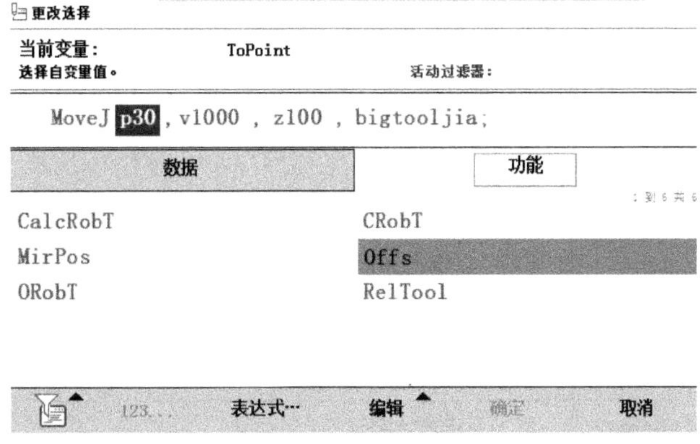

图 10-4　Offs 函数

应用 Offs 函数的示例代码如下：

```
MoveJ p30, v1000, z100, bigtooljia;
MoveL Offs(p30, 0, 0, 20), v1000, z100, bigtooljia;
! 将机械臂移动至距离位置点 p30(沿 z 方向) 20 mm 的一个点
p1 := Offs (p1, 20, 10, 5);
! 将机械臂位置点 p1 沿 x 方向移动 20 mm，沿 y 方向移动 10 mm，沿 z 方向移动 5 mm
```

10.3 任务实施

码垛工作站 1

解包配套教学资源中对应的虚拟工作站，然后进行以下工作(可以扫描右侧二维码，观看码垛工作站的相关操作视频)。

10.3.1 信号的配置与关联

码垛工作站 2

工作站信号配置包含配置机器人的 I/O 信号和配置机器人 I/O 信号与 Smart 组件的关联两部分内容。

1．配置 I/O 信号

根据表 10-1 所示参数，在虚拟示教器中配置机器人工作站的 I/O 通信单元。

表 10-1　I/O 通信单元参数

Name	Type of Unit	Connected to Bus	DeviceNet address
d652	DSQC652	DeviceNet1	10

根据表 10-2 所示参数，在虚拟示教器中配置机器人工作站的 I/O 信号。

表 10-2　I/O 信号参数

Name	Type of Signal	Assigned to Unit	Unit Mapping	I/O 信号注解
DI101	Digitial Input	d652	0	输送线到位一个工件的信号
DI102	Digitial Input	d652	1	输送线到位两个工件的信号
DI103	Digitial Input	d652	2	输送线到位三个工件的信号
DI104	Digitial Input	d652	3	工具 1 号吸盘真空反馈信号
DI105	Digitial Input	d652	4	工具 2 号吸盘真空反馈信号
DI106	Digitial Input	d652	5	工具 3 号吸盘真空反馈信号
DO101	Digitial Output	d652	0	输送线第一次供料信号
DO102	Digitial Output	d652	1	输送线第二次供料信号
DO103	Digitial Output	d652	2	输送线第三次供料信号
DO104	Digitial Output	d652	3	工具 1 号吸盘抓取信号
DO105	Digitial Output	d652	4	工具 2 号吸盘抓取信号
DO106	Digitial Output	d652	5	工具 3 号吸盘抓取信号

2. 配置信号关联

SmartComponent_5 是工具抓取动作的 Smart 组件。其中的输入信号【GRIPER1】、【GRIPER2】与【GRIPER3】是组件三路吸盘开始抓取工件的信号，输出信号【OK1】、【OK2】与【OK3】是组件三路吸盘完成抓取后的反馈信号，如图 10-5 所示。

SmartComponent_5　描述

组成　属性与连结　信号和连接　设计

I/O 信号

名称	信号类型	值
GRIPER1	DigitalInput	0
GRIPER2	DigitalInput	0
GRIPER3	DigitalInput	0
OK1	DigitalOutput	0
OK2	DigitalOutput	0
OK3	DigitalOutput	0

添加I/O Signals　展开子对象信号　编辑　删除

I/O连接

源对象	源信号	目标对象	目标对象
SmartComponent_5	GRIPER1	LineSensor	Active
SmartComponent_5	GRIPER2	LineSensor_2	Active
SmartComponent_5	GRIPER3	LineSensor_3	Active
LineSensor	SensorOut	Attacher	Execute
LineSensor_2	SensorOut	Attacher_2	Execute
LineSensor_3	SensorOut	Attacher_3	Execute
SmartComponent_5	GRIPER1	LogicGate_5 [NOT]	InputA
SmartComponent_5	GRIPER2	LogicGate_6 [NOT]	InputA
SmartComponent_5	GRIPER3	LogicGate_7 [NOT]	InputA
LogicGate_5 [NOT]	Output	Detacher	Execute
LogicGate_6 [NOT]	Output	Detacher_2	Execute
LogicGate_7 [NOT]	Output	Detacher_3	Execute
Attacher	Executed	LogicSRLatch_5	Set
Detacher	Executed	LogicSRLatch_5	Reset
Attacher_2	Executed	LogicSRLatch_6	Set
Detacher_2	Executed	LogicSRLatch_6	Reset
Attacher_3	Executed	LogicSRLatch_7	Set
Detacher_3	Executed	LogicSRLatch_7	Reset
LogicSRLatch_5	Output	SmartComponent_5	OK1
LogicSRLatch_6	Output	SmartComponent_5	OK2
LogicSRLatch_7	Output	SmartComponent_5	OK3

添加I/O Connection　编辑　管理 I/O Connections　删除

图 10-5　工具抓取动作的 Smart 组件信号

SmartComponent_1 是输送机动作的 Smart 组件，其中的输入信号【start】、【START2】与【START3】是输送机开始输送三个工件的信号(注意：实际生产中并无此类信号，或此类信号并不需要机器人控制，这里设置该信号完全是为了实现工件输送效果的仿真动画)；输出信号【case_ok】、【case_ok2】与【case_ok3】是三个工件到位的反馈信号，如图 10-6 所示。

SmartComponent_1　　描述

组成 | 属性与连结 | 信号和连接 | 设计

I/O 信号

名称	信号类型	值
case_ok	DigitalOutput	0
start	DigitalInput	0
START2	DigitalInput	0
START3	DigitalInput	0
case_ok2	DigitalOutput	0
case_ok3	DigitalOutput	0

添加I/O Signals　展开子对象信号　编辑　删除

I/O连接

源对象	源信号	目标对象	目标对象
SmartComponent_1	start	Source	Execute
Source	Executed	Queue	Enqueue
PlaneSensor1	SensorOut	Queue	Dequeue
PlaneSensor1	SensorOut	LogicGate [NOT]	InputA
PlaneSensor1	SensorOut	PlaneSensorT	Active
LogicGate [NOT]	Output	Source	Execute
PlaneSensor1	SensorOut	Source	Execute
SimulationEvents	SimulationStarted	LogicSRLatch	Set
SimulationEvents	SimulationStopped	LogicSRLatch	Reset
LogicSRLatch	Output	PlaneSensor1	Active
PlaneSensorT	SensorOut	Queue	Dequeue
PlaneSensorT	SensorOut	Source	Execute
PlaneSensorT	SensorOut	PlaneSensorTH	Active
PlaneSensorTH	SensorOut	Queue	Dequeue
PlaneSensorTH	SensorOut	SmartComponent_1	case_ok3

添加I/O Connection　编辑　管理 I/O Connections　删除

图 10-6　输送机动作的 Smart 组件信号

由于本例中的虚拟工作站使用的是多组吸盘抓手工具，一次能同时抓取三个工件，输送机停止前也需要一次到位三个工件，因此虚拟工作站的 Smart 信号连接需要比常规的(如第 8 章的输送机 Smart 组件)信号连接数量多两组，如图 10-7 所示。

码垛输送机2

组成 | 属性与连结 | 信号和连接 | 设计

I/O 信号

名称	信号类型

添加I/O Signals　展开子对象信号　编辑　删除

I/O连接

源对象	源信号	目标对象	目标对象
SmartComponent_1	case_ok	System32	DI101
SmartComponent_1	case_ok2	System32	DI102
SmartComponent_1	case_ok3	System32	DI103
System32	DO101	SmartComponent_1	start
System32	DO102	SmartComponent_1	START2
System32	DO103	SmartComponent_1	START3
System32	DO104	SmartComponent_5	GRIPER1
System32	DO105	SmartComponent_5	GRIPER2
System32	DO106	SmartComponent_5	GRIPER3
SmartComponent_5	OK1	System32	DI104
SmartComponent_5	OK2	System32	DI105
SmartComponent_5	OK3	System32	DI106

图 10-7　码垛工作站的 Smart 信号连接

可以将相应的 Smart 组件和机器人 I/O 信号相关联，这样不仅可以进行编程，还能够让机器人控制输送机运行以及工具的拾取放置动作的 Smart 组件信号，实现仿真动画的配合，见表 10-3。

表 10-3　抓取工件动作和输送机动作的信号关联

序号	信号源	输出信号	目标对象	输入信号	I/O 信号注解
1	输送机组件	case_ok	第一个工件到位	DI101	输送线到位一个工件的信号
2	输送机组件	case_ok2	第二个工件到位	DI102	输送线到位两个工件的信号
3	输送机组件	case_ok3	第三个工件到位	DI103	输送线到位三个工件的信号
4	工具组件	Ok1	抓到一号工件	DI104	工具 1 号吸盘真空反馈信号
5	工具组件	Ok2	抓到二号工件	DI105	工具 2 号吸盘真空反馈信号
6	工具组件	Ok3	抓到三号工件	DI106	工具 3 号吸盘真空反馈信号
7	机器人系统	DO101	输送机供料	start	输送线第一次供料信号
8	机器人系统	DO102	输送机供料	START2	输送线第二次供料信号
9	机器人系统	DO103	输送机供料	START3	输送线第三次供料信号
10	机器人系统	DO104	工具抓取一号工件	GRIPER1	工具一号吸盘抓取信号
11	机器人系统	DO105	工具抓取二号工件	GRIPER2	工具二号吸盘抓取信号
12	机器人系统	DO106	工具抓取三号工件	GRIPER3	工具三号吸盘抓取信号

10.3.2　配置工业机器人数据

完成成对机器人 I/O 信号的配置后，下面进行机器人工具的配置与安装。

1. 创建工具数据

配套教学资源中已包含了机器人抓手工具 GM1，如图 10-8 所示。

图 10-8　抓手机械建立好的状态

根据表 10-4 所示参数，设定 GM1 的工具数据。

表 10-4　工具数据参数

参数名称	参数数值
GM1	TRUE
trans	
X	0
Y	0
Z	39.5
rot	
q1	1
q2	0
q3	0
q4	0
mass	3
cog	
X	0
Y	0
Z	0
其余参数均为默认值	

然后创建工件坐标系。由于本工作站的工作平台和世界坐标系 XY 平面平行，因此本例中使用默认的工件坐标系。

2. 创建载荷数据

根据表 10-5 所示参数，在虚拟示教器中创建载荷数据 LoadFull。由于工件重量很轻，设置载荷数据时只设置重量和重心即可。

表 10-5　载荷数据 LoadFull 设定

参数名称	参数数值
mass	5
cog	
X	0
Y	0
Z	39.5
其余参数均为默认值	

10.3.3　编辑程序

本工作站的目标是使用 IRB 460 型机器人完成码垛任务，预定的垛型为(长×宽×高

数量)3×3×4。实现机器人逻辑和动作控制的 RAPID 程序代码如下：

数据定义部分：

```
CONST robtarget p10:=[[1692.24,103.78,564.08],[1.20557E-06,-0.70373,-0.710468,1.35007E-
06],[0,0,1,0],[9E+09,9E+09,9E+09,9E+09,9E+09,9E+09]];
CONST robtarget p20:=[[1692.24,103.78,866.75],[1.20557E-06,-0.70373,-0.710468,1.35007E-
06],[0,0,1,0],[9E+09,9E+09,9E+09,9E+09,9E+09,9E+09]];
CONST robtarget p30:=[[1692.24,103.78,866.75],[1.20557E-06,-0.70373,-0.710468,1.35007E-
06],[0,0,1,0],[9E+09,9E+09,9E+09,9E+09,9E+09,9E+09]];
VAR num nC1:=0;
CONST robtarget HOME10:=[[1505.00,0.00,1436.00],[1.81E-06,0,
-1,0],[0,0,0,0],[9E+09,9E+09,9E+09,9E+09,9E+09,9E+09]];
CONST robtarget PM10:=[[702.83,-828.82,866.75],[1.80317E-06,-0.70373,-0.710468,-1.5698E-07],
[-1,0,0,0],[9E+09,9E+09,9E+09,9E+09,9E+09,9E+09]];
VAR num Ydata1:=0;
VAR num Zdata1:=0;
VAR num Xdata1:=0;
VAR num sdata1:=0;
VAR clock TIMER1;
VAR num NTime:=0;
VAR intnum intno1:=0;
VAR intnum intno2:=0;
CONST robtarget PM20:=[[-509.60,-1579.34,462.10],[8.17327E-07,-0.70373,-0.710468,-1.61495E-06],[-2,0,
-1,0],[9E+09,9E+09,9E+09,9E+09,9E+09,9E+09]];
CONST robtarget PM30:=[[-509.60,-1579.34,462.10],[8.17327E-07,-0.70373,-0.710468,-1.61495E-06],[-2,0,
-1,0],[9E+09,9E+09,9E+09,9E+09,9E+09,9E+09]];
```

主程序部分：

```
MODULE MainModule
!模块名称
PROC main()
!主程序
Initall;
!初始化程序
WHILE TRUE DO
  IF nC1 < 13 THEN
      G1;
!抓取物料程序
      operation;
!码垛逻辑运算程序
       M1;
!码垛程序
```

```
        nC1:=nC1+1;
    ELSEIF nC1 = 13THEN
        home1;
!回原点程序
ClkStop TIMER1;
NTime := ClkRead(TIMER1);
TPErase;
TPWrite" OK!";
TPWrite "The Last CycleTime is "\Num:=NTime;
!程序计时写屏语句组
WaitDI DI103,1;
EXIT;
!停止，跳出循环
ENDIF
WaitTime 0.3;
!增加等待时间，防止循环速度过快、内存过载
ENDWHILE
ENDPROC

PROC Initall()
!初始化程序
AccSet 100,100;
VelSet 100,5000;
!速度与加速度限制语句
PulseDO\PLength:=0.2, DO101;
!开始输送机送料信号
!           IDelete intno1;
!           CONNECT intno1 WITH susong;
!           ISignalDI\Single, DI101, 0, intno1;
!屏蔽掉的中断程序，中断程序先不涉及
home1;
!回原点程序
nC1:=1;
ClkStop TIMER1;
ClkReset TIMER1;
ClkStart TIMER1;
!计时器语句组
ENDPROC

PROC home1()
```

```
!回原点程序
MoveJ HOME10, v1000, z100, GM1;
ENDPROC

PROC G1()
!抓取工件程序
MoveJ p30, v600, z1, GM1;
WaitTIME 0.5;
WaitDI DI103, 1;
MoveL p10, v200, fine, GM1;
ZS01;
!工具抓取物料执行程序
MoveL p20, v200, fine, GM1;
ENDPROC

PROC operation()
!数据逻辑运算程序
sdata1:=nC1;
IF nC1 < 4 THEN
        Zdata1:=0;
ELSEIF nC1 < 7 THEN
        Zdata1:=1;
        nC1:=nC1-3;
ELSEIF nC1 < 10 THEN
       Zdata1:=2;
       nC1:=nC1-6;
ELSE
       Zdata1:=3;
       nC1:=nC1-9;
  ENDIF
 WaitTime 0.2;
IF nC1 = 1 THEN
      Xdata1:=0;
ELSEIF nC1 = 2 THEN
      Xdata1 := 1;
ELSE
      Xdata1:=2;
ENDIF
 nC1:=sdata1;
ENDPROC
```

```
PROC M1()
!码垛程序
MoveJ PM10, v1000, z200, GM1;
!MoveL PM20, v200, fine, GM1;
MoveJ Offs(PM20,Xdata1 * 290,0,Zdata1 * 100+100), v500, z1, GM1;
MoveL Offs(PM20,Xdata1 * 290,0,Zdata1 * 100), v200, fine, GM1;
FS01;
!工具放手物料执行程序
MoveL Offs(PM20,Xdata1 * 290,0,Zdata1 * 100+100), v200, fine, GM1;
MoveJ PM10, v1000, z200, GM1;
ENDPROC

PROC FS01()
! 工具放手物料执行程序
Set DO104;
Set DO105;
Set DO106;
WaitTime 0.5;
Reset DO104;
Reset DO105;
Reset DO106;
WaitTime 0.5;
WaitDI DI104, 0;
WaitDI DI105, 0;
WaitDI DI106, 0;
ENDPROC
PROC ZS01()
!工具抓取物料执行程序
reSet DO104;
reSet DO104;
reSet DO104;
WaitTime 0.5;
Set DO104;
Set DO105;
Set DO106;
WaitTime 0.5;
WaitDI DI104, 1;
WaitDI DI105, 1;
WaitDI DI106, 1;
```

```
ENDPROC
ENDMODULE
```

在熟悉了该 RAPID 程序后，可以根据实际需要对此程序进行适用性修改。

10.3.4 示教与调试

手动调节工作站中机器人的姿态，并对码垛程序 M1 和抓取程序 G1 中的目标点进行示教，步骤如下：

(1) 示教程序起始点 HOME10，如图 10-9 所示。

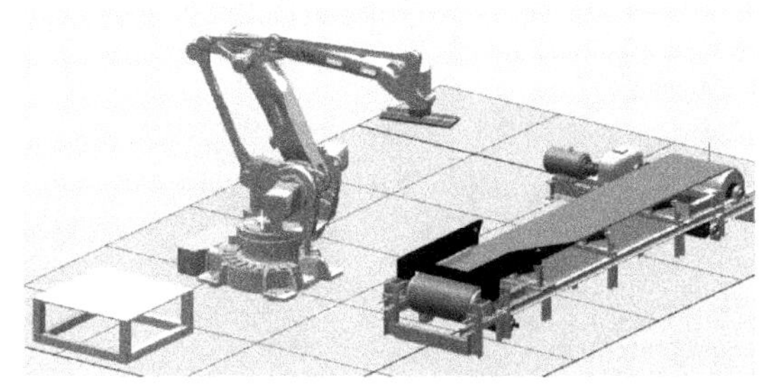

图 10-9　示教程序起始点位置

(2) 将机器人工具调整至三个工件正上方，示教准备抓取点 p30，如图 10-10 所示。

图 10-10　示教准备抓取点位置

(3) 示教抓取点 p10，如图 10-11 所示。

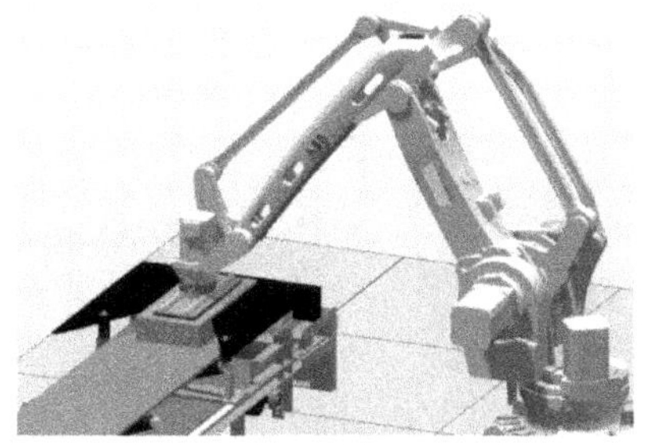

图 10-11 示教抓取点位置

(4) 示教码垛放置第一个点 PM20，如图 10-12 所示。

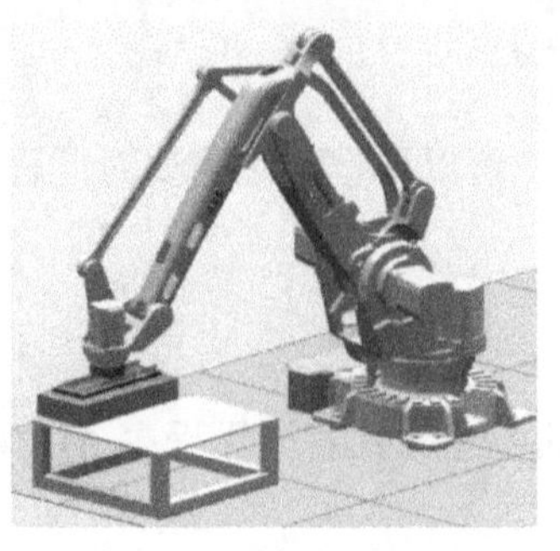

图 10-12　示教码垛放置第一个点位置

(5) 手动示教完毕后，在【仿真】/【监控】选项卡中选择【I/O 仿真器】命令，手动运行验证程序，如图 10-13 所示。

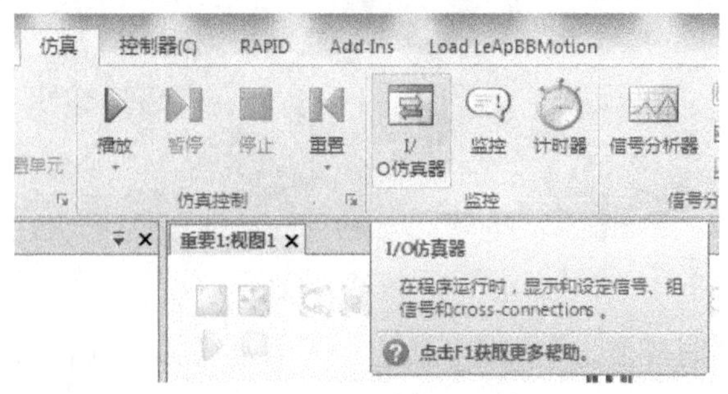

图 10-13　运行验证程序

(6) 在 I/O 仿真器的设置界面中确认工作站的两个 Smart 组件的信号均处于初始状态，如图 10-14 所示。

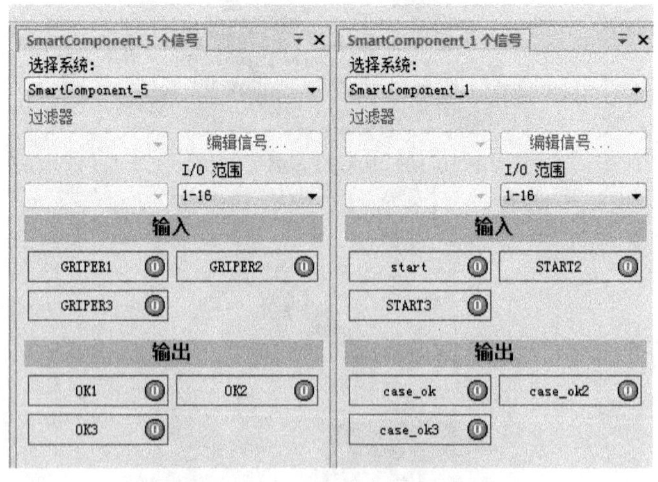

图 10-14　查看 Smart 组件的信号状态

(7) 单击【仿真】/【仿真控制】选项卡中的【播放】按钮，运行仿真程序，观察机器人仿真运动的动作和位置，若有错误地方和逻辑衔接不对的地方暂停并复位，进行位置或者信号的调试修正，如图 10-15 所示。

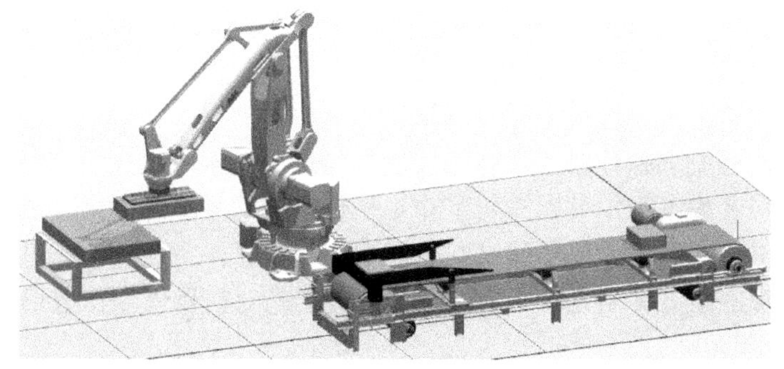

图 10-15　运行仿真程序

(8) 仿真程序执行完毕后会自动停止，然后就可以在示教器上查看工作节拍，如图 10-16 所示。

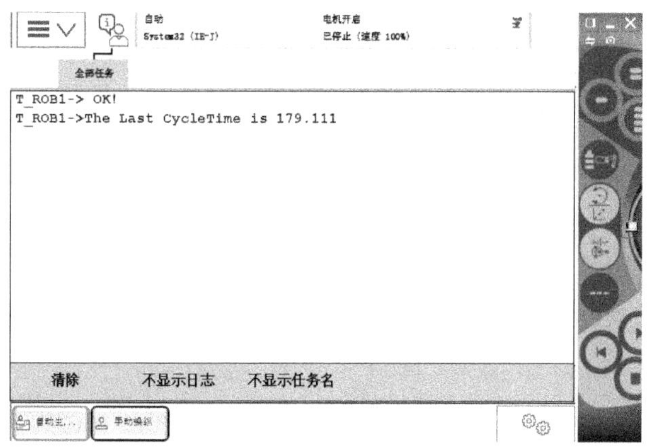

图 10-16　查看机器人工作节拍

10.3.5　注意事项

在机器人码垛应用方案的设计当中，最为关键的是对机器人工作节拍的控制。

在设计机器人运行轨迹时，应使用一些中间过渡点将转弯半径调整得大一些，这样能减少机器人在转弯时的速度衰减，同时可使机器人运行轨迹更加圆滑，减少停顿，达到优化节拍的效果。

若机器人的运行速度设置过大，容易触发过载报警。因此需要设置工具重量和重心偏移以及工件重量和重心偏移，或者利用指令修改机器人的加速度，在进入易触发过载报警的轨迹之前降低加速度，通过后再提高加速度。从而优化机器人的运动速度，缩短每个运行周期的时间。

本章小结

✧ 码垛行业是工业机器人应用最为成熟的行业之一。码垛机器人通常使用四轴机器人，如 ABB 旗下的机器人 IRB 260 或 IRB 460，但依工况需要有时也会选择六轴机器人。要根据码垛工作的需求，如工作空间、有效载荷、运行速度等对工业机器人进行选型。

- ✧ 码垛机器人使用的工具有夹板式工具、吸盘式工具、夹爪式工具、托盘工具等，要根据工件的特性和工况等选用合适的工具。
- ✧ 对 I/O 信号进行别名操作是为了将同一套程序作为模板应用到不同的项目中：由于不同项目的信号名称不同，可以先将工作站模板中的信号全部调用，然后将不同项目的信号分别与工作站模板的信号通过别名操作进行关联。
- ✧ 在机器人码垛应用方案的设计当中，最为关键的是对机器人工作节拍的控制。

本 章 练 习

1．编辑至少三种以上垛型结构的机器人程序，并生成仿真动画视频。

2．(选做)在本章工作站的基础上，编辑新的码垛程序。要求：通过示教器输入机器人码垛垛型的参数(长、宽、高)，让机器人运行更改后的码垛程序，并生成仿真动画视频。

第11章　视觉分拣工作站

本章目标

- 了解智能相机与机器人建立连接的方法
- 熟悉工业智能相机的编程知识
- 掌握视觉分拣工作站的编程知识
- 掌握套接字通信知识

本章讲解工业机器人视觉工作站的设计搭建方法及程序编辑技巧。旨在使读者通过本章的学习，了解工业机器人配合智能相机执行视觉分拣任务的基本操作方法，以及工业相机应用的基础知识。

11.1 任务介绍

本例中需要搭建一个工业机器人视觉应用工作站，使用 ABB 公司的 IRB 1200 型六轴工业机器人手臂末端的工业智能相机对工件位置进行拍摄分析，进而帮助机器人完成对特定工件的分类、抓取、放置等一系列操作。此类工作站多用于对食品和药品的检测、分类及分析，以及对不良产品的筛选等，如图 11-1 所示。

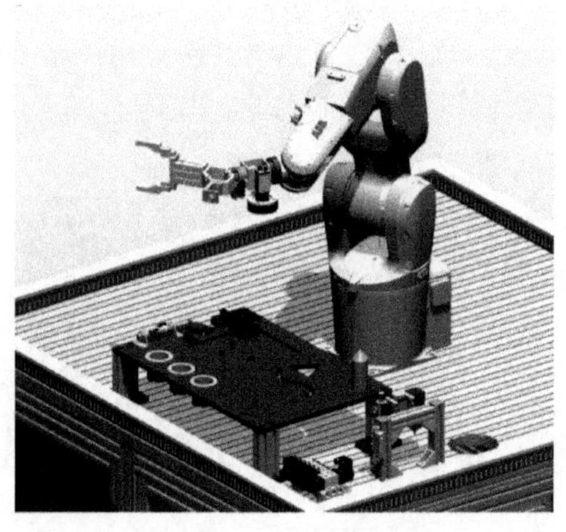

图 11-1　典型的工业机器人视觉应用工作站

本工作站的任务需求为：通过工业机器人末端安装的工业智能相机(如图 11-2 所示)，抓取分拣区域内三种形状的工件(圆形、三角形和正方形)，并将其分别放置在指定的位置，即工作台上对应的三个圆形罐中，如图 11-3 所示。

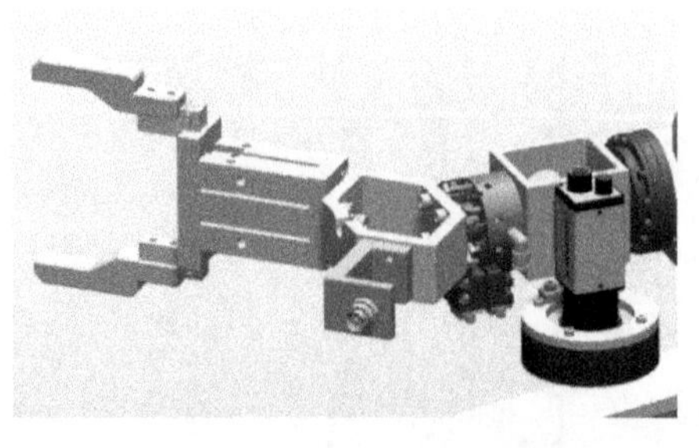

图 11-2　集成工业智能相机和光源的复合工具

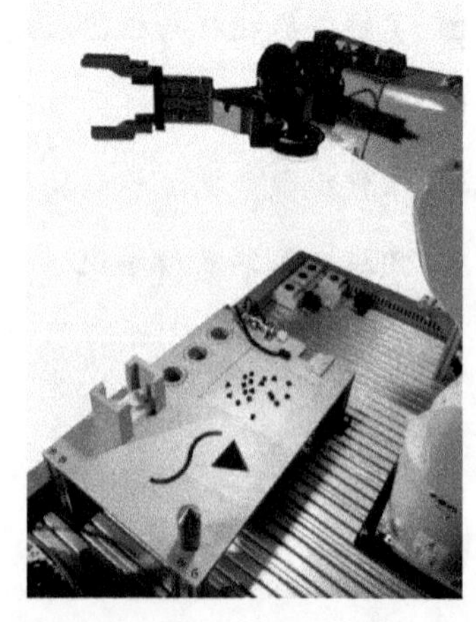

图 11-3　携带智能相机的机器人工作站

11.2　知识准备

在搭建工业机器人视觉分拣工作站之前，需要掌握以下知识：智能相机、套接字通信以及视觉软件编程。

11.2.1　智能相机

智能相机的作用是拍摄场景内需要识别的工件，并使用相机的匹配算法对工件进行识别，然后使用 TCP/IP 通信方式将工件的位置数据传输给工业机器人。

智能相机的工作流程如图 11-4 所示。

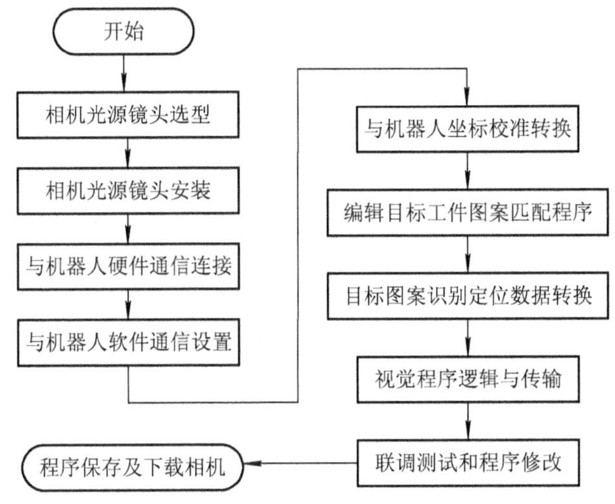

图 11-4　智能相机工作流程

本工作站使用的是美国康耐视 In-Sight 8000 系列智能相机，这是一款主流的工业智能相机，拥有标准化的镜头安装接口、超紧凑的独立型视觉系统及以太网供电 POE 接口，同时具备与传统的 GigE Vision 相机完全相同的微形尺寸，体积仅 30 mm×30 mm×60 mm，如图 11-5 所示。

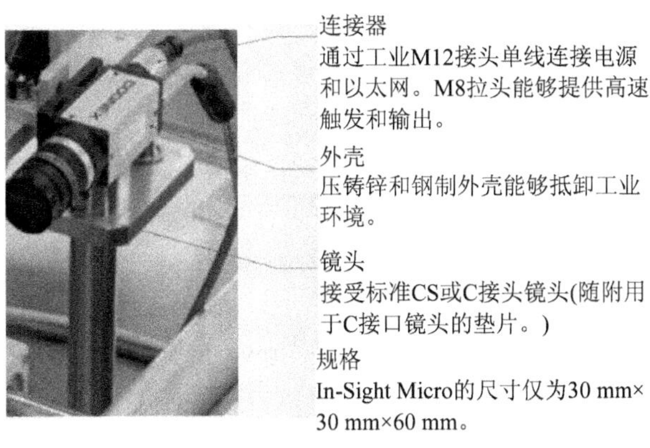

图 11-5　In-Sight 8000 智能相机

该相机的其他参数如表 11-1 所示。

表 11-1 康耐视 In-Sight 8000 智能相机参数

型号	8200
分辨率	640×480
额定速度	217 FPS
算法工具	斑点，边线，瑕疵探测，柱状图，条码读取，过滤器，InspectEdge，OCR/OCV，图案，PatMax®，几何图形和校准
算法工具选项	PatMax RedLine 或仅条码读取
软件界面	In-Sight Explorer 电子数据表和 EasyBuilder 界面
镜头	6 mm 标准富士镜头(根据拍摄视距和拍摄场景画面大小决定)
光源	品牌环形 LED 暖色光源(由于拍摄场景简单，使用常用的环形光辅助即可)

使用时需要将智能相机安装在工业机器人复合型工具上，并连接好网络电缆和电源。传统相机需要连接网线和电源线两根线缆(如图 11-6 所示)，而 In-Sight 8000 智能相机采用了 POE 形式的供电通信接口，只需连接一根网线，即可实现通信和供电两项功能。因此，本工作站采用 56v 工业标准的 POE 供电电源，如图 11-7 所示。

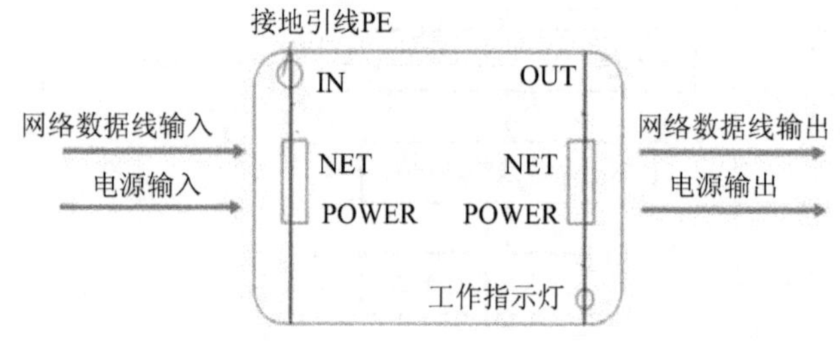

图 11-6 传统相机连接示意

图 11-7 56v 工业标准 POE 供电电源

11.2.2 套接字通信

“套接字通信”源于软件 Unix 的一套通信标准，除 Unix 外，Microsoft Windows 等平台也支持此标准。Socket Messaging 允许 RAPID 程序与另一台计算机或设备上的 C/C++ 程序通过 TCP/IP 协议传输应用数据。一个套接字相当于一条独立于当前所用网络协议的通用通信通道。

ABB 工业机器人控制系统选配的 PC interface 功能中提供了套接字通信协议，可使用此协议实现 ABB 机器人与 PC 或任何支持 TCP/IP 协议的工控端的通信。

套接字通信的流程如图 11-8 所示，左侧为服务器端通信流程及相关控制指令，右侧为客户端通信流程及相关控制指令。

本例中，工业机器人作为套接字通信的客户端，通过 ABB 机器人套接字通信指令进行通信，如建立连接、发送数据、接收数据等，套接字指令详见附件中的套接字通信相关内容。智能相机作为服务器，由于相机的底层已经内置了 C/C++客户端程序，因此不需要过多编程，只需知道机器人接收数据的单元格代号即可(见程序与注解小节)。另外，相机

外部 LED 环形光源的控制开关可以使用机器人的 I/O 输出信号来控制。

工业机器人的物理接口为 X6，将相机端光纤端口插入 X6，如图 11-9 所示。调试和编辑相机程序时，可以在 X6 端口插入路由器，将机器人、相机、计算机三方连接。

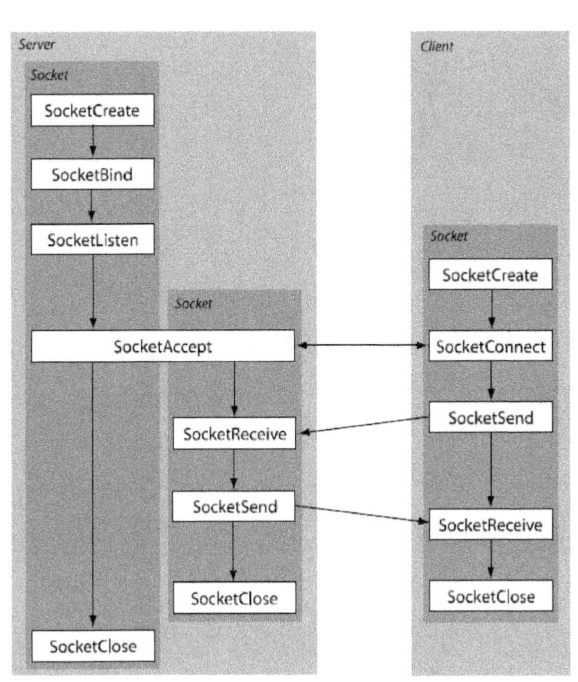

图 11-8　套接字通信流程图

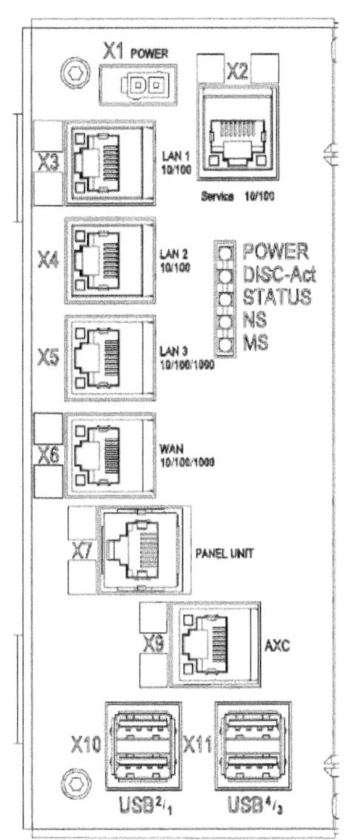

图 11-9　工业机器人物理通信接口

工业智能相机的硬件连接完毕之后，需要将机器人端的 IP 地址与相机的 IP 地址设置在同一网段内，且地址均不能被占用。例如，将智能相机的 IP 地址设置为 192.168.1.45，则工业机器人的 IP 地址必须设置为 192.168.1.X。

11.2.3　视觉软件编程

康耐视智能相机专用的程序编辑软件为 In-Sight Explorer，可使用该软件编写程序，以实现对拍摄目标的定位、寻找、检测、分析、运算、判断有无以及文字和条码识别等一系列处理。将编写完成后的程序上传到智能相机中，相机就能按照程序自动处理每次拍摄的照片，并通过相机与设备的通信将数据传输出去。

下面介绍 In-Sight Explorer 的基本使用方法。

1．新建作业

In-Sight Explorer 支持 EasyBuilder(快速设置)和电子表格两种编程方式，如图 11-10 与图 11-11 所示。

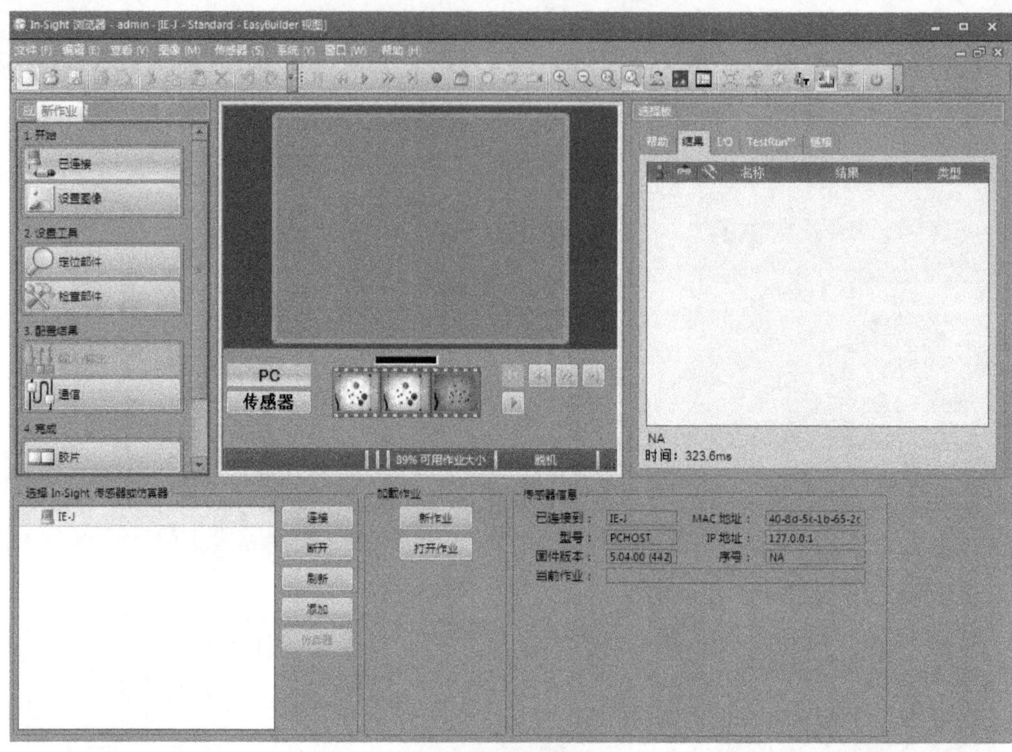

图 11-10　EasyBuilder 编程方式

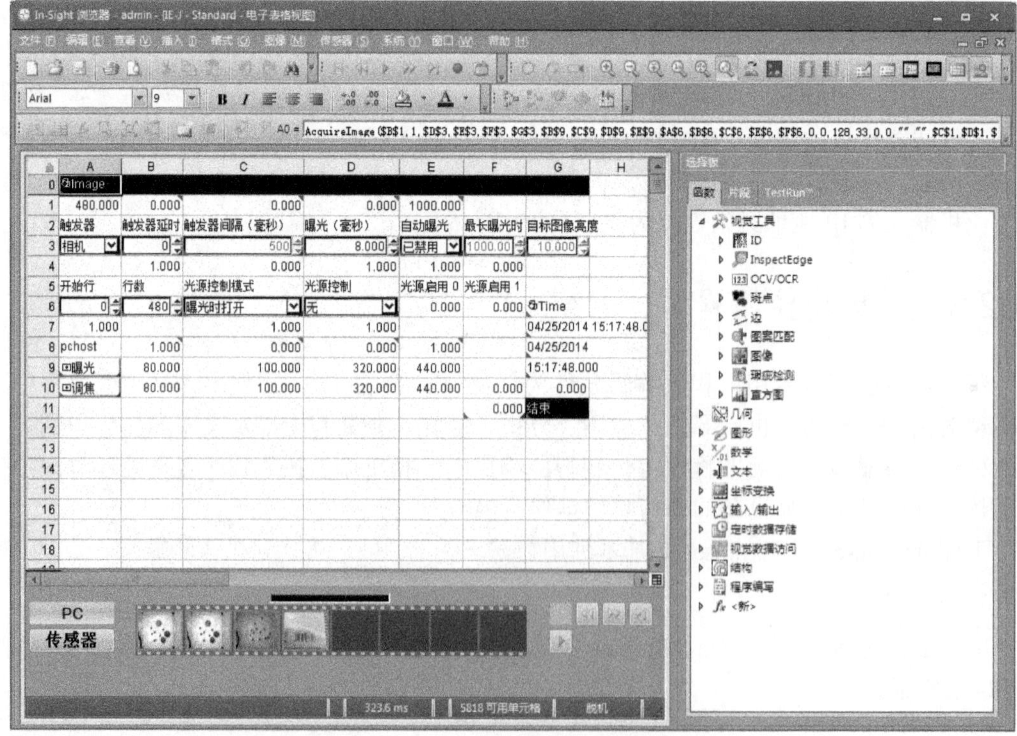

图 11-11　电子表格编程方式

软件启动后，默认处于 EasyBuilder 编程方式，而本例中的工作站视觉识别程序需要使用功能更全面的电子表格方式编写，设置方法如下：选择菜单栏中的【查看】/【电子表格】命令，即可切换到电子表格编程方式，如图 11-12 所示。

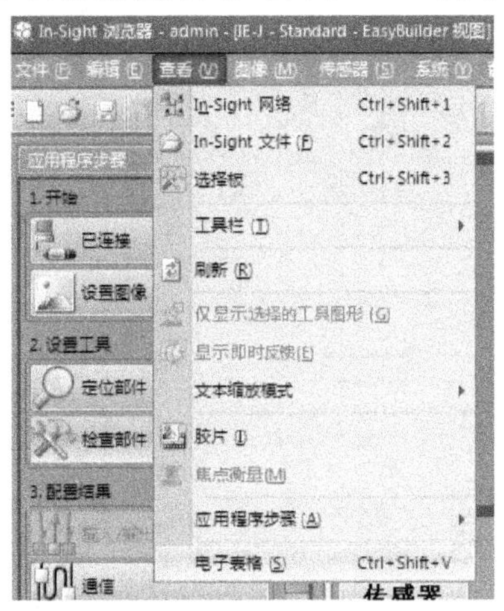

图 11-12　切换到电子表格编程方式

然后选择菜单栏中的【文件】/【新建作业】命令，即可新建一个视觉作业程序，如图 11-13 所示。

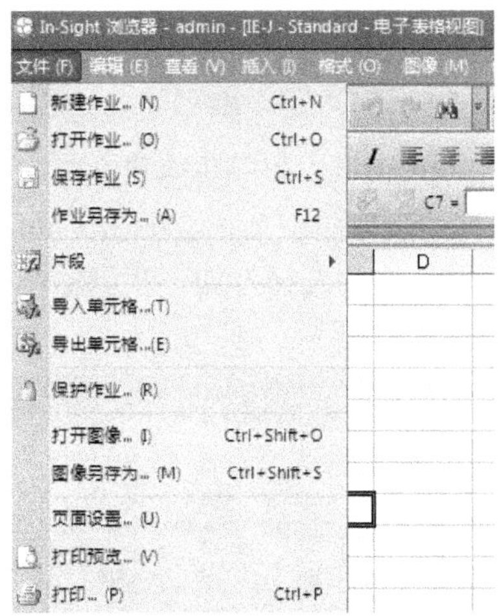

图 11-13　新建视觉作业程序

2．校准

新建视觉作业程序后，电子表格左上角单元格中的【image】表示拍摄的照片图像，程序所有的视觉运算分析都以该图像的画面为基础。

需要说明的是，相机拍摄的照片是由单个像素组成的，因此相机通过定位拍摄物体来引导机器人运动时，需要将像素转换成对应的实际物理长度距离，并使用坐标变换功能进行校准。坐标变换是相机内部预置的算法，使用该功能需要使用相机在视觉程序规定的拍摄位置拍摄一张校准卡照片，步骤如下：

(1) 在软件窗口右侧的【选择板】界面中的【函数】导航栏中选择【坐标变换】/【校

准】/【CalibrateGrid】(坐标变换)函数，并将其拖动到左侧表格的任意单元格中，如图 11-14 所示。

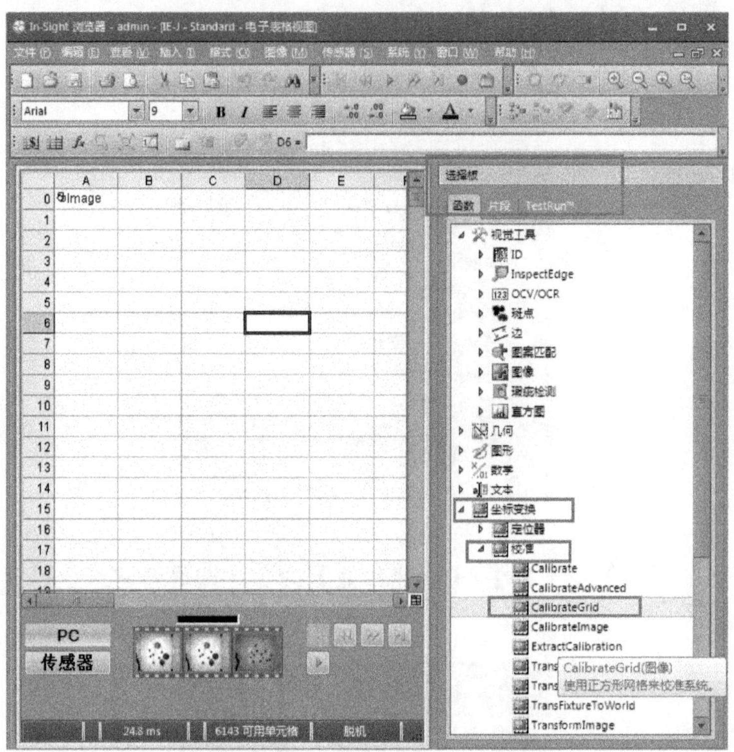

图 11-14　选择坐标变换函数

(2) 将 CalibrateGrid 函数拖动到表格中后，会弹出 CalibrateGrid 设置窗口，选择窗口左侧列表的【设置】命令，在窗口右侧选择打印一张网格间距为 5.0000 的不带基准的方格图案校准卡，如图 11-15、图 11-16 所示。

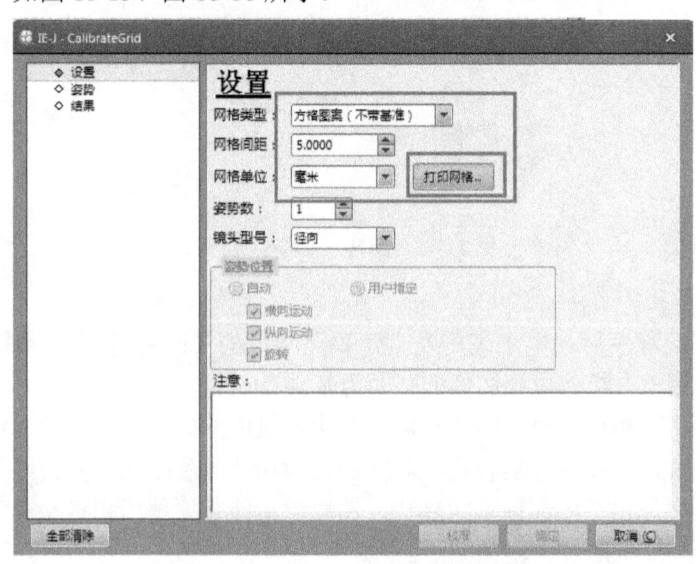

图 11-15　设置待打印校准卡的参数

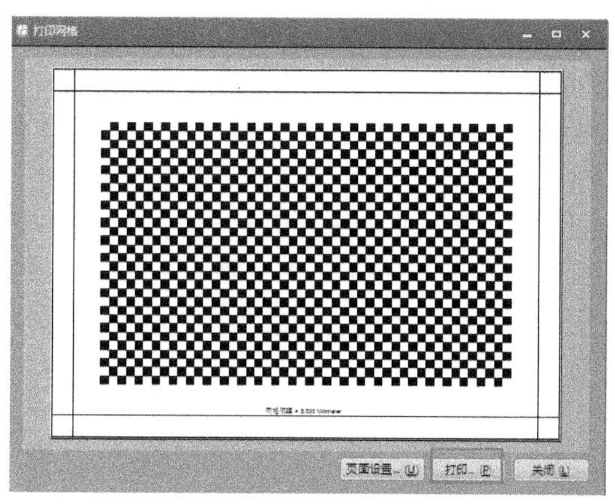

图 11-16　校准卡打印预览

(3) 将打印完毕的校准卡放到相机拍摄位置处，并确保固定牢固，如图 11-17 所示。

图 11-17　放入拍摄场景的校准卡

在 CalibrateGrid 设置窗口左侧选择【姿势】命令，在窗口右侧单击【触发器】按钮，软件会自动拍摄一张校准卡的照片，并检测识别出照片上每个网格的角点，将其在照片上显示为绿色的“×”标记。单击任意的绿色“×”标记，窗口下方就会显示对应点位的索引、行、列、网格 X、网格 Y 等数据。单击【选择原点】左侧的输入框，然后双击照片上任意的绿色“×”标记(本例中为最左上角的“×”)，可以将其设置为原点。使用同样方法，可以在【选择 X 轴】和【选择 Y 轴】中设置 X 轴和 Y 轴的位置，之后会在原点处出现红色的坐标系标记。此时单击窗口下方的【校准】按钮，就可以进行校准处理，如图 11-18 所示。注意：校准时需要保证拍摄前后打印的校准卡固定不动。

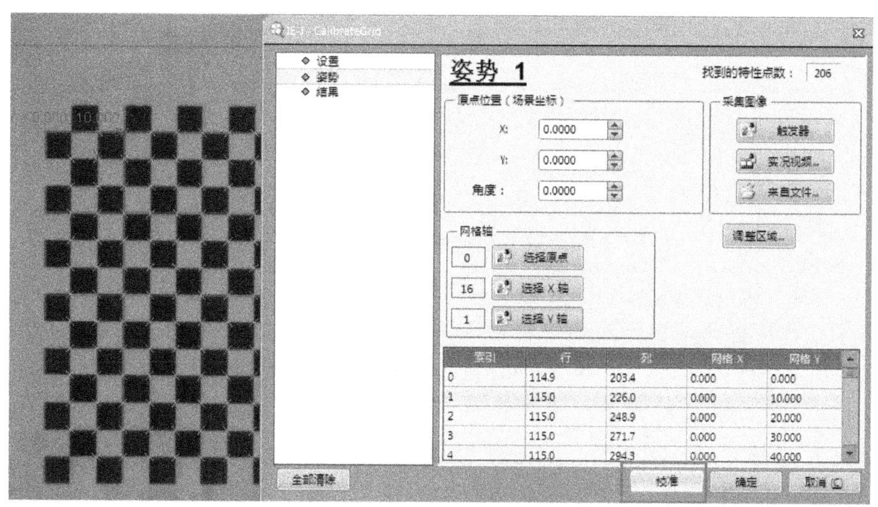

图 11-18　识别校准卡网格

(4) 校准完成后，单击主页校准卡中的任意“×”位置，此时 CalibrateGrid 设置窗口右边会出现对应的坐标数据。此时一定要将在校准卡上单击的位置和该位置对应的数据(包括 X 坐标和 Y 坐标的数据)做好记录，建议记录 5 个以上的位置点，至少包含校准卡的 4 个角的位置点和中间位置。记录完毕，单击【确定】按钮，如图 11-19 所示。

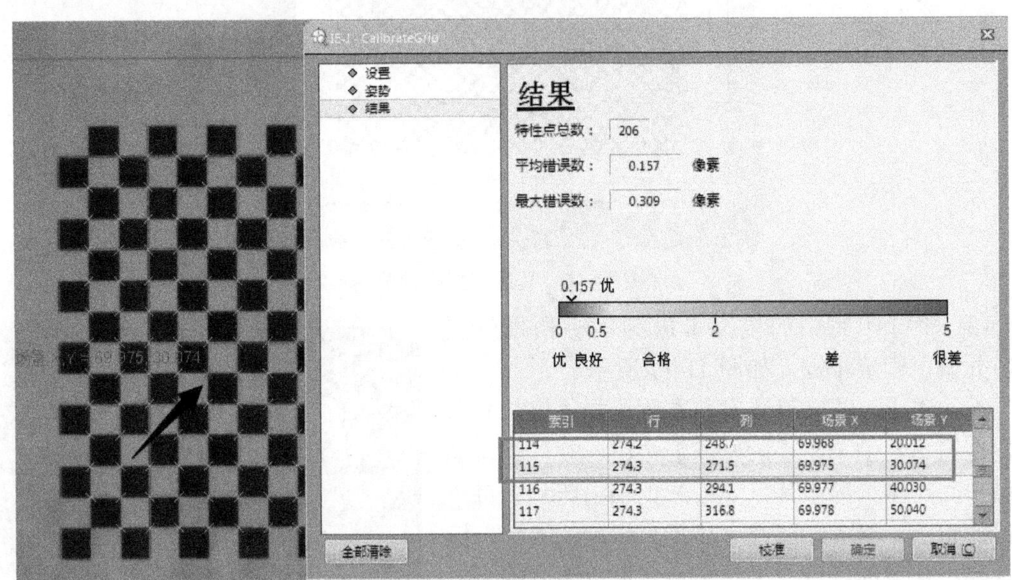

图 11-19 记录位置与数据

(5) 此时，程序主窗口的电子表格中就会生成一个 CalibrateGrid 算法单元格，其在本例中位于主页单元格的B2 位置，如图 11-20 所示。

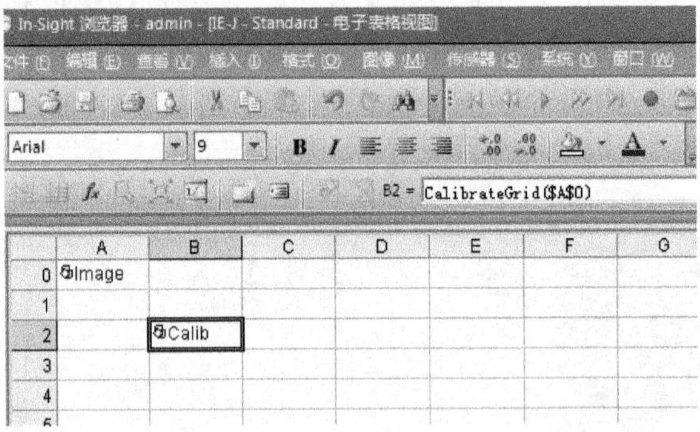

图 11-20 生成 CalibrateGrid 算法单元格

(6) 将机器人调节至抓取工件姿态，用工具垂直触碰校准卡上记录的五个位置，在机器人示教器的【手动操作】界面中查看对应五个位置的 X、Y 坐标值，并将其填写到电子表格中，同时将第(5)步记录的 5 个点的 X、Y 坐标值也填写进电子表格中，填写方式与 Office 办公软件的表格填写方式相同。

(7) 在【选择板】界面的【函数】导航栏中选择【坐标变换】/【校准】/【CalibrateAdvanced】函数，将其拖曳至电子表格空白处，然后选择表格中已经填写的十组数据，按键盘的回车键，即可完成坐标变换，使某个点在机器人中的坐标与在相机中的

坐标相对应，如图 11-21 所示。

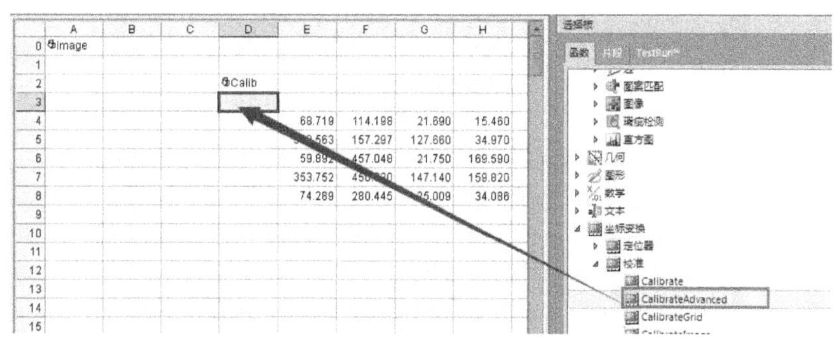

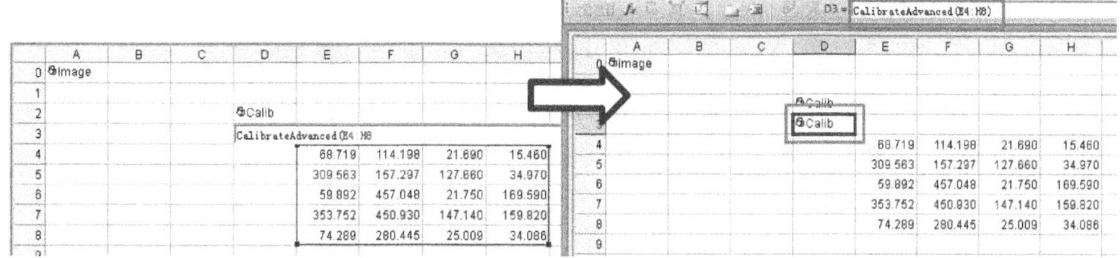

图 11-21　完成坐标变换

(8) 在【选择板】界面的【函数】导航栏中选择【坐标变换】/【校准】/【CalibrateImage】函数，将其拖曳到电子表格空白处(本例中为单元格 C3)，在弹出的 CalibrateImage 属性设置窗口中，将【校准】设置为 CalibrateAdvanced 函数所在单元格的位置(本例中，由于该单元格的坐标为D3，因此显示为“D3”)；将【图像】设置为“A0”，即默认基础图像 Image 的地址，然后单击【确定】按钮，完成图像校准。如图 11-22 所示。

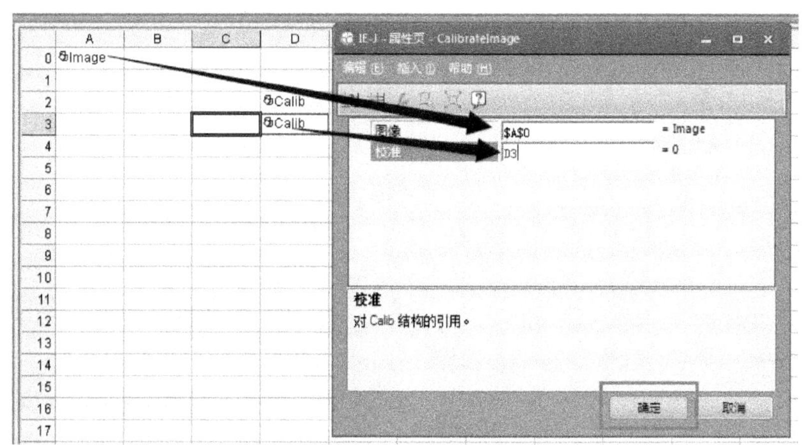

图 11-22　完成图像校准

校准完成后，会在 CalibrateImage 函数被拖动到的单元格中生成被校准后的图像 Image。

3. 编辑识别定位程序

校准完毕后，清理拍摄场景，放入拍摄工件，然后单击工具栏中的【触发器】按钮，让相机拍摄一张照片，如图 11-23 所示。

图 11-23　触发相机拍摄照片

接下来，需要相机分析出照片中的三种工件，并将这三种工件各自的中心坐标位置发送给机器人。下面以识别照片中的圆形工件为例，介绍编辑相机识别定位程序的方法：

(1) 在窗口右侧的【选择板】界面的【函数】导航栏中选择【视觉工具】/【图案匹配】/【TrainPatMaxPattern】函数，将其拖曳到空白单元格处，然后在弹出的 TrainPatMaxPattern 属性设置窗口中，将【图像】设置为 CalibrateImage 校准生成的图像单元格，然后勾选【重复使用训练图像】，如图 11-24 所示。

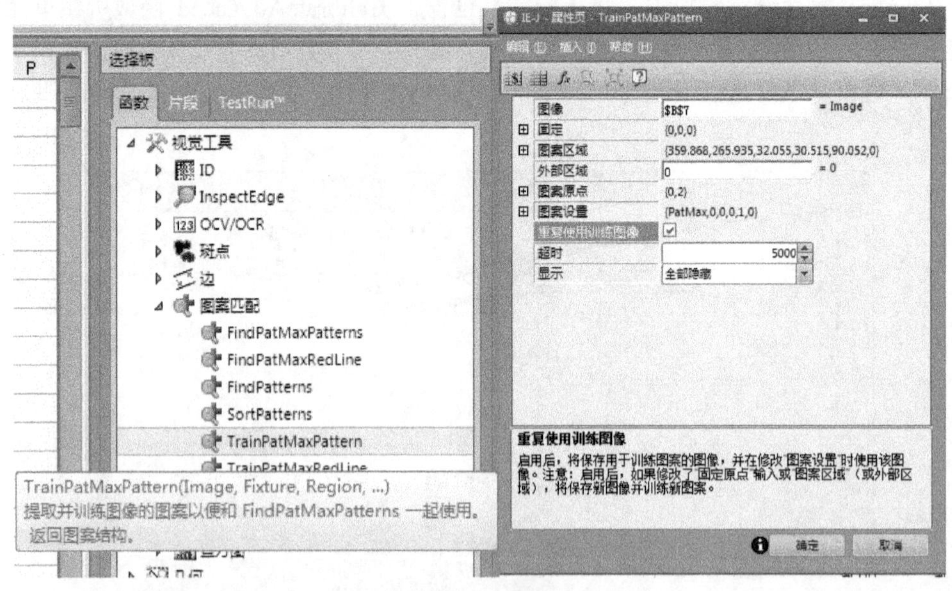

图 11-24　设置训练图像

(2) 双击图 11-24 右图 TrainPatMaxPattern 属性设置窗口中的【图案区域】，用鼠标调节照片中的紫色方框，令其框选完整的圆形工件图像，就可以将圆形工件图像设置为“图像区域”，如图 11-25 所示。然后双击 TrainPatMaxPattern 属性设置窗口中的【图案原点】，将红色圆心图标移动到刚才选择的圆形工件的中心处，如图 11-26 所示，单击图 11-24 右图中的【确定】按钮。

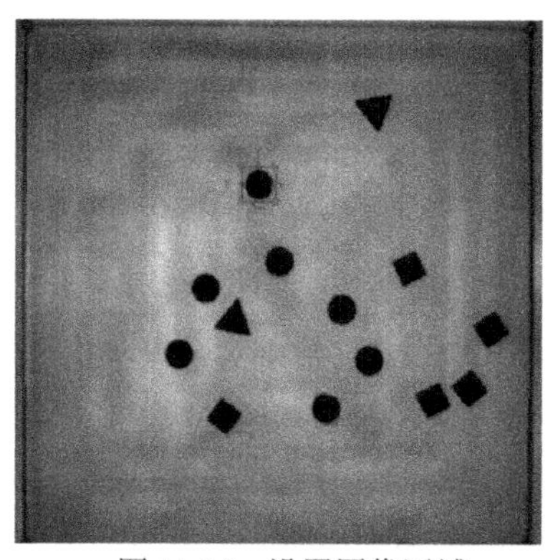

图 11-25　设置图像区域

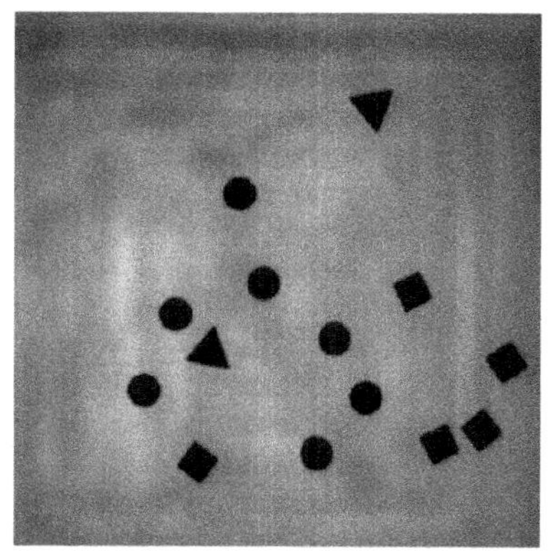

图 11-26　设置图像原点

(3) 训练完成后，在【选择板】界面的【函数】导航栏中选择【视觉工具】/【图案匹配】/【FindPatMaxPatterns】，将其拖曳到表格空白处，如图 11-27 所示。

图 11-27　应用 FindPatMaxPatterns 函数

(4) 在弹出的 FindPatMaxPatterns 属性设置窗口中，将【图像】设置为之前 CalibrateImage 校准生成的单元格；将【查找区域】设置为最大照片视野(如图 11-28 所示)；将【图案】设为 TrainPatMaxPattern 函数的单元格；将【要查找的数量】设为“1”；对【算法】和【显示】的设置如图 11-29 所示。

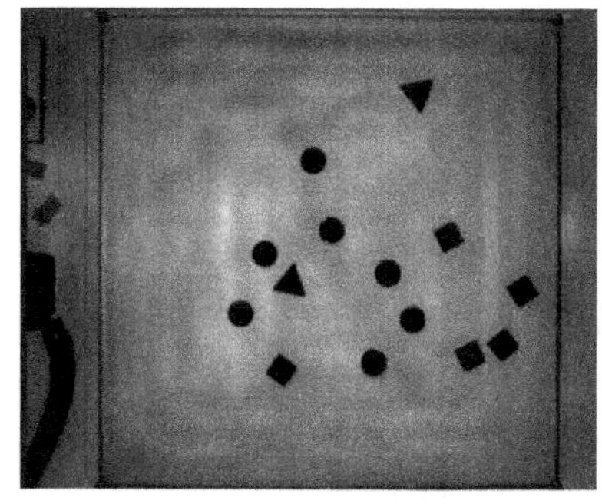

图 11-28　设置识别区域

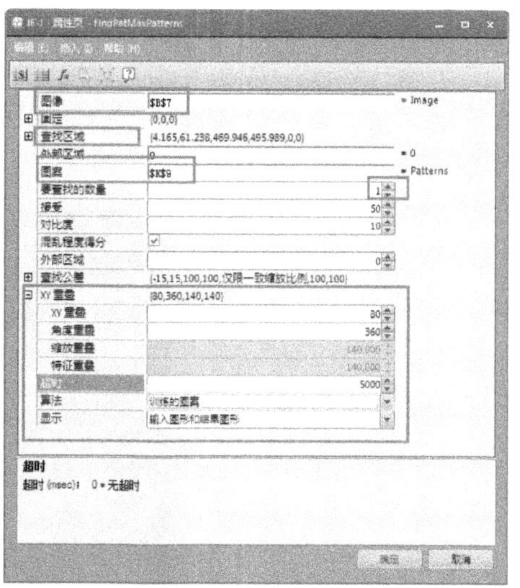

图 11-29　设置 FindPatMaxPatterns 属性

(5) 设置完成后，会在 FindPatMaxPatterns 函数生成的单元格后面的第二、三个单元格中显示被识别出来的圆形工件的 X 坐标和 Y 坐标，这就是机器人需要的位置坐标数据，如图 11-30 所示。

			58.719	114.198	21.69		15.46
			309.563	157.297	127.66		34.97
			59.892	475.048	21.75		169.59
			353.752	450.930	147.14		159.82
Image		Calib	194.327	270.903	79.57		82.88
	Patterns	1.000					
	Patterns	0.000	89.048	101.034			

图 11-30　查看被识别出的图像坐标

4. 编程操作举例

部分常用函数功能(如圆整、字符串转换功能等)都可以在窗口右侧【选择板】界面中找到，并拖曳到表格中的任意空单元格内使用。例如，可以将【Round】(圆整功能)工具拖曳到空白单元格处，然后单击需要圆整数据的单元格，按回车键，就可以将目标数据圆整后在此空白单元格中显示出来，如图 11-31 所示。

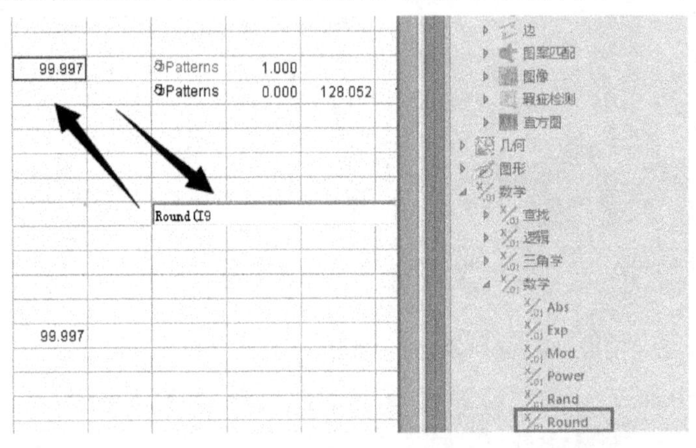

图 11-31　圆整操作

方形工件和三角形工件的训练方法与圆形工件的训练方法相同。

最后运行编辑好的程序，对照片中的工件进行识别检测，检测完毕的画面如图 11-32 所示。

图 11-32　检测画面显示

虽然已经获取了工件中心位置的坐标，但还需要通过一组字符串将它们传输给机器人，也就是说，需要将每组工件的坐标数据经过逻辑运算整合为一组字符串，完成这一任务的程序如表 11-2 所示。每种工件的数据都占用了 10 个数据位置，如果有一种或者多种工件没有检测到(即没有数据)，程序会用 10 个字符“E”代替，后面会介绍该字符的作用。

表 11-2　圆形工件坐标数据字符串的逻辑运算程序

序号	编程方法	#1(x)	#2(y)	#3	备　注
$1	FindPatMaxPattern	89.04826	101.034	99	坐标数值和匹配得分
$2	$1*100	8904.826	10103.4		$1 数值扩大 100 倍 ($是单元格地址，#同$)
$3	Round($2)	8905	10103		$2 去掉小数圆整
$4	concatenate($3)	8905	10103		$3 数字转换为字符串
$5	concatenate(0,$4)	08905	010103		$4 字符串前加“0”
$6	concatenate(0,$5)	008905	0010103		$5 字符串前再加“0”
$7	If($3>10000,2,0)	0	2		判断$3 是否大于 10000，大于输出 2，否则输出 0
$8	If($7>1,$4,$5)	08905	10103		通过判断$7 输出的值，输出对应的值
$9	If($3>1000,2,0)	2	2		判断$3 是否大于 1000，大于输出 2，否则输出 0
$10	If($9>1,$8,$6)	08905	10103		通过判断$9 输出的值，输出对应的值
$11			EEEEEEEEEE		占位错误符号(字符)
$12	Concatenate ($10#1,$10#2)		0890510103		合并字符串
$13	If(#3>1,$12,$11)		0890510103		通过判断#3 的值来决定输出$12 的值或错误代码

本例中，三种工件数据合并结果为 089051010313760176781117908476，将该数据放入单元格 A14 中。

11.3　任务实施

搭建一个视觉分拣工作站的主要步骤如下：① 配置通信信号；② 创建工具数据；③ 编写程序；④ 示教调试。可以扫描右侧二维码，观看视觉分拣工作站的操作视频。

11.3.1　信号的配置与关联

示例主要包括配置 I/O 信号和配置信号关联两项任务，简述如下。

1. 配置 I/O 信号

根据表 11-3 所示参数，在虚拟示教器中配置 I/O 通信单元。

表 11-3　I/O 通信单元参数

Name	Type of Unit	Connected to Bus	DeviceNet address
Board10	DSQC652	DeviceNet1	10

根据表 11-4 所示参数，在虚拟示教器中配置 I/O 信号。

表 11-4　I/O 信号参数

Name	Type of Signal	Assigned to Unit	Unit Mapping	I/O 信号注解
Do103	Digitial Output	Board10	2	设置为吸盘吹气状态
Do104	Digitial Output	Board10	3	Do104=1、Do105=0 时，为真空吸盘吸取状态
Do105	Digitial Output	Board10	4	Do104=0、Do105=1 时，为真空吸盘不吸取状态
Do107	Digitial Output	Board10	6	设置视觉光源开
Di103	Digitial Input	Board10	2	该信号被触发表示吸盘吸到工件

2. 配置信号关联

由于本例中并没有用到仿真软件中的内置相机，因此不能对相机进行仿真操作，不能用模拟相机传送数据给机器人。所以，对工作站的调试验证需要配合工业机器人综合实训系统来完成，如图 11-33 所示。

图 11-33　工业机器人综合实训系统

在实际生产和实训系统中往往需要使用工业机器人的 I/O 信号直接控制抓手，而相关的外围自动化设备(如传感器或者驱动装置等)则需通过 PLC 与机器人通信并进行信号处理。本例中工作站的外围设备主要有三个：工业智能相机、控制吸盘的电磁阀、视觉光源。考虑到设备信号少且复杂程度不高，可以不通过 PLC，而全部使用机器人 I/O 信号来控制通信，这样能有效节省成本。

11.3.2　配置工业机器人数据

本例中会用到两个机器人工具坐标系：tVision 和 XJZ01，如图 11-34 所示。两个工具坐标系分别在拍摄姿势和分拣姿势中使用，前者建立在视觉相机镜头纵向垂直平面点上，后者建立在真空吸盘纵向垂直平面点上。

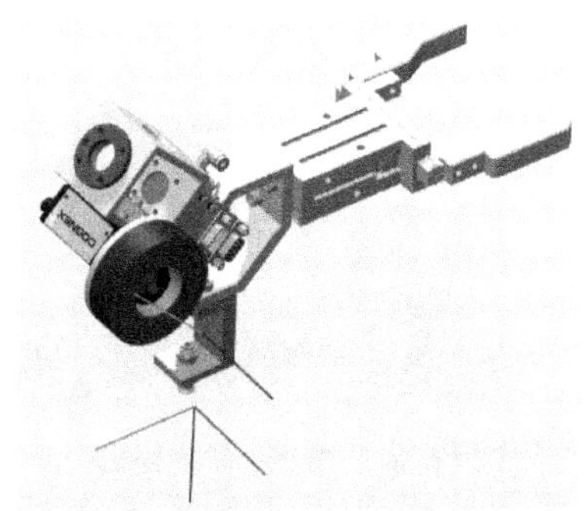

图 11-34　tVision 工具和 XJZ01 工具

两种工具的配置参数分别如表 11-5 和表 11-6 所示。

表 11-5　tVision 工具参数

参数名称	参数数值
tVision	
robothold	TRUE
trans	
X	115.134
Y	42.7609
Z	32.5954
rot	
q1	0.506253
q2	−0.500764
q3	0.496164
q4	0.496755
mass	2
cog	
X	0
Y	0
Z	100
其余参数均为默认值	

表 11-6　XJZ01 工具参数

参数名称	参数数值
XJZ01	
robothold	TRUE
trans	
X	−0.488948
Y	102.63
Z	208.974
rot	
q1	0.925671
q2	−0.377979
q3	−0.0140813
q4	0.00820211
mass	2
cog	
X	0
Y	0
Z	100
其余参数均为默认值	

将工件坐标系建立在分拣池边缘的角点上，如图 11-35 所示。

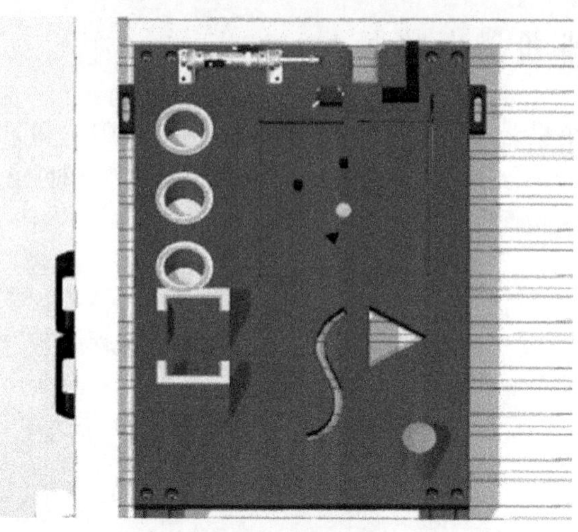

图 11-35　设置工件坐标系

将工件坐标系的名称设置为 wobj2，具体配置参数如表 11-7 所示。

表 11-7　wobj2 配置参数

参数名称	参数数值
wobj2	
robothold	FALSE
ufprog	TRUE
Uframe	
trans	
X	339.714
Y	-47.0582
Z	164.614
rot	
q1	0.999966
q2	0.00137928
q3	-0.00505567
q4	-0.00636426
mass	2
cog	
X	0
Y	0
Z	100
其余参数均为默认值	

11.3.3　编辑程序

本工作站的目标是使用 IRB 1200 型机器人完成码垛任务，实现机器人逻辑和动作控制的 RAPID 程序代码如下。

数据定义部分：

```
VAR num found:=0;
    VAR num length:=0;
    VAR socketdev ComScoket;
    VAR string string1:="";
    VAR string streceived:="";
    VAR string string2:="";
    VAR string string3:="";
    PERS num nXOffs:=0;
    PERS num nYOffs:=0;
    VAR num NumCharacters:=0;
    VAR bool bOK:=FALSE;
    PERS num nAngle:=0;
    CONST string sttus:="";
    VAR string Password:="";
    VAR socketstatus status:=0;
    VAR string YData:="";
    VAR string XData:="";
VAR string Angledata:="";
VAR num nX01:=0;
    VAR num nY01:=0;
    VAR string string001:="";
    VAR string string002:="";
    VAR string string003:="";
    VAR string Z1Data:="";
    VAR string Z2Data:="";
    VAR string W1Data:="";
    VAR string W2Data:="";
    PERS num nZ1offs:=131.53;
    PERS num nZ2offs:=72.69;
    PERS num nW1offs:=132.34;
    PERS num nW2offs:=157.81;
    VAR bool Y01:=FALSE;
    VAR bool Z02:=FALSE;
VAR bool S02:=FALSE;
TASK PERS tooldata ZS01:=[TRUE,[[0,0,295],[1,0,0,0]],[1,[0,0,35],[1,0,0,0],0,0,0]];
```

```
TASK PERS tooldata tVision:=[TRUE,[[115.134,42.7609,32.5954],[0.506253,-0.500764,0.496164,
-0.496755]],[2,[0,0,100],[1,0,0,0],0,0,0]];
    TASK PERS tooldata XJZ01:=[TRUE,[[-0.488948,102.63,208.974],[0.925671,-0.377979,
-0.0140813,0.00820211]],[2,[0,0,100],[1,0,0,0],0,0,0]];
    TASK PERS wobjdata wobj2:=[FALSE,TRUE,"",[[339.714,-47.0582,164.614],[0.999966,0.00137928,
-0.00505567,-0.00636426]],[[0,0,0],[1,0,0,0]]];
    CONST robtarget ZQD1:=[[-0.20,0.07,-7.23],[0.0266573,-0.00408408,0.999634,0.00213476],[0,
-1,0,0],[9E+09,9E+09,9E+09,9E+09,9E+09,9E+09]];
     CONST robtarget PBY192:=[[476.54,312.09,517.28],[0.509604,-0.499286,0.498246,0.492715],[-1,0,-
2,0],[9E+09,9E+09,9E+09,9E+09,9E+09,9E+09]];
    CONST robtarget PBY202:=[[630.29,-328.38,640.28],[0.633992,0.0122942,0.773178,0.00992365],[-1,0,
-2,0],[9E+09,9E+09,9E+09,9E+09,9E+09,9E+09]];
    CONST robtarget PBY212:=[[476.54,312.09,517.28],[0.509606,-0.499288,0.498244,0.492713],[-1,0,
-2,0],[9E+09,9E+09,9E+09,9E+09,9E+09,9E+09]];
    CONST robtarget PBY222:=[[621.27,-72.23,156.15],[0.137686,-0.815359,0.508285,-0.240579],[-1,0,
-2,0],[9E+09,9E+09,9E+09,9E+09,9E+09,9E+09]];
    CONST robtarget PBY232:=[[311.27,-65.26,325.91],[0.0138921,0.008497,0.99983,0.00861915],[0,
-1,0,0],[9E+09,9E+09,9E+09,9E+09,9E+09,9E+09]];
    CONST robtarget PBY242:=[[332.18,-378.38,566.49],[0.55555,0.414115,0.567361,-0.444944],[-1,0,
-1,1],[9E+09,9E+09,9E+09,9E+09,9E+09,9E+09]];
    CONST robtarget PBY252:=[[304.35,-335.37,556.16],[0.494265,0.485503,0.501883,-0.517786],[0,1,
-1,1],[9E+09,9E+09,9E+09,9E+09,9E+09,9E+09]];
    CONST robtarget PBY262:=[[268.98,-328.67,616.29],[0.501002,0.501556,0.501448,-0.495972],[0,1,
-1,1],[9E+09,9E+09,9E+09,9E+09,9E+09,9E+09]];
      CONST robtarget PBY272:=[[268.99,-328.65,481.44],[0.501008,0.501561,0.501457,-0.495952],[0,1,-
1,1],[9E+09,9E+09,9E+09,9E+09,9E+09,9E+09]];
    CONST robtarget PBY282:=[[268.99,-328.65,481.44],[0.501008,0.501561,0.501457,-0.495952],[0,1,
-1,1],[9E+09,9E+09,9E+09,9E+09,9E+09,9E+09]];
   CONST robtarget PBY292:=[[268.98,-328.67,616.28],[0.500997,0.501552,0.501457,-0.495973],[0,1,
-1,1],[9E+09,9E+09,9E+09,9E+09,9E+09,9E+09]];
   CONST robtarget PBY302:=[[268.98,-328.68,616.28],[0.500997,0.501555,0.501457,-0.49597],[0,1,
-1,1],[9E+09,9E+09,9E+09,9E+09,9E+09,9E+09]];
   CONST robtarget PBY312:=[[476.57,312.10,791.28],[0.509624,-0.499295,0.498239,0.492693],[-1,1,
-1,0],[9E+09,9E+09,9E+09,9E+09,9E+09,9E+09]];
   CONST robtarget PBY322:=[[311.03,-65.37,502.82],[0.00959,-1.24719E-06,0.999954,1.69046E-05],[0,1,
-1,1],[9E+09,9E+09,9E+09,9E+09,9E+09,9E+09]];
   CONST robtarget PBY332:=[[431.74,50.94,674.10],[0.00551413,-0.99993,0.0103281,-0.00196257],[-1,1,
-1,0],[9E+09,9E+09,9E+09,9E+09,9E+09,9E+09]];
   CONST robtarget PBY342:=[[367.76,-70.10,469.21],[0.0133658,0.0085984,0.999821,0.010244],[0,
-1,0,0],[9E+09,9E+09,9E+09,9E+09,9E+09,9E+09]];
```

```
CONST robtarget PBY352:=[[435.60,42.07,676.05],[0.00389423,-0.999965,0.00681854,0.00286727],[-1,1,-1,0],[9E+09,9E+09,9E+09,9E+09,9E+09,9E+09]];
CONST robtarget PBY362:=[[471.88,71.93,276.59],[0.0128698,0.00870132,0.999816,0.0112509],[0,-1,0,0],[9E+09,9E+09,9E+09,9E+09,9E+09,9E+09]];
CONST robtarget PBY372:=[[-6.37,-0.15,88.12],[0.0260999,-0.00399057,0.999647,0.00305234],[0,-1,0,0],[9E+09,9E+09,9E+09,9E+09,9E+09,9E+09]];
CONST robtarget PBY382:=[[78.75,99.05,52.65],[0.0257054,-0.00407372,0.999657,0.00283605],[0,-1,0,0],[9E+09,9E+09,9E+09,9E+09,9E+09,9E+09]];
CONST robtarget PBY392:=[[288.05,8.23,46.57],[0.0260648,-0.00424062,0.999647,0.00278056],[0,-1,0,0],[9E+09,9E+09,9E+09,9E+09,9E+09,9E+09]];
CONST robtarget PBY402:=[[291.11,8.60,-14.35],[0.0260109,-0.00424449,0.999649,0.00281952],[0,-1,0,0],[9E+09,9E+09,9E+09,9E+09,9E+09,9E+09]];
CONST robtarget PBY412:=[[286.69,104.00,47.02],[0.0259498,-0.00429417,0.99965,0.00282519],[0,-1,0,0],[9E+09,9E+09,9E+09,9E+09,9E+09,9E+09]];
CONST robtarget PBY422:=[[289.44,104.35,-8.31],[0.0259068,-0.00430259,0.999651,0.0028635],[0,-1,0,0],[9E+09,9E+09,9E+09,9E+09,9E+09,9E+09]];
CONST robtarget PBY432:=[[284.13,192.74,47.38],[0.0256544,-0.00447086,0.999656,0.00313741],[0,-1,0,0],[9E+09,9E+09,9E+09,9E+09,9E+09,9E+09]];
CONST robtarget PBY442:=[[286.76,193.08,-5.87],[0.0256096,-0.00446332,0.999657,0.00315662],[0,-1,0,0],[9E+09,9E+09,9E+09,9E+09,9E+09,9E+09]];
CONST robtarget PBY452:=[[115.27,73.25,161.71],[0.0156449,0.0167462,-0.941868,-0.335201],[-1,-1,-1,0],[9E+09,9E+09,9E+09,9E+09,9E+09,9E+09]];
CONST robtarget PBY462:=[[78.75,99.05,52.64],[0.0257018,-0.00407692,0.999657,0.0028398],[0,-1,0,0],[9E+09,9E+09,9E+09,9E+09,9E+09,9E+09]];
```

主程序部分：

```
MODULE MainModule
PROC FJ()
VelSet 80, 300;
  !限速设置
MoveJ PBY202, v400, z200, ZS01;
  !拍摄姿态过渡点
MoveJ PBY192, v1000, z200, ZS01;
  !拍摄姿态过渡点
MoveJ PBY352,    v1000, fine, tVision;
  !拍摄姿态点
WaitTime 0.2;
ConnectToInSight;
  !相机通信程序
getvisiondata02;
  !数据运算程序
```

```
MoveJ PBY372, v1000, z20, XJZ01\WObj:=wobj2;
  !抓取姿态过渡
IF Y01 = TRUE THEN
!若 Y01 = TRUE(圆形没有数据)
GOTO C01;
!跳转到标签 C01，程序跳过分拣圆形语句段落群
ENDIF
!MoveJ ZQD1, v800, z30, XJZ01\WObj:=wobj2;
!抓取定位偏移参考点 ZQD1(屏蔽状态)
MoveJ Offs(ZQD1,nXOffs - 1,nYOffs + 2,0),   v1000, fine, XJZ01\WObj:=wobj2;
!运动至(以抓取取参考点为基准的偏移后)圆形工件中心点上方点
WaitTime 0.1;
 SetDO do104,1;
SetDO do105, 0;
!上面两句语句开启真空吸盘电磁阀，启动真空吸盘
MoveJ Offs(ZQD1,nXOffs - 1,nYOffs + 2,-4.5), v1000, fine, XJZ01\WObj:=wobj2;
!直线运动至(以抓取取参考点为基准的偏移后)圆形工件中心
WaitDI di103, 1;
!判断吸盘负压反馈，等待工件吸附抓取成功
MoveJ Offs(ZQD1,nXOffs - 1,nYOffs + 2,80), v1000, z20, XJZ01\WObj:=wobj2;
!运动至圆形工件中心点上方点
MoveJ PBY392, v1000, z20, XJZ01\WObj:=wobj2;
!抓取工件后运动至放置圆形工件处上方点
MoveJ PBY402, v1000, fine, XJZ01\WObj:=wobj2;
!运动至放置圆形工件处上方点
 WaitTime 0.2;
SetDO do104, 0;
SetDO do105, 1;
!关闭真空放置工件
PulseDO\PLength:=0.2, do103;
!做一个 0.2 秒的吸盘反吹，防止小圆形工件堆叠累积到一起，导致后面放置时发生碰撞
WaitTime 0.5;
MoveJ PBY392, v1000, z20, XJZ01\WObj:=wobj2;
!运动至放置圆形工件处上方点
C01:
!标签，分隔圆形工件与方形工件程序语句，若圆形工件没有数据，则方便程序指针跳过圆形工件分拣程
序段
IF Z02 = TRUE THEN
!若 Z02 = TRUE(方形没有数据)
 GOTO Z01;
!程序跳转到方形程序段标签
```

```
ENDIF
MoveJ Offs(ZQD1,nW1offs - 1,nW2offs + 2,0), v1000, fine, XJZ01\WObj:=wobj2;
WaitTime 0.1;
SetDO do104,1;
SetDO do105, 0;
MoveJ Offs(ZQD1,nW1offs - 1,nW2offs + 2,-4.5), v1000, fine, XJZ01\WObj:=wobj2;
WaitDI di103, 1;
MoveJ Offs(ZQD1,nW1offs - 1,nW2offs + 2,80), v1000, z20, XJZ01\WObj:=wobj2;
MoveJ PBY412, v1000, z20, XJZ01\WObj:=wobj2;
MoveJ PBY422, v1000, fine, XJZ01\WObj:=wobj2;
WaitTime 0.2;
SetDO do104, 0;
SetDO do105, 1;
PulseDO\PLength:=0.2, do103;
WaitTime 0.5;
MoveJ PBY412, v1000, z20, XJZ01\WObj:=wobj2;
Z01:
IF S02 = TRUE THEN
GOTO S01;
ENDIF
MoveJ Offs(ZQD1,nZ1offs - 2,nZ2offs + 1,0),    v1000, fine, XJZ01\WObj:=wobj2;
WaitTime 0.1;
SetDO do104,1;
SetDO do105, 0;
MoveJ Offs(ZQD1,nZ1offs - 2,nZ2offs + 1,-4.5), v1000, fine, XJZ01\WObj:=wobj2;
WaitDI di103, 1;
MoveJ Offs(ZQD1,nZ1offs - 2,nZ2offs + 1,80), v1000, z20, XJZ01\WObj:=wobj2;
MoveJ PBY432, v1000, z20, XJZ01\WObj:=wobj2;
MoveJ PBY442,    v1000, fine, XJZ01\WObj:=wobj2;
WaitTime 0.2;
SetDO do104, 0;
SetDO do105, 1;
PulseDO\PLength:=0.2, do103;
WaitTime 0.5;
MoveJ PBY432, v1000, z20, XJZ01\WObj:=wobj2;
S01:
!标签
MoveJ PBY452, v1000, z200, XJZ01\WObj:=wobj2;
!标签运动到拍摄点的过渡位置
        ENDPROC
```

```
PROC ConnectToInSight()
found:=0;
length:=0;
SocketClose ComScoket;
!关闭套接字
SocketCreate ComScoket;
!创建新的套接字
SocketConnect ComScoket,"192.168.1.117",23;
!尝试与 IP 地址 192.168.0.117 和端口 23 处的相机相连
SocketReceive ComScoket\Str:=streceived;
!将套接字接收的数据赋值给字符串变量
length := StrLen(streceived);
!将字符串变量长度赋值给数字变量 length
found := StrMatch(streceived,1,"aa");
!将从字符串变量 streceived 的第一位搜索“aa”得出的 aa 的位置数据赋值给变量 found
SocketSend ComScoket\Str:="admin\0d\0a";
!发送字符串"admin\0d\0a"给相机，以用户名 admin 登录相机，\0d\0a 是回车与换行命令
SocketReceive ComScoket\Str:=streceived;
!将套接字接收的数据赋值给字符串变量
SocketSend ComScoket\Str:="\0D\0A";
!发送字符串“\0d\0a”给相机(回车与换行命令)，密码为空
SocketReceive ComScoket\Str:=streceived;
!将套接字接收的数据赋值给字符串变量，这时候变量 streceived 的值应为“User Logged In\0d\0a”
IF streceived <>"User Logged In\0d\0a"   THEN
TPErase;
!清空写屏数据
TPWrite "   vison   login   error   (final   login)   ";
!写屏相机登录失败
Stop;
!判断套接字是否登录成功
ENDIF
ENDPROC

PROC getvisiondata02()
NumCharacters := 9;
!把 9 赋值给数字变量
nXOffs:=0;
!把 0 赋值给数字变量
nYOffs:=0;
!把 0 赋值给数字变量
nAngle:=0;
```

```
!把 0 赋值给数字变量
status:=SocketGetStatus(ComScoket);
!将 ComScoket 套接字状态赋值给 status
IF status<>SOCKET_CONNECTED THEN
!套接字通讯未同远程主机客户端连接成功
TPErase;
!清屏
TPWrite "  vision  sensor  not  connected";
!写屏相机未连接
RETURN ;
!结束程序并返回
ENDIF
SetDO do107, 1;
!打开相机光源
WaitTime 0.5;
SocketSend ComScoket\Str:="sw8\0d\0a";
!发送相机触发指令(sw8 为相机底层控制触发指令)、回车、空格
WaitTime 0.5;
SetDO do107, 0;
!关闭相机光源
SocketReceive ComScoket\Str:=streceived;
! Get the value in cell，接收相机表格发送的数据
SocketSend ComScoket\Str:="gvA014\0D\0A";
! 发送预备接收相机中表格 A14 中值的指令
SocketReceive ComScoket\Str:=streceived;
! 接收相机中表格 A14 中的值
string001:=StrPart(streceived,4,10);
! 将表格 A14 中值的第四位开始的十个位的字符赋值给字符串“string001”(圆形数据)
string002:=StrPart(streceived,14,10);
! 将表格 A14 中值的第十四位开始的十个位的字符赋值给字符串“string002”(方形数据)
string003:=StrPart(streceived,24,10);
! 将表格 A14 中值的第二十四位开始的十个位的字符赋值给字符串“string003”(三角数据)
WaitTime 0.2;
!XData:=StrPart(string001,1,1);
IF string001 = "EEEEEEEEEE" THEN
! 如果 string001 的值为"EEEEEEEEEE"(圆形工件没有数据或者视觉识别失败)
  Y01 := TRUE;
! 将 TRUE 赋值给布尔量变量 Y01
GOTO Qq;
! 跳转到标签“Qq”
ENDIF
```

```
Y01 := FALSE;
! 将 FALSE 赋值给布尔量变量 Y01，用于视觉程序判断是否有圆形工件数据
XData:=StrPart(string001,1,5);
! 将 string001 数据(圆形工件数据)的自第一位开始的五个字符赋值给字符串变量“XData”
! 取出圆形工件中心坐标 X 数据片段
YData:=StrPart(string001,6,5);
! 将 string001 数据(圆形工件数据)的自第六位开始的五个字符赋值给字符串变量“YData”
! 取出圆形工件中心坐标 Y 数据片段
bOK:=StrToVal (XData,nXOffs);
! 将圆形工件中心坐标 X 数据字符串转换为数字数据
bOK:=StrToVal(YData,nYOffs);
! 将圆形工件中心坐标 Y 数据字符串转换为数字数据
nXOffs := nXOffs * 0.01;
!将圆形工件中心坐标 X 数值缩小 100 倍得出真正的 X 坐标值，赋值给 nXOffs
nYOffs := nYOffs * 0.01;
!将圆形工件中心坐标 Y 数值缩小 100 倍得出真正的 X 坐标值，赋值给 nYOffs
Qq:
!标签
IF string002 = "EEEEEEEEEE" THEN
! 如果 string002 的值为"EEEEEEEEEE"(方形工件没有数据或者视觉识别失败)
Z02 := TRUE;
GOTO Qq02;
ENDIF
Z02 := FALSE;
W1Data:=StrPart(string002,1,5);
W2Data:=StrPart(string002,6,5);
bOK:=StrToVal(W1Data,nW1Offs);
bOK:=StrToVal(W2Data,nW2Offs);
nW1Offs := nW1Offs * 0.01;
!得出真正的方形工件 X 坐标值，赋值给 nW1Offs
nW2Offs := nW2Offs * 0.01;
!得出真正的方形工件 Y 坐标值，赋值给 nW2Offs
 Qq02:
!Z1Data:=StrPart(string003,2,1);
IF string003 = "EEEEEEEEEE" THEN
S02 := TRUE;
GOTO Qq03;
ENDIF
S02 := FALSE;
 Z1Data:=StrPart(string003,1,5);
Z2Data:=StrPart(string003,6,5);
```

```
bOK:=StrToVal(Z1Data,nZ1Offs);
bOK:=StrToVal(Z2Data,nZ2Offs);
 nZ1Offs := nZ1Offs * 0.01;
!得出真正的三角形工件 X 坐标值，赋值给 nZ1Offs
nZ2Offs := nZ2Offs * 0.01;
!得出真正的三角形工件 Y 坐标值，赋值给 nZ2Offs
Qq03:
SocketClose ComScoket;
! 关闭套接字 ComScoket
ENDPROC
```

在熟悉了该 RAPID 程序后，可以根据实际需要对此程序进行适用性修改。

11.3.4　示教与调试

本例中，需要示教任务主程序 FJ 中的以下目标点：

(1) 示教拍摄点之前的第一个过渡位置点 PBY202，机器人姿态如图 11-36 所示。

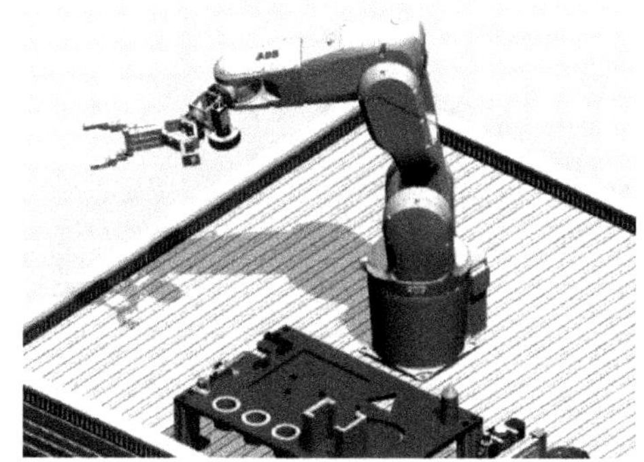

图 11-36　示教拍摄点前的第一个过渡点

(2) 示教拍摄点前的第二个过渡位置点 PBY192，这个位置在拍摄点的正下方，机器人姿态如图 11-37 所示。

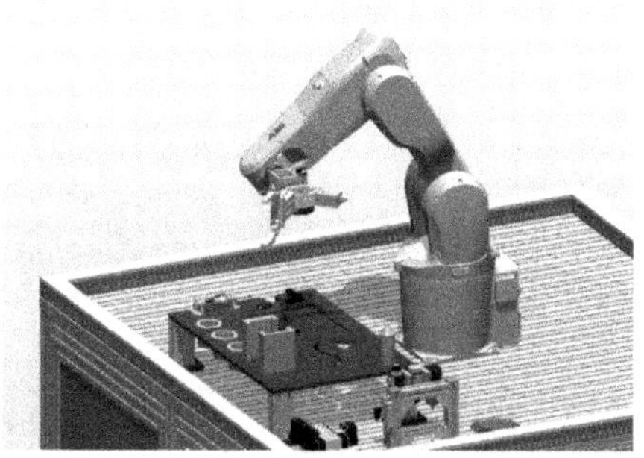

图 11-37　示教拍摄点前的第二个过渡点

(3) 示教拍摄位置点 PBY352，此时需要手动调节机器人工具姿态，确保相机镜头截面平行于分拣池平面，从而保证拍摄的照片包含整个分拣池，如图 11-38 所示。

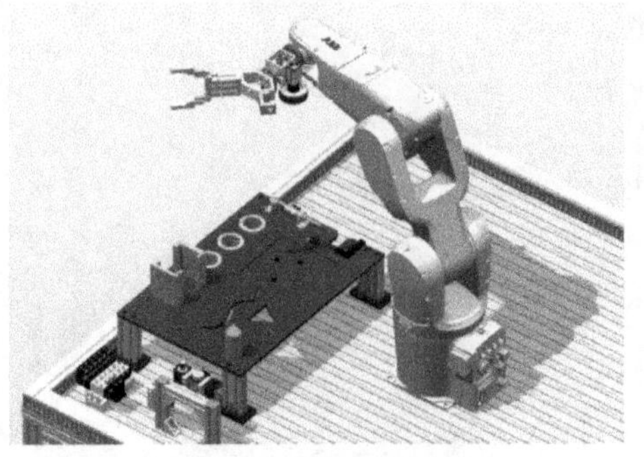

图 11-38　示教拍摄点

(4) 示教抓取参考点 ZQD1，后面工件抓取点的位置都是根据这个点的位置计算出来的，如图 11-39 所示。

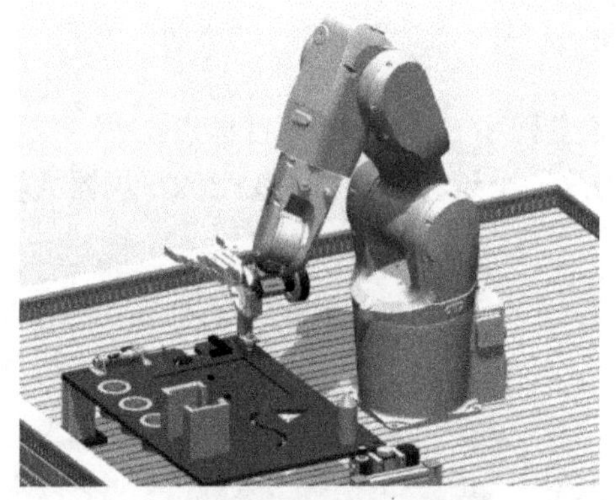

图 11-39　示教抓取参考点

注意：示教抓取参考点后，需要将主程序中以下代码的第一句屏蔽。

```
!MoveJ ZQD1, v800, z30, XJZ01\WObj:=wobj2;
!抓取定位偏移参考点ZQD1(屏蔽状态)
MoveJ Offs(ZQD1,nXOffs - 1,nYOffs + 2,0),   v1000, fine, XJZ01\WObj:=wobj2;
!运动至(以抓取参考点为基准的偏移后)圆形工件中心点的上方点
```

(5) 示教工件放置位置：将圆形工件放到第一个圆罐中；正方形工件放到第二个圆罐中；三角形工件放到第三个圆罐中。首先示教圆形工件放置点 PBY402，如图 11-40 所示，另外两种工件的放置点位于图中另外两个圆罐上方。

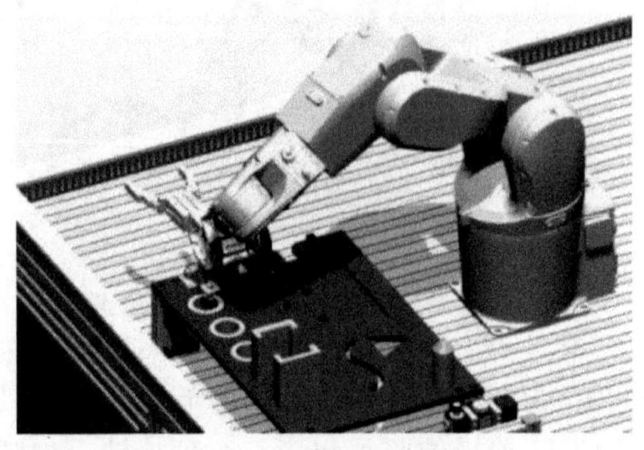

图 11-40　示教圆形工件放置点

(6) 工件分拣完毕后，机器人需要回到 PBY202 点，进行下一次工作循环。为防止在机器人姿态变换过程中出现干涉和碰撞，需要在回到 PBY202 点的中途增加过渡位置点 PBY452，并示教该点，该点的机器人姿态如图 11-41 所示。

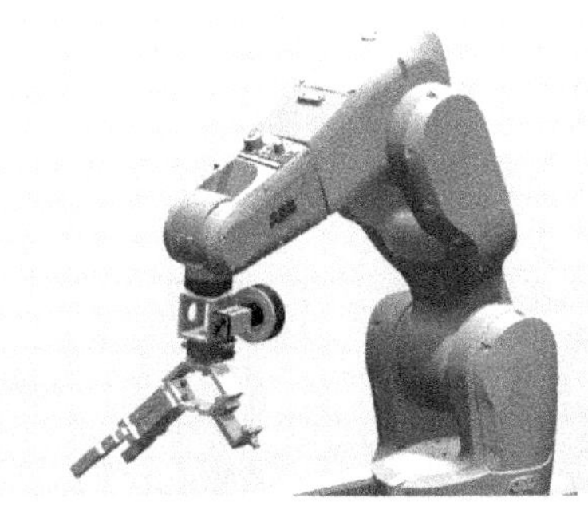

图 11-41　示教分拣结束安全过渡点

本 章 小 结

- ✧ 视觉应用工作站多使用工业智能相机对工件位置进行拍摄分析，进而帮助机器人完成对特定工件的分类、抓取、放置等一系列操作。此类工作站多用于对食品和药品的检测、分类及分析，以及对不良产品的筛选等。
- ✧ 康耐视智能相机专用的程序编辑软件为 In-Sight Explorer，可使用该软件编写程序，以实现对拍摄目标的定位、寻找、检测、分析、运算、判断有无以及文字和条码识别等一系列处理。将编写完成后的程序上传到智能相机中，之后相机就能按照程序自动处理每次拍摄的照片，并通过相机与设备的通信将数据传输出去。
- ✧ 在实际生产和实训系统中，往往需要使用工业机器人的 I/O 信号直接控制抓手，而相关的外围自动化设备(如传感器或者驱动装置等)则需通过 PLC 与机器人通信并进行信号处理。本例中工作站的外围设备主要有三个：工业智能相机、控制吸盘的电磁阀、视觉光源。考虑到设备信号少且复杂程度不高，可以不通过 PLC，而全部使用机器人 I/O 信号来控制通信，这样能有效节省成本。

本 章 练 习

1．在本章示例程序的基础上，编辑新的分拣程序，让机器人对圆形工件分拣两次，对方形工件分拣三次。

2．(选做)编辑智能相机和机器人的程序，使机器人携带的相机在拍摄一张带有任意英文和数字的图片后，能将其中的英文和数字显示在示教器中。

附录 几种常用的 ABB 标准 I/O 板卡

1．标准 I/O 板卡 DSQC652

DSQC652 板卡主要提供 16 个数字量输入信号和 16 个数字量输出信号的处理。

(1) 模块端口说明。

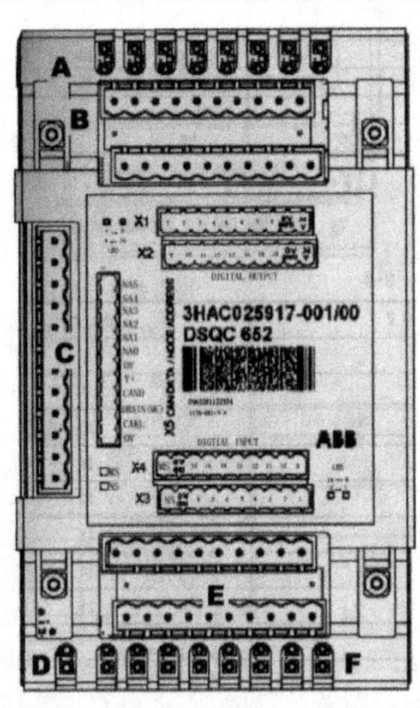

标号	说明
A	数字量输出信号指示灯
B	X1、X2 数字量输出端口
C	X5DeviceNet 端口
D	模块状态指示灯
E	X3、X4 数字量输入端口
F	数字量输入信号指示灯

(2) 模块端口连接说明。

X1 端子：

X1 端子编号	使用定义	地址分配
1	OUTPUT CH1	0
2	OUTPUT CH2	1
3	OUTPUT CH3	2
4	OUTPUT CH4	3
5	OUTPUT CH5	4
6	OUTPUT CH6	5
7	OUTPUT CH7	6
8	OUTPUT CH8	7
9	0 V	
10	24 V	

X2 端子：

X2 端子编号	使用定义	地址分配
1	OUTPUT CH9	8
2	OUTPUT CH10	9
3	OUTPUT CH11	10
4	OUTPUT CH12	11
5	OUTPUT CH13	12
6	OUTPUT CH14	13
7	OUTPUT CH15	14
8	OUTPUT CH16	15
9	0 V	
10	24 V	

X4 端子：

X4 端子编号	使用定义	地址分配
1	INPUT CH9	8
2	INPUT CH10	9
3	INPUT CH11	10
4	INPUT CH12	11
5	INPUT CH13	12
6	INPUT CH14	13
7	INPUT CH15	14
8	INPUT CH16	15
9	0 V	
10	24 V	

X5、X3 端子与 DSQC651 板卡相同

2．标准 I/O 板卡 DSQC653

DSQC653 板卡主要提供 8 个数字量输入信号和 8 个数字继电器输出信号的处理。

(1) 模块端口说明。

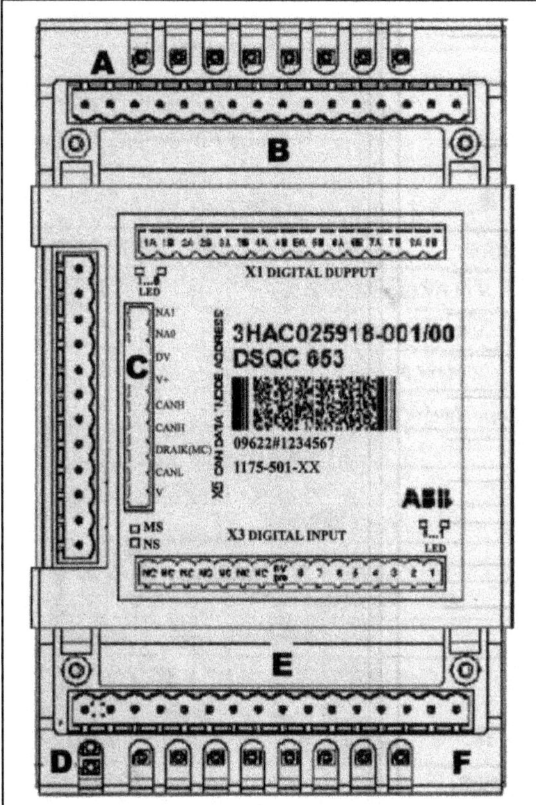

标号	说明
A	数字继电器输出信号指示灯
B	X1 数字继电器输出信号接口
C	X5DeviceNet 端口
D	模块状态指示灯
E	X3 数字量输入信号端口
F	数字量输入信号指示灯

(2) 模块端口连接说明。

X1 端子：

X1 端子编号	使用定义	地址分配
1	OUTPUT CH1A	0
2	OUTPUT CH1B	
3	OUTPUT CH2A	1
4	OUTPUT CH2B	
5	OUTPUT CH3A	2
6	OUTPUT CH3B	
7	OUTPUT CH4A	3
8	OUTPUT CH4B	
9	OUTPUT CH5A	4
10	OUTPUT CH5B	
11	OUTPUT CH6A	5
12	OUTPUT CH6B	
13	OUTPUT CH7A	6
14	OUTPUT CH7B	
15	OUTPUT CH8A	7
16	OUTPUT CH8B	

X3 端子：

X3 端子编号	使用定义	地址分配
1	INPUT CH1	0
2	INPUT CH2	1
3	INPUT CH3	2
4	INPUT CH4	3
5	INPUT CH5	4
6	INPUT CH6	5
7	INPUT CH7	6
8	INPUT CH8	7
9	0 V	
10～16	未使用	

X5 端子与 DSQC651 板卡相同

3. 标准 I/O 板卡 DSQC355A

DSQC355A 板卡主要提供 4 个模拟量输入信号和 4 个模拟量输出信号的处理。

(1) 模块端口说明。

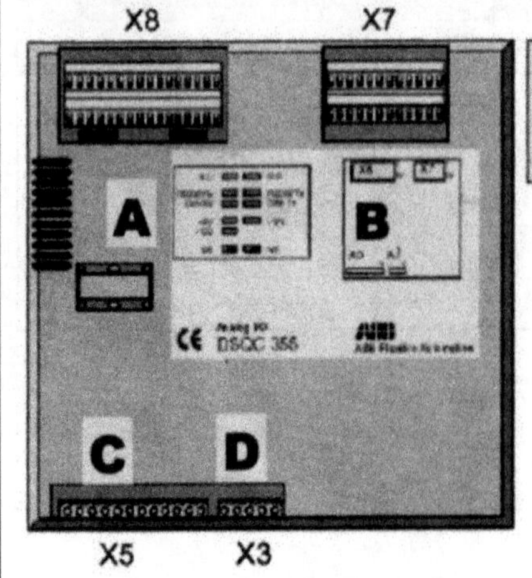

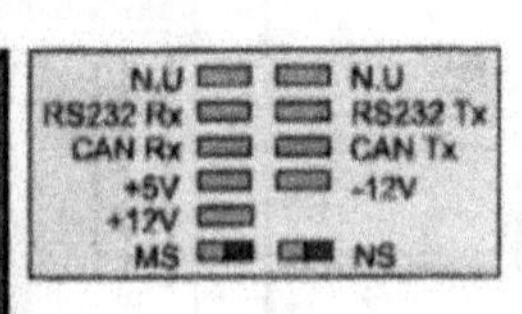

标号	说明
A	X8 模拟量输入端口
B	X7 模拟量输出端口
C	X5DeviceNet 端口
D	X3 是供电电源

(2) 模块端口连接说明。

X3 端子：

X3 端子编号	使用定义
1	0 V
2	未使用
3	接地
4	未使用
5	+24 V

X5 端子与 DSQC651 板卡相同

X7 端子：

X7 端子编号	使用定义	地址分配
1	模拟量输出_1，-10 V/+10 V	0～15
2	模拟量输出_2，-10 V/+10 V	16～31
3	模拟量输出_3，-10 V/+10 V	32～47
4	模拟量输出_4，4～20 mA	48～63
5~18	未使用	
19	模拟量输出_1，0 V	
20	模拟量输出_2，0 V	
21	模拟量输出_3，0 V	
22	模拟量输出_4，0 V	
23~24	未使用	

X8 端子：

X8 端子编号	使用定义	地址分配
1	模拟量输入_1，-10 V/+10 V	0～15
2	模拟量输入_2，-10 V/+10 V	16～31
3	模拟量输入_3，-10 V/+10 V	32～47
4	模拟量输入_4，-10 V/+10 V	48～63
5～16	未使用	
17～24	+24 V	
25	模拟量输入_1，0 V	
26	模拟量输入_2，0 V	
27	模拟量输入_3，0 V	
28	模拟量输入_4，0 V	
29～32	0V	

4. 标准 I/O 板卡 DSQC377A

DSQC377A 板卡提供机器人输送机跟踪功能所需的编码器与同步开关信号的处理。

(1) 模块端口说明。

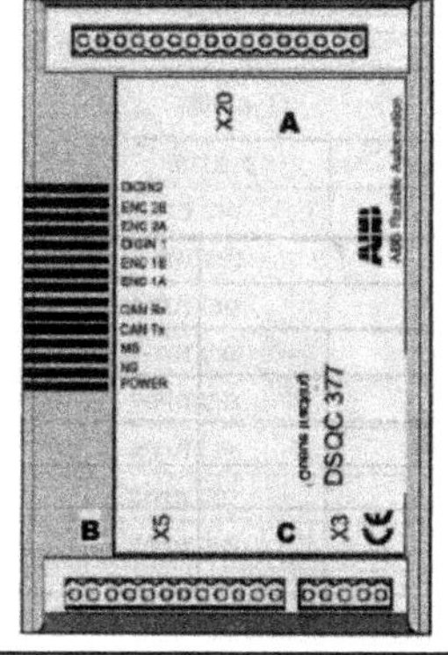

标号	说明
A	X20 是编码器与同步开关的端子
B	X5DeviceNet 端口
C	X3 是供电电源

(2) 模块端口连接说明。

<table>
<tr><td>X3 与 DSQC355A 板卡相同
X5 与 DSQC651 板卡相同</td><td>X20 端子：

X20 端子编号	使用定义
1	24 V
2	0 V
3	编码器 1，24 V
4	编码器 1，0 V
5	编码器 1，A 相
6	编码器 1，B 相
7	数字量输入信号 1，24 V
8	数字量输入信号 1，0 V
9	数字量输入信号 1，信号
10~16	未使用
</td></tr>
</table>

参 考 文 献

[1] 青岛英谷教育科技股份有限公司．机器人控制与应用编程[M]．西安：西安电子科技大学出版社，2018．
[2] 叶晖，管小清．工业机器人实操与应用技巧[M]．北京：机械工业出版社，2010．
[3] 胡伟．工业机器人行业应用实训教程[M]．北京：机械工业出版社，2015．
[4] 徐德，谭民，李源．机器人视觉测量与控制[M]．3 版．北京：机械工业出版社，2016．